产业生态学

Industrial Ecology

张妍 主编

化学工业出版社

·北京·

内容简介

随着产业活动规模和影响范围的扩大，强度和密度不断增大，其产生的资源消耗、污染排放等系列生态环境问题引起了学术界、政府部门和管理者的广泛关注。本书共分 10 章，内容包括产业与生态、产业生态学概述、产业经济学理论、生态学理论、产业代谢分析、生命周期评价方法、产业共生规划、产品生态设计、产业生态管理，以及产业生态学教育等。

本书作为产业生态学领域的成果，在反映国内外相关领域研究进展和学术思想的基础上，突出了产业生态学理念、理论与方法的先进性，强调其在产业生态转型、产业规划与管理方面的实用性，可供大学和科研院所产业生态、产业管理等领域的教学和研究人员阅读，作为环境、地理、生态、产业规划、产业管理及相关专业师生的教学参考书，以及技术人员、科研人员和管理人员培训参考书。

图书在版编目（CIP）数据

产业生态学 / 张妍主编. 一北京：化学工业出版社，2022.8

ISBN 978-7-122-41707-7

Ⅰ. ①产… Ⅱ. ①张… Ⅲ. ①产业-生态学-高等学校-教材 Ⅳ. ①Q149②F062.9

中国版本图书馆 CIP 数据核字（2022）第 107705 号

责任编辑：刘 婧 刘兴春
文字编辑：杨子江 师明远
责任校对：杜杏然
装帧设计：史利平

出版发行：化学工业出版社
（北京市东城区青年湖南街 13 号 邮政编码 100011）
印 装：北京虎彩文化传播有限公司
787mm×1092mm 1/16 印张 16 字数 394 千字
2023 年 5 月北京第 1 版第 1 次印刷

购书咨询：010-64518888
售后服务：010-64518899
网 址：http://www.cip.com.cn
凡购买本书，如有缺损质量问题，本社销售中心负责调换。

定 价：68.00 元

前言

自党的十八大明确提出大力推进生态文明建设以来，党和政府曾多次从生态环境视角关注产业发展。2015年，《中共中央国务院关于加快推进生态文明建设的意见》一文曾多次指出“加快调整经济结构和产业布局”“发展绿色产业”等通过调整产业结构促进生态文明建设的内容；2021年推出的“十四五”规划将“加快发展方式绿色转型”置于与“提升生态系统质量和稳定性”“持续改善环境质量”同等重要的地位，说明了当前党和国家对于“发展方式转型”“产业结构调整”的重视程度；李克强总理在《2021年政府工作报告》中提到了“优化产业结构和能源结构”“培育壮大节能环保产业，推动资源节约高效利用”等产业结构调整目标，也体现了实现生态与产业的“双赢”在当今时代背景下的重要意义。产业生态学以实现经济效益与生态效益的“双赢”为主要研究目的，有望成为帮助实现社会经济与生态环境和谐发展的有力工具。因此本书作为产业生态学的指导教材，在这一背景下应运而生。

产业生态学以产业系统为研究对象，以生态学思想剖析产业的生存和发展规律，通过改变传统产业发展模式，将研究对象改造或塑造成“产业生态系统”，使其具有生态属性，符合生态规律，从而促进传统产业的生态化，或构建全新的生态产业。其基本思想的孕育可追溯至19世纪50年代，后经历产业生态理论的探讨与深化以及日本、比利时两国的产业生态实践研究，最终由美国通用汽车公司研究部的Robert Frosch及其同事于1989年9月在*Scientific American*杂志上正式提出产业生态学和产业生态系统相关概念。现如今，产业生态学已进入蓬勃发展阶段，不同主题的产业生态学大会的多次召开、学术论文与论著的相继发表、国内外多所高校课程建设的日趋完善，均标志着产业生态学领域的发展活力。当前，产业生态学已成为一门融合了环境科学、生态学、经济学、社会学等几十个领域的理论及方法的新兴交叉学科，学科交叉、理论体系构建与学科应用是当前及未来产业生态学领域的研究重点。

中国产业生态方面教材经历了由《工业生态学》向《产业生态学》转变的过程，这主要基于以下两方面的考虑：一是现有生态环境问题不仅集中于工业，而是来自更为广泛的农业、服务业等产业活动，因此以“产业”替代“工业”更为合适；二是工业生态化的解决方案往往并不局限于工业内部，需要综合考量工业、农业与服务业之间的副产品及废物交换，在产业系统范围内统筹产业生态化发展路径。当前我国产业生态学课程主要设置在环境学院或环境专业相关学院以及部分经济管理学院，这从侧面体现了产业生态学多学科交叉的特点。尽管课程设置在不同学院，但产业生态学课程的教学目标是一致的，即服务于构建或塑造生态产业和促进产业生态化。经济管理学院侧重于经济学背景，在分析产业经济运行规律中，发现资源环境等生态成本的重要性，进而研究产业生态发展模式；环境学院的课程设置则是在环境问题—资源问题—生态问题产生链条的基础上，追根溯源到问题产生的主体——产业，试图从生态学视角解释或修正产业的运行行为。

为了给相关专业的教师、学生以及相关从业者提供具有针对性和系统性的学习指导，编者结合环境科学、生态环境工程专业的需求，在多年教学实践基础上编写了《产业生态学》教材。本教材以产业生态学概念、理论、方法与应用为主线，注重提高产业系统的生态效率，从产业活动引发的物质能量代谢过程出发，识别与评价代谢过程的生态环境负荷，进而寻求产业共生网络设计与规划的解决方案。本教材首先介绍了产业生态学概况，包括产生背景、发展阶段、技术框架及基本概念等，让学生对产业生态学有初步认识；其次，介绍了产业经济学、生态学等相关理论在产业生态学中的引入，如产业关联理论、产业布局理论、生态位理论、食物链理论等，让学生理解研究对象——产业的经济属性和生态属性；而后，介绍了产业生态学的三大方法体系，面向物料的产业代谢分析方法、面向产品的生命周期评价方法和面向区域的产业共生规划方法等，让学生掌握分析问题、解决问题的有效方法与手段。同时，在课程的不同阶段融入实习考察和主题研讨，相关主题涵盖产业与生态关系思辨、生命周期评价案例实践、生态产业园区生态链构建等几个方面。

本书由张妍教授主编并统稿，张晓林、王心静、徐东晓、刘凝音、赵铭媛、杨萌、邓天杰等参与图书部分内容的编写与整理工作。本书在选题、立项、编写和出版过程中得到了北京师范大学教务部、北京师范大学环境学院的帮助和大力支持。在此一并表示感谢！

由于编写时间仓促，编者水平有限，教材中难免存在纰漏或不足之处，诚恳希望使用本教材的教师、学生和其他技术人员能够给予批评和指正，并提出具体修改意见和建议，以便再版时修改完善。

编者

2022 年 3 月

目录

第 3 章 ▶ 产业经济学理论 50

第 4 章 ▶ 生态学理论 84

第 5 章 ▶ 产业代谢分析 111

第1章 产业与生态

人类社会文明发展史和产业变革史不仅是生产关系演变、生产技术进步的过程史，更是“产业”与“生态”关系的发展史，历经了崇拜自然、改造自然、征服自然和善待自然等发展阶段，两者的相互作用关系越来越引起关注。

当前需要思考的问题是：“产业”与“生态”关系的发展史是如何演变的？“产业”与“生态”冲突的本质是什么？“产业”与“生态”的关系如何测度与量化？本章将从“产业生态学”这一学科名称中涉及的两个关键词——“产业”和“生态”入手，深入剖析“产业”与“生态”的辩证关系，在此基础上，介绍了表征“产业”与“生态”关系的量化模型。量化模型包括从技术因子入手减轻生态环境负荷的主方程，从“穿越环境高山”理论入手降低峰值的环境库兹涅茨曲线，以及从“环境与发展”决策入手协调社会经济活动与生态环境之间平衡的可逆方程，以期为认识产业发展模式、设计新型产业生态体系提供重要的分析手段。

通过本章的学习，学生需要思考“产业”与“生态”的辩证关系，了解“产业”与“生态”关系的发展历程，掌握表征关系的主方程、环境库兹涅茨曲线等基本知识点。基本要求是：知道不同历史时期“产业”与“生态”关系的状况；理解生态环境问题的本质、成因；会应用所学知识分析不同“产业”与“生态”关系背景下，产业活动可能产生的后果。在开始本章学习前，推荐观看视频 *Story of Stuff*（《东西的故事》），以了解供应链如何影响生态环境，以及从哪些方面可以改善这些影响，正如视频中所传达的：“虽然生产与消费过程所带来的问题如此庞大且无孔不入，但我们仍有很多切入点来改变。”

1.1 产业与生态关系的发展史

1.1.1 人类文明演变

人类社会历经了从采猎文明（原始采猎社会）到农业文明（农业耕牧社会），再到工业文明（工业制造社会），最后发展为生态文明的漫长演变过程（图 1-1）。每一种社会形态均孕育着一种文明的起步、发展、成熟和过渡等周期变化，给人类社会带来巨大进步和财富的同时，人口、环境、资源和全球性气候变化等关系到人类自身生存的重大问题日益突显。

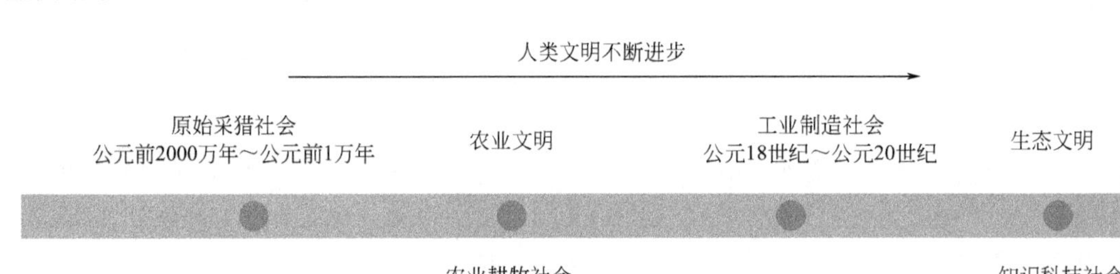

图 1-1 人类社会形态演变过程

注：参考自李祖杨和邢子政（1999）。

人类文明的演变，体现了人（从事产业活动的主体）地（由生态要素及其相互作用构成的地理环境）关系思想的演变。在不同社会发展阶段中，“产业”与“生态”关系的表现也不尽相同，充分反映了“产业”与“生态”关系的发展历程，经历了崇拜自然、改造自然、征服自然和善待自然 4 种态度的转变，以及生态环境问题影响范围的拓展和影响程度的加剧（表 1-1）。

表 1-1 人类文明发展阶段的若干特征

项目	采猎文明	农业文明	工业文明	生态文明
对自然的态度	崇拜自然	改造自然	征服自然	善待自然
观点	天命论/宿命论	天命论/有神论	征服论	和谐论
生态环境问题	几乎不存在	森林砍伐、过度耕作、水土流失导致局部生态环境质量下降	从地区局地性公害发展到全球性灾难	致力于解决全球的生态问题
产业与生态关系表现	人类生存活动被动适应生态环境	人类产业活动大规模利用水土气资源	人类产业活动掠夺式开发自然资源	产业与生态关系协调
产生的后果	环境问题不具普遍性，对人类威胁并不严重	生态环境趋于恶化	环境污染成为公害，并对人类生存构成严重威胁	环境和发展问题得到国际普遍关注
人类对策	听天由命	意识蒙眬	逐步注意和保护生态环境	走可持续发展道路

在人类发展的历史长河中，采猎文明并未形成规模化的生产活动，人类依赖与崇拜自然，其生存活动、行为与生态环境之间基本协调，呈现出原始的平衡，表现为生态环境对人类生存活动的强约束，以及生存活动对生态环境的微弱改变。到了农业文明，人类利用自然开展规模化的农业生产活动，其与生态环境的对抗性增强，不协调状况显现，生态环境也遭受到侵扰与破坏。工业文明以人类征服自然为主要特征，随着科技进步和经济的迅猛发展，人类征服自然的能力达到极致，但不可持续的发展方式必然导致一系列的全球生态危机，产业与生态的矛盾迅速激化，呈现全面不协调状况，因此亟需开创一个全新的文明形态来延续人类的生存，这就是“生态文明”。如果说农业文明是“黄色文明”，工业文明是“黑色文明”，那生态文明就是“绿色文明”。由此可见，人类社会文明发展史和产业变革史不仅是生产关系演变、生产技术进步的过程史，更是“产业”与“生态”关系的发展史。

1.1.1.1 农业文明

农业、畜牧业的出现标志着农业文明的开始。采猎文明后人类改变了“饥则求食，饱则弃余”的生活方式，从采集野食到栽培作物、从狩猎动物到驯养家畜，以采集、狩猎为基础的攫取性产业活动逐渐转变为以农业、畜牧业为基础的生产性产业活动，步入了农业耕牧时期。人类开发利用土地、水、气候等资源进行规模越来越大的自然改造活动。随着耕作和灌溉技术的应用，生产力得到提高，人们获得了稳定可靠的食物供应，人口数量开始迅速增长，从较多地依靠、适应自然转为利用、改造自然。

随着人口的增长，耕地需求不断扩大，但盲目开垦方式造成大面积森林砍伐、草原焚毁，导致水土流失加剧、水旱灾频繁、生物多样性减少，生态环境受到强烈干扰与破坏。在这一时期，人们对自身活动与生态环境的关系仍处于茫然和无知状态，当生态环境恶化时，只能机械地迁徙，以此来逃避自然的惩罚。许多古代文明辉煌之地由于过度放牧、垦荒、砍伐森林引发的一系列生态环境问题迫使人类不断迁徙，最终导致了文明消亡，如古埃及文明、巴比伦文明、印度河文明、玛雅文明等。

总之，农业耕牧社会主要表现为改造自然。大片森林、湿地被改造为农田，农业耕作养活了越来越多的人口，物质出现结余并能够长期储存。人类生产活动对生态环境的依附性大为减弱，对抗性明显增强，地理环境趋于恶化，局部生态环境问题日益显现。但是，人类生产活动对生态环境的破坏程度尚未形成全球性灾难，生产活动对生态环境的影响基本限于二维的局部地表，影响程度尚不严重（王如松和杨建新，2002）。

1.1.1.2 工业文明

18 世纪以来，世界各国先后走上了工业化道路。两次工业革命（蒸汽时代和电气时代）以后，人类科技水平突飞猛进，机器解放了人类的劳动力，人类改造自然的能力不断增强，因此人类试图征服自然，成为自然界的主宰。在这一阶段，社会生产力水平得到了大幅提高，人口数量激增，为了生存，人类不得不向自然界过度索取。以牺牲自然为代价，人类积累了数量巨大的物质财富，“产业”与“生态”关系全面呈现出不协调的局面，两者间的矛盾迅速激化。如果说农业文明对生态环境的影响是侵扰与破坏，那么工业文明产生的影响则是对生态环境的污染。

绿色卡片

珍妮纺织机

瓦特蒸汽机车

爱迪生发明电灯

美国莫农加希拉河畔烟囱

第一次、第二次工业革命

18 世纪 60 年代到 19 世纪 40 年代的第一次工业革命以蒸汽机的广泛使用为主要标志，其主要发生在英国、法国与美国等国家，这一时期出现了珍妮纺织机、蒸汽机车等重大发明，开创了以工厂制代替手工工场、以机器代替手工劳动的时代。

19 世纪 70 年代以后，人类进入第二次工业革命，以电力的发明和广泛应用为主要标志，其主要发生在美、德、英、法、日、俄等国家，社会由“蒸汽时代”进入了“电气时代”（齐世荣，2006）。这一时期，生产过程需要消耗大量的矿物资源和能源，从而使这次工业革命对自然资源的开发和利用达到了空前的程度。

电气时代烟囱林立是工业发达和经济繁荣的象征，煤炭成为工业和交通的主要能源。据统计，1870～1915 年的 46 年间，世界煤产量增长了 5 倍多。煤的大量燃烧造成严重的大气污染。如蒸汽机的故乡——伦敦，1873～1982 年间，先后发生过多次严重的煤烟污染事件，夺走了上千人的生命。同时，工业化过程伴生的“城市化”进程对水源的污染也相当惊人（齐世荣，2006）。

恩格斯曾说：“我们不要过分陶醉于我们对自然的胜利，对于每一次这样的胜利，自然界都报复了我们。”事实正是如此，工业文明时期人类掠夺式开发自然资源，用机器从地下挖掘出大量的化石能源和矿产资源，产生的废弃物又排入地表水体和大气中，严重污染了生态环境。工业文明的影响已扩展到地下与空中，产生了三维胁迫效应（王如松和杨建新，2002）。由于这一时期人口增加迅猛，并不断由农村走向城市，导致资源消耗与污染排放的种类更多、性质更为复杂，规模也更大，因此引起了人类历史上环境问题的第一次高发期（20 世纪 50～80 年代）。

工业文明阶段，人类对环境污染的控制能力明显不足，大气污染、水体污染和土壤污染及农药污染、噪声污染和核辐射等达到了十分严重的程度，对人类生活和经济发展构成了严重威胁。一系列恶性环境污染事件，在局部地区已演变成社会公害。震惊世界的公害事件接连不断（表 1-2），公害事件的主要特点是影响范围广、持续时间长、伤亡人数大（表 1-3）。这一时期，由于全球性大气污染、大面积生态破坏、突发性严重污染事件迭起，严重危及人类的生存，形成了环境问题的第二次高发期（20 世纪 80 年代以后）。

表 1-2　20 世纪中叶世界八大公害事件

事件	污染物	发生地	时间	中毒情况	中毒症状	致害原因	公害成因
马斯河谷烟雾事件	烟尘、SO_2	比利时马斯河谷	1930 年 12 月	数千人发病，60 人死亡	咳嗽、流泪、恶心与呕吐	SO_2 氧化为 SO_3 进入肺的深部	山谷中工厂多，逆温天气，工业污染物聚集
多诺拉烟雾事件	烟尘、SO_2	美国多诺拉	1948 年 10 月	4 天内 42% 的居民患病，17 人死亡	咳嗽、呕吐、腹泻与喉痛	SO_2 与烟尘作用形成硫酸进入肺部	工厂多，遇雾天和逆温天气
伦敦烟雾事件	烟尘、SO_2	英国伦敦	1952 年 12 月	5 天内 4000 人死亡	咳嗽、呕吐与喉痛	烟尘中的 Fe_2O_3 使 SO_2 变成硫酸沫，附在烟尘上吸入肺部	居民用烟煤取暖，煤中硫含量高，同时遇逆温天气
洛杉矶光化学烟雾事件	光化学烟雾	美国洛杉矶	1943 年、1955 年、1970 年	大多数居民患病，65 岁以上老人死亡 400 余人	刺激眼、鼻、喉，引起眼病、喉头炎	石油工业和汽车废气在紫外线作用下生成光化学烟雾	汽车多，每天有 1000 多吨烃类化合物进入大气，市区空气水平流动缓慢
水俣事件	甲基汞	日本九州南部熊本县水俣镇	1953 年	水俣镇患病者 190 多人，死亡 50 多人	口齿不清、步态不稳、面部痴呆、耳聋眼瞎、全身麻木，最后精神失常	甲基汞被鱼吃后，人吃中毒的鱼而生病	氮肥生产采用氯化汞和硫酸汞作催化剂，此过程产生的无机汞排入水体被特定的细菌转化为甲基汞
富山事件	镉	日本富山县	1931～1972 年	患者超过 280 人，死亡 34 人	关节痛、神经痛和全身骨痛，最后骨骼软化，不能饮食，在衰弱疼痛中死去	食用含镉的米和含镉的水	炼锌厂未经处理净化的含镉废水排入河流
四日事件	SO_2、烟尘、重金属粉尘	日本四日市	1961 年	患者 500 多人，有 36 人在气喘病折磨中死去	支气管炎、支气管哮喘、肺气肿	有毒重金属微粒及 SO_2 吸入肺部	工厂向大气排放 SO_2 和煤粉尘（含有钴、锰、钛等）
米糠油事件	多氯联苯	日本九州爱知县等 23 个府县	1968 年	患者 5000 多人，死亡 16 人，实际受害者超过 10000 人	眼皮肿，常出汗，全身起红疙瘩，肝功能下降，肌肉痛，咳嗽不止	食用含多氯联苯的米糠油	米糠油生产过程中，用多氯联苯作载热体，因管理不善，毒物进入米糠油中

注：参考自宫克（2005）。

表 1-3　1909～1973 年世界公害情况的比较

年份	公害事故次数	公害患病人数		公害病死亡人数	
		人数/人	年平均人数/(人/年)	人数/人	年平均人数/(人/年)
1909～1930(22 年)	3	9092	413.3	915	41.6
1931～1952(22 年)	10	14348	652.2	5529	251.3
1953～1973(21 年)	52	458946	21854.6	139887	6661.3
共计	65	482386		146331	

注：引自王翊婷（1998）。

1.1.1.3　生态文明

1972 年，联合国在瑞典首都斯德哥尔摩召开会议，通过了《人类环境宣言》，指出人类社会和自然界的发展要和谐统一。1987 年，在联合国世界环境与发展委员会上，挪威首相布伦特兰夫人主持发表了《我们共同的未来》报告，首次提出了可持续发展的概念。1992 年，联合国世界环境与发展大会在巴西里约热内卢召开，会议通过了以可持续发展为核心的《21 世纪议程》，即《里约环境与发展宣言》，标志着可持续发展从理论探讨走向实际行动，改变了人们传统的以高消耗、单纯追求经济数量增长，先污染、后治理为特征的发展道路，同时找到了一条人口、资源、环境和发展相互协调的道路——可持续发展道路。

在可持续发展理念指导下，21 世纪初人们开始改变“征服者”的姿态，重新审视自己的社会经济行为，特别强调规范产业行为，促进人与自然的协调发展。在此背景下，生态文明作为工业文明之后的文明形态开始形成。生态文明是人类对传统文明形态进行深刻反思后的成果，是人类文明发展理念、道路和模式的重大进步。生态文明是以人与自然、人与人、人与社会和谐共生、良性循环、全面发展、持续繁荣为基本宗旨的社会形态，是人类为保护和建设美好生态环境而取得的物质成果、精神成果和制度成果的总和。

但生态文明建设面临着空前的挑战。由于 21 世纪信息技术、生物技术与新材料迅猛发展，人类对自然的控制已达到极致，在技术发达、经济发展的同时，人类所处的生态环境出现了惊人退化，生物多样性锐减、自然灾害频繁、淡水资源枯竭、沙漠化盐碱化加剧和全球环境变化等生态环境问题不断涌现，人类社会经济发展对生态环境的掠取和改变越来越多，生态环境为人类生存与发展提供的服务功能越来越弱（王如松和杨建新，2002），加强对生态文明的建设刻不容缓。在 2018 年 5 月 18 日至 19 日召开的全国生态环境保护大会上，习近平总书记指出，山水林田湖草是生命共同体，要统筹兼顾、整体施策、多措并举，全方位、全地域、全过程开展生态文明建设。自此，全国各地积极树立和践行“绿水青山就是金山银山”的理念，呵护山水林田湖草生命共同体，人类文明进入一个新的发展阶段。

1.1.2　环境保护历程

在人类文明演变过程中，人们利用聪明才智采取了不同的环保手段，经历了由末端治理到清洁生产，再到产业生态的环境保护发展历程（图 1-2）。20 世纪 40 年代以前，污染物的随意排放引发了一系列的环境污染事件，导致环保呼声高涨、环保意识提升、环保思想萌发（表 1-4）。

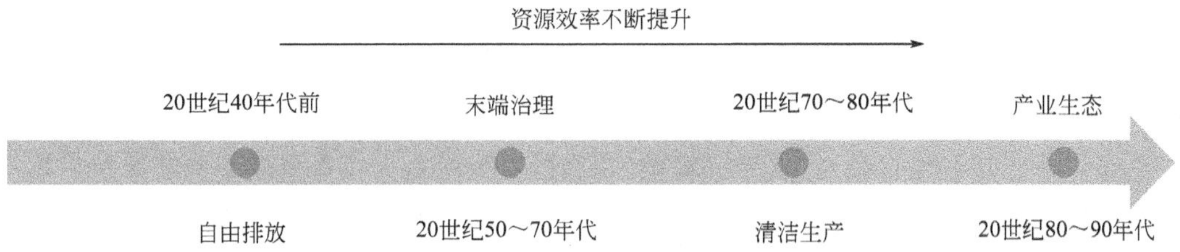

资源效率不断提升

20世纪40年代前	末端治理	20世纪70～80年代	产业生态
自由排放	20世纪50～70年代	清洁生产	20世纪80～90年代

图 1-2　环境保护发展历程

表 1-4　末端治理、清洁生产和产业生态的比较

项目	末端治理	清洁生产	产业生态
解决思路	污染物产生后再处理	污染物消除于生产过程	资源高效和循环利用
应用对象	工业企业	工业企业	整个产业链
控制过程	污染物达标排放控制	生产全过程控制	综合分析物质流、能量流和信息流
控制效果	产污量影响处理效果	比较稳定	稳定
产污量	间接地促进减少	明显减少	充分利用，很少
资源利用率	无显著变化	提高	很高
资源耗用	增加（治理污染消耗）	减少	最大程度减少
产品产量	无显著变化	增加	增加
经济效益	减少	增加	增加
治污费用	标准越严格费用越高	减少	极大减少
污染转移	有	可能有	无

注：参考自高迎春等（2011）。

1.1.2.1　末端治理阶段

20 世纪 50～70 年代，末端治理（end-of-pipe treatment）作为环境管理的主要手段开始形成与发展。末端治理将环境问题看作是一个技术问题，主要针对工业企业的污染排放问题，研发处理技术和设备，以治理污染为主要方式，在生产过程的末端针对产生的污染物研发并实施有效的治理技术。

此阶段，工业界不得不研发有效的污染控制措施（末端治理）消除污染物的影响，以实现政府的管理目标。可见，末端治理是环境管理发展过程的一个重要阶段，发挥了不可忽视的作用。它有利于消除污染事件，也在一定程度上减缓了生产活动污染环境和破坏生态的趋势。

末端治理手段虽然在短期内降低了污染危害，但其成本昂贵、治标不治本、容易造成二次污染等弊端日益凸现。首先，处理污染的设施投资成本、运行费用高，使企业生产成本上升，经济效益下降。其次，末端治理往往不是彻底治理，而是污染物的转移，如烟气脱硫、除尘形成大量废渣，废水集中处理产生大量污泥等，所以不能根除污染。另外，末端治理只针对局部污染问题，未涉及资源的有效利用，所涉及的管理手段多为单纯治理、颁布条例、技术研究和科学探索等。

1.1.2.2　清洁生产阶段

在末端治理不能有效解决环境问题的情况下，20 世纪 80 年代，清洁生产（cleaner production）预防战略被提出，其将视角由末端转向过程，以具体工艺过程减污为主，强调源头控制，将“污染预防”“源削减”“废物减量化”“无废工艺”“生态设计”等思想应用于工艺技术改造，以减少污染排放。

清洁生产战略以对产品及服务的生产过程采取预防污染的策略来减少污染物的产生（产生量和排放量），以解决环境问题。清洁生产战略将视角落到生产过程，其把环境问题作为一个经济问题（成本与收益），以经济刺激为主要管理手段。此阶段的重要进步在于认识到自然环境和自然资源的稀缺和价值，以“外部性成本内在化”为主要环境管理思想和原则。

然而，清洁生产战略偏重于局部工艺和技术，特别是生产过程，未考虑全生命周期过程，对经济运行机制大多为小修小补，不可能从根本上解决环境问题，其局限性愈加明显。

1.1.2.3 产业生态阶段

在末端治理及生产过程控制无法获取问题关键解的情况下，人们开始将视角转向产业活动本身，希望从产业生态发展规律、系统整体优化中寻求解决生态环境问题的根源解。

产业生态提倡以物质闭路循环和能量梯次利用为特征，按照自然生态系统物质循环和能量流动方式调控经济运行，将环境问题作为一个发展问题；以协调经济发展与环境保护关系为主要管理手段，强调发展物质闭环流动的经济模式，打破传统产业发展模式；以资源的高效利用和循环利用为目标，以“减量化、再利用、资源化”为原则，使人类的资源需求和废物排放不超过地球的承载能力，以缓解产业发展与资源、环境的矛盾。此阶段中，人们在生命周期评价、产业代谢、生态产业园区等领域的研究得到了较好的发展。

1.2 产业与生态的关系

可逆方程可以形象地描述“产业”与“生态”之间的互动关系，如果“产业”与“生态”间互动失衡，就会引发冲突，其根本原因在于人类生产与消费活动的巨大需求和自然资源与环境容量的有限供给之间的矛盾。两者的冲突与矛盾会导致生态破坏、环境污染等生态环境问题，因此需要从产业生态学角度做出一些努力，改变传统产业发展模式，使其具有生态属性，促进“产业”与“生态”的协调发展。

1.2.1 可逆方程

“产业”“生态”的内涵界定，是剖析“产业”与“生态”关系的首要前提。“产业”可以解读为产业系统、企业行为和生产要素，而“生态”则可以解析为生态环境系统、生态功能和生态要素，分别对应研究对象、研究内容和组成单元。产业与生态的关系可以比拟为一个可逆方程，正如世界环境与发展委员会关于人类未来的报告——《我们共同的未来》中提到的那样：“在过去我们关心的是经济发展对环境带来的影响，而现在我们则更迫切地感到生态的压力，如土壤、水、大气的污染以及森林的退化对我们经济发展所带来的影响。生态与经济从来没有像现在这样互相紧密地联结在一个互为因果的网络之中。”

可逆方程左边“产业”为反应物，右边“生态”为生成物，反映生态环境问题是产业发展的副产物，人类生产活动的干扰与介入导致生态环境发生变化，因此需修正产业行为模式；如果将“生态”看作反应物，“产业”为生成物，反映生态的经济属性，通过将生态要素与服务功能转化为生产要素支撑产业发展，说明生态环境的破坏与改变反过来会限制产业发展，这同样需要规范产业行为。“产业”和“生态”的关系充分体现了“产业”压力与“生态”支持力的集成（Zhang et al，2006a），以及两者内部“产业”再生能力和“生态”恢复能力的集成（Zhang et al，2006b）。产业系统通过企业行为，将生态要素、生态功能转化为生产要素组织生产，通过资源利用和污染排放对“生态”产生压力，而生态环境系统通过服务功能、资源禀赋、环境容量对产业发展起到支持作用。“产业”通过加强循环再生能力提升效率（废弃物循环再生为二次资源），减少对生态的压力，“生态”通过恢复力维持其稳定的结构和有序的功能，增大对产业发展的支持力（Patten and Costanza，1997）。

传统产业发展模式下，经济的快速增长必然造成资源短缺、污染排放，给生态环境系统带来巨大压力（K_1），减弱生态环境的支持能力，进而加快经济发展施压的速度；生态环境支持能力（K_2）的增强，必然为产业发展提供所需的自然资源和环境容量，提高生态环境系统为经济活动储备发展要素的速度。多种作用力影响下的“产业”与“生态”可逆方程一般很难达到动态平衡，或侧重于产业发展（$K_1>K_2$），或注重生态保育（$K_1<K_2$），两者均不利于产业的持续健康发展。产业生态学学科提供了较好的思路、方法与手段，确保“产业”与“生态”可逆方程的动态平衡。以产业生态学创新理论与技术作为外部作用条件，采用资源替代、资源效率提高、污染消解、资源再生利用等手段与方法，改变产业活动的发展压力，促进其生态转型，从而使产业活动发展压力和生态环境支持能力在双赢点上实现 K_1 和 K_2 的动态平衡（图 1-3）。

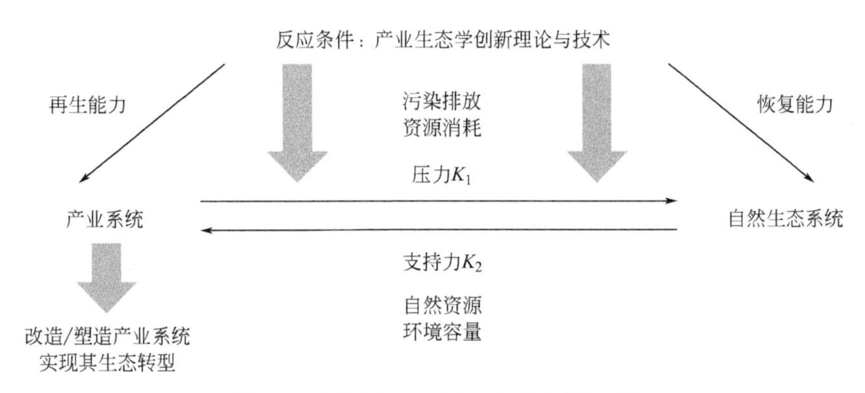

图 1-3 “产业”与“生态”的可逆方程

伴随着产业规模的迅速扩大，资源消耗强度不断增大，环境污染物排放逐渐增多，产业活动产生的压力必将导致自然生态系统提供的生态要素和服务功能不断减弱，成为产业发展的限制因素，“产业”与“生态”的正向/逆向交互作用使得产业系统与自然生态系统息息相关。构建可逆方程的重要意义在于将“产业”与“生态”放在同等重要地位加以考虑，不再以“产业”为主导，而是关注两者的互动关系。通过两者关系的分析，可以在充分考虑多种作用力的条件下，塑造、改造产业系统，实现产业的生态转型。

1.2.2 两者冲突的本质

“产业”与“生态”冲突的本质是人类活动的干扰（追求经济高速发展），以及环境容量有限、自然资源补给和再生缓慢，从而引发“资源（短缺）危机”和“环境（污染）危机”。人类由适应自然逐渐转为主宰自然，对自然的干扰程度越来越大，人类经济活动索取资源的速度超过了资源及其替代品的再生速度，排放的废弃物数量超过了环境的消纳能力，超出了生态环境对产业发展的承载平衡点，使得生态环境质量和人类生活水平下降（图 1-4）。同时，人类受认识能力和科技水平的限制，在改造自然的过程中往往会造成不良后果，产生一系列资源短缺、生态破坏、环境质量下降等问题。“产业”逐利特性决定其必然寻求无限扩大，但问题是“生态”是有限度的，其提供的资源有限、容量有限，承载的负荷也有限，因此反过来会制约“产业”的发展，使“产业”不能按自身意愿扩大。

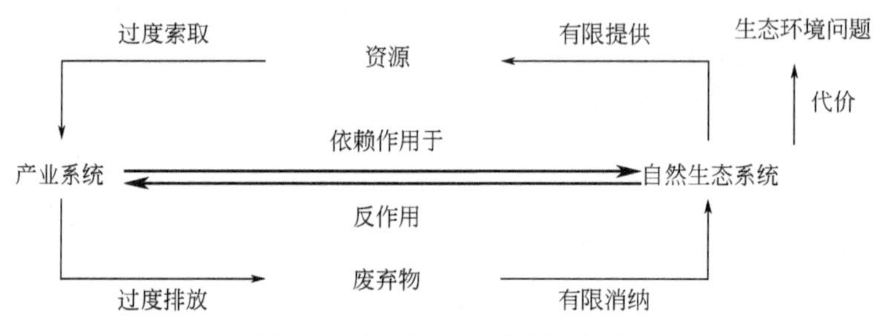

图 1-4　产业与生态冲突的本质

从“产业”与“生态”的可逆方程可以看出，固守以资源消耗和环境恶化来换取经济增长的模式，发展将难以为继。通过描述人类生产活动对地球生态系统的两个作用点，说明“产业”与“生态”互动关系的着力点（图 1-5），可以为后续作用力大小与方向的量化提供基础。产业活动从地球生态系统中获得有用的资源，包括可再生和不可再生资源，之后通过资源提取、产品制造、产品使用等资源利用环节，将废弃物释放到空气、土壤和水中，重新返回到地球生态系统。这一看似简单的链式过程，体现了产品的生命周期阶段，这正是产业生态学的研究对象。如果链式过程是线性的，必然导致产业活动在资源消耗和污染排放两端（两个作用点）存在较大问题，这需要研发物质减量化、再利用和再生循环等相关技术，这正是产业生态学的研究内容。技术研发中需要考虑链式过程的循环路径，包括资源提取、产

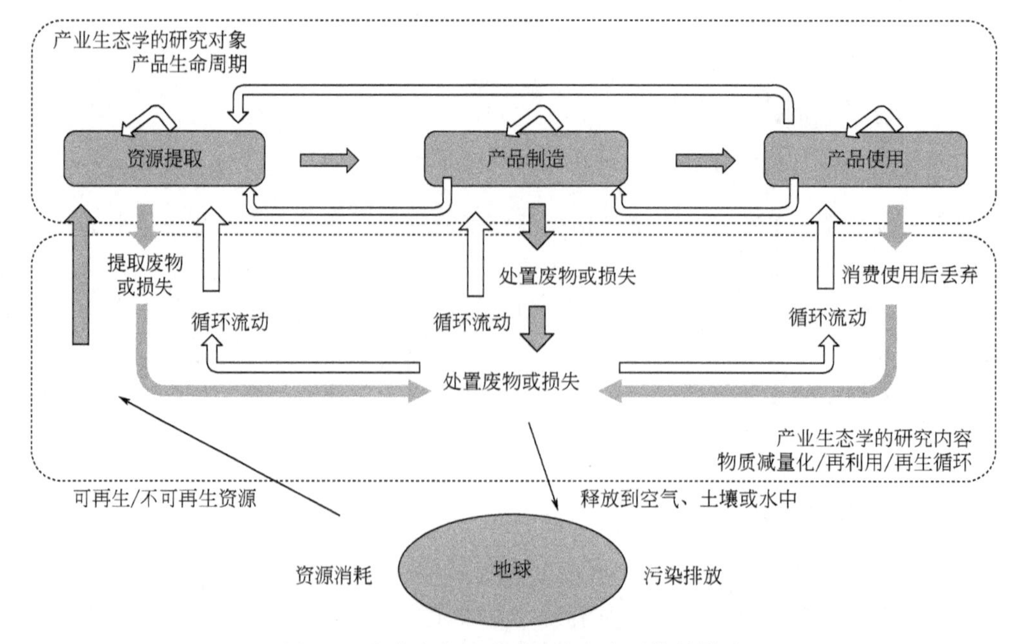

图 1-5　人类生产活动对地球生态系统的影响

注：参考自邓南圣和吴峰（2002）。

品制造、产品使用内部的小循环（废料就地利用），生命周期阶段之间的中循环，以及将废弃物加工为可再生资源的大循环。

资源危机是指自然资源供不应求的短缺现象，资源消耗与破坏累积到一定程度时，自然生态系统的部分或整体功能将难以支撑和维持人类社会经济活动的正常需要，甚至可能直接威胁到人类生存与发展，如矿产资源危机、水资源危机、土地资源危机、生物资源危机等。不可再生资源是有限的，可再生资源的再生速度和总量也是有限的，资源终将成为经济增长的一个限制因素。全球使用的能源90%取自化石燃料，即煤炭、石油和天然气，80%以上工业原料取自金属和非金属矿产资源。有数据表明，2018年一次能源消耗增长2.9%，几乎是过去十年平均增速（1.5%）的2倍，也是2010年以来的最高增速（IEA，2019）。

大规模消耗自然资源，不仅会引起矿物资源枯竭，而且产生的大量废弃物会引起大气污染（有害气体和粉尘）、水体恶化（可溶性气体及颗粒物的输入）及固体废弃物产生，如果污染物排放超过自然的稀释和净化能力，必将引发“环境危机”。环境危机是指环境污染危害到人类与生物生存，造成社会公害事件，产生的污染物未得到有效净化与处理，无法支持人类社会经济活动的正常开展，甚至可能威胁到人类生存与发展，如大气污染危机、水污染危机等。有数据表明，2018年化石燃料燃烧的碳排放增长2.0%，为此前七年间的最高增速（IEA，2019）。资源危机和环境危机会进一步引发生态危机，在全球或局部区域造成生态过程、结构、功能损害，导致资源枯竭、污染损害和生态退化趋势加剧。

1.2.3 两者关系的理性思考

工业文明对生态环境的胁迫与攻势，使人类不得不深刻反思和重新审度“产业”与“生态”的关系；同时污染预防和治理战略的制定与实施也促使人类不断思考“产业”与“生态”的关系（王如松，2003）。人类在经历了自由排放、末端治理、清洁生产等环境保护发展历程后，生态学尤其是仿生学的迅猛发展，激发了人们运用自然生态系统物质循环原理来改造、塑造产业系统的想法。尽管自然界中每个生物种群的生产过程都有废物产生，但在生物种群间，废物却是可以循环利用的，因而自然界中的资源和物种能维持可持续发展。由此，20世纪80年代末到90年代初，人们提出向自然生态系统学习，按照自然界的生态模式来规划产业发展，从根本上解决资源和环境问题的矛盾。产业生态学作为这一思维变迁的集中体现，在“产业”和“生态”的重重危机和矛盾中逐渐产生和发展（袁增伟和毕军，2006）。产业生态学贯彻循环经济理念的“3R”原则［减量化（reducing）、再利用（reusing）和再循环（recycling）］，强调产业系统的整体优化和生态转型。

在工业文明进化到生态文明的过程中，“产业”与“生态”的关系也在演进，主要体现在如图1-6所示的两种模式转变。工业文明时期，“产业”与“生态”关系的矛盾可以解释成人类经济活动向自然生态的“开垦”过程（Fischer-Kowalski，1998）。何为“开垦”呢？人类为维持产业活动的需要不断改变自然生态系统，使之最大化地为己所用。自然生态系统或被农业生态系统（草场、农田）取代，以尽可能多地产出生物量；抑或被转变成建筑空间，为人类社会经济活动所占据。这种介入自然生态系统的方式称为“开垦”。工业文明时代，产业活动毫无节制地开发利用自然生态系统，从自身利益出发利用资源产生废物，盲目扩大生产，不考虑生态环境的承载能力，随着“开垦”程度的不断增大，生态环境代价愈加沉重。这时的产业活动是机械的、线性的，与生态的关系比较漠然（图1-6左）。

生态文明时代，“产业”与“生态”同等重要，要统筹两者协调发展。但如何协调呢？

生态学尤其是仿生学的发展，使人们将产业系统看作生态系统，剖析其结构、功能和运行的原理，并与自然生态系统相比拟，挖掘其生态属性与特征，使其与“生态”相适应、相协调。人们在寻求“产业”与“生态”协调的可行理论与解决方案时，产业生态学在这一背景下诞生了，其理论基石就是“产业”与“生态”的协调发展。挖掘产业系统属性与特征的目的就在于将产业系统看作自然生态系统的组成部分，从而使产业系统参与自然生态系统的物质能量循环和代谢过程，两者融合为产业复合生态系统。产业系统需在生态环境承载力下谋求发展，并受承载力制约与限制，因此“产业”与“生态”息息相关（图 1-6 右）。

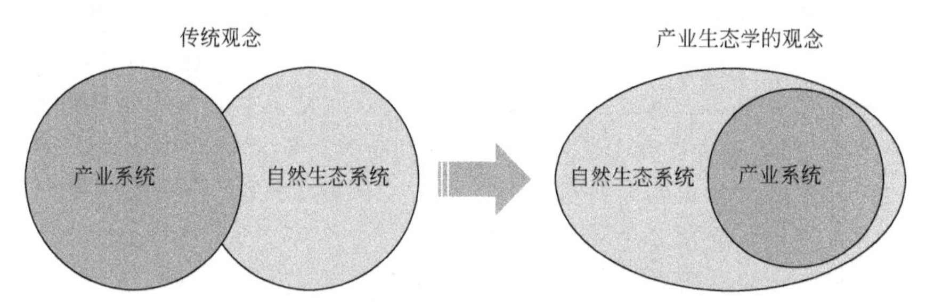

图 1-6 “产业”与“生态”关系的概念模型

1.3 产业与生态关系的量化模型

明晰了“产业”与“生态”之间的作用关系，还需要量化两者间互动的程度与方向。目前，“产业”与“生态”关系的量化模型包括主方程、环境库兹涅茨曲线及协调发展模型。主方程主要描述人类产业活动对生态环境的影响，定量模拟随技术因子变化，生态环境负荷增大或减少的程度；环境库兹涅茨曲线是从统计学意义出发，分析随着产业发展，资源消耗、污染排放或生态环境质量的变化规律，定量模拟长时间序列变化的达峰过程、峰值与拐点；协调发展模型则基于“产业”与“生态”的二维坐标，定量模拟“产业”的发展程度，以及“产业”与“生态”的协调程度。

1.3.1 主方程

主方程以简单的表达方式，在“产业”与“生态”之间搭建了桥梁。主方程提供了研究两者关系的框架，并非具体的数学公式。1971 年 Ehrlich 和 Holdren 提出了描述产业活动对生态环境影响的方程，称为主方程，也叫 IPAT 方程，用以表征人类活动（人口数量、生产行为等）所带来的压力（Ehrlich and Holdren，1971），量化产业发展过程中资源消耗和废物排放的状况。主方程一般的描述方式为：

生态环境影响＝人口数量×人均 GDP×(单位 GDP 环境影响)

$$I = PAT \tag{1-1}$$

式中，I 是生态环境影响（impact）；P 是人口数量（population）；A 是人均 GDP，反映富裕程度（affluence）；T 是创造单位 GDP 的生态环境影响，反映技术水平（technology）。T 是一个技术问题，改变这个变量正是产业生态学的中心任务。

P 变量的变化受年龄结构、出生率、死亡率、迁入迁出等因素的影响。自工业革命以来，世界人口数量呈指数上升，有专家预测 2050 年之前世界人口将不断增加，对生态环境造成一定的压力。A 变量的大小与经济技术、政治策略、社会构成、自然环境等因素有关，由于产业活动规模不断扩大，有专家预测 2050 年该变量可能提高 3～5 倍，对生态环境的影响也会不断增大。T 变量反映人类通过生产技术改进控制和减少生态环境负荷的能力，如果把生态环境负荷稳定在目前水平，该变量需减少 50%～90%。T 变量主要是控制和减少支撑产业发展的资源消耗量和废物排放量，具体变形为：

$$\text{资源消耗量}=\text{人口}\times\frac{\text{GDP}}{\text{人口}}\times\frac{\text{资源消耗量}}{\text{GDP}} \tag{1-2}$$

$$\text{污染物产生量}=\text{人口}\times\frac{\text{GDP}}{\text{人口}}\times\frac{\text{污染物产生量}}{\text{GDP}} \tag{1-3}$$

一些学者倡导 4 倍因子和 10 倍因子革命，即单位经济产出的环境影响减少到目前的 1/4 或 1/10，同样是针对 T 变量所做的努力。主方程的重要意义在于，通过逐个考察主方程 3 个变量的可能变化趋势，设定生态环境负荷减少和稳定的目标，以服务于区域节能、降耗和减排指标的科学制定。

【例 1-1】 设 2005 年中国人口 P_0 为 13.07×10^8 人，人均 GDP（A_0）为 1.39×10^4 元/人，万元 GDP 能源消耗 T_0 为 1.22 吨标准煤/万元 GDP；2010 年人口 P 为 13.40×10^8 人，人均 GDP（A）为 1.95×10^4 元/人，万元 GDP 能源消耗 T 比 2005 年降低 20%。求 2010 年全国的 GDP、能源消耗量，并与 2005 年进行对比（陆钟武，2010）。

解： 计算 2005 年 GDP 值 G_0 元

$$G_0=P_0A_0=13.07\times10^8\times1.39\times10^4=18.17\times10^{12}$$

计算 2010 年 GDP 值 G 元

$$G=PA=13.40\times10^8\times1.95\times10^4=26.13\times10^{12}$$

与 2005 年相比，有

$$\frac{G}{G_0}=\frac{26.13}{18.17}=1.438$$

即 2010 年比 2005 年增长了 43.8%。

计算 2005 年能源消耗量 I_0 吨标准煤

$$I_0=P_0\times A_0\times T_0=13.07\times10^8\times1.39\times10^4\times1.22\times10^{-4}=22.16\times10^8$$

计算 2010 年能源消耗量 I 吨标准煤

$$\begin{aligned}I=P\times A\times T&=13.40\times10^8\times1.95\times10^4\times1.22\times(1-0.2)\times10^{-4}\\&=25.50\times10^8\end{aligned}$$

与 2005 年相比，有

$$\frac{I}{I_0}=\frac{25.50}{22.16}=1.151$$

即 2010 年比 2005 年增长了 15.1%。

【例 1-2】 由【例 1-1】的计算结果可以引申出 2 个问题：人口增加、经济增长与能源消耗呈现出怎样的相关关系？如果 2010 年仍保持 2005 年的能源消耗水平，应如何控制能源强度（技术变量 T）指标？

解： 计算人口增加倍数 p

$$p=\frac{P}{P_0}=\frac{13.40}{13.07}=1.025$$

计算 GDP 增加倍数 g

$$g=\frac{G}{G_0}=\frac{26.13}{18.17}=1.438$$

计算人均 GDP 增加倍数 a

$$a=\frac{A}{A_0}=\frac{1.95}{1.39}=1.403$$

计算能源消耗减少倍数 t

$$t=\frac{T}{T_0}=0.800$$

人口数量、GDP 规模分别增长至 2005 年的 1.025 倍和 1.438 倍，同时能源消耗却下降为原来的 4/5，说明经济增长质量有所提升。但从生态环境负荷是否改善的角度来看，要使 2010 年保持在 2005 年的能源消耗水平，T 变量应该减少的倍数 t_1 为

$$t_1=\frac{1}{1.025\times1.403}\approx70\%$$

T 应减少约 30%才能保持能源消耗水平不变，因此，当前能耗强度降低 20%远未达到能源消耗水平不变的目标。

1.3.2 环境库兹涅茨曲线

1955 年美国经济学家西蒙·史密斯·库兹涅茨提出了反映人均收入水平与分配公平程度（以基尼系数表征）之间关系的一种学说，用以表示收入分配状况随经济发展的变化规律，称为库兹涅茨曲线（Kuznets curve），又称为倒 U 曲线（inverted U curve），是发展经济学的重要概念。

库兹涅茨曲线表明一国在经济快速增长时，内部收入差距会快速扩大，但达到某个高度（人均 GDP 超过 1000 美元）后，收入差距就会朝着缩小的方向发展，形成倒 U 形曲线，如图 1-7。

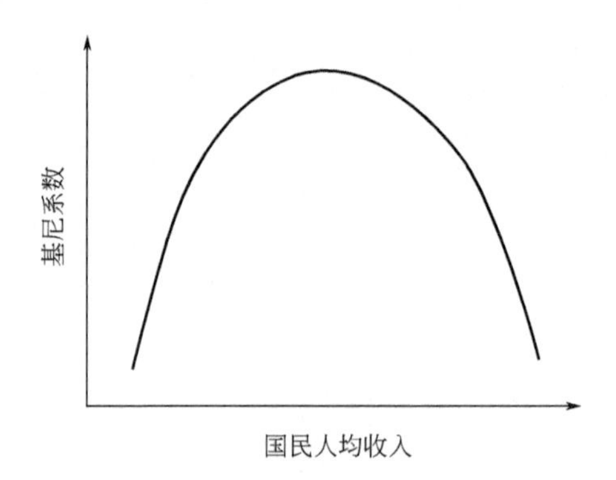

图 1-7 库兹涅茨曲线

库兹涅茨曲线中，横坐标国民人均收入是衡量一国经济实力和人民富裕程度的重要指标，纵坐标基尼系数是判断收入分配公平程度的指标。国民人均收入是一国在一定时期内（通常为一年）按人口平均的国民收入占有量，反映国民收入总量与人口数量的对比关系。基尼系数随着人均收入水平增长（经济增长）呈先升后降趋势。在经济发展初期，尤其是在人均国民收入从最低上升到中等水平时，收入分配状况先趋于恶化，继而随着经济发展逐步改善，最后达到比较公平的收入分配状况。

绿色卡片

发展经济学

张培刚先生的博士论文：《农业与工业化》

发展经济学（development economics）是20世纪40年代后期在西方国家逐步形成的一门综合性的经济学分支学科，是适应时代需要而兴起的。发展经济学是主要研究贫困落后的农业国家或发展中国家如何实现工业化、摆脱贫困、走向富裕的经济学。

张培刚是发展经济学的创始人，被称为“哈佛论经济，东方第一人”。1945年他在哈佛大学完成的博士论文《农业与工业化》，被公认为发展经济学的开山之作。论文首次提出了比较系统的农业国工业化理论，获哈佛大学1946～1947年最佳论文奖和“威尔士奖金”。1949年列入《哈佛经济丛书》第85卷，由哈佛大学出版社出版，直到近40年后才在国内翻译出版，中文译本于1984年由华中工学院出版社出版。

绿色卡片

基尼系数与恩格尔系数

美国经济学家
阿尔伯特·赫希曼

德国统计学家
恩格尔

基尼系数是1943年美国经济学家阿尔伯特·赫希曼根据洛伦兹曲线提出的系数，用以综合考察居民内部收入分配差异状况，是判断收入分配公平程度的指标。长久以来人们错误地把这个指标归到基尼名下，但1964年，赫希曼在 *American Economic Review* 杂志上发表了一页纸的澄清文字，标题是“一项指标的父权认证”（*the Paternity of An Index*）。

19世纪德国统计学家恩格尔根据食品支出总额占个人消费支出总额的比重提出了恩格尔系数，以表征消费结构的变化规律。一个家庭收入越少，家庭收入中（或总支出中）用于食物支出的比例就越大，随着家庭收入的增加，家庭收入中（或总支出中）食物购买支出比例则会下降。推而广之，一个国家越穷，每个国民的平均收入中（或平均支出中）用于购买食物的支出所占比例就越大，随着国家逐渐富裕，这个比例就会下降。

绿色卡片

基尼系数计算与洛伦兹曲线

基尼系数是全部居民收入中，用于进行不平均分配的那部分收入占总收入的百分比。基尼系数是比例数值，介于0和1之间，1表示居民之间的收入分配绝对不平均，即100%的收入被一人独占，而0代表收入分配绝对平均。按照国际惯例，基尼系数在0.2以下，表示居民之间收入分配高度平均。

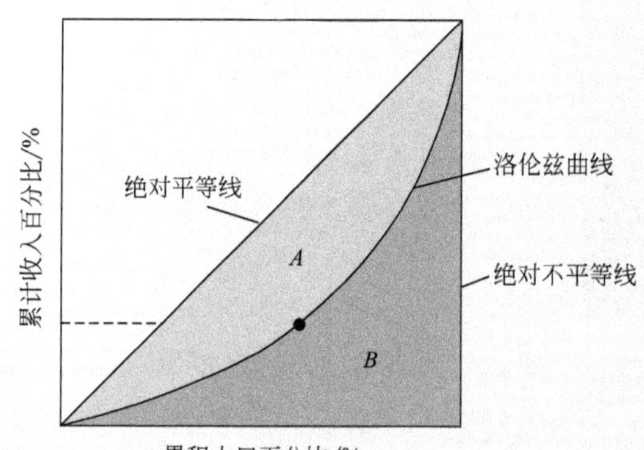

基尼系数是基于洛伦兹曲线（Lorenz curve）定义的。1905年美国经济学家洛伦兹绘制了洛伦兹曲线来描述收入的不平等状况。如何画出洛伦兹曲线？假设在正方形房子里，有5个人，从穷到富（从左到右）排成一行，首先记录下所有人对应的收入情况，然后基于人口累加百分比计算收入累加的百分比，并在二维坐标（图中的正方形）上绘制点，最后把点连起来就是洛伦兹曲线。实际收入分配曲线（洛伦兹曲线）和收入分配绝对平等线（$y=x$）之间的面积为A，实际收入分配曲线右下方的面积为B，就可以计算A的面积占比，即为基尼系数$=A/(A+B)$。

收入分配越是趋向平等，洛伦兹曲线的弧度越小，基尼系数也越小；反之，收入分配越是趋向不平等，洛伦兹曲线的弧度越大，那么基尼系数也越大。

“产业”与“生态”关系的动态变化同样符合倒U形统计学变化规律。当一个国家的产业发展水平（经济发展水平）较低时，资源消耗与环境污染产生的负荷也较低，但随着产业发展，生态环境恶化程度不断加剧，环境负荷不断增长；当产业发展达到一定水平后，也就是说到达某个临界点或“拐点”以后，随着产业的进一步发展，生态环境负荷逐渐得到改善，这种变化规律被称为环境库兹涅茨曲线，用以反映工业革命以来，产业发展状况与生态环境负荷的升降过程以及未来的趋势。图1-8中横坐标为产业发展状况，纵坐标为生态环境负荷，表征资源消耗、环境污染程度。

由图1-8可知，在产业发展过程中，生态环境负荷的升降分为三阶段（陆钟武，2010）：一是工业文明阶段，生态环境负荷（资源消耗和环境污染）不断上升；二是生态转型阶段，生态环境负荷增幅降低，达到顶点后逐步下降；三是生态文明阶段，生态环境负荷降幅较大。在第一、第二阶段生态环境问题会越加严重，亟须转变产业发展模式，降低生态环境负荷。如果把图1-8的变化轨迹描绘为一座环境高山，部分国家基本上翻过了这座“环境高山”（从山顶翻过去），走出了一条先污染后治理的产业发展道路，虽然产业得到了大幅发展，但也付出了沉重的生态环境代价。如果在山腰处开凿一条隧道，从这条隧道穿过去，翻山活动就变成了穿山活动（图中圆点虚线部分），强调通过技术创新降低峰值，前进的水平距离（产业发展与经济增长）未变，但付出的代价（环境负荷）明显降低（陆钟武，2010）。

“产业”技术创新需辅以政策措施保障（资源税、环保税、生态补偿等），将资源、环境和生态代价纳入生产成本，使产业不盲目扩大生产，反而自发寻求技术进步，提高生产效率，降低单位生产的生态环境负荷，以获得更多的收益。在生态环境负荷未达到无以复加的地步前，穿越“环境高山”，实现产业的生态转型，为生态环境恢复与建设留有余地。但产业转移所带来的峰值降低，不属于此类范畴。此种做法虽对转出国有利，但由于产业转移外部不经济性的存在，并不会减少全球生态环境负荷，反而有可能由于转移地技术水平的下降导致全球生态环境负荷有所增加，从而阻碍全球产业模式创新与持续发展进程。

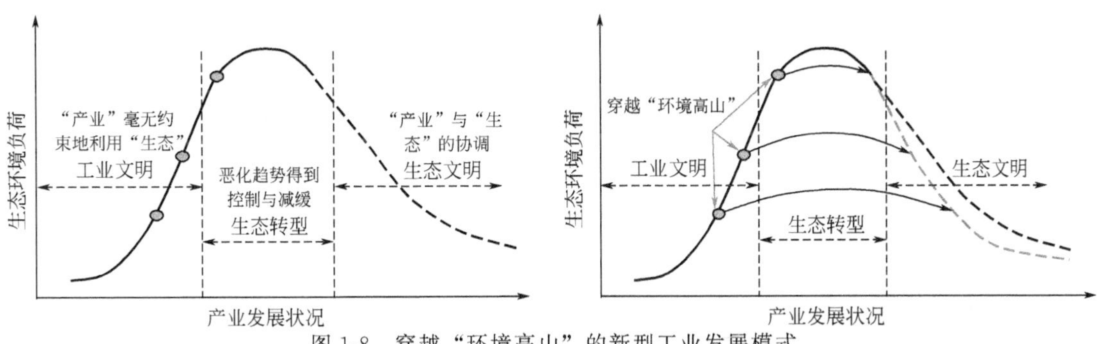

图1-8　穿越“环境高山”的新型工业发展模式

注：参考自陆钟武（2010）。

1.3.3　协调发展模型

将“产业”与“生态”之间的互动关系（压力与支持力）映射到直角坐标系中，建立协调发展模型（图1-9）。该模型反映了“产业”发展程度、“产业”和“生态”协调程度的可能走向和走势。借鉴生产可能性曲线，确定模型中的发展曲线A、B、C。曲线是发展函数在直角坐标系上的投影，表示在资源投入、环境容纳、生态承载和技术水平既定条件下，产业所能达到的最大发展程度。采用曲线划分方式体现了不同发展阶段对“产业”与“生态”关系的不同考量，如在知识经济和循环经济时代，资源利用率、资源替代程度有所提升，自然资源的支持力略有增加，就会带来经济的快速增长；产业发展初期和完善期，度量“产业”与“生态”的协调采用了不同的松紧尺度，体现了发展中的协调（张妍等，2005）。

将反映产业压力y和生态支持力x的指标代入协调发展模型，就可以计算发展度和协调度。代入模型前，需将指标归一化处理为0与1之间的数值［0，1］。曲线$y=1/2-x^3$、$y=3/4-x^3$和$y=1-x^3$将正方形面积从左下到右上分成4等份，分别为Ⅰ、Ⅱ、Ⅲ和Ⅳ，体现了发展度的不断提升［图1-9(b)］；曲线$y=x$、$y=x^3$和$y=x^{1/3}$将正方形面积从左上到右下分成了4等份，依次将协调度划分为强产业压力、中度产业压力、中度生态支持、强生态支持［图1-9(c)］。将归一化的产业发展指标代入$y=a-x^3$可求得发展度a，将归一化的生态支持力指标代入$y=x^c$可求得协调侧重度c。依据协调侧重度数值的不同范围，可计

算协调度 b，即 $b=1/c$（$c>1$）或 $b=c$（$c\leqslant 1$）（图 1-9）。

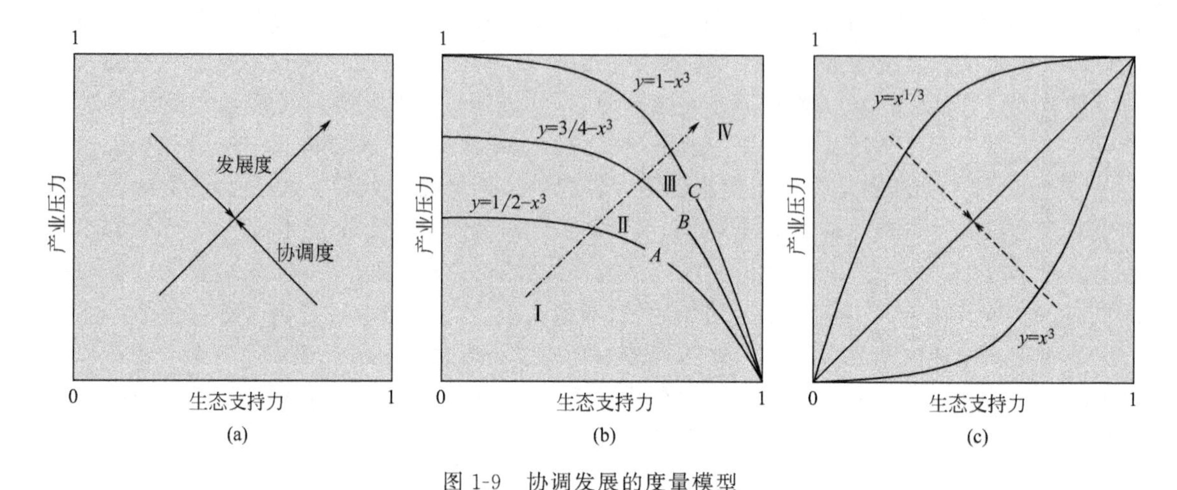

图 1-9 协调发展的度量模型

绿色卡片

生产可能性曲线

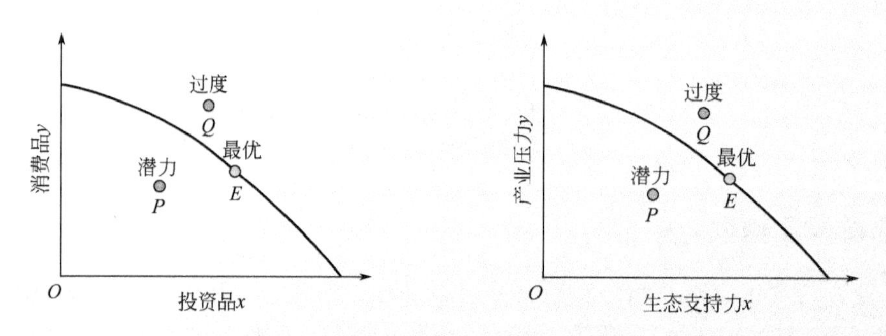

生产可能性曲线用来表示经济社会在既定资源和技术条件下所能生产的各种商品最大数量的组合，反映了资源稀缺性与选择性的经济学特征。资源稀缺决定了社会在一定时期内，可利用的资源是有限的，从而生产的产品数量也是有限的。假定一国可利用资源主要用来生产两种产品，投资品和消费品，由于资源总量一定，要多生产消费品就必须减少投资品的产量。

生产可能性曲线还可以用来说明潜力和过度的问题，曲线以内的任何一点，说明生产还有潜力，资源未得到充分利用，存在资源闲置；而生产可能性曲线外的任何一点，则是现有资源和技术条件所达不到的，只有曲线上的点，代表资源配置最有效率。

在资源数量和技术水平不变的条件下，一个社会现有资源可能生产的产品产量组合是既定的，但当资源数量增加和技术水平进步时，生产可能性曲线会向外平行移动。此曲线可借鉴引申到产业压力和生态支持力之间的关系分析。

思考题

1. 结合社会文明发展形态转变、产业变革过程演替，了解产业与生态关系的发展史。

2. “产业”与“生态”冲突的本质是什么？

3. 辩证思考“产业”与“生态”的关系。

参考文献

邓南圣，吴峰，2002. 工业生态学：理论与应用 . 北京：化学工业出版社 .

高迎春，佟连军，马延吉，等，2011. 清洁生产和末端治理环境绩效对比分析 . 地理研究，30（3）：505-512.

宫克，2005. 世界八大公害事件与绿色 GDP. 沈阳大学学报，17（4）：3-6.

陆钟武，2010. 工业生态学基础 . 北京：科学出版社 .

齐世荣，2006. 世界史·当代卷 . 北京：高等教育出版社 .

李祖杨，邢子政，1999. 从原始文明到生态文明：关于人与自然关系的回顾和反思 . 南开学报，3：36-43.

王如松，杨建新，2002. 从褐色工业到绿色文明 . 上海：上海科学技术出版社 .

王如松，2003. 循环经济建设的产业生态学方法 . 产业与环境，S1：48-52.

王翊婷，1998. 环境学导论 . 北京：清华大学出版社 .

袁增伟，毕军，2006. 产业生态学最新研究进展及趋势展望 . 生态学报，26（8）：2709-2715.

袁增伟，毕军，2019. 产业生态学 . 北京：科学出版社 .

张妍，杨志峰，李巍，2005. 城市复合生态系统中互动关系的测度与评价 . 生态学报，25（7）：1734-1740.

Ehrlich P R，Holdren J P，1971. Impact of population growth. Science，171：1212-1217.

Fischer-Kowalski M，1998. Society's metabolism. Journal of Industrial Ecology，2（1）：61-78.

IEA（International Energy Agency），2019. Key World Energy Statistics. http：//www.iea. org/.

Patten B C，Costanza R，1997. Logical interrelations between four sustainability parameters：Stability，continuation，longevity and health. Ecosystem Health，3（3）：136-142.

Zhang Y，Yang Z F，Li W，2006a. Analyses of urban ecosystem based on information entropy. Ecological Modelling，197（1）：1-12.

Zhang Y，Yang Z F，Yu X Y，2006b. Measurement and evaluation of interactions in complex urban ecosystem. Ecological Modelling，196（1）：77-89.

第2章

产业生态学概述

“产业生态学”是在可持续发展思想推动下，交叉融合了环境科学、生态学、产业经济学、地理学、系统学等多学科理论与方法，研究产业与生态相互作用关系的一门新兴学科，其理论基石是产业与生态之间的可逆关系，其核心内容是协调产业与生态关系的技术方法，其最终目标是构建循环经济发展模式。

自20世纪50年代以来，产业生态学经历了“孕育—萌芽—诞生—发展”等不同的阶段，在此发展历程中，许多学者和国际组织对产业生态学的内涵、研究对象、研究内容、研究方法进行了深入的研究与探讨，建立了产业生态学的研究框架，提出了产业生态学的实践形式，为产业生态学的深入发展奠定了良好的基础。

为了实现产业系统的健康发展，构建产业复合生态系统，需要用产业生态学的原理和方法来协调产业与生态之间的关系。那么，产业生态学的发展历程是怎样的？产业生态学的内涵和研究内容又是什么？本章将从“产业生态学”发展脉络、研究框架入手，系统阐述产业生态学的基本问题。

通过本章的学习，学生需要了解产业生态学的发展历程，掌握产业生态学定义等基本知识点。基本要求是：知道产业生态学发展过程中的重大事件，以及不同研究视角对产业生态学内涵的界定；认识产业生态学的研究对象，了解这一学科的研究内容和重要实践形式。在开始本章学习前，推荐查阅产业生态学研究进展、综述等相关资料，让学生充分了解不同研究领域对产业生态学学科的认识，从不同人的视角、不同的历史时期、不同的事件中发现产业生态学这一新生学科的每一次转变，以对该学科形成综合的、系统的认识。

2.1 产业生态学的产生与发展

“产业生态学”一经出现便立即引起学术界、实业界的关注，这是由于“产业生态学”一词的提出采用了矛盾修辞手法，人们的直观反应就是“这是一个自相矛盾的说法”。为什么会有这个反应呢？过去人们认为“产业”是人造的、人工的，如工厂、车间，而生态是有机的、自然的，如动物、植物，产业与生物圈是分离的两个部分。“产业生态学”以冲突性文字表达了产业发展的美好愿景。

20世纪50年代，环境保护专家大多采用末端治理方式，研究污染物对自然界产生的不同后果，主要关注产业系统对其周边环境的影响问题（Erkman，1997）。同期，生态学迅猛发展，其显著特征是生态系统生态学成为研究主流，注重生态学与系统分析手段的结合，同时服务于各项经济建设的应用生态学受到关注与重视（孙儒泳等，2002）。产业生态学作为生态学应用领域的重要分支逐渐发展起来。产业生态学的观点认为产业系统是一类依赖于生物圈提供资源与服务的特殊生态系统，其手段是采用生态学原理与方法修正、规划和设计产业系统，描述产业系统内部或外部物质、能量和信息流动的复杂模式。

自20世纪50年代以来，产业生态学历经了产业生态系统概念解析、无废理念拓展，以及日本、比利时的实践贡献，逐渐奠定了其主流地位，并在学术界、实业界得到不断发展与完善。其发展脉络可划分为孕育阶段、萌芽阶段、诞生阶段和蓬勃发展阶段4个阶段（袁增伟和毕军，2006）。

2.1.1 孕育阶段

20世纪50年代到70年代初期，生态学家的很多观点已带有明显的产业生态学思想，主要集中于产业生态系统的概念剖析，以及日本开展的原创性实践工作。

2.1.1.1 产业生态理论探讨

随着生态学特别是仿生学的蓬勃发展，Odum和Pinkerton（1955）、Margalef（1963）、Hall（1975）等系统生态学家意识到产业生态理念的重要性，指出人类生产活动依赖的生物物理环境服从于自然生态系统的规律，因此产业系统的运行也应服从于自然生态系统的变化规律，产业系统是生物圈的子系统，并据此提出了产业生态系统的概念（Brown，1970）。但是，他们发表的研究成果中并未对此详细解释，这些想法与观点的实际验证也较少。这些系统生态学家大多基于他们长期的生物地球化学循环研究，将更多精力集中在与自然生态系统相似的农业生态系统研究范畴（Vernadsky，1994）。

在产业生态系统概念提出的基础上，有学者关注产业与生态的关系、联合企业模式（产业共生思想）、经济发展的生态原则等方面。美国生态学家Commoner（1971）在其著作*Closing Circle*中探讨产业和生态的关系，他提出“假如我们要生存下去，工业、农业、运输业必须满足生态系统的要求。这些要求包括对废弃物的限制和治理，可再用金属、玻璃和纸品的循环利用以及在使用时需要生态合理的规划”，以及“现有的生产技术要重新设计，以尽可能地与生态要求相一致”等观点。20世纪70年代早期，美国产业废物处理领域资深专家Nemerow在维也纳的头脑风暴会议上，与联合国工业发展组织的Anderson共同提出了以零污染为视角的“环境平衡的联合企业”模式，类似于现今的生态产业园区（Nemerow，

1995）。同样的观点也在1972年出版的环境学家Taylor和律师Humpstone的著作 *The Restoration of the Earth* 中有所体现（Taylor and Humpstone，1972）[1]。其他研究者也提出了同样想法，他们从技术层面指出经济发展的生态原则以及生态与国际发展的问题（Dasmann et al，1973）。随着产业生态学思想的不断发展，1973年Evan在欧洲经济理事会的小型研讨会（波兰华沙）上曾提出了“产业生态学”一词，并指出应对产业运行开展系统性分析，充分考虑技术、环境、自然资源、生物医学、机构和法律事务、社会经济等新参数（Evan，1974），但由于此次会议规模较小，“产业生态学”一词并未引起足够重视。孕育阶段产业生态理论探讨见图2-1。

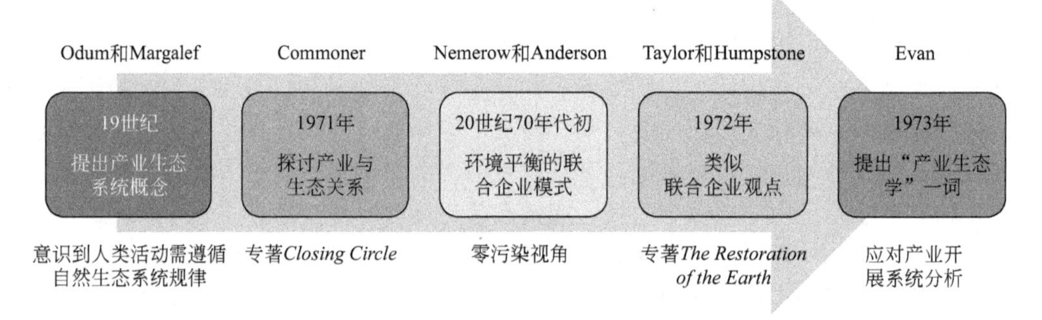

图2-1　孕育阶段产业生态理论探讨

2.1.1.2　日本产业生态实践

在产业生态学发展历史上，日本留下了浓墨重彩的一笔（Erkman，1997）。日本是较早关注产业发展对生态环境影响并付诸实践的少数几个国家之一。20世纪60年代末，频繁的公害事件使日本通产省意识到产业发展的环境代价较高，于是指定其隶属机构——产业机构咨询委员会开展一些前瞻性思考，由实业界、政府高级官员、消费者协会等不同领域的50位专家组成的技术组开展了一项提升日本经济发展质量可能性的课题研究，以寻求日本经济更多依赖于信息与知识、较少依赖物质消耗的可能性。1970年，该委员会在例会中形成了“在生态环境中发展经济活动”的观点。1971年5月，产业机构咨询委员会又公开发表了题为《70年代前瞻》的报告，根据报告提出的建议，通产省成立了15个工业小组，其中之一为产业-生态工作小组[2]，该小组的任务是用生态学的观点重新审视现有产业体系。产业-生态工作小组基于对文献的系统科学研究，广泛咨询国内外专家，于1972年5月发布了第一份300页以上的报告《产业生态学：生态学引入产业政策的引论》（Watanabe，1972）。这份报告在通产省产业组织中发行，他们普遍认为此报告富有哲理和激励性。1973年，第二份报告问世，增加了更为具体的实证研究。虽然该小组早已解散，但他们的工作为日后产业

---

[1] 早在1967年Taylor就成立了国际研究与技术公司并任总裁，致力于相关概念的发展。副总裁是在产业代谢领域进行开拓研究的Robert Ayres。

[2] 这个工作小组由Chihiro Watanabe领导，他当时是一位年轻的市政工程师，在通产省环境保护局负责环境问题。1973年3～4月Chihiro Watanabe在美国之行中有幸遇到了生态学家Eugene Odum（当时在亚特兰大乔治亚州立大学任教），但Odum并未表现出对日本做法的兴趣。Chihiro Watanabe在近30年时间里在通产省担任过许多个职务，20世纪90年代末为东京工业大学的教授，并任国际应用系统分析研究所（International Institute for Applied Systems Analysis，IIASA）顾问。

生态学思想的形成和发展奠定了基础（袁增伟和毕军，2006），对日本产业发展规划的设计与实施的贡献更是难以估量。孕育阶段日本产业生态实践见图 2-2。

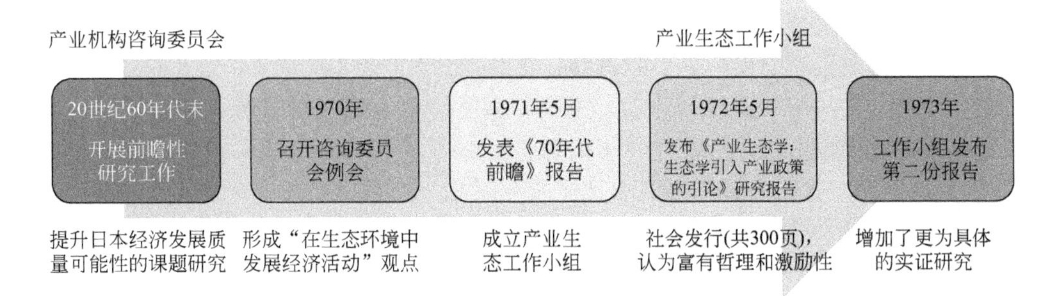

图 2-2　孕育阶段日本产业生态实践

1973 年 4 月，日本通产省官员指出，应依据生态原则发展能源方面的新政策。第一次石油危机前的 2 个月，即 1973 年 8 月，通产省提交了第一个“阳光工程”的预算需求，并于 1974 年 7 月实施，目的是发展新能源技术。1978 年第二次石油危机前的几个月，通产省发起了一个补充规划“月光工程”，致力于能源效率提高的技术研发。1980 年通产省成立了新能源产业的技术综合开发机构（New Energy and Technology Development Organization，NEDO），之后于 1988 年发起了全球环境技术规划（MITI，1988），90 年代又实施了“新阳光工程”，致力于提升能源技术以实现温室气体显著减少的目标。通过技术发展将生态限制融入经济中以维持经济实力，是日本采取的技术驱动战略，其基本原则是以技术替代物质资源（Watanabe，1995；Yoshikawa，1995）。具有讽刺意味的是技术驱动战略并非日本原创，相关研究在美国、欧洲已讨论很多年（Ausubel，1993；Richards and Fullerton，1994），但是美国、欧洲等地依然停留在学术研究层面，日本将其融入长期、大尺度产业战略中，据此提出的系列举措并非纸上谈兵，是真正将产业生态学思维和观点落到实处的国家。孕育阶段日本通产省能源利用工程与规划见图 2-3。

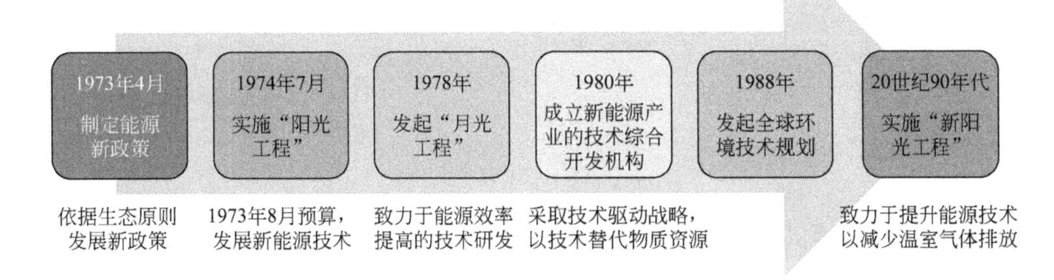

图 2-3　孕育阶段日本通产省能源利用工程与规划

此阶段提出了一些与目前的产业生态学思想十分接近的观念，人们也开始有意识地进行一些研究，因此被认为是产业生态学的孕育阶段。

2.1.2　萌芽阶段

20 世纪 70 年代中期至 80 年代中期，产业生态学的思想已经初具雏形，“无废”成为这一时期的关键词，同时产业生态系统的概念被不断深化，比利时的应用研究工作也表现突出。

2.1.2.1 产业生态理论深化

在产业生态学概念正式提出之前，废物交换、无废工艺和产业共生等相关概念就已形成，其中欧洲对产业生态学发展的贡献颇多。欧洲在 20 世纪 70 年代率先开展了以“低废”和“无废”为技术主题的产业规划运动。英国、德国等工业化国家出现了多种形式的“废物交换俱乐部”，鼓励废物交换和循环利用的行为。1976 年，联合国欧洲经济委员会组织了“无废料技术与生产”报告会，与会者表达了很多类似于目前清洁生产和产业生态学的观点，并提出了产业共生的初步构想（ECE，1978；Erkman，1997）。1978 年 Royston 指出“需要采取一种系统的，基于原材料供应—生产—消费—处理—循环利用的无废技术对待生产”。同年，联合国使用了与产业生态学基本一致的术语来形容无废技术：“更经济地使用物质和能量，减少污染，在生产中提高物质再使用和循环利用率，延长产品寿命。”80 年代末期，丹麦卡伦堡共生体逐渐成形，并被联合国作为生态产业典范进行推广（袁增伟和毕军，2006）。

1977 年美国地球化学家 Cloud 在德国地理协会年会上再次强调了产业生态系统的表述（Cloud，1977），此报告是题献给生物经济学之父 Georgescu-Roegen 的；后者在其大量的著作中，提出以热力学视角分析人类经济系统物质流的重要性（Georgescu-Roegen，1979），并涉及技术驱动的相关研究（Georgescu-Roegen，1984）。纽约州立大学的生态学家 Hall 在 20 世纪 80 年代初开始讲授产业生态系统的概念，并发表了物质与能量流的研究成果（Hall et al，1986），同期巴黎的另一个学者 Vigneron 独自提出产业生态学概念（Vigneron，1990），但两者在当时并未引起太大反响。萌芽阶段产业生态理论的深化见图 2-4。

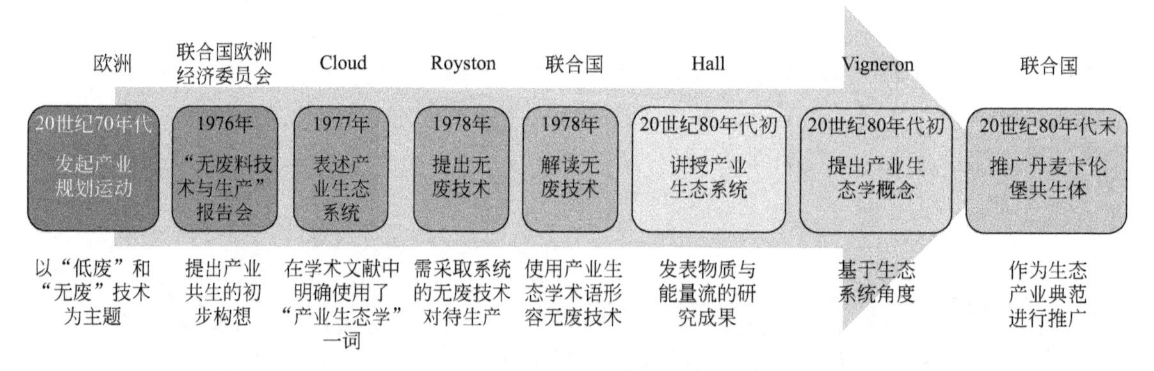

图 2-4 萌芽阶段产业生态理论的深化

2.1.2.2 比利时产业生态研究

20 世纪 80 年代初期的“比利时生态系统”研究计划为国家经济体的问题诊断提供了重要支撑，基于此，1983 年 Francine Toussaint[1] 等 6 位学者合作的专著《比利时生态系统：

---

[1] Francine Toussaint 曾以经济学家身份在布鲁塞尔市政府任贸易工程师之职，是当年计划的主要发起者。他解释说：“产业生态学这个词似乎是自然产生，我既没有在什么地方读到过，也没有在什么地方听到过。”小组有 6 位学者，职业各异（生物学家、化学家、经济学家等），是在本职工作之余完成的计划。尽管专著清晰概括了产业生态学的基本观念，但是反应却极为有限。Francine Toussaint 回忆道：“我们感到真是在荒漠里呐喊。”逐渐地研究小组解散，成员各奔前程，虽然他们专著的意义重大，风格独特，但《比利时生态系统：产业生态学研究》很快被人们遗忘了。

产业生态学研究》(Billen et al，1983）出版了。专著基于产业生产统计资料，以物质和能量流为参量，回顾了比利时的经济运行过程，摒弃了以抽象的货币单位作为经济运行计量的传统模式。他们观点的基本出发点是“深信生态学的观念和方法可以运用到现代产业社会运行机制的研究中，并以此指导新时代某些方面的发展”。该书清楚地表述了产业生态学的基本原则：用生态学观点分析产业活动，需要考虑企业及其关联的上下游企业、消费者的关系，应将产业社会定义为由生产、销售和消费网络组成的生态系统；用物质与能量的流动（资源消耗和废物排放）来表述产业生态系统，为人们提供了认知经济活动是一种物质形态转换过程的现实依据，并指出社会良性运行需要有效管理或规划其物质资源（包括铁、玻璃、塑料、铅、木头和纸、食物产品 6 种物质）(Billen et al，1983)。

研究发现，比利时经济运行中存在着产业关联性较弱的问题，如钢产业与金属加工部门、种植业和养殖业的分离。在欧洲煤钢共同体控制下，外部开放市场激励了比利时钢产业迅猛发展，约 80%的钢产量用于出口，与本地金属加工部门关联性较差，影响了精细化技术产品的生产。结果比利时金属加工部门仅能出售低品质的产品，在国际市场上竞争受损，同时对国内需求的反应也不及时。另一个例子是种植业和畜牧业的不关联，传统混合农业（种植业和畜牧业相互结合、兼而有之的综合性农业）中两者有着特定的平衡，混合农业中产生的副产品和废物可以被畜牧业所利用，牲畜排泄物是土壤改良的基础，也是矿物肥料的补充。但现代化农业使得畜牧业越来越重要，并大多以工业饲料供养为主，这样畜牧业不断从农业活动中剥离出来，大量排泄物不能完全利用，或远超农业所需的施肥量，导致种植业和畜牧业废弃物排放问题突出（Billen et al，1983)。专著作者们基于研究得出如下结论：比利时产业运行方式存在着开放、专业化弱、部门联系低的一般特征，进而导致物质开环流动不断形成废物、经济运行需要大量能源消耗、物质流动结构产生污染等功能紊乱问题(Billen et al，1983)。萌芽阶段比利时产业生态研究见图 2-5。

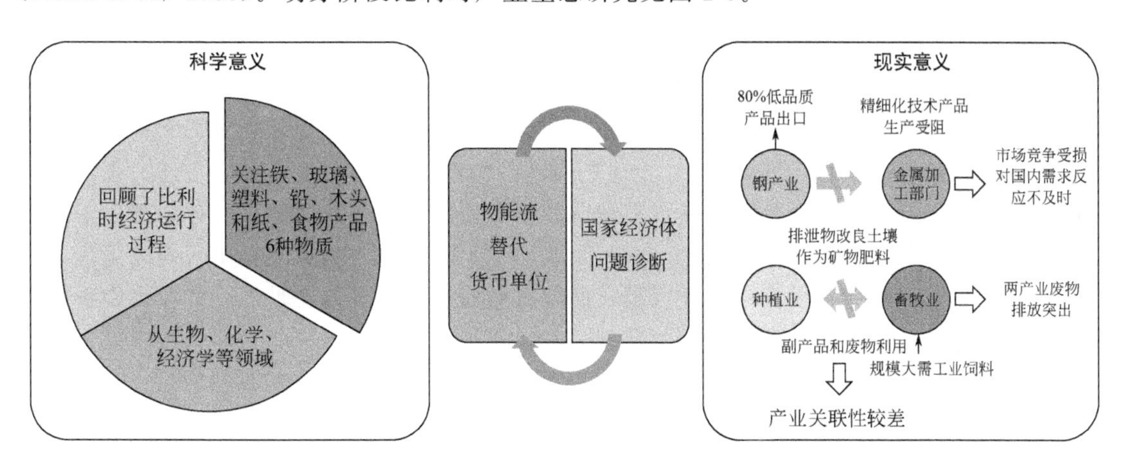

图 2-5　萌芽阶段比利时产业生态研究

关于废物问题比利时小组还提出了一些很有意义的观点：废物问题来自生产和消费的增加，原材料消耗和废物产生构成了产业物质流动的结构图景；废物重新利用的主要困难不在收集阶段，不在分捡阶段，而是在于收集之后“将废物重新纳入经济结构之中的可能性”。虽然这本专著的意义重大，但在当时并未引起足够的重视。

2.1.3 诞生阶段

20 世纪 80 年代末～90 年代初，产业生态学领域的里程碑事件是 1989 年 *Scientific American* 杂志刊载的一篇文章，其中正式提出产业生态学概念。以这个时间为节点，可以看出之前的产业生态学发展来自多个起源，其中欧洲、日本贡献较多，但之后美国逐渐成为产业生态学的研究中心，对产业生态学发展的推动作用明显。该阶段末期特别关注产业代谢研究，为产业生态学诞生提供了重要基础。1988 年，Ayres 在物质平衡原理基础上提出了产业代谢理论[1]，并于 1989 年指出产业代谢是采用类比方式，通过模拟生物新陈代谢过程和生态系统的再生过程，创新性研究经济活动中物质与能量流动对环境影响的有效方式（袁增伟和毕军，2006）。同期，苏黎世联邦理工学院 Baccini、Brunner 和同事也开展了产业代谢的隐喻研究，这也唤醒了人们在演化经济学和城市生态学等领域开展有机隐喻[2]的研究。

2.1.3.1 里程碑事件

1989 年 9 月，哈佛大学 Clark[3] 在 *Scientific American* 组织了一期"管理行星地球"的专刊[4]，这个专刊以 Frosch 和 Gallopoulos 两位美国通用汽车工程师的一篇文章 Strategies for Manufacturing[5] 为特写，正式提出了产业生态学、产业生态系统的概念，引起了实业界和学术界的注意。作者在文章中提出了一个观点：通过有关资源和人口趋势的预测，发现传统产业发展模式应该被一个更为综合的模式所替代，即产业系统应向自然生态系统学习，全面地对资源开展循环使用，建立类似于自然生态系统的产业生态系统，在这样的系统中产业之间相互依存、互相联系，构成一个复合的大系统（Frosch and Gallopoulos，1989）。

Frosch 对产业生态学概念的兴起起到了决定性作用，他在一些场合阐述了产业生态系统类比的问题，以及其产业生态学观点形成的有关背景。例如，1990 年 Frosch 在英国工程师协会报告会上做了"走向产业生态学"的演讲，他指出产业生态系统与生物生态系统的类比其实并不完美，但如果我们能够模仿生物的优势特性，令产业体系模仿生物界的运行规则，人类将受益无穷（Frosch and Gallopoulos，1992）。1991 年 5 月，美国国家科学院在华盛顿召开了产业生态学第一届研讨会（Patel，1992），Frosch 出任首任助理主任，在会上指出产业生态学观点进化了几十年，其本人想法的形成也经历了很长时间，最开始得益于联合国环境规划署早期的系列学术活动[6]，讨论主题涉及废物问题、物质价值和污染控制，以及自然界、生物系统和生态系统本质等方面，而后自然而然过渡到人类世界、产业、废物问题及人类世界与自然界耦合等深入话题（Frosch，1992）。

---

[1] Robert U. Ayres 最初在美国开展产业代谢的前沿工作，后来在 IIASA 与 William Stigliani 及其他同事共同开展研究，后来就职于欧洲工商管理学院。

[2] 有机隐喻是将机械性实体类比为有机体，在两者之间某种相似基础上建立的引申方式。

[3] 他是早期产业生态学"无形学院"（invisible college）的核心成员。科学研究需要无形学院，在学院中科学家能找到同行分享信息、讨论研究、寻求帮助，以促进科学知识的增长和自己职业生涯的提升（Clark 和 Munn，1986）。

[4] *Scientific American* 创刊于 1845 年，是美国最古老的、最受欢迎的月刊科学杂志，详细报道最近科学创新和研究文章。每年 9 月，*Scientific American* 会出版关于单一主题的特刊。

[5] 最初作者推荐的题目是《制造业：产业生态系统的观点》，但没有被接受。

[6] 1973 年联合国环境规划署成立，其第一任主任为 Maurice Strong，他也是世界银行总裁高级顾问，他最紧密的合作者就是 Robert Frosch。

2.1.3.2 里程碑事件的影响

虽然 Frosch 和 Gallopoulos 的文章观点严格来说并非原创，但这篇文章激发了人们强烈的兴趣，被认为是产业生态学研究的起源。这得益于以下几个方面：首先是 *Scientific American* 的良好学术声誉；其次是 Frosch 在政界、商业界和工程界的极高声望[1]；最后是在可持续发展报告《我们共同的未来》发表的大环境下，利于对环境问题的讨论。这个文献显然起到了一个催化剂的作用，特别是实业界、商业界不断寻求适应环境变化的新战略。

受 Frosch 和 Gallopoulos 文章的启发，1989 年波士顿理特咨询公司（Arthur D. Little）的英国顾问 Hardin Tibbs 撰写了一份 20 页的手册《产业生态学：一个新的产业环境议程》，并在 1991 年由理特公司出版，之后在 1993 年由全球商业网络（Global Business Network）[2]再版，依据此手册可为其会员公司研发其未来的发展情景（Tibbs，1992）。Tibbs 的手册基本上复制了 Frosch 和 Gallopoulos 文章的观点，但 Hardin Tibbs 的重要贡献在于用商业界术语阐释产业生态学思想，并综合归纳为几页长的文件，极大增强了商业界对产业生态学研究的关注度。打着理特公司、全球商业网络标签的手册成百印刷并快速售空，在商业界广为传播。产业生态学研究对商业界的影响也体现在 1993 年美国商人 Hawken 出版的《商业生态学》一书中。由此可以发现，许多学者受到 Frosch 和 Gallopoulos 的启发，开始发表成果在学术界和商业界传播这些观点（Lowe，1993；Connelly and Koshland，1996）。

绿色卡片

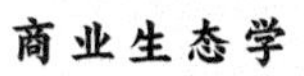

商业生态学

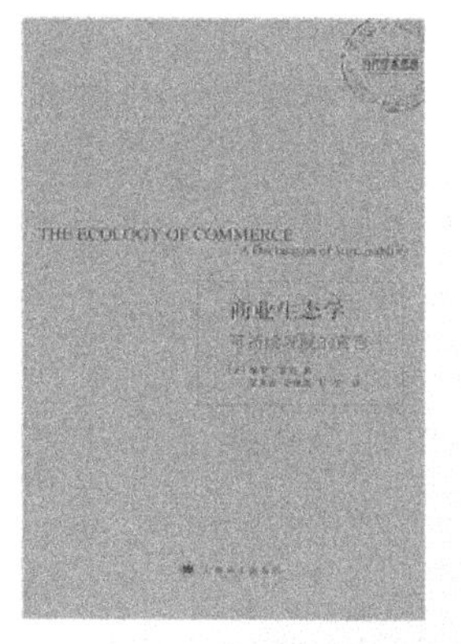

1993 年保罗·霍肯（Paul Hawken）出版了一本关于企业与环保的著作——《商业生态学：可持续发展的宣言》（*The Ecology of Commerce*：*A Declaration of Sustainable*），讲的是关于商业与生态环境之间关系的问题。1998 年被美国 67 所商学院的教授评选为商业和环境科学领域的最佳教材。

Hawken 认为，任何一个企业都必须面临三个问题：索取什么（What it takes）、生产什么（What it makes）和废弃什么（What it wastes）。这三个问题恰恰都与生态环境密不可分：索取要开采资源；生产要使用能源；废弃物还会污染环境。可见，商业与生态从一开始就注定是一个命运共同体。与自然生态系统的高效率相比，所有的产业体系和产业设计都显得黯然失色，谁也不如它少进多出。这使我们认识到，商业要进化必须以自然为范例。

---

[1] Frosch 曾是通用汽车研究部的副总裁，Gallopoulos 主要负责通用汽车发动机研究。

[2] 这是 Hardin Tibbs 后来加入的在 San Fancisco 附近的咨询公司。

2.1.4 蓬勃发展阶段

20 世纪 90 年代以来，在可持续发展思想的影响下，实业界、学术界、政界等纷纷开展产业生态学理论、方法和实践研究，形成了系统地模仿自然生态系统、按照生态规律重构产业系统的想法，产业生态学研究的创新性特色进一步显现，进入蓬勃发展时期。特别是进入 21 世纪，产业生态学的研究进入了一个崭新的发展时期，国际上产业生态学发展历程中发生了一系列重大事件。

2.1.4.1 不同层面组织与主题会议

20 世纪 90 年代以后，美国逐渐成为国际产业生态学研究的中心，不同层次的研究组织不断出现并召开会议。1991 年，美国国家科学院与贝尔实验室共同组织了全球首届"产业生态学"论坛，对产业生态学的概念、内容和方法及其应用前景进行了全面系统的总结，基本上形成了目前产业生态学的理论框架，开启了产业生态学研究之门。美国国家工程院从 20 世纪 80 年代末期就在华盛顿发起了《科技与环境计划》，该计划于 1989 年出版了第一个报告文集《科技与环境》，其中已经包含了许多向产业生态学演变的观点，但由于参会人数不超过 20 人，并没有引起很大的关注（Jesse and Hedy，1989）。1993～1994 年，俄罗斯的门捷列夫化学技术研究所设置了产业生态学部门，以更好地开展相关研究（Zaitsev，1993）。

1992 年美国科罗拉多州大学主办召开了生态产业领域的讨论会，此次会议有 60 多所大学参加，体现了学术界对产业生态学研究的重视。1996 年美国生态学会第 81 届年会召开，主席 Judy L. Meyer 将产业生态学列为未来生态学发展的 5 个前沿领域[1]之一。1996 年美国总统可持续发展委员会[2]召开了生态产业园（Eco-Industrial Parks）研讨会，对生态产业园区的定义、建设原则及美国生态产业园区建设实践情况作了研讨。同一年，美国环境质量委员会成立了物质与能量流动跨部门研究工作组，并由该小组发表了题为"产业生态学——美国的物质与能量的流动"的报告，委员会又于 1998 年召开专门会议，讨论生态产业的研究与发展。1998 年，美国矿产资源局（USGS）在 Virgina 举行了"关于科学、可持续能力和天然资源管理 LUSGS 物质与能量流动研究"专题工作会，与会者就产业生态学、物质与能量流动进行了研讨，认为物质与能量流动研究对于正在形成的产业生态学领域具有重要的意义。1998 年 10 月，美国国家科学基金会资助了 18 项有关生态产业的基础研究课题。

2000 年，国际产业生态学学会（The International Society for Industrial Ecology，ISIE）在美国纽约成立，并从 2001 年开始每两年召开一次国际学术年会，任务是推动产业生态学在研究、教育、政策和社会发展以及产业实践中的应用，除两年一次的国际年会，还有高登（Gordon）研讨会及各类专题会（表 2-1～表 2-3）。其中，2004 年产业生态学分支领域会议——产业共生学术研讨会在耶鲁大学召开，来自世界各国的专家和学者就产业共生内涵、理论和方法做了界定。2004 年，美国耶鲁大学在 Luce 基金支持下与清华大学联合举办了"产业生态学"教学研讨会，来自中国 32 所高校的相关人士参加了为期 3 天的研讨，会议有效地推动了中国产业生态学的发展。

---

[1] 5 个前沿领域分别为生态工程、生态经济学、生态设计、产业生态学、环境伦理学。

[2] 为了纪念联合国环境与发展大会召开一周年，1993 年美国总统克林顿宣布建立一个新的白宫咨询机构，名为"总统可持续发展委员会"。

表 2-1 历届国际产业生态学学会大会

届次	时间	主题	地点
第 1 届	2001.11	产业生态学的科学和文化 The Science and Culture of Industrial Ecology	荷兰莱顿 (Leiden)
第 2 届	2003.06	可持续交通和可持续消费 Sustainable Transportation and Sustainable Consumption	美国安娜堡 (Ann Arbor)
第 3 届	2005.06	为可持续未来的产业生态学 Industrial Ecology for Sustainable Future	瑞典斯德哥尔摩 (Stockholm)
第 4 届	2007.06	面向可持续未来的产业生态学 Industrial Ecology for a Sustainable Future	加拿大多伦多 (Toronto)
第 5 届	2009.06	向可持续性的转变 Transitions Toward Sustainability	葡萄牙里斯本 (Lisbon)
第 6 届	2011.06	科学、系统和可持续性 Science,Systems,and Sustainability	美国伯克利 (Berkeley)
第 7 届	2013.06	产业生态学:绿色经济战略 Industrial Ecology:Strategy for Green Economy	韩国蔚山 (Ulsan)
第 8 届	2015.06	盘点产业生态学 Taking Stock of Industrial Ecology	英国萨里 (Surrey)
第 9 届	2017.06	支撑可持续与弹性社区的科学 Science in Support of Sustainable and Resilient Communities	美国芝加哥 (Chicago)
第 10 届	2019.07	面向生态文明的产业生态学 Industrial Ecology for Eco-civilization	中国北京 (Beijing)
第 11 届	2021.06	转型 Transitions	荷兰莱顿 (Leiden)

表 2-2 历届产业生态学学会高登（Gordon）研讨会

届次	时间	主题	地点
第 1 届	1998	无	美国新伦敦 (New London)
第 2 届	2000	无	美国新伦敦 (New London)
第 3 届	2002	无	美国新伦敦 (New London)
第 4 届	2004	主要技术转型	英国牛津 (Oxford)
第 5 届	2006	无	英国牛津 (Oxford)

续表

届次	时间	主题	地点
第 6 届	2008	转变能源、材料、水和废物的使用模式	美国新伦敦 (New London)
第 7 届	2010	从分析到设计	美国新伦敦 (New London)
第 8 届	2012	产业生态学对解决迫在眉睫可持续发展问题的作用	瑞士莱迪亚布勒雷 (Les Diablerets)
第 9 届	2014	转变产业代谢	意大利卢卡 (Lucca)
第 10 届	2016	关键十年的机会:将福利与环境压力和影响脱钩	美国斯托 (Stowe)
第 11 届	2018	产业生态学在实现可持续发展目标中的作用	瑞士莱迪亚布勒雷 (Les Diablerets)
第 12 届	2022	促进循环经济,造福人类和地球	美国纽里 (Newry)

表 2-3　历届产业生态学学会亚太会议

届次	时间	主题	地点
第 1 届	2008	环境创新的可持续管理、理论与实践之间的共生	日本川崎 (Kawasaki)
第 2 届	2010	加强亚太地区的产业生态学	日本东京 (Tokyo)
第 3 届	2012	亚太地区走向生态产业发展	中国北京 (Beijing)
第 4 届	2014	亚太地区的产业生态学:建立可持续产业系统和人类住区的交叉科学	澳大利亚墨尔本 (Melbourne)
第 5 届	2016	无	日本名古屋 (Nagoya)
第 6 届	2018	产业生态学的研究进展、机遇和挑战	中国青岛 (Qingdao)

2.1.4.2　学术期刊和论著成果

随着相关研究的不断深入，相关的杂志、文章、专著及教材开始大量出现，如 1993 年创刊的《清洁生产杂志》(*Journal of Cleaner Production*) 经常刊载产业生态方面的文章，为产业生态学的早期研究成果提供了一个交流平台。1996 年，又创刊了产业生态学研究内容之一的《生命周期评价杂志》(*International Journal of Life Cycle Assessment*)。1996 年，联合国环境规划署的《产业与环境》杂志中文版出版，首次向中国读者介绍了产业生态学的概念和方法。1997年，权威杂志《环境科学与技术》（*Environmental Science & Technology*）刊发了《21世纪研究的优先领域专题报告》，指出产业生态学是今后20年需要关注的6个优先领域[❶]之一。1997年，美国耶鲁大学和麻省理工学院合作出版了全球第一份《产业生态学杂志》[❷]（*Journal of Industrial Ecology*），标志着产业生态学作为一门真正意义上的学科被学术界正式接受，该刊主编Lifset在发刊词中进一步明确了产业生态学的学科性质、研究对象和内容；之后2004年《产业生态学发展》（*Progress in Industrial Ecology*）杂志发行。这两个期刊推动产业生态学在国际科学界占得一席之地。相关成果的研究对象从接近自然系统的农业生态系统（Cole and Brander，1986），延伸到完全人工生态系统，如宇宙飞船等（Lasseur et al，1996），展现了产业生态系统与生物圈的紧密交互。

截至目前，产业生态学专著有70余部。1995年，第一本著作《产业生态学》面世，国际产业生态学学会前两任主席Thomas Graedel教授和B. R. Allenby博士根据其在贝尔实验室的长期研究和实践，撰写了此书。当时，产业生态学正处于探索各种定义、方法和工具的发展阶段，该书的出版填补了这一空白。Graedel教授因其对产业生态学理论和实践的杰出贡献，在2002年被选为美国国家工程院院士；专著中也融入了美国电话电报公司（AT&T）执行官Allenby在1992年完成的首篇产业生态学博士论文的成果（Allenby，1992a，b；Allenby，1994）。而国内第一本产业生态学的书籍《工业生态学——理论与应用》于2002年出版发行，该书对产业生态学的理论、方法和实践进行了介绍。1990年，清华大学席德立教授出版了《无废工艺：工业发展的新模式》一书，其中包括了许多产业生态学的思想，说明中国也较早地开展了产业生态学的相关研究。

2.1.4.3 学校机构和课程建设

国外30余所大学建立了研究中心或开设了相关课程，如俄罗斯门捷列夫化工大学1990年左右就设置了产业生态系；1997年麻省理工学院在全美首次开设了产业生态学的课程；1998年9月耶鲁大学成立了产业生态学研究中心；康奈尔大学在2001年成立了美国国家生态工业发展研究中心。

通过查阅大量资料可知，国内清华大学、北京大学、东北大学、武汉大学、北京师范大学、复旦大学、山东大学、南开大学、南京大学、四川大学等50余所学校相继开设了产业生态学及相关课程，虽具有一定规模，但远未普及。目前中国大学在不同学院开设的课程各具特色，课程名称有产业生态学，还有工业生态学、循环经济、生态工业、清洁生产等，这也说明了产业生态学这门课程的重要性和实用性。开设课程的相关专业有环境科学与工程、生态学与生态工程、人文地理、经济管理等方面，不同领域的专家学者从各自问题出发，形成了具有不同专业特点的产业生态学课程。环境科学与工程专业从环境问题的产生出发，研究产业活动在减少环境负荷方面的一些机会；生态学与生态工程专业从应用层面将生态学的原理与方法应用于产业活动中；人文地理专业更多地从产业集聚、产业区位、产业布局角度来研究产业活动的生态化；经济管理专业则从产业活动自身存在的问题出发，由侧重经济规律转向经济与生态的双赢。

---

❶ 6个优先领域为：经济与风险评估、环境监测与生态学、环境中的化学品、能源系统、产业生态学与人口。

❷ 《产业生态学杂志》是快速发展的产业生态学领域的一本重要刊物，也是国际产业生态学学会的正式刊物，使产业生态学在国际科学界占有重要的一席之地。

2.2 产业生态学研究框架

2.2.1 产业生态学定义

“industrial ecology”一词引入我国之初，大多被翻译为“工业生态学”，这是因为早期开展产业生态学研究的人员主要从事清洁生产工程技术研发，工业清洁生产的从业经历使他们惯性地使用了“工业生态学”的说法。但一些生态学、管理学的研究者则从产业经济发展和生态学的角度将其翻译成“产业生态学”，随着认识的不断深入，“产业生态学”一词开始被越来越多的人所接受。另外，根据中国产业划分，产业范围远远大于工业，涵盖了农业、采掘业、制造业、建筑业、交通运输业、能源生产与消耗业、消费者和服务提供商对产品的使用以及废物处置等各种产业活动。产业生态学的研究范围不应仅仅局限在工业生产，而应扩展到人类生存和消费活动对地球造成的各种影响。因此，将“industrial ecology”译为“产业生态学”主要基于以下两方面的考虑：一是现有生态环境问题不仅集中于工业，而是来自更为广泛的农业、服务业等产业活动，以“产业”替代“工业”更为合适；二是工业生态化解决方案往往并不局限于工业内部，需要综合考量工业、农业与服务业之间的副产品及废物交换，在产业系统范围内统筹产业生态化发展路径（鞠美庭等，2010）。

产业生态学以前所未有的活力不断发展，其表述也在学术界、商业界中不断丰富。加拿大戴尔豪西大学（Oalhousie University）的 Raymond Cote 指出产业生态学定义达 20 种之多，尽管不同研究人员与组织机构提出的产业生态学定义多种多样，但本质上没有大的区别。其中较具代表性的是 *Journal of Industrial Ecology*、美国跨部门工作组[1]以及国际产业生态学学会的定义，体现在产业与生态关系、自然系统类似物、全代谢过程、持续改进策略等方面。

第一，产业生态学是一门研究产业系统内部以及产业系统与自然生态系统二者之间关系的学科；

第二，产业生态学将自然生态系统的有机循环机理引入产业经济研究中，提出将产业系统看作是自然生态系统的类似物的研究方式；

第三，产业生态学通过研究产业生态系统的物质、能量利用的各种复杂模式，提出物质循环和能量流动全代谢过程的分析框架；

第四，产业生态学的研究目标是增强经济系统与生态环境的协调性，制定提高产品生产和活动生态效率的策略，进而实现在局地、区域、全球范围多个尺度下人类社会的可持续发展。

2.2.1.1 立足产业与生态的关系

“产业”与“生态”的关系是产业生态学研究的永恒主题，也是其立足的理念和基础。

---

[1] 1996 年美国跨部门工作组指出：“产业生态学这一术语把产业和生态学两个熟悉的词结合为一新的概念，它研究在工业、服务及使用部门中原料与能源流动及这些流动对环境的影响。它阐明产业过程如何与生态系统中天然过程发生相互作用。自然生态系统发生的物质和能源使用及其循环的重建指出了可持续产业生态学的道路。产业生态学提供了一个研究技术、效率、资源的供应、环境质量、有毒废弃物以及重复利用诸多方面互相关联的框架。”

产业生态学是一门研究产业系统内部及其与自然环境之间相互关系的新兴交叉学科，需要交叉融合多学科知识体系，包括从产业发展角度出发的产业组织、产业结构、产业集群等产业经济学知识[❶]，从生态环境角度出发的生态系统、群落、种群、生物体等生态学知识，以及从空间角度出发的产业布局、经济地理等地理学知识。产业生态学站在资源瓶颈和环境约束的角度审视人类生产活动与其依存的资源和环境之间的关系，为促进产业发展与自然环境的协调提供了一种全新的理论框架。

1991～1995 年，产业生态学的研究者致力于从产业与生态之间的关系解释产业生态学，强调跨学科研究、多种关系总和、不同层面应用等方面。1991 年在全球首次“产业生态学”论坛上，以贝尔实验室为代表，认为“产业生态学是研究各种产业活动及其产品与环境之间相互关系的跨学科研究”，此观点随后发表于美国科学院院刊（Kumar and Patel，1992）。1995 年国际电气与电子工程研究所（IEEE）在《可持续发展与产业生态学白皮书》中也指出，“产业生态学是一门探讨产业系统与经济系统以及他们同自然系统相互关系的跨学科研究”（IEEE，1995）。

Allenby、Frosch、Patel 和 Socolow 更强调多种关系的总和，如 1992 年 Allenby 在其博士论文中指出，“产业生态学以系统的观点来看待人类经济活动以及它与基本的生物、化学和物理系统的相互关系，从而实现和维持国家的可持续发展”（Allenby，1992a）；在这一年，Frosch 也指出，“产业生态学是研究产业和生态系统内部以及二者之间的有关物理、化学和生物的相互作用及关系的一门科学”（Frosch，1992）。1992 年 Patel 明确指出，“产业生态学是各种产业活动、产品以及生态环境之间关系的总和或模式”（Patel，1992），以及 1994 年 Socolow 提出，“产业生态学是全球产业文明与自然环境相互作用关系及单个产业转化与自然环境关系的总和”（Socolow，1994）。而 1994 年 Keoleian 和 Menerey 指出，“产业生态学是从当地的、区域的、国家的和全球的层次上研究企业之间的相互关系以及它们的产品和加工过程”，强调了关系的多尺度特征（Keoleian and Menerey，1994）。

2.2.1.2 采用生物类比研究方式

遵循系统生态学思想，将产业系统类比为生态系统是产业生态学重要的研究方式和手段，利用自然生态系统的运行规律，对特定地域空间内的产业系统、自然系统和社会系统进行耦合优化，实现经济系统内部各产业之间、产业与环境之间的有机联系。

产业生态学从生态类比角度解释集中于 1993～1995 年，后续也有学者进行了完善，体现了人们对产业系统的理解经历了从自然啮合到与自然相似，再到产业生态网络的变化过程。1993 年 Lowe、Tibbs 和 Hawken 均指出产业系统需要与自然保持密切联系，并与自然生态系统相啮合，如 Lowe（1993）指出，“产业生态学是对制造和服务系统（实际上是一种自然系统）的认识过程，它通过与当地的和区域的生态系统和生物圈保持密切的联系，从而实现把产业系统变为一种其内部所有材料基本上都能进行再循环的闭环系统”；Tibbs（1993）指出，“产业生态学是对产业基础设施的设计过程，它采用自然环境模式来解决环境问题，并创立了一种新的范式”；Hawken（1993）指出，“产业生态学是一种设计产业基础

---

❶ 简单来说，产业组织指产业内企业间的市场关系（垄断、竞争）和组织形态（企业集团、战略联盟）；产业结构是指农业、工业和服务业在一国经济结构中所占的比重；产业集群是指在特定地理区域中有交互关联性的企业或机构组成的群体。

设施的大规模、一体化的管理工具，将产业系统看作是一系列与自然生态系统相互啮合的人造生态系统”。

也有学者指出，产业生态学的对象是与自然生态系统相似的产业生态系统和产业生态网络。如 Garner 和 Keoleian（1994）指出，“产业生态学是研究产业和自然生态系统相似性的一门科学，以促进产业系统的发展为目的，从而使之具有自然生态系统的特性”；Côté 和 Hall（1995）在产业生态学研讨会上指出，“产业生态学是研究产业发展的一门科学，它通过强调自然生态系统类比、材料循环，以及生产者、消费者、清理者和分解者的网络化，鼓励资源保护和废物利用，从而提高产业的资源效率、竞争力和可持续性”；Erkman（2001）指出，“产业生态学以新的眼光看待经济的发展，它把整个产业系统（即所有同产品和服务的生产和消费有关联的活动）作为生态系统中的一个特殊形式来看待。基于这一出发点，改进产业系统才能与生物圈兼容，才能最终持久生存下去”。

2.2.1.3 搭建产业代谢分析框架

产业生态学是研究产业生态化技术和方法的一门学科，可为解决产业与生态之间的问题提供具体、可操作的方法，方法主要基于物质、能量和信息流的产业代谢分析。产业代谢分析基于物质平衡原理，描述流经产业系统的物质和能量流的全貌，目的是理解与人类活动相关的环境影响。在明确理论基础（产业与生态关系）、研究方式（生物类比）的基础上，产业生态学提供了测度产业系统与生物圈互动关系、模拟产业系统如何运行及调控的方法，为重建与生态系统功能兼容的产业系统、提供适宜的发展策略提供重要基础。

产业生态学作为一门新兴的技术学科，许多学者在界定其定义时主要关注物质能量流动状况及其影响、产业代谢过程等方面。1994 年，Richards、Allenby、Frosch 均指出，“产业生态学是研究产业和消费活动中材料和能源的流动及其生态环境效应，以及经济、政治、制度和社会因素对资源流动、使用和变化影响的一门科学”（Allenby and Richards，1994；Frosch，1994）；1995 年，第一部专著《产业生态学》指出，产业生态学是以产业系统及其周围环境协调关系为基础，以人类经济、文化和技术不断发展为前提，试图对整个物质周期过程（从天然材料、加工材料、零部件、产品、废旧产品到产品最终处置）加以优化的系统方法（Graedel and Allenby，1995）；1997 年 Ehrenfeld（1997）更将其上升为一个分析框架，即“产业生态学是一种强大的分析框架，它主要用来识别和列举生产者和消费者网络内无数的材料和产品流动状况”。产业生态学杂志主编 Lifset（1997）在上述基础上，强调了其应用的不同层次，并在杂志发刊词中指出，“产业生态学是一门迅速发展的系统科学分支，它从局部、地区和全球三个层次系统地研究产品、工艺、产业部门和经济部门中的物流和能流，其焦点是研究产业界如何降低产品生命周期过程（包括原材料采掘与生产、产品制造、产品使用和废弃物管理）的环境压力”。而之后的学者和机构，更多在前述技术框架基础上，强调其应用优势，如 Lowenthal 和 Kastenberg（1998）指出，“产业生态学是将生态学的工具、原则或研究视角应用于产业系统的物质、能量和信息流动对社会和环境的影响分析之中，从而使产业系统得以优化”；2000 年，国际产业生态学学会指出，“产业生态学研究产品、过程、工业部门和经济活动中的原料和能量在局地、区域和全球范围的使用和流动，它关注工业通过产品生命周期及与之相关的问题在减少环境负荷方面的潜在作用”。

也有学者明确指出产业生态学与产业代谢的关系，例如 1998 年杨建新和王如松指出，“产业生态学是从自然—社会—经济复合生态系统理论出发，主要研究社会生产活动中自然资源全代谢过程、组织管理体制以及生产、消费、调控行为的动力学机制、控制论方法及其与生命支持系统相互关系的一门系统科学，也是研究可持续能力的科学”（杨建新和王如松，1998）；2007 年，保罗·霍肯指出，“产业生态学提供了一种大规模整合的管理工具，可以使各企业的‘新陈代谢’相互联系起来，成为彼此关联且与自然生态系统密切相关的人工生态系统”（保罗·霍肯，2007）。

2.2.1.4 提出产业持续发展策略

产业生态学的目的是在认识和优化产业与生态关系的基础上，提出产业持续发展策略，从而实现人类生产活动的高效性（主要体现在资源生产力和生态效率方面）、稳定性和持续性。管理者、工程师对产业生态学的理解更侧重于实用性。丹麦卡伦堡产业共生体近 50 年的不断演变，针对关键问题实施的可操作、经济可行的解决方案，较好证明了工程师对产业生态学解决实际问题的认可。在管理者来看，产业生态学是末端治理与清洁生产预防战略的更广泛的融合，是产业管理与政策制定的重要手段。在提出产业持续发展策略时，需要交叉融合工程学和管理学的知识体系，包括从管理角度出发的企业环境管理、绿色供应链管理、生产者责任延伸[1]等管理学知识，以及从工程角度出发的绿色产品设计[2]、绿色工艺开发、绿色装备制造等工程学知识（袁增伟和毕军，2006）。

产业生态学定义强调技术和管理策略，由此引出“技术主导论”和“管理主导论”两种视角。“技术主导论”认为产业生态学主要是对企业清洁生产技术、废物资源交换和再利用技术、废物回收和再循环技术、资源替代技术等的开发和应用，进而实现提高资源能源利用效率和减少污染排放的目标，化工、冶金、钢铁、石化等行业从事行业清洁生产的技术人员倾向于该种论断；而“管理主导论”认为产业生态学旨在倡导一种全新的、一体化的循环经济发展模式，其核心是通过提高认识、强化管理，优化与调控产业生态系统，以达到节约资源和减少污染的目的，从事管理学、环境政策、环境经济研究的科研人员支持该论断。由于产业系统的复杂性和多样性，需要融合两种思路规划产业生态系统，实现技术和管理创新，为促进产业生态系统的形成提供强有力的解决方案，以实现产业系统的技术改造和新产业系统的规划设计（李同升和韦亚权，2005）。

有学者从环境议程、原则与措施等方面界定了产业生态学服务于管理的功能，如 1992 年 Tibbs 认为，“产业生态学是产业界的环境议程，是解决全球环境问题的有力手段”（Tibbs，1992）；Lyle（1994）指出，“产业生态学是对产业生产和消费的结构、功能和空间分布的研究过程，是为确保它们的可持续性而制定的原则和策略”；Shireman（1998）指出，“产业生态学是促进创新、优化绩效和降低经济、社会和环境成本的一套管理措施和政策系统”。还有学者综合技术与管理两方面策略，提出了产业生态学实现可持续发展的重要性，如 Jelinski 等（1992）指出，“产业生态学是进行产品和加工过程的产业设计以及选择可持续策略的一种新途径，它寻求整个材料循环过程中从原材料到加工完成后的材料、产品、废物以及最终处理的最优化”。也有学者面向健康、持续的目标，界定了产业生态学，

---

[1] 简单来说，从采购到满足最终客户需求的所有供应链环节绿色供应链管理成本最小、环境影响最小，促进经济与环境的协调发展，供应链运作达到最优化；生产者责任延伸制度指生产者应承担的责任，不仅涉及产品的生产过程，而且还要延伸到产品的整个生命周期，特别是废弃后的回收和处置。

[2] 绿色产品设计是指在产品整个生命周期内，着重考虑产品环境属性（可拆卸性、可回收性、可维护性、可重复利用性等），并将其作为设计目标，在满足环境目标要求的同时，保证产品应有的功能、使用寿命、质量等要求。

如 Hileman（1992）指出，“产业生态学是研究人类以何种方式来持续地利用地球资源从而保护植物、动物和人类健康发展的一门科学”；IEEE（1995）也指出，“产业生态学是多学科的综合，涉及能源供应与利用、新材料、新技术与技术体系、基础科学、经济学、法学、管理学和社会科学，是一门研究可持续性的科学”。

2.2.2 产业生态学研究内容

2.2.2.1 产业生态学的研究对象及目标

正如产业经济学一样，产业生态学也以产业系统为研究对象，区别在于产业经济学力求产业发展符合经济规律，实现经济效益的最大化，而产业生态学的目的则是把研究对象改造或塑造成“产业生态系统”，使其符合生态规律，实现经济与生态效益的双赢。

产业生态系统是指在一定空间中共同存在的所有产业组织（企业、公司或团体）与其生态环境之间不断进行物质、能量和信息交换而形成的有机整体。产业生态系统不是产业组织的简单组合，而是仿照自然生态过程、物质循环原理，从物质、能量和信息关联的角度对各个组织的系统构造（张萌和胡军，2007）。产业生态系统的内部结构和运行过程的描述见图 2-6。资源开采和能源供应等产业从环境中获取资源、能源，然后经材料生产、产品制造等部门转化成产品供消费者使用，最后各产业产生的废弃物经废物处理部门无害化处理后排放到环境中，大部分作为再生资源重新返回到产品使用、制造、材料生产、资源开采和能源供应等上游生命周期阶段。

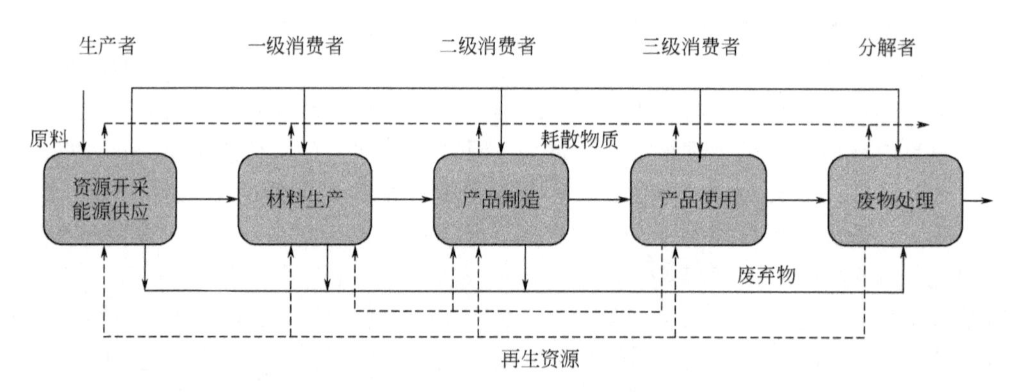

图 2-6 产业生态系统概念模型

目前，国内外学者从系统结构、功能、行为、分布等方面探讨了产业生态系统的特点（张萌和胡军，2007）。从组成结构和生态角色，可将产业生态系统划分为资源开采者（生产者）、加工制造者（消费者）、产品使用者（消费者）和废物处理者（分解者）四个基本要素（Graedel and Allenby，1995）；追踪产业链构成，可将产业生态系统看作是由初级材料加工厂、深加工厂或转化厂、制造厂、各种供应商、废物加工厂、次级材料加工厂等组合而成的一个企业群（Ayres，1996）。从经济、生态功能发挥来看，产业生态系统可以减少物质、能量等方面的生产成本，提高运作效率、产品质量、工人健康状况和企业公共形象，在保护自然和经济资源的同时，可由废物利用产生获利机会（Côté and Hall，1995）。产业生态系统的行为由其基本单元——企业的行为来决定，但又不是简单的企业行为，而是体现了多个企业经济行为、生态行为的有机组合。产业生态系统中，企业及企业集合依赖于其他企业的经济行为，必须与其他企业合作才能生存下去。同时，产业生态系统作为自然系统的一部分，其生产和消费行为也必须遵循生态系统的新陈代谢过程（Côté，1997）。产业生态系统由一系列在地理分布上分散或聚集、联系相对紧密的实体组成，通过系统集成、梯度分布的设计方法实现更高的经济和生态效率（Frosch，1996）。

图 2-7 中简要地描述了产业系统与产业生态系统的主要区别。从两个系统输入、输出的总量、结构来看，二者存在着明显的区别。相对于产业系统，产业生态系统利用物质、能量数量较少，并以可再生资源消耗为主，产生的废弃物数量也相对较少，且以无害成分为主；产业系统利用物质、能源数量较多，并以不可再生资源为主，产生的废弃物数量相对较多，且以有害物质为主。导致产业系统和产业生态系统输入、输出差异的主要原因在于内部循环路径、流量的存在。相对于产业系统，产业生态系统内部生产体系间、生产体系和消费体系间循环量增加，可使产业生态系统消耗外部资源、能源较少，产生的废弃物也较少。要想把现有的产业系统变成环境友好的产业生态系统，就需要利用产业生态学的原理和方法来改造现有产业系统，使其生态化，或者塑造新的产业系统，发展生态产业。

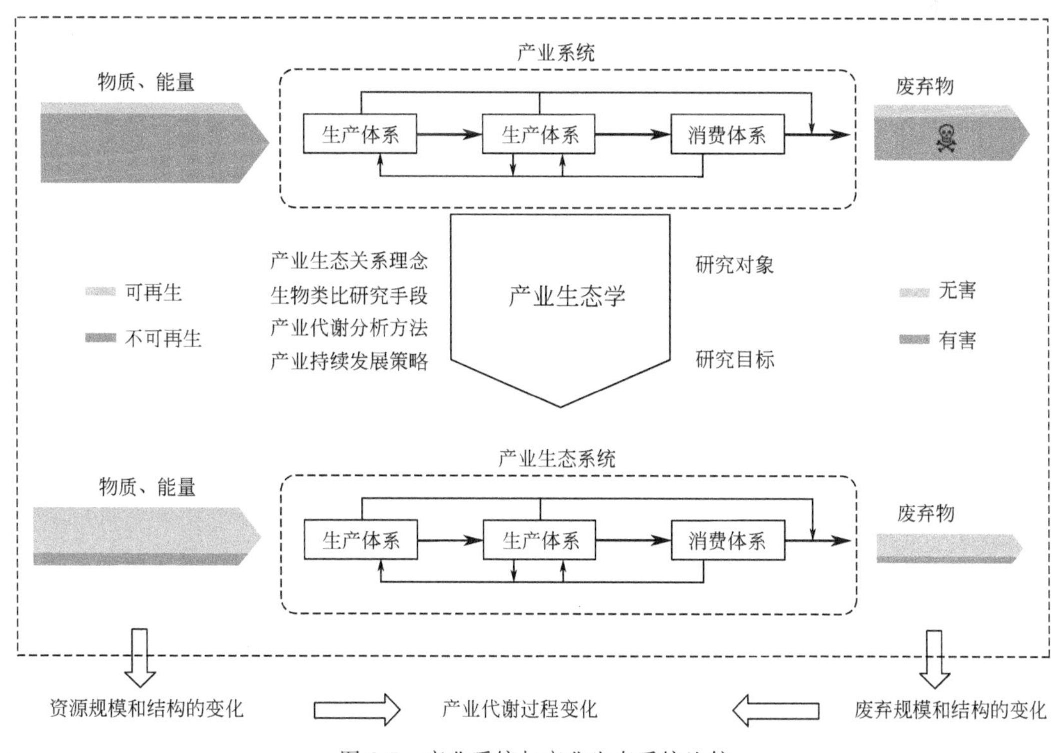

图 2-7　产业系统与产业生态系统比较

2.2.2.2　产业生态学的研究领域及方法

基于系统思维模式，遵循分析—评价—规划—设计—管理的研究思路，提出“五位一体”产业生态学研究方法体系，涵盖了产业代谢分析、生命周期评价、产业共生规划、产业生态设计和产业生态管理五个层次。产业代谢分析可为摸清系统基本代谢流提供技术支持；生命周期评价可为识别产业系统的环境负荷及瓶颈因素提供技术支持；产业共生规划可为制定产业链优化方案提供技术支持；产业生态设计可为生态产品设计提供技术支持；产业生态管理可为系统结构优化、功能完善提供策略支持。如果将分析—评价—规划—设计—管理研究路线分成方法与实践两方面的话，分析—评价—规划侧重于产业生态学的方法，而设计—管理则侧重于产业生态学的实践。

产业代谢分析是面向物料的分析方法，生命周期评价是面向产品的评价方法，而产业共生规划是面向区域的系统集成方法。产业共生规划方法离不开产业代谢分析、生命周期评价方法的支持，而分析与评价方法也需要在区域层面上加以落实。结合图 2-6 产业生态系统示意图，可知产业生态系统存在着代谢过程，包括输入、转化与输出的代谢环节，也可以划分为不同的生命周期阶段，如开采、材料加工、产品制造、使用及废物处理等阶段。这些产业活动的主要聚集形式为生态产业园区，是基于产业共生的理念构建的。分析、评价与规划均服务于源头的设计与过程管理，通过链网优化、结构功能规划提出设计方案，开展高效率的产业生态管理（图 2-8）。产业代谢分析的常用方法有物质流分析、物质与能量流分析、能量流分析等。如耶鲁大学产业生态学中心致力于全球层面的元素流（铜、银等）分析，世界资源研究所主要开展国家层面的物质流分析，德国 Wuppertal 研究所致力于建立物质流账户体系，而瑞典皇家理工学院开发了物质与能量流分析方法，并在地区和国家层面上开展了大量物质流案例分析。产业共生规划研究集中于收集与分析产业共生案例，研发废物、副产品交换利用方法，开展产业共生机理阐释和产业共生链网设计研究。

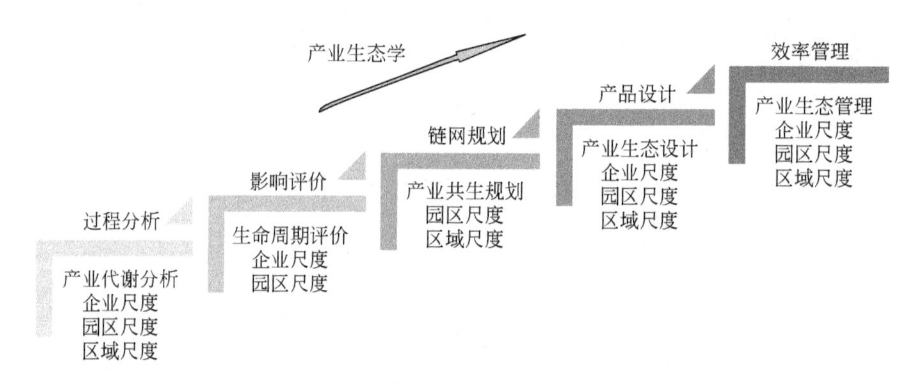

图 2-8　产业生态学层次划分和主要分析方法

结合产业生态学分析—评价—规划—设计—管理的方法体系，可以明确产业生态学不同研究对象——企业、园区和区域的适用研究方法。针对企业可以通过产业代谢分析、生命周期评价等技术方法识别企业环境影响，从而改进企业的管理体制和发展战略，提高企业的竞争能力。主要包括原料节约工艺、绿色工艺、废物零排放系统、物质替代、物质减量化和功能经济等具体措施。针对生态产业园区，主要通过运用产业代谢分析、生命周期评价工具，掌握园区物质、能量流动状况及存在问题；开展产业共生规划、产业生态设计和产业生态管理等技术的应用，采用数学模型研究产业系统中物质集成、能量集成、水集成、信息集成的规划方法，开展园区链条设计。从区域这一研究尺度切入，研究区域产业系统的代谢过程、共生状况以及区域产业政策管理的手段和措施。在一定的区域范围内，运用分析和预测工具所获得的信息，开展对整个区域内能源结构、经济结构和产业生态化的研究。围绕产业发展，将生态学的理论与原则融入国家法律、经济和社会发展纲要中，以促进国家及全球尺度的生态安全和经济繁荣。

2.2.3 产业生态学发展趋势

2.2.3.1 更加注重学科交叉

自产业生态学诞生以来，来自环境学、生态学、仿生学、经济学、社会学、农学、系统工程学、化学工程、林学等几十个领域的专家和学者对产业生态学的内涵、相应技术方法及应用案例进行了研究及解读，学者们一致认为，产业生态学是一门新的交叉学科，并且会有越来越多的学科介入到这一研究领域。

源于多学科理论和方法的产业生态学从一开始就注定了其多学科交叉的特征，产业生态学在这种多学科相互吸纳和冲突的过程中日趋成熟，最终将形成一个相对独立的理论和方法体系。如当前中国产业生态学研究主要来自环境科学、生态学、经济学背景，这就从一定侧面上体现了产业生态学的多学科交叉特点。尽管学科背景不一样，但产业生态学研究的目标是一致的，即服务于构建或塑造生态产业和促进产业生态化。经济学背景的研究者在分析产业经济运行规律中，发现资源环境等生态成本的重要性，进而研究产业生态发展模式；环境科学、生态学背景的研究者则是在环境问题—资源问题—生态问题这一链条的基础上，追根溯源到产生问题的主体——产业，试图从生态学视角解释或修正产业的运行行为。

研究对象的复杂性和问题的多重性使产业生态学研究需广泛采用多学科的理论和方法，产业生态学的多学科交叉性决定了其不仅受到相关学科发展的影响，也会推动相关学科的发展。随着产业生态学研究的不断深入以及对其他学科的广泛渗透，可以推动相关学科领域不断拓展与完善，甚至促成某些学科的内源性转变。例如，渗透到经济学领域后，大大刺激了生态经济学、环境经济学、资源经济学等经济学分支学科的突飞猛进；渗透到工程领域后，推动了生态设计和绿色制造的广泛应用；渗透到管理学领域后，促成了绿色供应链管理、生态化管理、生产者责任延伸等新方向的发展；渗透到城市学领域后，诞生了绿色人居、绿色建筑、绿色交通等分支学科。产业生态学研究对象由生产系统到消费系统，再到二者有机融合，体现了产业生态学对社会消费系统的渗透，也必将激发社会生态学的蓬勃发展。据此，未来产业生态学将渗透到更多的传统学科领域，并且会推动这些领域诞生新的研究分支，进而逐步影响这些学科的思维方式和研究方法（袁增伟和毕军，2006）。

2.2.3.2 更加注重理论方法研究

目前，产业生态学还没有形成自己完整的理论体系，而作为一门学科，建立一套具有专属性的理论体系是必然趋势和基本要求。产业生态学理论体系的形成过程，就是用其全新的思维模式去改造现有学科理论体系、塑造全新社会行为规范和培养新的社会意识形态的过程。从这一点上说，产业生态学基础理论体系的构建和完善是必然和必需的。产业生态学将不仅仅是一种全新的根源性环境污染防治模式，而且会是一种崭新的经济发展理论和全新的社会消费行为规范。产业生态学的最终理论体系应该基于生态学、社会学和经济学的融合，是运用生态学原理和社会学规则来改造和重塑现有经济理论体系的结果（袁增伟和毕军，2006）。

引入经济学概念和理论，需要在传统经济学理论中增加生态约束要素，考虑将环境、资源要素作为函数的外生变量和约束条件，即经济发展必须考虑资源的稀缺性，经济增长可能产生资源短缺、污染排放和生态破坏等负面效应，这些负面效应必须控制在生态环境承载能力范围之内，否则将给社会经济带来极其严重的危害。相关产业政策体系、管理模式的引入，也会充分考虑生态要素，建立生态人居、生态消费、生态行为规则和模式。在这种大范畴下，产业生态学的发展主要体现在经济学的内生要素的根基性变化，社会行为规则必须进行意识形态上的调整，会引起现有的经济学和社会学理论乃至更大范围的领域发生一些根本性的变革。

生态学概念与理论的引入，绝不能生搬硬套。在产业生态系统类比过程中，需要识别哪些概念和理论是适合的，在引入时需要做哪些调整，未来在此理论指导下如何定量化表征产业生态系统的问题及发展趋势，以便于采取针对性的措施解决产业发展的问题，促进产业持续发展。当前产业生态学对生态学概念和理论的系统性开发还比较初步，武断地将“自然界中没有废物”或“自然生态系统处于脆弱的平衡状态”等生态假设引入产业生态学研究，会显著影响研究成果的实用性。我们应在产业生态学的视角下，从生物圈中汲取灵感，设计产业系统时并不一定追求“有机形态”（袁增伟和毕军，2006）。

产业生态学的研究方法基本上是相关学科的直接“舶来品”，如经济学中的投入-产出分析、生态学中的物质流分析、环境领域的生命周期分析等。借助现有学科方法，基于产业生态学研究视角和研究系统的特殊性，建立独特的产业生态学专属方法，不仅是学科成熟的标志，也是现实研究的必需。集成多学科的分析方法研发产业生态学的系统方法，如强化资源生产率指标、减物质化情景等方法，修正和完善物质和能量流动分析、资源环境容量分配等方法，将有助于完整评估产业发展和政策制定的生态环境影响（袁增伟和毕军，2006）。

2.2.3.3 更加注重实用性

产业生态学学科的实践意义在于从根本上解决产业系统与自然生态系统冲突的问题，在产业系统内部加强循环，以实现源头和末端的减量化和无害化，通过产业生态学的技术方法、策略手段，为促进产业生态系统的形成提供强有力的解决方案，实现产业系统的技术改造和新产业系统的规划设计。

未来的产业生态学研究将不仅仅停留在指导生态产业园区建设方面，而会向宏观决策和微观设计两个方面拓展。例如，大区域层面的物质流分析和基于产品的生命周期分析可以为政府制定区域乃至国家的产业、行业政策等提供依据；而生态设计等则为微观层面企业的产品设计和制造提供了技术支撑。而在此之前，需要将产业生态学的生命周期评价、生态效率、生态设计等方法融入新的管理实践中（袁增伟和毕军，2006）。

产业生态学研究力求使产业系统利用较少的资源，产生更多的财富，并对生物圈影响较小。这是工程师、经济学家、管理者和自然科学家共同面对的挑战，应着力加强对利益相关者的培训工作，使生态学者了解产业系统，使工程师认识自然，利用自然规律解决产业问题。

2.3 产业生态学实践形式

产业生态学的重要实践形式是生态产业园区（ecological industrial park，EIP），丹麦卡伦堡产业共生体是全球产业生态学者最常引用的EIP的成功典范。苏伦·埃尔克曼（1999）

在《产业生态学》一书中详细介绍了卡伦堡产业共生体。

2.3.1 卡伦堡产业共生体概况

2.3.1.1 卡伦堡产业共生体形成背景

卡伦堡市位于丹麦首都哥本哈根以西75～100km，20世纪70年代人口约为2万人，是一个拥有天然深水不冻港（不冻港常年通航）的小城。卡伦堡通过常年不冻的港口运入煤炭和石油，建立了以炼油厂、燃煤发电厂为核心，其他相关产业为补充的产业体系。从地理位置上看，卡伦堡市远离欧洲腹地，相对孤立，正是建设火力发电厂的理想地点，1959年丹麦油气集团在卡伦堡建设火力发电厂，但同时其管理层也面临着远距离传输的巨大成本。较高的成本迫使卡伦堡企业在20世纪70年代初开始在更有效地使用淡水资源、减少费用和废料管理等方面寻求创新，自发建立起一种紧密而又相互协作的关系，正如卡伦堡制药厂副总裁Jorgen Christensen在多伦多产业生态学会议上指出的："我们并没有设计整个事情，它根本不是设计出来的，它是随着时间推移碰巧发生的，有一定的戏剧性。"

卡伦堡产业共生体产生的戏剧性还要追溯到1989年，当时丹麦的一群高中生要去园区参观，接待工作由园区火力发电厂经理负责。众所周知，煤电厂对环境的影响比较大，经理希望通过介绍发电厂与周边炼油厂、制药厂（酶制剂）和石膏厂（板材）等企业的副产物（废物）交换所取得的环境成就，让高中生对发电厂留下不错的印象。但是如何表达这种组织方式呢？碰巧，这位经理的夫人是位生态学家，她认为发电厂的创新生产模式类似于自然生态系统中的共生现象，并建议以产业共生来命名。通过有效盘点企业副产品和废弃物，使有需要的企业可以将废物当作原料，不断创造商机。目前，该园区已稳定运行近50年，逐渐发展成为一个包含三十余条生态产业链的产业园区，年均节约成本150万美元，年均获利超过1500万美元。同时，构建的企业间物流、能流循环再利用网络，不但为相关公司节约了成本，还减少了对当地空气、水和土地的污染。

2.3.1.2 卡伦堡产业共生体组成

卡伦堡产业共生体开始于1972年，但具体是哪一条生态链说法不一。有学者指出1972年发电厂同一家建材厂签订协议，发电厂的余热供建材厂使用；但也有学者指出1972年参与副产品交换的企业是炼油厂和石膏厂，利用炼油厂产生可燃气进行石膏板干燥。不管怎样，1972年以后，随着环保意识提高，卡伦堡企业逐渐意识到可以通过交换副产品、废弃物和能源来获得更多的利润，卡伦堡的产品交易不断由单向变为双向，最终发展形成复杂的产业共生网络。

卡伦堡产业共生体中主要有4家企业，相互间的距离不超过数百米，由专门的管道体系连接，分别为阿斯耐斯瓦尔盖（Asnaesvaerket）发电厂（丹麦最大的火力发电厂）、斯塔朵尔（Statoil）炼油厂（丹麦最大的炼油厂）、挪伏·挪尔迪斯克（Novo Nordisk）公司（丹麦最大的生物工程公司）、吉普洛克（Gyproc）石膏材料公司（瑞典公司）。发电厂最初为燃油发电，第一次石油危机后改为燃煤，它不仅为当地发电，而且为丹麦东部的高压电网供电（约占产电量的1/2）。制药厂利用农业产品作原料，经过微生物发酵加工，生产胰岛素、酶和盘尼西林等产品。此外，还有土壤修复公司、废品处理公司、市政府集中供热设施、硫酸厂、水泥厂和地方农场等单位加入到卡伦堡产业共生体（表2-4）中。

表 2-4 卡伦堡产业共生体中主要企业基本情况

企业名称	原材料、能源	产品	废弃物/副产品
发电厂	煤、冷却水、可燃气	热、电	石膏、粉煤灰、硫代物
炼油厂	原油、热能	成品油	可燃气
制药厂	土豆粉、玉米淀粉、热能	胰岛素、酶和盘尼西林	废渣、废水、酵母
石膏厂	石膏、可燃气	石膏板	
土壤修复公司	污泥	土壤	
废品处理公司	“三废”	电、可燃物	石膏

20 世纪 70 年代，卡伦堡几家重要的企业试图在减少费用、优化废料管理和有效使用废水等方面寻求合作，由此建立了企业间的相互协作关系。80 年代以来，当地管理与发展部门开始重视这些企业自发创造的新体系，并从各方面给予支持。例如，卡伦堡市开发部主办合作协会，由各合作方出资赞助，通过建立产业合作信息中心，收集产业合作及产业生态的信息，同时致力于新合作项目开发，并对内对外提供咨询服务；1996 年，政府成立了卡伦堡环境俱乐部，充分利用产业人脉关系，巩固与维持产业共生体系，企业的管理人员大多会参加环境俱乐部的各项活动，便于企业间交流。同时为了协调、组织、结算、监督园区企业，园区组建了管理团队，对废物利用新项目给予资金和技术支持，使物流、能流和信息流优化配置，循环生产得以有序进行。

2.3.2 产业共生体网络

2.3.2.1 卡伦堡产业共生体生态链条

1972 年产业共生体的出现，缘于石膏厂在卡伦堡建厂，主要由发电厂、炼油厂分别向石膏厂提供丁烷气（这使得炼油厂从此不再把它们当作废气来烧掉）、蒸汽等副产品和废物（韩玉堂，2009），此时制药厂虽已坐落在产业园内，但并未与其他企业建立任何副产品交换关系。接着 1976 年出现了制药厂到农场的副产品流，制药厂每年无偿提供淤泥（含氮和磷）给约 1000 家农场。到了 1979 年，发电厂开始给水泥公司供应飞灰，首次有了厂址不在卡伦堡产业园的一家公司加入合作。自此，卡伦堡产业共生体从最初的一个合同发展成了一个真正的“食物链”，副产品交换途径更加丰富，多家大型企业和上百家小型企业通过“废物”、资金、信息等纽带联系在一起，形成了一个举世瞩目的产业共生系统，成功揭示了人为创造这种副产品交换网络的可能性。卡伦堡产业共生体生态链条见图 2-9。

卡伦堡企业合作的最初动机均是为了获利，即以适当的投资来降低成本。合作双方遵照两两之间的协议，并没有联合的管理规则。产业合作包括水的再循环利用、能源转换、废弃产品的再循环利用等方面。

（1）产业共生体水资源利用

卡伦堡模式的形成源于水资源短缺。除 Tisso 湖外，淡水资源主要来自地下水。企业用水量较大导致水资源成为需循环利用的紧迫要素，企业自发采取水资源循环利用措施，建立起一种紧密而又相互协作的关系。

通过协作方式，发电厂于 1961 年通过承包合同的形式，建造了一条长达 20km 的管道，来输送 Tisso 湖的淡水；1973 年由炼油厂出资，卡伦堡市铺设管道，从 Tisso 湖引入未净化

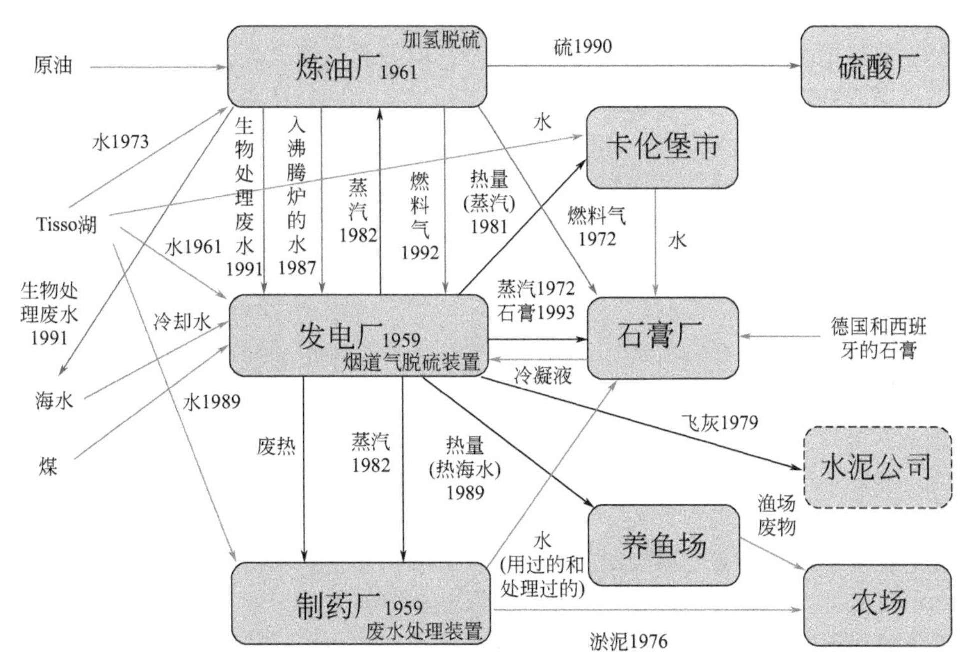

图 2-9　卡伦堡产业共生体生态链条

注：参考自 Doménech and Davies（2011）。图中的数字表示年份。

的水作冷却水；1987 年制药厂也从 Tisso 湖引入天然水。

水资源循环利用措施主要体现在炼油厂与发电厂之间，以及发电厂自身废水的再利用。1987 年炼油厂将冷却水（未被污染的且温度仅提升几摄氏度）用管道输送给发电厂用作沸腾炉原料进水，1991 年炼油厂在新的环境法规约束下，不得不建立一个废水处理厂，将生物处理过的废水通过管道向发电厂输送，用来清洗锅炉和去除灰烬，使地下水的消耗量减少了 90%。1995 年发电厂建造了一个 $2.5\times10^5\mathrm{m}^3$ 的回用水塘（作为三级水缓冲池的人工湖），回用自身废水，同时收集地表径流，减少了 60%的用水量，同时减小了对 Tisso 湖的依赖。制药厂考虑自身建设废水处理厂成本较高，将其已处理过的废水输送到市政水处理厂进行后期处理。通过水的重复利用，减少了产业共生体 25%的总需水量。

（2）发电厂废物及副产品利用

发电厂产生的蒸汽与热能、石膏、飞灰和灰泥等副产品和废物被广泛利用。煤电厂作为产业共生体的核心，热电联产比单独生产燃料利用率提高 30%。1981～1982 年间，对蒸汽和热能进行了多级利用。1982 年，煤电厂分别向炼油厂、制药厂供应生产过程中的蒸汽，炼油厂由此获得生产所需蒸汽的 40%，制药厂所需蒸汽则全部来自电厂。1981 年，由居民支付基本的费用，通过地下管道为卡伦堡市的 4500 户居民提供集中供热，淘汰了市内 3500 座燃烧油渣的炉子，大大减少了烟尘排放。1989 年，养鱼场利用发电厂产生的热海水余热（热量）温水养鱼，年产鲑鱼 200t，而养鱼场的淤泥也可以作为肥料出售给当地农场。

1993 年，火电厂投资 115 万美元安装了烟道气除尘脱硫装置，其副产品是硫酸钙（工业石膏），年产量 20 多万吨，出售给石膏厂，使该厂从德国和西班牙进口的天然石膏矿原料减少 1/2，而且这些石膏纯度较高，更适合生产石膏板。但在 1995 年，石膏厂在进行产品组分常规分析时发现，生产的石膏板产品中含有大量的钒，通过仔细调查后发现，石膏钒污染的原因是发电厂使用了委内瑞拉的廉价燃料。可见钒元素经共生网络物质流，从上游企业一直流动到下游企业。最终解决方案是改进发电厂设备以防止钒的大量累积，并遏制脱硫装置生产的石膏污染其他产品，这不仅耗费了大量的时间和金钱，还使石膏厂的信誉大打折扣（Doménech and Davies，2011）。

除蒸汽与热能、石膏的利用，火电厂也通过飞灰、灰泥延伸出下游产业链。第一次世界石油危机之后，发电厂用煤作为原料，产生了大量飞灰，1979年，发电厂安装除尘设施后，年均产生 7.0×10^4t 粉煤灰，大部分被水泥厂作为生产原料，也有一部分用来筑路。1997年，发电厂将半数燃料由煤改为含沥青的液态燃料，并开始从飞尘中还原钒和镍。

（3）炼油厂废物及副产品利用

炼油厂综合利用体现在对丁烷气、硫的回收利用。发电厂利用炼油厂过量的丁烷气替代部分煤和油原料，每年节煤 3.0×10^4t（约占燃煤量的2%），节油 1.9×10^4t，同时减少了火焰气排空（丁烷气燃烧）。1972年开始，炼油厂通过管道向石膏厂供气，用于石膏板生产中的干燥，虽然现在石膏厂主要使用天然气，但仍把炼油厂气作为备用系统。

由于卡伦堡的环境法规很严格，所以炼油厂非常有必要将排放气体中的硫去除。1990年，炼油厂建了一座车间进行烟气脱硫和生产稀硫酸，并将其用罐车运到50km外的一家硫酸厂供生产硫酸之用。虽然运行2年后这一生态链条结束，但1992年，炼油厂燃气脱硫的副产物变为硫代硫酸铵这种高效液体肥料，年产约 2.0×10^4t，相当于丹麦的年消耗量。

（4）制药厂废物及副产品利用

制药厂产生的固体、液体生物质副产品主要服务农场。制药厂利用马铃薯粉和玉米淀粉发酵生产酶，年均产生 $9.7\times10^4m^3$ 固体生物质和 $2.8\times10^5m^3$ 液体生物质。1976年前，制药厂将富有氮、磷和钙质的废弃物与废水混合排入大海，产生了富营养化问题。1976年后，制药厂废渣、废水经杀菌消毒后采用管道运输或罐装运送给1000家农场用作肥料，从而减少高肥料（商品化肥）用量，这也是丹麦政府禁止将这些物料倾倒入海后最经济的办法。1991年，制药厂发现产生的酵母肥料价值很高，添加乳酸成分就变成类似酸奶的饮料，可以作为猪饲料满足周边46个养猪场（80万头猪）的需求，产生更高的利润。

（5）静脉产业废物及副产品利用

卡伦堡市静脉产业包括废品处理公司、土壤修复公司、市政污水处理厂等。废品处理公司收集所有共生体企业的废物，并利用垃圾沼气发电，每年还提供5万～6万吨可燃烧废物。废品处理公司回收的石膏也卖给石膏厂，减少了其天然石膏用量，同时也减少了卡伦堡固体填埋量。土壤修复公司成立于1986年，主要进行多环芳烃和重金属污染土壤的修复。1999年，土壤修复公司开始利用卡伦堡市下水道产生的淤泥作为原料，制作修复污染土壤的生物营养剂。

卡伦堡产业共生体的成功依赖于对物质、能源和信息的高效利用，以及功能稳定的企业群落，成员间通过市场经济方式，利用对方产生的废弃物和副产品作为自己生产的原料或替代部分原材料，形成封闭物质循环系统，有效减少废料排放和资源消耗。包括由发电厂、炼油厂、制药厂和石膏厂四个大型企业组成的主导产业群落；化肥厂、水泥厂、养鱼场等中小企业作为补链进入整个产业生态系统，成为配套产业群落；由土壤修复公司、废品处理公司、废水处理厂等静脉产业组成的物质循环和废物还原企业群落（图2-10）。

2.3.2.2 产业共生体生态收益

“从副产品到原料”和“废热利用”，不仅减少了废弃物产生量和处理费用，还节约了资

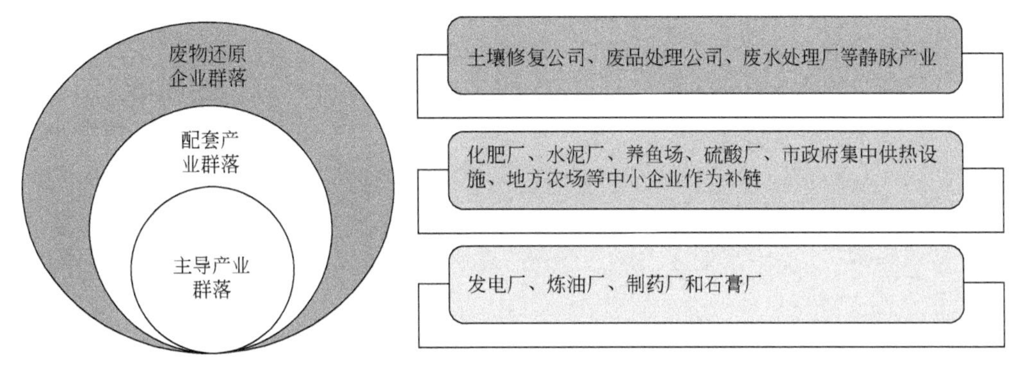

图 2-10 卡伦堡产业共生体的产业群落

源与能源，降低了生产成本，产生了经济效益。通过一个企业的副产品成为另一个企业原材料的方式，节约了水、煤、油、石膏、肥料等资源，减少了 CO_2 和 SO_2 排放、废水排放及水资源污染（表 2-5）。

表 2-5 产业共生体生态效益

副产物/废弃物的重新利用	节约的资源	减少污染排放
飞灰 8.0×10^4t/a	油 4.5×10^4t/a	CO_2 1.7×10^5t/a
石膏 2.0×10^5t/a	煤 1.5×10^4t/a	SO_2 1.0×10^4t/a
	水 2.9×10^6m^3/a	

注：参考自 Doménech and Davies（2011）。

资源消耗方面，共生企业通过水循环利用，每年减少用水 0.6×10^6m^3，由此每年能节约 1.9×10^6m^3 地下水和 1.0×10^6m^3 地表水；每年煤、油消耗量分别减少 1.5×10^4t 和 4.5×10^4t，多是通过制药厂和炼油厂使用发电厂的蒸汽，回收利用丁烷气来实现的；石膏厂每年从发电站获得 2.0×10^5t 石膏，代替天然石膏的使用；制药厂的肥料代替了约 20000hm^2 土地商业肥料的使用。

污染排放方面，每年减排 CO_2 1.7×10^5t、SO_2 1.0×10^4t；制药厂、发电厂和卡伦堡市政府在废水处理上的合作，明显减少了对周边水域的环境压力；发电厂每年煤和油的燃烧产生 8.0×10^4t 飞灰，被用于基础设施建设和水泥行业。在其他固体废弃物利用方面，废品处理公司每年可回收 11.3×10^4t 报纸，经过质检后出售；每年收集 1.7×10^4t 碎石与混凝土，分类和压缩后用于不同类型地面铺设；每年收集 11.5×10^4t 花园（公园）废弃物，用于土壤改良；回收 1.4×10^4t 铁和其他金属，清洗后出售再利用；收集 1.2×10^4t 玻璃和瓶子，出售给玻璃生产企业。由上述各项收益大致得出卡伦堡每年可节约资金约 150 万美元。

思考题

1. 产业生态学的内涵体现在哪些方面？
2. 请阐述产业生态学研究对促进可持续发展有何作用。
3. 卡伦堡产业共生体的发展给我们的启示是什么？

参考文献

鞠美庭，刘伟，于敬磊，2010. 国内外“产业生态学”研究与教育的比较分析．教育文化论坛，5：13-20.

李同升，韦亚权，2005. 工业生态学研究现状与进展. 生态学报，26（8）：2709-2715.

苏伦·埃尔克曼，1999. 工业生态学：怎样实施超工业化社会的可持续发展. 徐兴元，译. 北京：经济日报出版社.

孙儒泳，李庆芬，牛翠娟，2002. 基础生态学. 北京：高等教育出版社.

杨建新，王如松，1998. 产业生态学基本理论探讨. 城市环境与城市生态，11（2）：56-60.

袁增伟，毕军，2006. 产业生态学最新研究进展及趋势展望. 生态学报，26（8）：2709-2715.

张萌，胡军，2007. 产业生态系统研究综述. 经济学动态，1：60-63.

Allenby B R，1992a. Design for Environment：Implementing Industrial Ecology. Ann Arbor：Rutgers University.

Allenby B R，1992b. Industrial ecology：The materials scientist in an environmentally constrained world. MRS Bulletin，17（3）：46-51.

Allenby B R，1994. Industrial ecology gets down to earth. IEEE Circuits and Devices Magazine，10（1）：24-28.

Allenby B R，Richards D J，1994. The Greening of Industrial Ecosystems. Washington：National Academy of Engineering National Academy Press.

Ausubel J H，1993. 2020 Vision. The Sciences，33（6）：14-19.

Ayres R U，1996. Creating industrial ecosystems：A viable management strategy? International Journal of Technology Management，12（5-6）：608-625.

Billen G，Toussaint F，Peeters P，et al，1983. L'Écosysème Belgique. Essai d' Écologie Industrielle. Bruxelles：Centre de Recherche et d'Information Socio-politique-CRISP.

Brown H，1970. Human materials production as a process in the biosphere. Scientific American，223（3）：194-209.

Clark W C，Munn R E，1986. Sustainable Development of the Biosphere. Laxerburg：IIASA/Cambridge University Press.

Cloud P，1977. Entropy，materials and posterity. Geologische Rundschau，66（1）：678-696.

Cole D J A，Brander G C，1986. Bioindustrial Ecosystems. Amsterdam：Elsevier Science Publishers.

Commoner B，1971. The Closing Circle. New York：Bantam Books.

Connelly L，Koshland C P，1996. Industrial ecology：A critical review. International Journal of Environment and Pollution，6（2/3）：89-112.

Côté R P，1997. Industrial ecosystems：Evolving and maturing. Journal of Industrial Ecology，1（3）：9-11.

Côté R P，Hall J，1995. Industrial parks as ecosystems. Journal of Cleaner Production，3（1）：41-46.

Dasmann R F，Milton J P，Freeman P H，1973. Ecological Principlesfor Economic Developmnet. London：Wiley.

Doménech T，Davies M，2011. Structure and morphology of industrial symbiosis networks：The case of Kalundborg. Frontiers of Earth Science，7（2）：169-181.

ECE（Economic Commission for Europe），1978. Non-waste Technology and Production. Oxford：Pergamon Press.

Ehrenfeld J R，1997. Industrial ecology：A framework for product and process design. Journal of Cleaner Production，5（1-2）：87-95.

Erkman S，1997. Industrial ecology：A historical view. Journal of Cleaner Production，5（1-2）：1-10.

Erkman S，2001. Industrial Ecology：A new perspective on the future of the industrial system. http：//www. esf. edu/for/germain/Erkman%20-%20Industrial%20Ecology. pdf.

Evan H Z，1974. Socio-economic and labour aspects of pollution control in the chemical industries. Journal for International Labour Review，110（3）：219-233.

Farvar M T，Milton J P，1972. Careless Technology：Ecology and International Development. New York：Natural Histroy Press.

Frosch R A，1992. Industrial ecology：A philosophical introduction. Proceedings of the National Academy of Sciences，89（3）：800-803.

Frosch R A，1994. Industrial ecology：Minimizing the impact of industrial waste. Physics Today，47（11）：63-68.

Frosch R A，1996. Toward the end of waste：Reflections on a new ecology of industry. Daedalus，125（3）：199-212.

Frosch R A，Gallopoulos N E，1989. Strategies for manufacturing. Scientific American，261（3）：144-152.

Frosch R A，Gallopoulos N E，1992. Towards an industrial ecology. // Bradshaw AD，Southwood R，Warner F. The treatment and Handling of Wastes. London：Chapman and Hall：269-292.

Garner A，Keoleian G A，1994. Industrial Ecology：An Introduction. Ann Arbor：National Pollution Prevention Center，University of Michigan. http：//www. umich. edu/ ～nppcpub/resources/compendia/INDEpdfs/INDEintro. pdf.

Georgescu-Roegen N，1979. Myths about energy and matter. Growth and Change，10（1）：16-23.

Georgescu-Roegen N，1984. Feasible recipes versus viable technologies. Atlantic Economic Journal，12（1）：21-31.

Graedel T E，Allenby B R，1995. Industrial Ecology. Englewood Cliffs：NJ Prentice Hall.

Hall C A S，1975. Look What's happening to our earth：The biosphere，the industriosphere and their interactions. Bulletin of the Atomic Scientists，31（3）：11-21.

Hall C A S，Cleveland C J，Kaufmann R，1986. Energy and Resource Quality：The Ecology of the Economic Process. New York：John Wiley and Sons.

Hawken P，1993. The Ecology of Commerce. London：Weidenfeld and Nicholson.
保罗·霍肯，2007. 商业生态学：可持续发展宣言．夏美晨，余继英，方堃，译．上海：上海译文出版社．

Hileman B, 1992. Industrial ecology route to slow global changeproposed. Chemical & Engineering News, 70 (34): 7-14.

IEEE (Institute of Electrical and Electronics Engineers), 1995. White Paper on Sustainable Development and Industrial Ecology. http: //computer. or9/tab/ehsc/ehswp. htm.

Jelinski L W, Graedel T E, Laudise R A, et al, 1992. Industrial ecology: Concepts and approaches. Proceedings of the National Academy of Sciences, 89 (3): 793-797.

Jesse H A, Hedy E S, 1989. Technology and Environment. Washington: National Academy Press.

Keoleian G A, Menerey D, 1994. Sustainable development by design: Review of life cycle design and related approaches. Air & Waste, 44 (5): 645-668.

Kumar C, Patel N, 1992. Industrial ecology. The Proceedings of the National Academy of Sciences, 89 (3): 798-799.

Lasseur C, Verstraete W, Gros J B, et al, 1996. MELISSA: A potential experiment for a precursor mission to the Moon. Advances in Space Research, 18 (11): 111-117.

Lifset R, 1997. A metaphor, a field and a journal. Journal of Industrial Ecology, 1 (1): 1-3.

Lowe E, 1993. Industrial ecology: An organizing framework for environmental management. Environmental Quality Management, 3 (1): 73-85.

Lowenthal M D, Kastenberg W E, 1998. Industrial ecology and energy systems: A first step. Resources, Conservation and Recycling, 24 (1): 51-63.

Lyle J T, 1994. Regenerative Design for Sustainable Development. New York: Wiley.

Margalef R, 1963. On certain unifying principles in ecology. The American Naturalist, 97 (897): 357-374.

MITI (Ministryof International Trade and Industry), 1988. Trends and Future Tasks in Industrial Technology: Developing Innovative Technologies to Support the 21st Century. Tokyo: Summary of the white paper on industrial technology.

Nemerow N L, 1995. Zero Pollution forIndustry: Waste Minimization through Industrial Complexes. New York: John Wiley & Sons.

Odum H T, Pinkerton R C, 1955. Time's speed regulator: The optimum efficiency for maximum power output in physical and biological systems. American Scientist, 43 (2): 331-343.

Patel C K N, 1992. Industrial ecology. Proceedings of the National Academy of Sciences, 89 (3): 798-799.

Richards D J, Fullerton A B, 1994. Industrial Ecology: U. S. -Japan Perspectives. Washington: National Academy Press.

Shireman W K, 1998. Industrial Ecology and Natural Capitalism. Sacramento: Global Futures Foundation.

Socolow R, 1994. Six perspectives from industrial ecology. // Socolow A, Berkhout T. Industrial Ecology and Global Change. Cambridge: Cambridge University Press: 3-16.

Taylor T B, Humpstone C, 1972. The Restoration of the Earth. New York: Harper and Row.

Tibbs H, 1992. Industrial ecology: An agenda for environmental management. Pollution Prevention Review, 2 (2): 167-180.

Tibbs H, 1993. Industrial Ecology: An Environmental Agenda for Industry. Emeryville: Global Business Network. https: //www. researchgate. net/publication/285589929 _ Industrial _ Ecology _ an _ environmental _ agenda _ for _ industry.

Vernadsky W I, 1994. Problems of biogeochemistry II. Transactions of the Connecticut Academy of Arts and Sciences, 35: 493-494.

Vigneron J, 1990. "Ecologie et écosystème Industriel." Preface to P. Esquissaud, Ecologie industrielle. Paris: Hermann.

Watanabc C, 1972. Industry-Ecology: Introduction of Ecology into Industrial Policy [R]. Tokyo: Ministry of International Trade and Industry (MITI) . https: //www. jstage. jst. go. jp/article/juoeh /6/2/6 _ KJ00001657711/ _ article/-char/en.

Watanabe C, 1995. The feedback loop between technology and economic development: An examination of Japanese industry. Technological Forecasting and Social Change, 49 (2): 127-145.

Yoshikawa H, 1995. Manufacturing and the 21st century: Intelligent manufacturing systems and the renaissance of the manufacturing industry. Technological Forecasting and Social Change, 49 (2): 195-213.

Zaitsev V A, 1993. Solution of ecological problems in the creation on nonwaste or cleaner production processes, enterprises and regions. Russian Chemical Industry, 25 (3): 1-4.

第3章 产业经济学理论

产业生态学的研究对象是产业，它的运行方式需遵循经济学规律，这与产业经济学的研究对象和目标相一致，因此产业经济学的相关理论可移植到产业生态学研究中。但其并非简单移植，亟须在成本要素中强化资源环境约束，拓展吸收生态学的基本原理和方法，塑造产业生态学的理论基石。

本章在回顾产业经济学基本理论的基础上，重点介绍了在产业运行过程中考虑环境和资源要素的一些理论，包括产业关联理论和产业区位理论。但本教材更多集中于这两个理论的基本知识点，主要为后续更好地引入环境与资源要素打下良好基础。产业关联理论主要研究一国或者一地区在一定时期内的社会再生产过程中产业间的经济技术联系，从而为经济预测和政策分析提供依据，此理论在产业生态学领域的拓展可基于投入产出模型开展资源消耗和污染排放的定量分析。产业区位是指产业在一个国家或地区范围内的空间分布和组合的经济现象，表现为在各种资源环境要素约束下各产业和企业为选择最佳区位而形成的在空间地域上的配置过程，此理论在产业生态学领域的拓展可基于多维资源、环境要素开展产业区位的选址与布局。

通过本章的学习，可了解产业经济学的基本理论，掌握产业概念及其分类、投入产出表的基本结构和类型划分，并掌握利用投入产出模型分析产业系统运行的问题，如产业间关联影响问题，以及由此形成的资源消耗、环境污染问题；了解区位论的发展历程，掌握区位论的一些基本概念、基本观点和简化模型，以形成产业生态学的基本视角。

3.1 产业与产业经济学

3.1.1 产业经济学

产业经济学是研究产业结构（含产业关联）和产业组织的合理化并为产业政策提供理论依据的一门新兴科学。它是 20 世纪 60 年代以后，逐渐从西方经济学中分离、延伸出来的一门介于微观经济学和宏观经济学之间的应用经济学。产业经济学的研究对象从大的范围来说是产业，而具体来说，产业经济学研究产业内部各企业之间、产业与产业之间、产业自身的经济规律（图 3-1）。因此，了解产业的含义和分类是产业经济学研究的首要前提。

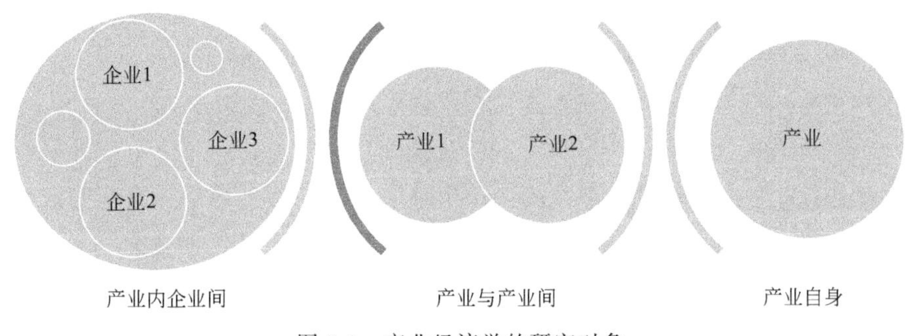

图 3-1　产业经济学的研究对象

3.1.1.1 产业经济学基本框架

日本学者宫泽健一提出了产业生态学的研究框架，以图示的方式形象概括了产业经济学的研究对象及学科内容（宫泽健一，1975）。产业经济学的研究对象由小到大涉及企业、产业、部门和国民经济体。同种属性的企业集合构成了产业，同种属性的产业集合构成了部门，多个部门构成了国民经济体。针对企业和国民经济体，在产业经济学领域建立了价格理论和国民收入理论，进而形成了微观经济学、宏观经济学等学科。而针对企业与国民经济体之间的研究对象，逐渐形成了产业组织理论、产业关联理论和产业结构理论，分别针对产业内企业间关系、部门内产业间关系以及国民经济体内部部门间关系进行研究（图 3-2）。

3.1.1.2 产业经济学基本理论

（1）产业组织理论

产业组织理论是以特定产业内部的市场结构、市场行为和市场绩效及其内在联系为主要研究对象，以揭示产业组织活动的内在规律性、为现实经济活动的参与者提供决策依据、为政策的制定者提供政策建议为目标的一门微观经济学。产业组织理论关注同一商品市场中产业发展问题，把所有生产同类商品或提供同类服务的企业称为某产业，如汽车产业、电脑产业等，以产业内部的企业为研究对象，剖析结构、行为与绩效三者之间的辩证关系，探求同一产业内部企业与市场的关系，包括交易关系、行为关系、资源占用关系和利益关系等。

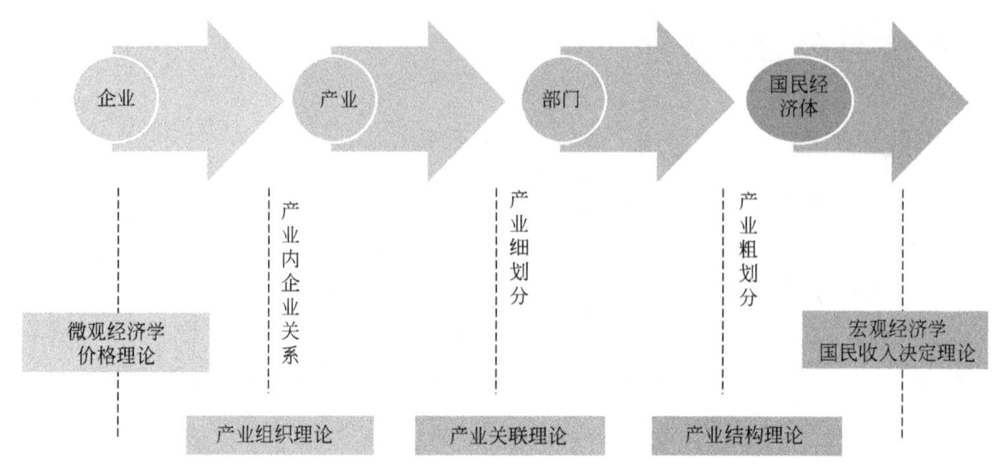

图 3-2　产业经济学研究对象和学科内容示意图

注：引自宫泽健一（1975）。

（2）产业关联理论

产业关联理论又称产业联系理论或投入产出理论，以国民经济中各产业间的技术经济联系规律为研究对象，研究产业间投入产出联系形成的连锁、传递和影响关系。以生产技术和工艺的相似性为依据，将国民经济体的产业进行细划分，研究各产业的关联关系（包括前向和后向关联）和波及效应（感应度和影响力）。如水力发电与火力发电两种活动，虽然在提供产出方面具有同质性，但两者技术及工艺相差较大，以此方式可区分为两种产业活动，充分反映产业间中间投入和中间需求的关系。

（3）产业结构理论

产业结构理论研究的产业范围比产业关联理论要广。该理论主要以产业间数量关系结构及技术经济联系规律为研究对象，分析国民经济体中产业组成（资源在产业间配置状态）、产业发展水平（各产业所占比重）以及产业间技术经济联系（产业间相互依存、相互作用的方式）。

3.1.2　产业的概念

随着生产力的不断发展和社会分工的不断细化，出现产业。产业是具有某种同类属性的企业集合，也是国民经济体以某一标准划分的部门（杨治，1985）。因此，产业是介于微观经济组织（企业和家庭）和宏观经济组织（国民经济体）之间的“集合”概念。对于微观经济的单个企业来说，产业是生产同类产品或提供同类服务的企业集合；对于宏观经济而言，产业是国民经济按照一定社会分工原则，为满足社会某类需要而划分的从事产品生产和作业的部门。在不同研究层次上，产业既可以指以同一商品市场为单位划分的产业，又可以指以技术工艺、用途相同和原材料相同的商品为依据划分的产业，即以同种属性的生产经营活动为依据划分。

3.1.2.1　行业与产业

我国《国民经济行业分类》（GB/T 4754—2017）中将行业定义为从事相同性质的经济活动的所有单位的集合。行业是根据人类经济活动的技术特点划分的，反映了以生产力要素

（劳动者、劳动对象和劳动资料）不同排列组合为特征的各类经济活动。例如，铁匠、木工、律师和医生四个职业的劳动者、劳动对象和劳动资料有各自的技术特征，从而形成四种行业。

产业强调各类行业在社会生产力布局中发挥的作用。相对来说，行业划分着眼于生产力的技术特点这一微观领域，而产业划分着眼于生产力布局的宏观领域。将铁匠、木工、律师和医生四个行业按其在生产力发展链条中所发挥的不同作用归类，会发现铁匠与木工同属于加工制造业，律师与医生都属于服务业。加工制造业与服务业又分别属于第二产业和第三产业。

绿色卡片

劳动对象和劳动资料

劳动对象是劳动者把自己的劳动加在其上的一切物质资料。物质资料包括自然物质和加工材料两类，一类是没有经过加工的自然环境物质，如矿藏、森林和天然水体中的鱼类等；另一类是经过加工的原材料，如棉花、钢材和粮食等。

劳动资料也称为生产手段，是劳动者进行生产时所需要使用的资源或工具，一般包括土地、厂房、机器设备、工具和原料等。

劳动对象和劳动资料的区别在于它们在劳动过程中所处的地位和作用不同，但两者可以在一定条件下相互转化。如牛在耕地时是劳动资料，而当它在屠宰场被宰杀时便成了劳动对象。

3.1.2.2 微观/宏观经济组织与产业

微观经济组织是最小的经济单位，包括居民户、厂商等个体对象；宏观经济组织是最大的经济单位，一般指经济体。二者之间存在着大小不同、数目繁多的经济单位，就是产业，因此产业是介于两者之间的（杨公朴和夏大慰，2002）（图 3-3）。

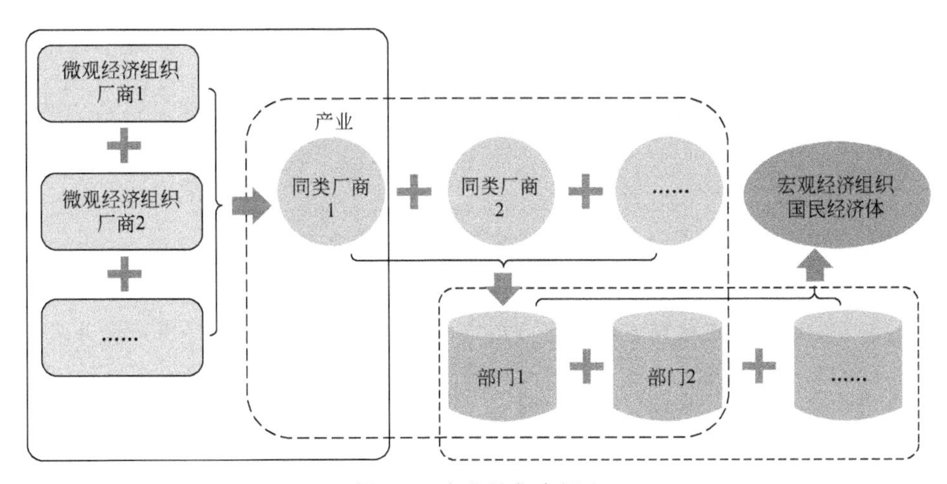

图 3-3　产业的集合概念

微观经济学和宏观经济学分别以微观经济组织和宏观经济组织为研究对象，他们之间存在着千丝万缕的联系。首先，两者研究目的均是基于供需关系探究市场经济运行的规律，从而正确指导人们的经济活动，使得资源得到最优配置和有效利用，最终实现整个社会福利的最大化；其次，微观经济学和宏观经济学在内容上存在相互联系和补充，微观经济学研究的是资源配置的问题，而宏观经济学则把资源配置作为既定的前提，主要研究资源利用的问题，两者缺一不可，单方面研究均无法准确考量经济活动（李晶和田丹丹，2015）。

微观经济虽是宏观经济的基础，但宏观经济并非微观经济的简单相加，而是按照一定的层次结构和运行调节机制组织起来的极其复杂的有机大系统。在研究内容和基本假设方面两者存在着明显差异。微观经济学研究居民户（消费者）与厂商（生产者）等单个经济单位的经济行为，以价格机制解决资源配置问题，主要围绕两个市场（产品市场和生产要素市场）和两个主体（居民户和厂商）展开（李晶和田丹丹，2015）。微观经济学的基本假设是市场是万能的、市场是有效的，主张政府不要对经济过多干预。微观经济学以价格理论为中心，强调在市场经济中居民户和厂商的行为要受到价格的支配，生产什么、如何生产和为谁生产都由价格决定，价格像一只看不见的手，调节着整个社会的经济活动。通过价格的调节，居民户把有限的收入分配于各种物质的消费，以实现满足程度的最大化；厂商把有限的资源用于各种物品的生产，以实现利润最大化，社会资源配置实现了最优化，进而增加了社会福利。

宏观经济学研究整个经济的运行方式和规律，从产出、就业、价格和国际收支来总体分析经济问题和行为，考察国民经济作为一个整体的功能。宏观经济学认为市场机制是不完善的，以市场失灵作为基本假设，强调政府调节的重要作用。宏观经济学立足于整个经济体，以国民收入决定理论为中心，强调资本、劳务和技术的总供给与货币、支出和税收等总需求的均衡状况，研究资源如何充分利用，以较好地保持经济稳定和增长（图 3-4）。

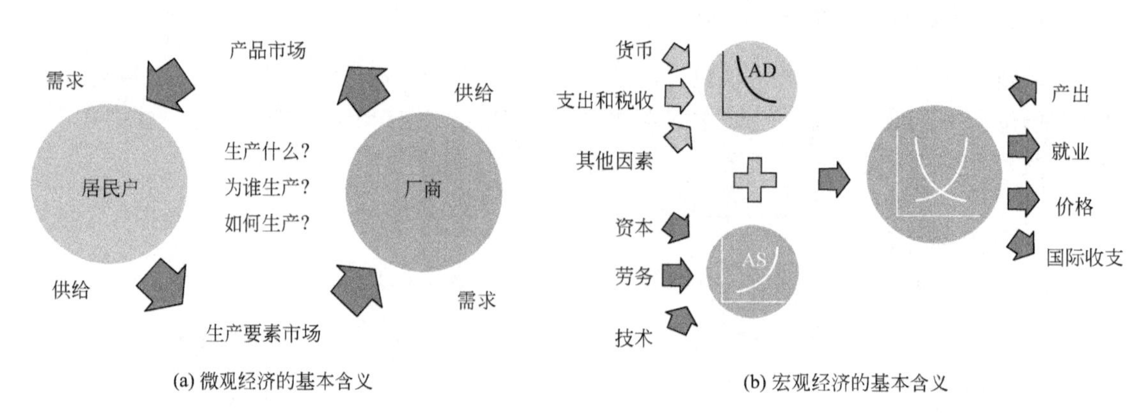

图 3-4　微观经济和宏观经济的基本含义

注：参考自张芷苒（2018）。

两者研究对象的差异也导致了在研究方法上的不同。微观经济学采用个量分析方法，考察个量的行为规律及相互间的关系；而宏观经济学侧重于总量分析，研究国民收入生产、分配和支出的规律，着眼于国民收入的总量均衡。

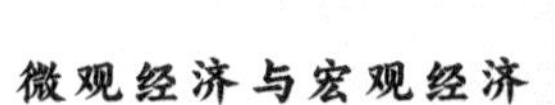

微观经济与宏观经济

微观经济是与宏观经济相对应的概念。市场经济中以个人、家庭和企业为单位进行的生产、分配、交换和消费活动即是微观经济。与微观经济相对应，大范围的总体经济活动，即国民经济的生产、分配、交换和消费的总量和结构就构成了宏观经济。

现代市场经济虽然仍以单个微观经济主体为基本单位，但随着市场规模不断扩大，商品交换日益频繁和生产社会化程度越来越高，经济活动已不再表现为单纯的个体行为，而日益呈现出相互联系、相互影响的整体特征。个人财富、家庭福利和企业利润的增加，已经不再单纯取决于自身的努力，还必然要依赖于整体经济状况，整个经济运行越来越表现出明显的总量、综合和全局性特征。

生产、分配、交换和消费等环节构成了社会再生产过程，以农民粮食产出为例，可以明晰不同的生产环节。假设一个农民收获1000斤（1斤＝500g）大米，其中500斤留作自己的口粮，100斤作为种子，剩下400斤拿到市场去卖，这里的1000斤是生产，500斤属于消费，400斤拿去卖是交换，100斤种子叫再生产投入。

3.1.3 产业的分类

为了便于研究和管理，需要按照不同依据将产业划分为不同的类型，包括生产结构分类法、三次产业分类法、标准产业分类法和产业功能分类法。生产结构分类法依据产品最终使用途径；三次产业分类法依据产业发展阶段；标准产业分类法是在三次产业基础上的细化；而产业功能分类法则基于产业的地位和作用。

3.1.3.1 生产结构分类法

生产结构分类法是依据再生产过程中各产业间的关系进行的分类，包括马克思的两大部类分类法、列宁农轻重产业分类法和霍夫曼三类产业分类法。马克思两大部类分类法是以产品最终用途的不同作为分类标准，分为生产生产资料的产业部门和生产消费资料的产业部门两大类（Marx，1990）；农轻重产业分类法是列宁于1922年在马克思两大部类分类法的基础上提出的，是以物质生产的不同特点为标准的分类方法，分为农业、轻工业和重工业三类（列宁，1960）；德国经济学家霍夫曼（W. G. Hoffmann）在1931年提出的产业分类法是为了研究工业化及其发展阶段，按产业产品的用途中消费资料和资本资料的比重划分为消费资料工业、资本资料工业和其他工业三类（Hoffmann，1958），具体见图3-5。

3.1.3.2 三次产业分类法

20世纪30年代，费希尔和克拉克均明确提出了三次产业分类法，随后该方法在国际上得到了广泛的运用。1935年在新西兰任教的英国经济学家费希尔（A. Fisher）根据人类经济活动发展的阶段，提出了三次产业划分方法（Fisher，1935）。他指出第一产业与人类需要的紧迫程度有关，为人类提供满足最基本需要的食品；第二产业满足其他更进一步的需

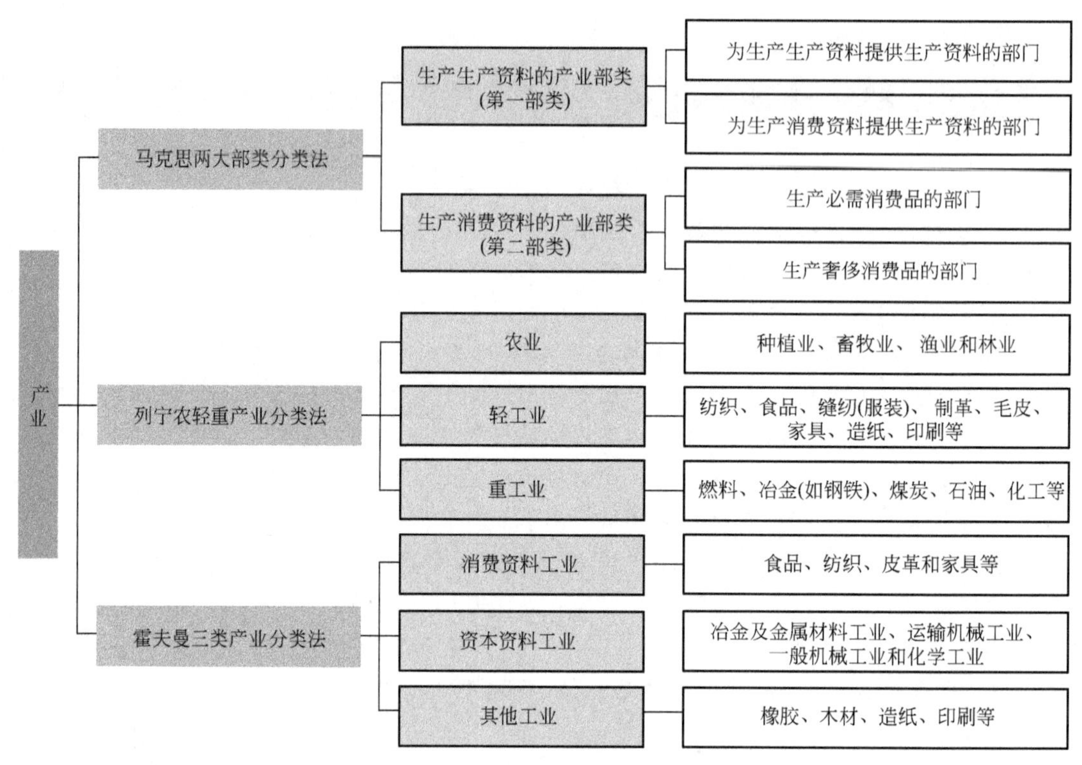

图 3-5 生产结构分类法

要；第三产业满足人类除物质需要以外的更高级的需要，如生活便利、娱乐等精神上的需要。第一产业以农业为主，包括林业、牧业、渔业等；第二产业以制造业为主，包括矿业、建筑业等；第三产业以服务业为主，包括运输、通信、电力、煤气、自来水和仓库等公共事业的服务，商业、金融和保险业等流通方面的服务，科研、教育、广播、电视等情报方面的服务，娱乐、饮食和旅游等个人生活、消费方面的服务等。

20 世纪 30 年代，英国经济学家科林·克拉克也指出，可依据一个国家产业结构的变化情况判断该国经济发展水平，即经济发展可概括描述为经济重点从第一产业向第二产业移动，再由第二产业向第三产业移动的状况。所谓第一产业是以自然存在物为对象进行经济活动的产业部门，主要是农业；第二产业是对初级产品进行加工的产业部门，其典型部门是制造业。以上两个产业的共同点均是提供有形的物质产品。而第三产业是只提供服务而收取报酬的部门，如商业、文化娱乐、科研教育、医疗卫生和政府公务部门等。我国三次产业具体划分方法见表 3-1。

表 3-1 中国三次产业分类

产业类别	具体产业
第一产业	农业，林业，畜牧业，渔业
第二产业	采矿业，制造业，电力、热力、燃气及水生产和供应业，建筑业
第三产业	批发和零售业，交通运输、仓储和邮政业，住宿和餐饮业，信息传输、软件和信息技术服务业，金融业，房地产业，租赁和商务服务业，科学研究和技术服务业，水利、环境和公共设施管理业，居民服务、修理和其他服务业，教育，卫生和社会工作，文化、体育和娱乐业，公共管理、社会保障和社会组织，国际组织，农林牧渔专业及辅助性活动，开采专业及辅助性活动，金属制品、机械和设备修理业

注：来源于 http://www.stats.gov.cn/tjsj/tjbz/201709/P020180720515075120537.pdf.

3.1.3.3 标准产业分类法

在三次产业划分的基础上，联合国为统一国民经济统计口径提出了标准产业分类法，其优点在于对全部经济活动进行分类，目的是使不同国家的统计数据具有可比性，有利于开展各国各地的产业结构分析。联合国 1971 年颁布、1986 年修订的《全部经济活动的国际标准产业分类索引》将全部经济活动分成 10 个大项，而中国国家标准局于 1984 年首次发布《国民经济行业分类与代码》，经 1994 年、2002 年、2011 年和 2017 年四次修订，2017 年 6 月，中华人民共和国国家质量监督检验检疫总局、中国国家标准化管理委员会联合发布了《国民经济行业分类》(GB/T 4754—2017)，现行版本把中国全部的国民经济划分为 20 个门类、97 个大类。这与国际标准分类法的编制原理完全相同，所不一样的是对各产业的归类以及产业层次的划分。

3.1.3.4 产业功能分类法

根据产业在经济增长中的地位和作用，以及产业之间的相互联系，可将产业分为基础产业、主导产业、支柱产业、瓶颈产业、先导产业等类型，这一分类法称为产业的功能分类法。

(1) 基础产业

基础产业是支撑一国经济运行的基础部门，决定着其他产业的发展水平。一国的基础产业越发达，其国民经济发展后劲越足，国民经济运行就越有效。基础产业一般包括社会经济活动所依赖的基础设施（交通设施、水利设施及城市公用事业）和基础工业（能源工业、基本原材料工业等）。基础产业之所以是“基础”，在于其处于国民经济产业链的“上游”，是国民经济和社会生活的“共同条件”，因此基础工业的产品是其他生产部门所必需的投入品。

(2) 主导产业

主导产业是指能够迅速引入技术或制度创新，保持高速增长能力，并对其他产业的发展有较大的带动和推动作用（高扩散效应）的部门，对区域经济具有导向性。选择合理的主导产业是实现产业结构合理化的前提和基础。主导产业通过关联链条，可发挥扩散效应，将自己的产业优势传递到各相关产业中，带动整个区域经济的全面发展。主导产业的扩散效应体现在前向、后向和旁侧关联。主导产业作为生产者角色，其发展诱发出新的经济活动或产生出新的经济部门，为前向关联效应；主导产业作为消费者角色，其发展对向其提供投入品的产业部门有带动作用，为后向关联效应；主导产业的发展对地区经济结构、基础设施、城镇建设以及人员素质等方面的影响，为旁侧关联效应（冯江华和王峰，2000）。

(3) 支柱产业

支柱产业强调某一产业在整个经济总量中所占的份额。该产业的产值比重较大，是利税大户，具有举足轻重的作用。支柱产业虽对相关产业也有一定的带动作用，但其产业关联度并不高。主导产业主要从发展带动的角度来看，而支柱产业主要是从它在国民经济中的地位以及国民经济的发展与构成角度来考虑。从产业寿命周期理论看，主导产业处于幼稚期到发展期之间，而支柱产业则处于成熟期，有些则已经步入衰退期。主导产业与支柱产业不是完全重叠的关系，而是一种交集的关系。主导产业可以发展成为支柱产业，支柱产业不一定是主导产业。在制定区域经济发展战略和产业政策时，支柱产业的选择要看产业产值比重的大小，其发展要确定有限目标、择优扶持、集中突破。而主导产业的选择则要求目光长远，着重考虑产业关联度、产业具备的相对优势和区域内的市场潜力（冯江华和王峰，2000）。

（4）瓶颈产业

基础产业在一定条件下可转化为瓶颈产业。基础产业在为其他部门提供条件和机会时，由于供给能力不足且未得到先行的充分发展，会导致国民经济增长机会受到损失，就可能成为瓶颈产业。瓶颈产业是指在产业结构体系中未得到应有发展，同时严重制约其他产业和国民经济发展的产业。瓶颈产业由于供给能力过弱，成为产业结构合理化及国民经济增长的瓶颈。瓶颈产业并不一定是主导产业，但却是国民经济结构中发展跟不上的产业，瓶颈的存在说明产业结构不合理，处于失衡状态，因而瓶颈产业也是关键产业。

（5）先导产业

先导产业是在国民经济规划中先行发展，以引导其他产业往某一战略目标方向发展的部门，在国民经济体系中具有重要的战略地位。先导产业市场潜力大，处于规模快速扩张的成长期（其增长速度超过 GDP 增速，并且保持持续增长），是财富积聚速度最快的部门，具有需求价格弹性和收入弹性高、关联系数大和技术连带功能强等特点。

绿色卡片

需求价格弹性和收入弹性

需求价格弹性在经济学中一般用来衡量需求数量随商品价格变动而变动的情况，为需求量变化百分比与价格变化百分比的比值。而需求收入弹性在价格和其他因素不变的条件下，表示消费者收入变化所引起的需求数量发生变化的程度大小。以需求收入弹性 E_y 为例，下图显示了需求量 Q 变化百分比与收入 S 变化百分比的相对变化。

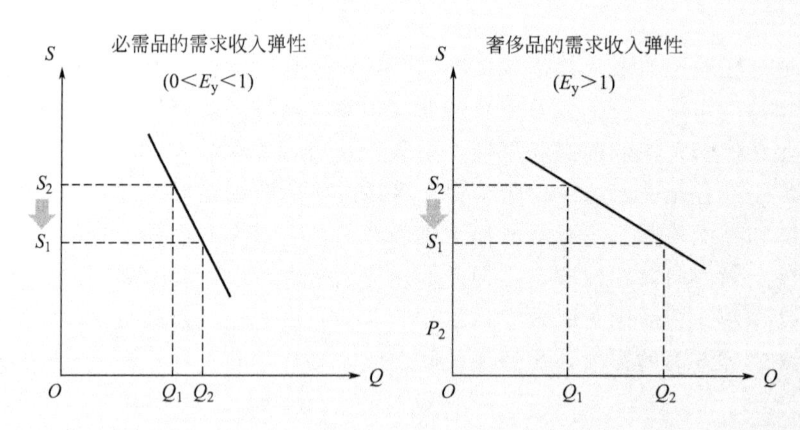

$E_y=0$，完全无弹性。

$E_y=1$，需求量变动与收入变动的百分比相同，为单位弹性。

$E_y>1$，需求量增加的幅度大于收入增加的幅度，此商品被称为奢侈品。

$0<E_y<1$，需求量增加的幅度小于收入增加的幅度，此商品被称为生活必需品。

$E_y<0$，当消费者收入增加时，对该商品的需求量反而减少，此商品为劣质或低档商品。

除上述分类外，还有生产要素集约分类法、产业发展状况分类法等。依据产业对资源、资本等生产要素的集约和依赖程度，可以将产业分为劳动密集型产业、资本密集型产业、技术密集型产业和知识密集型产业等产业类型。也可从技术水平、发展趋势两方面分析产业发展状况，按技术先进程度进行产业分类，如传统产业和高技术产业；按产业发展趋势进行分类，如朝阳产业和夕阳产业等。

3.2 产业关联理论

3.2.1 产业关联内涵

3.2.1.1 产业关联定义

产业关联是指在经济活动过程中，各产业之间存在的广泛、复杂和密切的经济技术联系，即各产业均需要其他产业（包括自身）为其提供各种产出，作为该产业的要素供给，同时此产业也把自己的产出作为一种市场需求提供给其他产业（包括自身）进行消费（图 3-6）。

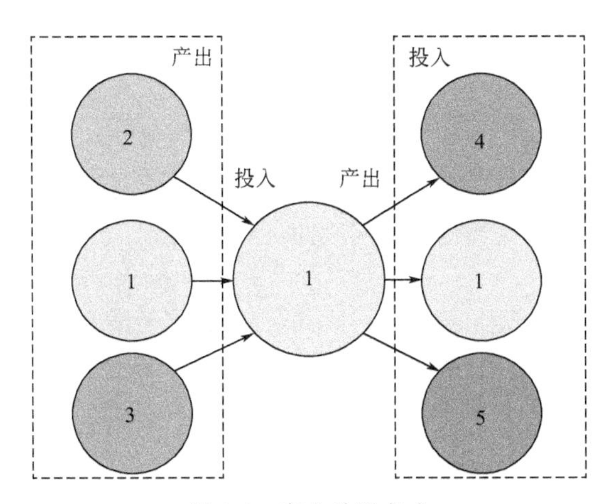

图 3-6 产业关联方式

产业间可通过产品联系、劳务联系、价格联系、生产技术联系、劳动就业联系和投资联系等产生关联。其中，产品、劳务联系是指在社会再生产过程中，一些产业为另一些产业提供产品或劳务，或者产业间相互提供产品或劳务，这种联系是产业间最基本的联系。另外，还可以通过货币、原材料和设备、就业和投资等方式表示产业间产品与劳务的“投入”与“产出”关系，形成价格、生产技术、就业和投资联系。

3.2.1.2 产业关联类型

（1）前向关联和后向关联

根据产业间供给和需求的关系，可将产业关联类型划分为前向关联与后向关联。前向关联是通过供给联系与其他产业发生的关联，而后向关联是通过需求联系与其他产业发生的关联。以钢铁业为例，它在与汽车制造业的关联中，是供给方，承担生产者角度，形成前向关联；它与煤炭采掘业的关联中，是需求方，承担消费者角色，形成后向关联（图 3-7）。

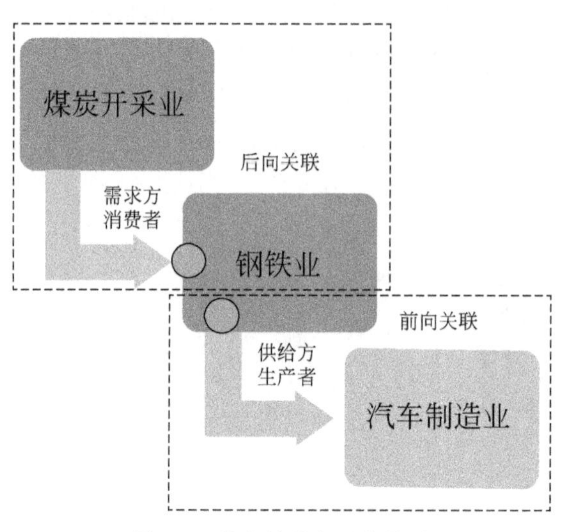

图 3-7　前向关联与后向关联

（2）单向关联和环向关联

根据产业之间技术工艺的方向和特点，可将产业关联类型划分为单向关联与环向关联。单向关联是先行产业为后续产业提供产品，以供其生产时直接消耗，但后续产业的产品不再返回先行产业的生产过程。如棉花—棉纱—色布—服装的产业链为单向关联。环向联系是先行产业为后续产业提供产品，作为后续产业的生产性直接消耗，同时后续产业的产品也返回相关的先行产业生产过程中。如煤炭—钢铁—矿山机械部件—矿山机械—煤炭的产业链为环向关联（图 3-8）。

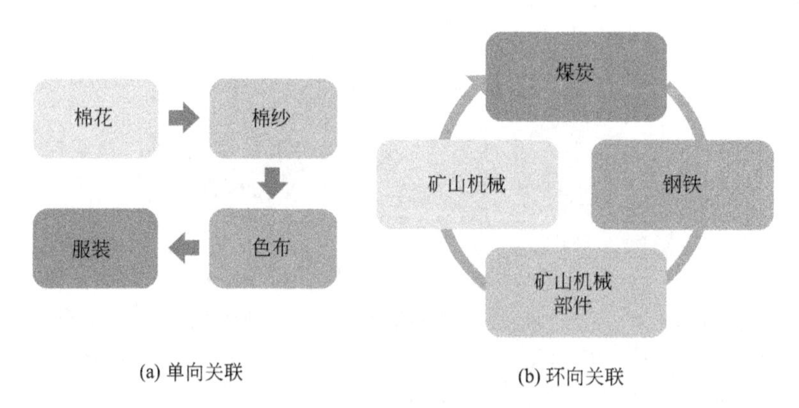

图 3-8　单向关联与环向关联

（3）直接关联和间接关联

根据产业之间的依赖关系，可将产业关联类型划分为直接关联与间接关联。两个产业之间存在着直接提供产品或技术的联系称为直接关联，而间接关联是指两个产业本身不发生直接的生产技术联系，而是通过其他一些产业作为中介才有联系。如图 3-9 中采油设备制造业与石油化工业之间并无直接联系，但它们通过石油开采业作为中介产生关联。由于石油化工业需要以原油作原料，而原油是石油开采业的产品，石油开采业需要借助石油采油设备制造业的产品进行生产，这样石油化工业的发展就会通过上述中介产业（石油开采业），最后影响到采油设备制造业的发展，这就是石油化工业与采油设备制造业之间的间接关联（图 3-9）。

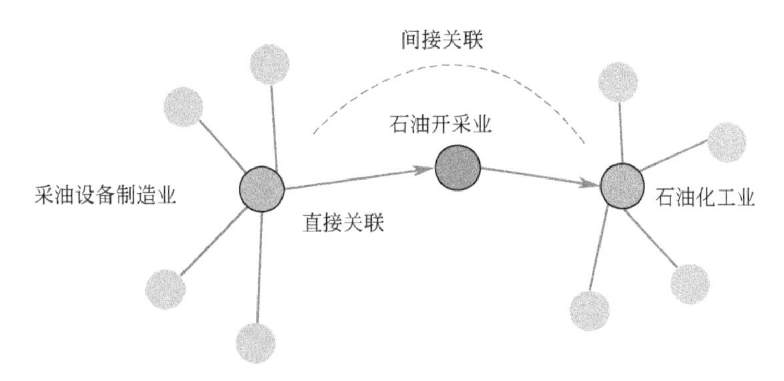

图 3-9　直接关联与间接关联

3.2.2　投入产出表

在现实经济运行中，产业间存在着不同类型的关联，相互交织在一起形成复杂的关联网。例如，汽车制造产业，投入包括来自生产金属板、平面玻璃、挡风玻璃、轮胎、地毯、计算机（设计汽车）和电力（运行设备）等产业的产出；其次，金属板、平板、挡风玻璃等产业运行也需要其他产业的投入。产业间的商品、服务需求可以借助投入产出表来识别，因此分析关联网的有效方式就是借助投入产出表。

在 20 世纪 30 年代，美国经济学家 Wassily Leontief 在经济活动相互依存关系研究的基础上，首次编制了投入产出表，构建了投入产出模型。1936 年，Leontief 撰写的研究美国经济结构的文章《美国经济制度中投入产出数量关系》在《经济学和统计学评论》上发表，这是世界上有关投入产出分析的第一篇论文（Leontief，1936）。在 1953 年，他与其他学者合作完成了《美国经济结构研究》一书。在这些成果中，Leontief 提出了投入产出表的概念及其编制方法，阐述了投入产出技术的基本原理，创立了投入产出技术的科学理论。

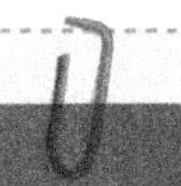

绿色卡片

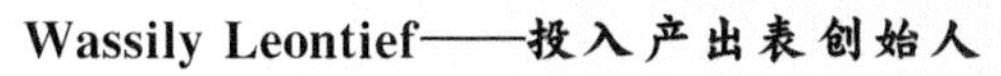

Wassily Leontief——投入产出表创始人

1973 年，俄裔美国经济学家 Wassily Leontief 因发展了投入产出分析方法，推动该方法在经济领域的应用，而备受西方经济学界的推崇，并因此获得了诺贝尔经济学奖。

投入产出分析为研究社会生产各部门之间的相互依赖关系，特别是系统地分析经济内部各产业之间错综复杂的交易提供了一种实用的经济分析方法。

事实表明，投入产出分析不只在各种长期及短期预测和计划中得到了广泛的应用，而且适用于不同经济制度下的预测和计划，无论是自由竞争的市场经济还是中央计划经济。

——1973 年瑞典皇家科学院贺辞

随着投入产出技术的发展，投入产出表已成为开展国民经济核算和投入产出分析的重要工具。到目前为止，世界上绝大多数国家和地区都编制了国家/地区投入产出表，同时结合数量经济方法进行分析的应用领域也在不断扩大，如产业关联关系（包括前向关联和后向关联等），产业波及效果（包括产业感应度和影响力、生产的最终依赖度以及就业和资本需求量）等，为制定经济计划和产业政策提供依据（Leontief，1966）。

3.2.2.1 中国投入产出表的发展

中国第一张投入产出表是1973年由中国科学院与北京经济学院、中国人民大学和国家计委计算中心等单位合作编制而成，是一张实物型投入产出表，部门数为61个（王勇，2012）。之后，国家统计局同有关部门合作编制了中国1979年、1981年和1983年投入产出表，这三个投入产出表均有实物型和价值型两种形式（表3-2）。另外，一些省市也编制了投入产出表，如第一个省级投入产出表产生于1979年的山西省（实物型+价值型），之后黑龙江（1981年）、上海（1981年）、天津（1982年）也编制了投入产出表，而市级投入产出表的编制包括武汉（1983年）、大连（1983年）、重庆（1984年）、西安（1985年）和哈尔滨（1985年）等城市。

表3-2 制度化之前的中国投入产出表

年份	部门数	表形式	表类型
1973	61	实物型	基年表
1979	61	实物型	延长表
	21	价值型	
1981	146	实物型	基年表
	26	价值型	
1983	146	实物型	延长表
	22	价值型	

注：引自陈锡康和杨翠红（2011）。

1987年3月，国务院办公厅印发了《国务院办公厅关于进行全国投入产出调查的通知》（国办发〔1987〕18号）（下称《通知》）文件，以此为分界点，开启了中国投入产出表的制度化编表阶段（1987年之后），自此，编制投入产出表成为一项制度。《通知》要求，每5年进行一次全国投入产出调查，编制投入产出表，即逢2、逢7年度开展大规模投入产出调查，编制投入产出基本表，也叫基准表、基年表；逢0、逢5年度通过小规模调查和对基本系数表进行调整，编制投入产出简表，也叫延长表（表3-3）。目前除西藏外，有30个省区编制了投入产出表，有6部门×6部门（农业、工业、建筑业、运输邮电业、商业饮食业和非物质生产部门）、33部门×33部门、40部门×40部门和124部门×124部门等类型。此外，为反映地区差异性特征，中国也编制了区域间投入产出表。

表3-3 制度化之后的中国投入产出表

年份	部门数	表类型	参照的行业分类标准
1987	118	基年表	GB/T 4754—1984
1990	33	延长表	

续表

年份	部门数	表类型	参照的行业分类标准
1992	119	基年表	GB/T 4754—1984
1995	33	延长表	
1997	124	基年表	GB/T 4754—1994
2000	40	延长表	
2002	122	基年表	GB/T 4754—2002
2005	42	延长表	
2007	135	基年表	
2010	42	延长表	
2012	139	基年表	GB/T 4754—2011
2015	42	延长表	
2017	149	基年表	GB/T 4754—2017

由表3-3可知，1987年规范化之后编制的中国投入产出表部门数量明显增多，这源于中国统计实践探索与创新，以及统计能力提升与制度完善。中国国标《国民经济行业分类》经过历次改进，对原有行业进行了调整、整合和细化，同时增加了一些新的行业门类，如经济社会快速发展产生一些新的产业和社会分工细化，使原有的某个产业逐渐演化为差异较大的多个产业（王勇，2012）。因此参照《国民经济行业分类》编制的投入产出表不断改进。同时，改进投入产出调查方法、编表方法以及获得更多基础资料，也促进了统计制度的完善和统计能力的提升，为投入产出核算工作进一步扩大部门规模、细化部门分类提供了强有力的支持。

3.2.2.2 投入产出表的类型

根据计量单位、处理方式、应用范围和研究问题的不同，可将投入产出表划分为不同类型。例如根据不同的计量单位，投入产出表可分为实物型和价值型两种；根据进口处理方式的不同，可分为竞争型和非竞争型两种。

（1）价值型和实物型

实物型投入产出表可表示一个经济系统中所有产业的物质投入与产出关系，以物质量为计算单位，而价值型投入产出表则可表示经济部门之间的价值联系。价值型投入产出表实际上是实物型投入产出表的延伸，只是用货币的形式表示中间产品、最终产品、总产品以及投入的生产资料价值。制度化编表阶段之前，我国投入产出表均存在实物型表，与此相对应，1987年之后的全国投入产出表绝大部分为价值型表，只有1992年的投入产出表包括了151个部门的实物型投入产出表。投入产出表中主对角线上的数值非零，这是由于一个部门的产出可以作为同一产业部门的投入，例如，油和气开采业可以生产油、气来驱动其自身设备，计算机设计与制造产业生产的计算机可用来设计下一代计算机等。

将国民经济划分成 n 个产品部门，实物型投入产出表的纵向是投入栏，列出了 n 种物质投入，反映各产品在生产过程中所消耗的各种其他产品数量和劳动力数量；表的横向是表示生产产品的使用去向，包括中间产品和最终产品（表3-4）。

表 3-4　实物型投入产出表

投入		产出									总产出
		中间产品					最终产品				
		1	2	…	n	小计	消费支出	资本形成	净出口	小计	
物质投入	1	q_{11}	q_{12}	…	q_{1n}					Y_1	Q_1
	2	q_{21}	q_{22}	…	q_{2n}					Y_2	Q_2
	…			…						…	…
	n	q_{n1}	q_{n2}	…	q_{nn}					Y_n	Q_n
劳动投入		q_{01}	q_{02}	…	q_{0n}						V

实物型投入产出表只有行模型，即水平向存在平衡关系，其中总产品 Q 为中间产品 q 与最终产品 Y 之和，劳动力总量 V 为各产品生产所需劳动力数量 q_0 之和，如下列公式：

$$Q_i = \sum_{j=1}^{n} q_{ij} + Y_i (i，j = 1，2，\cdots，n) \tag{3-1}$$

$$V = \sum_{j=1}^{n} q_{0j} (j = 1，2，\cdots，n) \tag{3-2}$$

价值型投入产出表是把国民经济各部门的投入来源和产出去向排列为一张纵横交错的表格（表 3-5），从而反映国民经济各部门之间的联系。“投入”是指任何一个部门在生产过程中所消耗的各种投入要素，包括中间投入（原材料、辅助材料、燃料、动力和各种服务）和最初投入，包括机器/设备/厂房等固定资产折旧、劳动力报酬、营业盈余（利润）和生产税净额（税金）等。“产出”是指各部门生产货物或提供服务总量的分配使用去向，分为中间产品（或中间使用）和最终产品（或最终使用）。中间产品是指本期生产又在本期用于生产消耗的货物或服务，而最终产品则是本期生产用于最终消费、资本形成总额和进出口的部分。

表 3-5　价值型投入产出表

投入			产出									总产出
			中间使用					最终使用				
			消耗部门					消费支出	资本形成	净出口	小计	
			1	2	…	n	小计					
中间投入	生产部门	1	x_{11}	x_{12}	…	x_{1n}					y_1	x_1
		2	x_{21}	x_{22}	…	x_{2n}					y_2	x_2
		…			…						…	…
		n	x_{n1}	x_{n2}	…	x_{nn}					y_n	x_n
		小计										
增加值	劳动者报酬											
	生产税净额											
	固定资产折旧											
	营业盈余											
	小计		z_1	z_2	…	z_n						
总投入			x_1	x_2	…	x_n						

价值型表的形状为曲尺状，包括 3 个相互连接的象限。第Ⅰ象限（左上方）是投入产出表的核心，反映国民经济产品部门之间相互依存、相互制约的经济技术联系。第Ⅰ象限是由名称相同、排列次序相同、数目一致的若干产品部门纵横交叉而成的中间产品矩阵。第Ⅰ象限元素有双重含义，沿行方向看，反映某产品部门生产的货物或服务提供给各产品部门使用的价值量，被称为中间使用；沿列方向看，反映某产品部门在生产过程中消耗各产品部门生产的货物或服务的价值量，被称为中间投入。

第Ⅱ象限（右上方）反映产品最终使用的情况，包括消费支出、资本形成总额（固定资产改造以及积累）和净出口额。沿行方向看，反映某产品部门生产的货物或服务用于各种最终使用的价值量；沿列方向看，反映各项最终使用的规模及其构成。第Ⅲ象限（左下方）反映的是各个部门增加值分配或者最初投入构成情况，包括劳动者报酬、生产税净额、固定资产折旧及营业盈余。沿行方向看，反映国民经济各产品部门在生产经营过程中的投入来源及产品价值构成；沿列方向看，反映劳动者报酬、生产税净额、固定资产折旧和营业盈余等各种增加值的构成。

价值型投入产出表既有行模型，也有列模型。价值型投入产出表存在水平向和垂直向平衡关系，即存在中间使用与最终使用之和等于总产出的行平衡关系，以及中间投入与增加值（最初投入）之和等于总投入的列平衡关系。从总量上看，总投入与总产出相等；从中间产品来看，中间投入与中间使用相等；从每个部门来看，部门总投入等于部门总产出。

价值型投入产出表的行表示某部门的产出去向与结构，x_{ij} 为部门 i 提供给部门 j 的中间产品，y_i 是部门 i 的最终使用量（包括居民消耗、政府使用、出口和社会储备等）。列表示某部门的投入来源与结构，表明该部门总投入量的来向。由价值型投入产出表的行、列模型可推导出第Ⅱ象限的总量与第Ⅲ象限的总量相等，即用于非生产的消费、积累、储务和出口等方面的产品总价值与整个国民经济净产值的总和相等。

从左到右形成行模型：
$$\begin{cases} x_{11}+x_{12}+\cdots+x_{1n}+y_1=x_1 \\ x_{21}+x_{22}+\cdots+x_{2n}+y_2=x_2 \\ \cdots \\ x_{n1}+x_{n2}+\cdots+x_{nn}+y_n=x_n \end{cases} \tag{3-3}$$

从上到下形成列模型：
$$\begin{cases} x_{11}+x_{21}+\cdots+x_{n1}+z_1=x_1 \\ x_{12}+x_{22}+\cdots+x_{n2}+z_2=x_2 \\ \cdots \\ x_{1n}+x_{2n}+\cdots+x_{nn}+z_n=x_n \end{cases} \tag{3-4}$$

产出平衡方程组：
$$\sum_{j=1}^{n} x_{ij}+y_i=x_i(i=1,\ 2,\ \cdots,\ n) \tag{3-5}$$

投入平衡方程组：
$$\sum_{i=1}^{n} x_{ij}+z_j=x_j(j=1,\ 2,\ \cdots,\ n) \tag{3-6}$$

可得，
$$\sum_{i=1}^{n} y_i=\sum_{j=1}^{n} z_j \tag{3-7}$$

物质型投入产出表可描述物质产品的实物流动，揭示各实物产品之间的技术联系，具有不受价格等因素影响的特点。但是，物质型投入产出表也具有一定的缺陷：

① 不同产品的单位不同，导致物质型投入产出表只有行模型，没有列模型，形式较为单一；

② 物质型投入产出表不能包括社会经济系统的所有产品，如信息技术的量化存在问题，

即物质型投入产出表对社会经济系统的描述是不完整的；

③ 由于世界上绝大多数国家均编制价值型投入产出表，中国编制物质型投入产出表在国际比较中受到很大局限（王勇，2012）。

价值型投入产出表由于数据本身易于收集，适于国家经济系统的核算，应用较为广泛。

（2）竞争型和非竞争型

此种投入产出表的类型划分，取决于对进口的不同处理方式。投入产出表中中间使用、最终使用的产品中有一部分来自进口，竞争型投入产出表中将进口作为单独的一列，作为前面项目的抵减项（如表 3-6 倒数第二列，深灰部分），并未区分中间投入中的国内生产和进口这两种来源（假定两者是可以完全替代的），因此无法反映各生产部门与进口产品相互之间的有机联系。

非竞争型投入产出表将进口按使用方向详列为矩阵，与国内生产产品并排处理，中间投入分为国内生产和进口两大部分，体现了中间使用和最终使用对本地产品和进口产品的不完全替代性，可用于分析国内生产产品和进口产品对经济增长的影响，表 3-6 是非竞争型投入产出表的基本形式（浅灰部分）。

表 3-6　非竞争型投入产出表

产出 / 投入			中间使用	最终使用				进口	总产出
			部门	消费支出	资本形成	出口	合计		
中间投入	国内产品	部门	x_{ij}				y_i		x_i
	进口产品	部门	e_{ij}					e_i	
最初投入	劳动者报酬								
	生产税净额								
	固定资产折旧								
	营业盈余								
	增加值合计		z_j						
总投入			x_j						

非竞争型投入产出表的主要优点是可以较为清晰地反映中间使用过程（生产过程）和最终使用过程（最终需求过程）对不同区域、不同部门进口产品的消耗。由于不同国家生产结构、技术水平的差异较大，导致不同国家同种产品的性质也有较大差别，因此编制非竞争型投入产出表可以更为真实地反映不同国家经济生产的实际情况，可在国际贸易研究中发挥重要作用。中国曾在 2002 年投入产出专项调查数据的基础上，结合其他调查数据试编了中国 2002 年非竞争型投入产出表，目前，中国非竞争型投入产出表的编制仍没有形成制度，同时资料来源有待完善。

3.2.3　投入产出分析

运用投入产出表中的数据可计算产品部门间直接/完全消耗系数，据此识别关键部门，分析产业间需求、供给关联所产生的联动影响。

3.2.3.1　消耗系数

（1）直接消耗系数

直接消耗系数也称投入系数，第 j 部门对第 i 部门的直接消耗系数是指第 j 部门每生产单位产品或服务所消耗第 i 部门产品或服务的数量，用 a_{ij} 表示，其计算公式为：

$$a_{ij}=\frac{x_{ij}}{x_j} \tag{3-8}$$

式中，x_{ij} 是第 j 部门生产经营中所直接消耗的第 i 部门的产品或服务的数量；x_j 是第 j 部门的总产出。由直接消耗系数 a_{ij} 构成的 n 行 n 列的矩阵 $\boldsymbol{A}$，反映了部门间的技术经济联系，是投入产出分析的基础。

$$\boldsymbol{A}=\begin{bmatrix} a_{11} & a_{12} & \cdots & a_{1n} \\ a_{21} & a_{22} & \cdots & a_{2n} \\ \vdots & \vdots & \ddots & \vdots \\ a_{n1} & a_{n2} & \cdots & a_{nn} \end{bmatrix} \tag{3-9}$$

由此可以得到 $x_{ij}=a_{ij}x_j$，将其引入行的平衡关系中，可以得到：

$$\begin{cases} a_{11}x_1+a_{12}x_2+\cdots+a_{1n}x_n+y_1=x_1 \\ a_{21}x_1+a_{22}x_2+\cdots+a_{2n}x_n+y_2=x_2 \\ \cdots \\ a_{n1}x_1+a_{n2}x_2+\cdots+a_{nn}x_n+y_n=x_n \end{cases} \tag{3-10}$$

再结合总产出矩阵 $\boldsymbol{X}=[x_1 \quad x_2 \quad \cdots \quad x_n]'$ 与最终需求矩阵 $Y=[y_1 \quad y_2 \quad \cdots \quad y_n]'$，可以推导出：

$$\boldsymbol{AX}+\boldsymbol{Y}=\boldsymbol{X} \tag{3-11}$$

$$(\boldsymbol{I}-\boldsymbol{A})\boldsymbol{X}=\boldsymbol{Y} \tag{3-12}$$

$$\boldsymbol{X}=(\boldsymbol{I}-\boldsymbol{A})^{-1}\boldsymbol{Y} \tag{3-13}$$

式中，$\boldsymbol{I}$ 为单位矩阵，$(\boldsymbol{I}-\boldsymbol{A})^{-1}$ 为 Leontief 逆矩阵 $\boldsymbol{L}$，与完全消耗系数显著相关。在环境投入产出分析中，常代入资源消耗或环境排放系数，以分析产业转型所带来的资源与环境效应。以碳为例，左右分别乘以碳排放系数 ε，可以建立碳排放量 $\boldsymbol{c}$ 与产品最终需求、技术水平参数间的定量关系。

$$\varepsilon\boldsymbol{X}=\varepsilon(\boldsymbol{I}-\boldsymbol{A})^{-1}\boldsymbol{Y} \tag{3-14}$$

$$\boldsymbol{c}=\varepsilon(\boldsymbol{I}-\boldsymbol{A})^{-1}\boldsymbol{Y} \tag{3-15}$$

$$\boldsymbol{c}=\varepsilon\boldsymbol{LY} \tag{3-16}$$

(2) 完全消耗系数

完全消耗系数是指某一产品部门（如 j 部门）每提供一个单位最终产品需直接消耗和间接消耗（即完全消耗）各产品部门（如 i 部门）的产品或服务数量，用 b_{ij} 表示。完全消耗系数是直接消耗系数和全部间接消耗系数之和。计算公式为：

$$b_{ij}=a_{ij}+\sum_{k=1}^{n}a_{ik}a_{kj}+\sum_{s=1}^{n}\sum_{k=1}^{n}a_{is}a_{sk}a_{kj}+\sum_{t=1}^{n}\sum_{s=1}^{n}\sum_{k=1}^{n}a_{it}a_{ts}a_{sk}a_{kj}+\cdots(i,\ j=1,\ 2,\ \cdots,\ n) \tag{3-17}$$

式中，第一项 a_{ij} 为第 j 部门对第 i 部门的直接消耗量；第二项为第 j 部门对第 i 部门的一次间接消耗量；第三项为第 j 部门对第 i 部门的二次间接消耗量；第 $n+1$ 项为第 j 产品部门对第 i 产品部门的 n 次间接消耗量。

完全消耗系数的推导过程为：

① j 部门产品的生产要直接消耗 i 部门的产品，即 b_{ij} 中应包括 a_{ij}；

② 计算 j 部门的生产中对 i 部门产品的全部间接消耗，j 部门在生产中可能直接消耗了 n 种产品，这 n 种产品来自任何部门（包括对 j 部门产品自身的消耗），部门用 k 表示，而第 k（$k=1, 2, \cdots, n$）部门产品生产过程中全部消耗的第 i 部门产品为 b_{ik}，因此 j 部门产品通过第 k 部门产品而全部间接消耗的第 i 部门产品为 $b_{ik}a_{kj}$，于是第 j 部门产品生产中全部间接消耗的第 i 部门的产品为 $\sum_{k=1}^{n} b_{ik}a_{kj}$；

③ 将第 j 部门产品在生产过程中直接消耗与全部间接消耗的第 i 部门产品相加，即为第 j 部门产品生产对第 i 部门产品的完全消耗。公式为：

$$b_{ij} = a_{ij} + \sum_{k=1}^{n} b_{ik}a_{kj} \tag{3-18}$$

用矩阵表示为：

$$\boldsymbol{B} = \boldsymbol{A} + \boldsymbol{BA} \tag{3-19}$$

变形后，可获得直接消耗系数矩阵 $\boldsymbol{A}$ 与完全消耗系数矩阵 $\boldsymbol{B}$ 之间的关系：

$$\boldsymbol{B} = \boldsymbol{A}(\boldsymbol{I}-\boldsymbol{A})^{-1} = [\boldsymbol{I}-(\boldsymbol{I}-\boldsymbol{A})](\boldsymbol{I}-\boldsymbol{A})^{-1} = (\boldsymbol{I}-\boldsymbol{A})^{-1} - \boldsymbol{I} \tag{3-20}$$

完全消耗系数的经济意义是在增加某一部门单位最终需求时，能够计算出需要国民经济各个部门提供的生产额是多少，反映的是对各部门直接和间接的诱发效果。下面结合例题来说明利用直接消耗系数矩阵计算投入产出表中各象限数据，以及完全消耗系数的计算过程。

【例 3-1】 假设一个区域有 3 个产业，分别为煤矿、电厂和铁路，3 个产业在某一周内接到数额不等的订单（表 3-7），请问这 3 个产业一周内为满足自身及外界需求的总产值是多少，创造的新价值是多少？3 个产业间投入产出关系如何，3 个产业生产单位产值对煤、电和铁路运输的总消耗（即完全消耗系数）是多少？

表 3-7　3 个产业某周内生产情况和订单统计

企业	生产	消费(内需)	订单(外需)
煤矿	价值 1 元的煤	0.25 元电和 0.35 元运输	5 万元
电厂	价值 1 元的电	0.40 元煤、0.05 元电和 0.10 元运输	2.5 万元
铁路	价值 1 元的铁路运输服务	0.45 元煤、0.10 元电和 0.10 元运输	3 万元

解： 根据上表中的内需消费数据（直接消耗系数），可获得第Ⅰ象限表达式，进而求得初始投入和总产出（表 3-8）。

表 3-8　初始投入和总产出　　单位：元

投入＼产出		消耗部门			外界需求	总产出
		煤矿	电厂	铁路		
生产部门	煤矿	$0x_1$	$0.40x_2$	$0.45x_3$	50000	x_1
	电厂	$0.25x_1$	$0.05x_2$	$0.10x_3$	25000	x_2
	铁路	$0.35x_1$	$0.10x_2$	$0.10x_3$	30000	x_3
新创造价值		z_1	z_2	z_3		
总投入		x_1	x_2	x_3		

建立行模型：

$$
\begin{cases}
0x_1 + 0.40x_2 + 0.45x_3 + 50000 = x_1 \\
0.25x_1 + 0.05x_2 + 0.10x_3 + 25000 = x_2 \\
0.35x_1 + 0.10x_2 + 0.10x_3 + 30000 = x_3
\end{cases} \tag{3-21}
$$

可得产出向量：$\boldsymbol{X}=\begin{pmatrix}x_1\\x_2\\x_3\end{pmatrix}=\begin{pmatrix}114458\\65395\\85111\end{pmatrix}$。可知，在该星期中，煤矿、电厂和铁路的总产值分别为114458元、65395元和85111元，进而计算得到第Ⅰ象限的3个产业间消耗系数矩阵：

$$
\boldsymbol{A}\mathrm{diag}(\boldsymbol{X}')=\begin{pmatrix}0 & 0.40 & 0.45\\0.25 & 0.05 & 0.10\\0.35 & 0.10 & 0.10\end{pmatrix}\begin{pmatrix}114458 & 0 & 0\\0 & 65395 & 0\\0 & 0 & 85111\end{pmatrix}=\begin{pmatrix}0 & 26158 & 338300\\28614 & 3270 & 8511\\40060 & 6540 & 8511\end{pmatrix} \tag{3-22}
$$

建立列模型：

$$
\begin{cases}
0x_1 + 0.25x_1 + 0.35x_1 + z_1 = x_1 \\
0.40x_2 + 0.05x_2 + 0.10x_2 + z_2 = x_2 \\
0.45x_3 + 0.10x_3 + 0.10x_3 + z_3 = x_3
\end{cases} \tag{3-23}
$$

可得各产业的新创造价值，形成完整的区域投入产出表（表3-9）。

表3-9　区域投入产出　　　单位：元

投入＼产出		消耗部门：煤矿	消耗部门：电厂	消耗部门：铁路	外界需求	总产出
生产部门	煤矿	0	26158	38300	50000	114458
	电厂	28614	3270	8511	25000	65395
	铁路	40060	6540	8511	30000	85111
新创造价值		45784	29427	29789		
总投入		114458	65395	85111		

再结合完全消耗系数计算公式，可得：

$$
\boldsymbol{B}=(\boldsymbol{I}-\boldsymbol{A})^{-1}-\boldsymbol{I}=\begin{pmatrix}0.45658 & 0.69813 & 0.80586\\0.44818 & 0.27990 & 0.36630\\0.61625 & 0.41370 & 0.46520\end{pmatrix} \tag{3-24}
$$

完全消耗系数矩阵的值比直接消耗系数矩阵的值要大得多，这意味着如果该区域要每周增加1万元的煤生产，不仅需要增产0.25万元的电和0.35万元的运输能力作为直接消耗，还将有近0.46万元的煤、0.20万元的电和0.27万元的运输能力作为间接消耗。由此可知，Leontief逆矩阵 $\boldsymbol{L}$ 起到了放大器的作用，即直接消耗系数可以通过乘数的放大作用转化为完全消耗系数，它虽然与完全消耗系数矩阵 $\boldsymbol{B}$ 只差一个单位矩阵，但是经济意义有着明显不同。

3.2.3.2 影响力与感应度系数

Leontief逆矩阵 $\boldsymbol{L}=(\boldsymbol{I}-\boldsymbol{A})^{-1}$ 中的每一个元素 l_{ij} 表示的是第 j 部门提出一个单位的最

终产品需求量时，而影响 i 部门必须提供的全部产品量，因而 l_{ij} 也被称为完全需求系数。基于 Leontief 逆矩阵可计算影响力系数和感应度系数，用以反映国民经济各部门的经济技术联系，但两者又有区别。影响力系数反映某一个产品部门增加一个单位的最终产品时对国民经济各部门所产生的生产需求波及程度；而感应度系数表明国民经济各个部门每增加一个单位的最终使用，某一个部门由此而受到的需求感应程度。当一个产业部门的影响力和感应度系数均较大时，则该产业部门对经济发展、其他部门增长具有重要影响，被称为关键部门（许宪春等，2006）。

（1）影响力系数

影响力系数 F 也被称为后向关联系数，等于完全需求系数矩阵的列和（某部门的最终需求为一个单位时各个部门所必须提供的全部产品的总和，即该部门对所有部门的总影响效果）除以所有完全需求系数之和的部门平均值（n 个部门总影响效果的平均值）。其计算公式如下：

$$F_j = \frac{\sum_{i=1}^{n} l_{ij}}{\frac{1}{n}\sum_{i=1}^{n}\sum_{j=1}^{n} l_{ij}} \tag{3-25}$$

式中，F_j 为某部门的影响力系数；l_{ij} 为第 j 部门对第 i 部门的完全需求系数。$F_j>1$ 时，表明第 j 部门的生产对其他部门产生的影响程度超过社会平均影响力水平（即各部门所产生的影响效果的平均值），影响力系数越大，对其他部门的需求就越大，即对其他部门的拉动作用越大；当 $F_j=1$ 时，则表示第 j 部门对其他部门所产生的影响程度等于社会平均影响力水平；当 $F_j<1$ 时，第 j 部门对其他部门的影响程度低于社会平均影响力水平。

（2）感应度系数

感应度系数 E 也被称为前向关联系数，等于完全需求系数矩阵的行和（各部门的最终需求均为一个单位时对某部门的全部需求）除以所有完全需求系数之和的部门平均值（反映各部门的最终需求都是一个单位时对各部门的平均需求）。其计算公式如下：

$$E_i = \frac{\sum_{j=1}^{n} l_{ij}}{\frac{1}{n}\sum_{i=1}^{n}\sum_{j=1}^{n} l_{ij}} \tag{3-26}$$

式中，E_i 为某部门的感应度系数。$E_i>1$，表示各部门对 i 部门需求程度超过社会平均需求程度，感应度系数越大，各部门对 i 部门的相对需求越大，即 i 部门受其他部门影响越大；当 $E_i=1$ 时，说明 i 部门受到的需求程度等于社会平均需求水平；当 $E_i<1$ 时，表明各部门对 i 部门需求程度小于社会平均需求程度，各部门对 i 部门产品的需求小，即部门 i 的感应度弱，受其他部门影响小。

3.2.3.3 关联分析

关联分析用于研究经济体需求变化所引发的产出变化。如，电力产业的外部需求增加，其需求变化会通过产业关联传递到如煤开采、天然气开采等供给链上游产业，关联分析可以识别出电力产业供给链上游产业的产出增加及其增幅。关联分析的基本公式为：

$$\Delta \boldsymbol{X} = (\boldsymbol{I} - \boldsymbol{A})^{-1} \Delta \boldsymbol{Y} \tag{3-27}$$

【例 3-2】 以【例 3-1】的数据为基础，若在以后的三周内，各产业的外部需求均出现增长，煤每周增长 15%、电力 3%、铁路 12%，那么各产业的总产值将平均每周增长多少？

解： 根据已知条件，可知在以后的第三周，煤、电和铁路运输的外部需求（最终产品）量分别为

$$\hat{y}_1 = 50000(1+15\%)^3 = 76044 \tag{3-28}$$

$$\hat{y}_2 = 25000(1+3\%)^3 = 27318 \tag{3-29}$$

$$\hat{y}_3 = 30000(1+12\%)^3 = 42148 \tag{3-30}$$

$$\Delta \boldsymbol{Y} = \begin{pmatrix} 26044 \\ 2318 \\ 12148 \end{pmatrix} \tag{3-31}$$

根据式（3-27），可解得

$$\Delta \boldsymbol{X} = \begin{pmatrix} 49343 \\ 19089 \\ 34808 \end{pmatrix} \tag{3-32}$$

以当前一周的产出为基数，分别增长了 43.1%、29.2%和 40.1%。注意尽管电力的外部需求增长率很小，但它的总产值增长率仍具有相当的增长水平，这样才能保证其他产业外部需求的较高增长率。

3.3 产业区位理论

除上述提到的产业组织理论、产业结构理论和产业关联理论外，产业布局中的区位选择问题也受到广泛关注，逐渐形成了相对较为成熟的产业区位理论。区位是指某一主体或事物占有的场所，但也含有位置、布局、分布和位置关系等方面的含义，具体可标识为一定的空间坐标。产业区位是指人类产业活动的空间，产业区位理论是关于人类活动空间组织优化的理论，研究在资源、环境等约束下空间区位的选择及空间内人类活动的组合，强调自然界的各种资源、环境要素和人类产业活动之间的相互联系和相互作用在空间位置上的反映。产业区位理论形成于 19 世纪初到 20 世纪中叶，其突出代表是杜能的农业区位论和韦伯的工业区位论（中国人民大学区域经济研究所，1997）。

3.3.1 农业区位论

农业区位论是杜能于 1826 年提出的，他是研究区位问题的第一人，被誉为产业区位论的鼻祖。杜能在经典著作《孤立国同农业和国民经济的关系——关于谷物价格、土地肥力和征税对农业影响的研究》（简称《孤立国》）中，提出了著名的孤立国农业圈层理论，被视为经济地理学和农业地理学的开篇之作。农业区位论形成于 19 世纪初，当时德国农业正处于由庄园式向自由式转变的阶段，面临着如何处理耕作和畜牧活动的土地利用同市场的关系问题。杜能根据当时德国农业和市场的关系，剖析因地价不同而引起的农业分布现象，创立了农业区位论。该理论从区位地租出发，分析了孤立国农业、林业和牧业的产业布局，得出农产品种类围绕市场呈环带状分布的理论模式（杜能，2002）。

3.3.1.1 理论前提与假定条件

为了使研究简化，杜能采用“孤立化”的研究方式，将复杂的地理环境假设为一个简单的“孤立国”，排除了土质条件、土地肥力和河流等要素的干扰，仅探讨市场距离这一要素的作用，即不考虑自然条件差异，只考虑在一个均质的假想空间里农业生产方式的配置与城市距离的关系。

在利益最大化的前提下，杜能假定“孤立国”在均质平原（自然条件是均质的，任何地点均可耕作）中心只有一个城市，其周围平原的食物供给仅服务于这一个城市；马车是唯一的运输方式，不存在通航的河流与运河；农民生产的动力是获得最大的区位地租收入，而地租收入则由生产成本、农产品价格和运费共同决定，在生产成本与农产品价格既定的条件下，农业生产空间的合理布局取决于农产品生产地与消费中心之间的距离；运费与运量、距离成正比，且由生产者承担。在上述假设条件下，杜能需要解决的问题是：第一，农业将呈现怎样的状态；第二，合理经营农业时，农场距离城市的远近将对农业产生怎样的影响，即为了从土地获取最大的纯收益，农场的经营随距城市距离的增加将如何变化。

3.3.1.2 地租曲线

在杜能假设条件下，同一产品的地租收入只与运费（Kt）有关，即在中心城市周围自然、交通和技术条件相同的情况下，不同位置相对中心城市远近所带来的运费差，决定了不同位置农产品纯收益（杜能称作“地租收入”）的大小。农产品生产活动以追求地租收入最大化为前提，地租收入与城市距离、运费反向变动，地租收入的公式为

$$R = PQ - CQ - KtQ = (P - C - Kt)Q \tag{3-33}$$

式中，R 为地租收入；P 为农产品的市场价格；C 为单位农产品的生产成本；Q 为农产品的生产量（等同于销售量）；K 为距城市（市场）的距离；t 为农产品的运费率（每单位货物在单位距离内的费用）。对于同样的作物而言，随着距城市（市场）距离的增加，运费增加，地租收入 R 会减少。但是运费不能无限制增加，否则就要改变经营方式（R 不能为负值），当地租收入为 0 时，即使耕作技术可能，经济上也不合理，从而成为某种作物的耕作极限。以地租收入与城市距离形成平面直角坐标系，将市场点（运费为 0）的地租收入和耕作极限的距离点（范围）连结形成的曲线被称为地租曲线（图 3-10）。

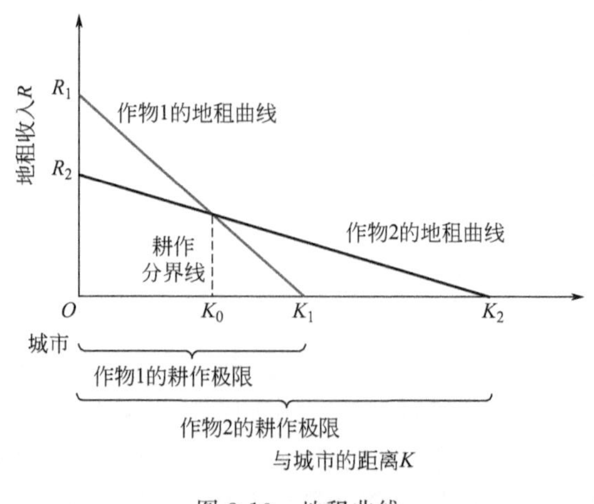

图 3-10　地租曲线

每种作物都有一条地租曲线，其斜率大小由运费率决定，不容易运输的农作物一般运费率较高，地租曲线斜率较大。杜能通过分析所有农业生产方式的地租曲线高度和斜率，确定生产布局。下面以一个例题来说明杜能农业布局的原则。

【例 3-3】 假定城镇是一个区域内的唯一市场，城镇周围是条件均一的平原，种植农作物的地租收入（收益）只与市场价格、生产成本和运费有关。单位面积甲、乙、丙农作物的市场价格分别为 600 元、1000 元、1400 元，生产成本分别为 200 元、400 元、600 元。图 3-11(a) 表示了三种农作物收益随距城镇（市场）距离的变化趋势。求 X、Y、Z 线分别代表什么农作物？与其他两作物相比较，单位面积作物 Z 的运费率是高是低？

解： 借鉴地租曲线，各类农作物区位依据收益高低来确定。从市场价格与生产成本之差（地租收入与运费之和）可以看出，甲＜乙＜丙，如果假定运费（距离）相同，地租收入排序应该为甲＜乙＜丙。

从图 3-11(b) 中可以看出，短距离内（点划线），距离相同，收益呈现出 $Z<Y<X$，因此 X、Y、Z 分别为丙、乙和甲。Z 曲线对应的甲农作物，与其他两种作物相比较，曲线斜率最低，说明其运费率最小，也就是单位距离运费最低，随距城镇距离增大收益递减最慢。

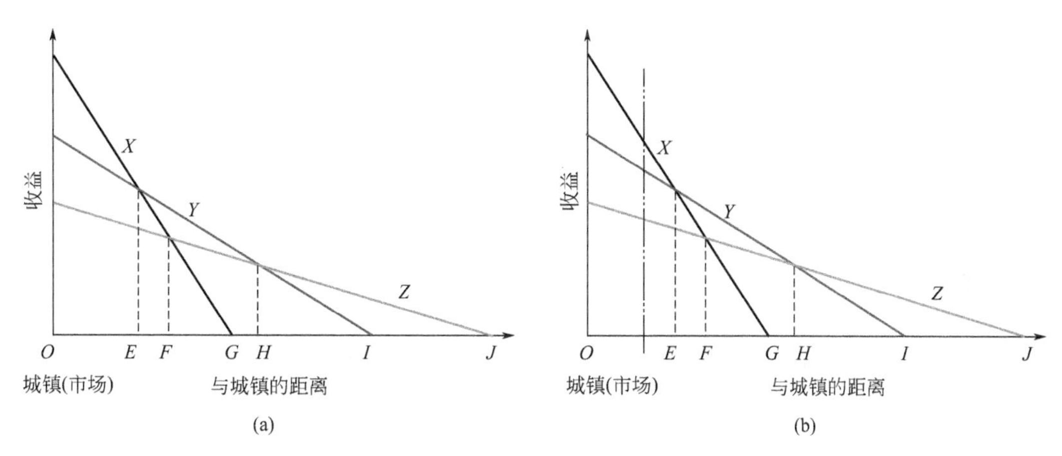

图 3-11 三种农作物收益随与城镇距离变化趋势

3.3.1.3 农业生产方式布局

杜能认为农产品的生产活动以追求地租收入最大化为目的，并不是哪个地方适合种什么就种什么，应考虑特定农场（或地域）距离城市（农产品消费市场）的远近，即地租收入的差别。为此，在孤立国假设条件下，杜能设计了以城市为中心，由内向外呈同心圆状分布的孤立国六层农业圈（杜能圈），分析随着农业活动与中心城市距离的不同，而引起生产基础和地租收入的地区差异。杜能在均质条件下，提出了自由农业带、林业带、无休闲轮作谷物带、长期休闲的多区轮作带、三圃式农耕带和畜牧业带六个农业地带的空间配置原则（Haggett，1983）。

依据地租收入曲线，一般在城市近处种植笨重而体积大的作物（运费率高），或者是生产易于腐烂或者需新鲜时消费的蔬菜、鲜奶等农产品。随着距城市距离的增加，则种植运费率相对较低的作物，进而在城市的周围形成同心圆结构。每一圈层均以某类农作物为主，随着种植作物的不同，农业形态会随之变化，形成不同的农业组织形式。杜能圈的农业生产方式分布展现了土地利用、集约程度与谷物比重等方面的变化规律（图 3-12）。

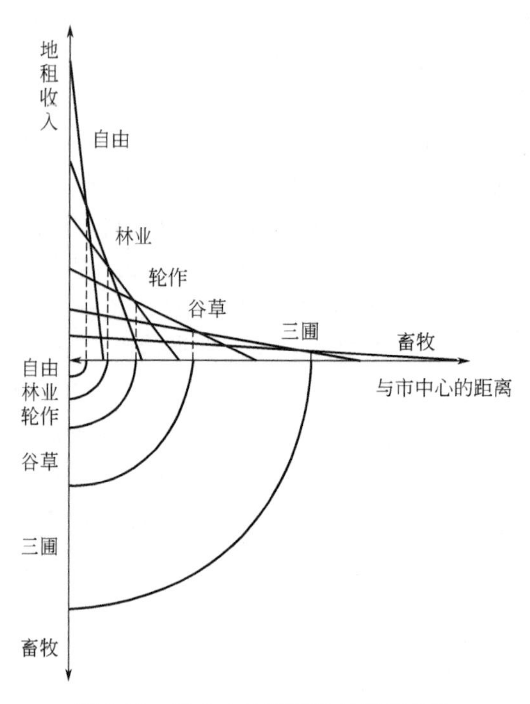

图 3-12　农业土地利用的杜能圈结构

（1）第一、第二圈层

第一圈层为自由农业地带，距离城市最近，主要生产易腐难运的蔬菜、鲜奶等食品。由于运输工具为马车，速度较慢，且缺乏冷藏技术，因此需要新鲜时消费的蔬菜、不便运输的果品（如草莓等）以及易腐产品（如鲜奶等）等均需在城市近处生产，形成自由式农业圈。本圈层的大小由城市人口规模（消费量）决定。由内向外的第二个圈层为林业带，主要为城市提供薪柴、建筑用材、木炭等。由于这类产品重量和体积均较大，从经济角度必须在城市近处（第二圈）种植。

（2）第三～第五圈层

这三个圈层均是以生产谷物为主的农耕带，但集约化程度逐渐降低。第三圈层以谷物（麦类）和饲料作物（马铃薯、豌豆等）的轮作为主要特色，50%种植谷物，无休闲地，六年一轮回，是轮作式农业圈。第四圈层是谷物（麦类）、牧草、休耕轮作地带，43%为谷物种植，在第三圈层的基础上增加了休闲地，形成七区轮作的、生产较为粗放的谷草式农业圈。第五圈层是距城市最远的谷作农业圈，也是最粗放的谷作农业圈，仅 24%为谷物种植，将农家近处的每一块地分为三区，其中一区为休闲地，形成三圃式农业圈。

（3）第六圈层

此圈层为杜能圈的最外层，生产的谷麦作物仅用于自给，而牧草生产则用于养畜，畜产品如黄油、奶酪等供应城市市场。此圈层距城市远，运费高，可以生产不易腐烂的产品或直接饲养牲畜，为粗放畜牧业带，其外侧为未耕的荒野，地租收入为零。据杜能计算，第六圈层位于距离城市 51～80km 处。

随着距市场距离的增加，土地利用由耕作地向畜牧地、荒地过渡，集约程度也逐步降低，谷物比重逐步减少，休闲地随之增加。杜能农业区位理论的重要意义不仅在于阐明市场距离对于农业生产集约程度和土地利用类型（农业类型）的影响，更为重要的是，首次确立了农业区位存在着客观规律性和优势区位的相对性。但杜能也意识到孤立国均质化是一种理论模式，在现实中很少存在，为此他考察了河流、其他小城市的影响，以及谷物价格和土质的影响，提出了非均质条件下的现实模式。而辛克莱尔依据现实情况，指出农业生产方式布局除了考虑地租收入外，还应考虑农业经营者的目的、技术交通手段的发展及城市周边土地利用的多样性，进而提出“逆杜能圈”模式，但杜能农业区位论对我国农业发展仍具有重要意义和现实启示。

3.3.2 工业区位论

工业区位论于1909年由韦伯在《工业区位论》一书中首次提出，它是经济区位论的重要基石。德国产业革命之后，韦伯从经济区位的角度，探索了资本、人口向大城市移动背后的空间机制，采用抽象和演绎的方式推导出工业生产活动的区位原理。该理论的最大贡献之一是最小费用原则，即费用最小点就是最佳区位点。韦伯认为运输费用对工业布局起决定作用，工业的最优区位通常应选择运费最低点上。除运费外，韦伯还考虑了劳动费用、集聚效应对工业布局的影响。他指出，对劳动费在生产成本中占很大比重的工业而言，运费最低点不一定是生产成本最低点，当存在一个劳动费最低点时，它同样会对工业区位产生影响；集聚力也是影响工业区位的重要因素，它是指企业规模扩大和工厂在一地集中所带来的规模经济效益和企业外部经济效益的增长，在一定程度上也会扭转运费、劳动费成本的区位选择（苏东水，2006）。韦伯的工业区位论不仅限于工业布局，对其他产业布局也具有指导意义，逐渐发展为经济区位布局的一般理论。

3.3.2.1 理论前提与假定条件

针对原料和燃料费、运费和劳动费等区位因子，韦伯提出如下假设：分析对象是一个孤立的区域（国家或地区），内部的自然条件、技术条件、工人技艺和社会环境均相同，仅考虑经济因素对工业布局的影响；运输方式为火车，运费与货运量、距离成正比；工业原料与燃料产地、产品销售地和劳动力供给均为已知且数量不变，一般性原料普遍分布。基于上述假定条件，韦伯分三阶段逐步构建了工业区位论。

（1）第一阶段

仅考虑运费区位因子的成本区域差异，劳动费与集聚效应因子均不起作用，此阶段的理想工业区位是运费最低点（运费指向论），由运费指向形成地理空间的基本工业区位格局。

（2）第二阶段

考察劳动费用对由运费所决定的基本工业区位格局的影响，即综合考察运费与劳动费合计为最小时的区位（劳动费指向论），新节省的劳动费大于增加的运费时，会导致运费指向的最优区位格局发生第一次偏移。

（3）第三阶段

将集聚效应因子作为考察对象，考察集聚效应因子对由运费指向与劳动费指向所决定的工业区位格局的影响，集聚指向可使运费指向与劳动费指向所决定的基本工业区位格局再次偏移（集聚指向论）。

3.3.2.2 指向论

考虑到不同的区位因子，韦伯工业区位论包括运费指向论、劳动费指向论和集聚指向论。

(1) 运费指向论

在原料产地与消费地给定的条件下，如何确定仅考虑运费的工厂区位（即运费最小的区位），是运费指向论要解决的基本问题。运费主要由运输货物的重量和运输距离来决定，而运输方式、货物性质等其他因素均可以折算为重量和距离。运输重量主要是指原料（燃料）以及最终产品的重量。根据原料空间分布状况，可将原料分为局地原料和遍在原料。局地原料是指只有在特定场所才存在的原料，如铁矿石、煤炭、石油等；与局地原料对应的是遍在原料，其为任何地方都存在的原料，例如普通砂石等。根据局地原料生产时重量转换状况的不同，又可分为纯原料和粗原料。纯原料是工业产品中包含局地原料的所有（或大部分）重量，而粗原料也叫失重原料，其只有部分重量包含到最终产品中。韦伯通过引入原料指数，讨论工业区位的基础原理，判断工业区位指向。原料指数 M 为局地原料重量 W_{m} 与产品重量 W_{p} 之比，表明生产一个单位产品时，需要多重的局地原料，由此可从理论上决定工厂区位。公式为

$$M_i = \frac{W_{\mathrm{m}}}{W_{\mathrm{p}}} \tag{3-34}$$

在生产与分配过程中，需要运送的总重量为最终产品和局地原料之和。由原料指数可引申出区位重量这一指数，表明每单位产品需要运送的总重量为区位重量 W_i。

$$W_i = \frac{W_{\mathrm{m}} + W_{\mathrm{p}}}{W_{\mathrm{p}}} = \frac{W_{\mathrm{m}}}{W_{\mathrm{p}}} + 1 = M_i + 1 \tag{3-35}$$

运费指向所决定的工厂最优区位是原料、燃料及产品运费之和最小的点。韦伯通过综合分析原料（燃料）性质以及原料地和消费地空间分布，建立了确定工厂区位的基本图形（图 3-13）：①原料为一种，并同消费地（市场）在同一地点，区位图形为一个点；②原料为一种，同消费地不在同一地点，区位图形为一条直线；③原料为两种，同消费地不在同一地点，区位图形为三角形；④原材料为多种，同消费地不在同一地点，区位图形为多边形（如五边形）。

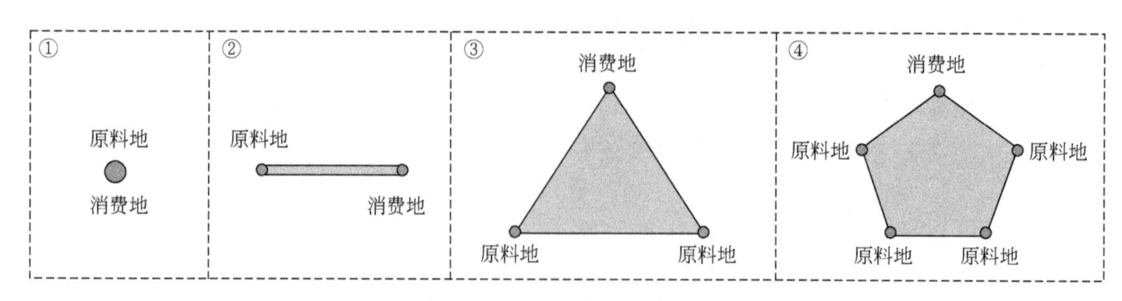

图 3-13　工厂区位的基本图形

(2) 劳动费指向论

韦伯认为劳动费和运费一样，也是影响工厂区位的重要因素。如果工厂的劳动费在生产成本中占很大比重，或者成本中劳动费相对于运费比重更大，其运费最低点不一定是生产成本最低点，而当存在一个劳动费最低点时，就会对工厂区位施加很大的影响。工业区位由运费指向转为劳动费指向仅限于节约的劳动费高于增加的运费。即在低廉劳动费地点布局所带

来的劳动费用节约额大于由最小运费点移动产生的运费增加额时，劳动费指向就占主导地位。但劳动费指向与运费指向不同的是，劳动费指向体现的是地区差异性，并未呈现出随空间距离变化而变化的规律，这会导致运费指向形成的区位格局发生变形。

为判断工厂区位受劳动费指向的影响程度，韦伯提出了劳动费指数 L_i，即每单位产品重量的劳动费工资（S），该指数不仅反映工资水平，同时也体现了劳动能力的差距（李小建，2002）。公式为：

$$L_i=\frac{S}{W_p} \tag{3-36}$$

如果劳动费指数大，那么最小运费的区位移向廉价劳动费区位的可能性就大，通过节约劳动费来降低生产成本的可能性也就越大。但韦伯也指出劳动费指数只是判断劳动费指向的可能性大小，而不是决定因素。因为尽管某种产品的劳动费指数高，如果该产品的区位重量非常大，也不会偏离运费最小区位（李小建，2002）。为此他又提出了劳动系数 L_w 概念，即每单位区位重量的劳动费，用它来表示劳动费的吸引力，公式为：

$$L_w=\frac{L_i}{W_i}=\frac{S}{W_m+W_p} \tag{3-37}$$

劳动系数大，表示远离运费最小区位的可能性大，工业向劳动廉价的地区集中。如纺织业的劳动费指数和劳动系数均较大，受劳动费指向的作用明显，其区位基本是由大城市向城市周边和农村地域发展，原因在于大城市劳动费用高，而城市周边和农村地域有大量廉价的劳动力。但远离消费地的工业区位也会造成与最小运费点和工业聚集地的空间偏离，带来运费增加以及集聚收益损失。因此，一般向城市周边和农村地域分散的工业大多为劳动系数高或对集聚收益（规模经济效益）不敏感的行业。

韦伯利用临界等费用线来说明区位的移动。2 个原料地（M_1 和 M_2）和 1 个消费地（A）可构成区位三角形，假设最小运费点为 P 点。围绕 P 点的多个环线表示从运费最小点 P 移动而产生的运费增加额相同点的连线（等费用线）。在等费用线中，与劳动费节约额相等的那条等费用线为临界等费用线，即标记为 3 的曲线（图 3-14）。在图 3-14 中有两个劳动力低廉点分别为 P_1、P_2，如果在这两处布局工厂，分别比 P 处劳动费低 3 个单位。但 P_1 与 P_2 的空间位置略不同，P_1 在临界等费用线内侧，即增加运费低于节约的劳动费，工厂区位将移向 P_1 处；相反，由于 P_2 在临界等费用线外侧，增加运费高于节约的劳动费，则不会转向 P_2 处。

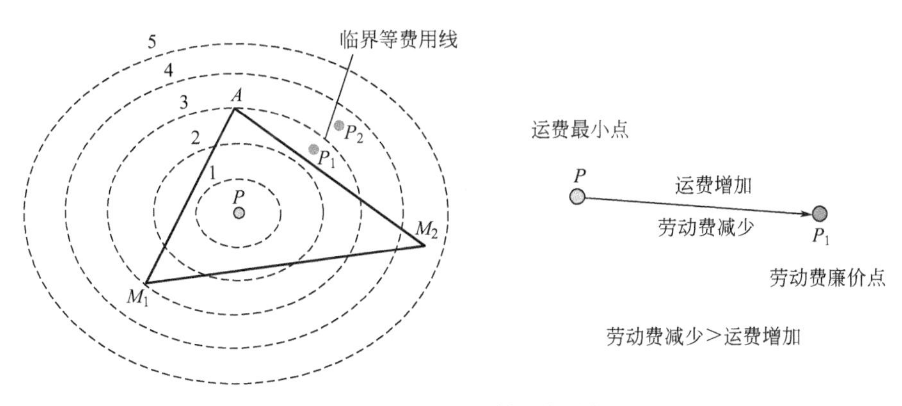

图 3-14　劳动费最低区位图解

根据现实情况，韦伯还指出人口密度、运费率等环境条件对劳动费指向的影响。人口密度的高低直接决定劳动力密度的大小，也决定劳动费的多少。人口密度高的地区劳动费相差大；反之则相差小。因此，人口稀疏地区的工业区位可能倾向于运费指向；而人口稠密地区则可能倾向于劳动费指向。工业区位从运费最小点转向廉价劳动力点，还取决于运费增加的程度，即运费率的变化，当运费率低时，即使远离运费最小点，运费也不会增加太多，从而增加运费比节约劳动费少的可能性就大。综上所述，决定劳动费指向有两个条件：一是基于特定工业性质的条件，由劳动费指数和劳动系数来测定；二是考虑人口密度和运费率等环境条件。同时，韦伯也论述了技术进步与区位指向的关系，他认为运输技术的进步会降低运费率，强化劳动费指向性，而机械化会提高劳动生产率，降低劳动系数，强化运费指向性。因此，技术进步会产生两种相反的倾向性（李小建，2002）。

（3）集聚指向论

在运费、劳动费指向论的基础上，韦伯进一步提出了集聚指向论，认为由集聚所产生的规模经济效益也会对工业最优区位产生影响。韦伯认为工业集聚可分为两个阶段：第一阶段是企业自身经营规模的扩张，从而引起产业集中化，这种集聚一般是由“大规模经营的利益”或“大规模生产的利益”所产生的，是生产集聚的低级阶段；第二阶段是由多种企业在空间上集中产生的集聚，通过企业间协作、分工和基础设施共享引起多个企业集聚，主要是靠大企业以完善的组织方式集中于某一地方，并引发更多的同类企业或其他企业出现而形成的，这时大规模生产的显著经济优势就是有效的集聚效应。

针对集聚效应，有学者提出了规模经济和区位经济两个概念。规模经济是指企业内部规模越大，工业生产活动集中程度就越高，规模经济效益越大。工厂厂房和设备的巨额投资会造成高额的年固定成本，这就要求大规模地利用设备，以便使年固定成本分摊在许多产品上，降低单位产品的成本。这样，随着工厂经营规模的扩大，其内部生产就可能变得更为经济，企业就可以更好地与其他企业竞争，获得更大利润。如在每个小村庄或市镇建一个天文馆，或一个设备齐全的现代外科手术室，或一个证券交易所等设施是不可取的，因为这些设施均需大量的一次投资，因而需要大规模经营（扩大服务对象规模），以避免过高的单位经营成本，因此，只有设在可以为大量人口服务（市场规模大）的区位才合理。

区位经济是在限定区域内，工厂集聚所带来的企业外部经济效益的增长，区域企业均能获得经济增长，进而导致区域不断成长。如假定在一个不发达的区域经营 1 个纺织厂，这是不现实的，因为纺织厂不仅需要大量资本投入和高度熟练的专门技术工人，而且需要在机器设备偶尔损坏时能够就近维修。如果维修设施的企业一年之中只为 1 个纺织厂服务 4～5 次，其余时间闲置，那么每单位维修费就会非常高；反之，如果该区域集中了 10 个纺织厂，每个厂都能便捷地利用该维修企业，合计每年服务达 40 次或 50 次，就可以充分利用维修服务，每单位维修服务的费用就会降低，而且能获得足够的利润。

（4）集聚效应因子的作用原理

韦伯进一步研究了集聚利益对运费指向性或劳动指向性区位的影响。他认为，当集聚获得的利益大于企业因集聚而增加的运输费用和劳动费用之和时，集聚因子会促使企业从运输费用和劳动力费用最低点，迁至集聚最佳区位（李小建，2002）。大量工厂相互临近的区域发生集聚可能性最大。假设有 3 个工厂在不考虑集聚情况下的费用最小点为图 3-15 中 P 点，如果 3 个工厂集聚可节约 2 个货币单位的成本，为了得到这一集聚收益，工厂必须放弃原有的费用最小点，从而增加运费，但前提是增加的运费必须低于 2 个货币单位（集聚收益）。图 3-15 围绕各工厂的封闭环线是临界等费用线，也就是集聚收益与运费增加相等的曲线。在 3 个圆形都重叠的部分是最可能发生集聚的区域，因为这一区域均在 3 个工厂的临界等费用线内侧，也就是运费增加小于集聚收益。

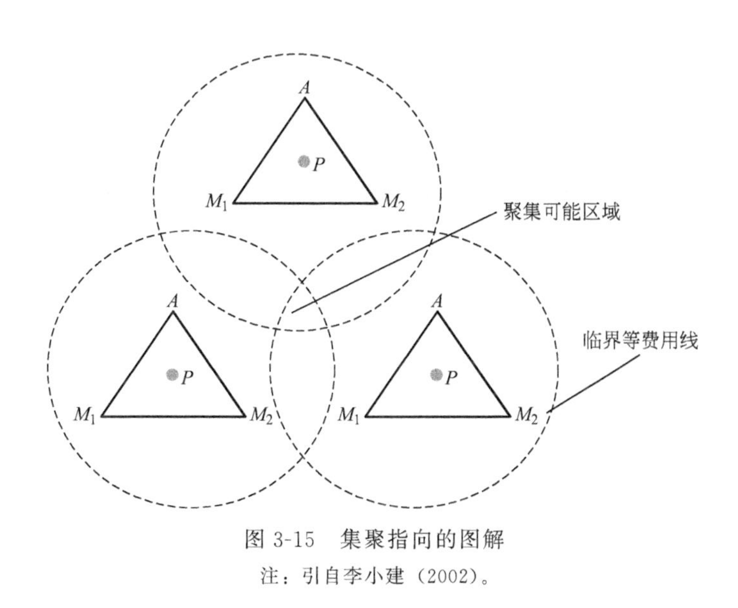

图 3-15　集聚指向的图解

注：引自李小建（2002）。

3.3.2.3　区位效应

本小节以消费地和原料地只有一个、且不在一起的前提下为例，分析依据最小运费原理所产生的区位效应。依据区位图形可知区位为一线，但又分三种情况。第一种情况仅使用遍在原料，原料指数 $M_i<1$ 或区位重量 $W_i<2$，为消费地区位。如生产 1t 啤酒需要 10t 水、大麦和啤酒花各 0.03t，水为遍在原料，大麦和啤酒花则属于局地原料，啤酒厂的原料指数为 0.035。啤酒厂是典型的消费指向性工业，实际上一般都布局在城市或其周边的消费地（李小建，2002）。第二种情况仅使用纯原料时，$M_i=1$ 或 $W_i=2$，为自由区位，工业区位在原料地、消费地或两者之间均可，如石油精制工业是把原油精制后生产汽油、轻油和重油，原油是局地原料，从原料到产品其重量几乎不发生变化，原料指数可看作 1，实际上世界石油精制工业的区位既有位于原油产地（波斯湾和墨西哥湾等），也有位于消费地大城市（纽约等）（李小建，2002）。第三种情况仅使用粗原料时，$M_i>1$ 或 $W_i>2$，为原料地区位，如生产 1t 水泥需要石灰石 1.33t、煤炭 0.43t 和黏土 0.35t，原料指数为 2.11。因此，在使用量大的石灰石产地布局的话，运费最低，实际上大型水泥厂均在石灰石产地布局（李小建，2002）。基于三种情况，韦伯指出依据遍在原料与粗原料（失重原料）的使用比例会产生遍在原料效应和失重效应两种效应。

（1）遍在原料效应

以可口可乐工厂的区位问题为例，假定其生产过程高度机械化，只需要极少的劳动力，生产过程所需的电力和燃料较少。主要生产成本是可口可乐浆、水、糖和化学试剂的运输费用。假定水费价格低，糖和其他化学制剂运到工厂的交货价格在不同区域差别不大。在上述条件下，可口可乐工厂应该设在什么地方（胡佛等，1992）？是设在原料地还是消费地？或者是设在原料地和消费地连线上的任意一点上（图 3-16）？

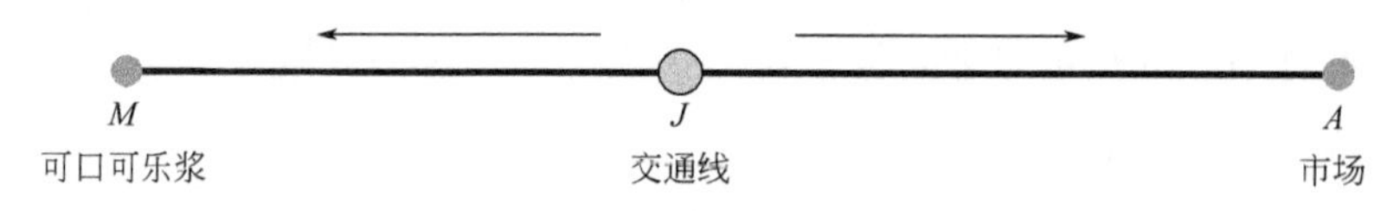

图 3-16　可口可乐工厂的区位选择

如果设厂在 M 点，那么可以不花浆料的运费，然而却要支付成品运费，即瓶装（或罐装）的可口可乐到市场的运费；如果设厂在 J 点，我们必须把浆料从 M 运到 J，然后再把瓶装的可口可乐从 J 运到市场 A；如果设厂于 A 点，我们仅需把浆料从产地 M 运到市场 A。可以看出，可口可乐工厂设在 A 点（消费地）最经济，因为 1 瓶可口可乐所需浆料的运费大大低于 1 瓶可乐的运费。

此案例中存在着 1 种局地原料（可口可乐浆），但在生产过程中又加入了其他遍在原料，如水、空气或石灰石等。当遍在原料并入成品时，遍在原料把它的（全部或部分的）重量加到局地原料的重量上，使成品的重量大于原料的重量，因而，成品的运费要高于局地原料的运费。如果在成品中加上了一种到处都可得到的遍在原料，又何必要运输成品的这一部分呢？通过设厂于市场并从附近得到这种遍在原料不就省去了这部分运输费用吗？最明智的做法是避免运输较重的东西（成品），所以市场是最佳区位，市场设厂最经济。这印证了仅使用遍在原料时，市场是最佳区位，即遍在原料效应趋向于把区位拉向市场。

（2）失重效应

以氧化铝工厂的区位选择来解释失重效应。炼铝生产需要耗费大量的电，因而将该产业布置在电价低廉的地方能获得更大的效益。但同时也需要大量的氧化铝原料，以及加工粉碎工序中所需要的燃料和劳动力。假定劳动力均入了工会，以致从铝土到氧化铝的生产过程中不存在劳动力费用的差别，同时燃料使用量极小，各区位之间不会产生差别。氧化铝工厂应该设在什么地方（胡佛等，1992）？是设在铝土矿原料地还是炼铝生产地（根据铝加工过程，氧化铝产品供给铝生产）？或者是设在原料地和消费地连线上的任意一点上（图 3-17）？

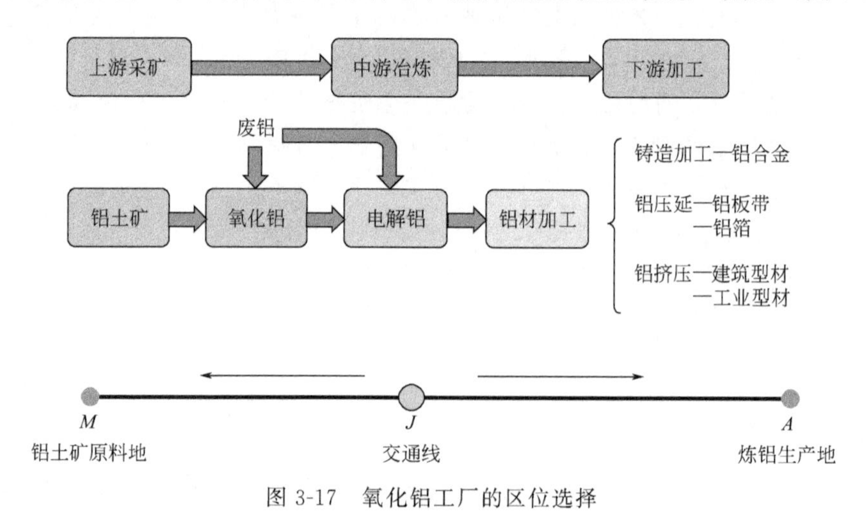

图 3-17　氧化铝工厂的区位选择

如果设厂于 A，就需要从 M 到 A 运 2t 铝土以便 A 地的铝厂提取 1t 氧化铝；如果设厂于 J，就需从 M 到 J 运 2t 铝土，并从 J 到 A 运 1t 氧化铝；如果设厂于 M，就只需从 A 到

M 运 1t 氧化铝。假定 1t 氧化铝和 1t 铝土运费一样，需要同样的装卸和管理，为了给 A 点铝厂运 1t 氧化铝，全程就只需要运输 1t，而不是 2t，那么最经济办法是设厂于 M。

在这个案例中，基本原料铝土矿在被制成中间产品氧化铝的过程中失掉了一部分重量，成品的重量小于原料的重量，因而成品的运费要低于局地原料的运费。我们为什么要运输不必要的重量，即铝土的杂质呢？当生产过程包含失重原料时，原料地的区位吸引力就增大了，设厂于原料产地最经济。这印证了使用失重原料时，原料地是最佳区位，即失重效应趋向于把区位拉向原料地。

3.3.2.4 区位三角形

原料地为 2 个，且与市场不在同一地点，就构成了区位三角形［图 3-18(a)］；当原料地为多个，并与市场不在一起，就构成了区位多边形［图 3-18(b)］。区位三角形首先由经济学家龙赫德在其 1872 年的《商业趋向的理论》和 1882 年发表的《工业合理区位的确定》中提出，并应用于工业区位分析中。

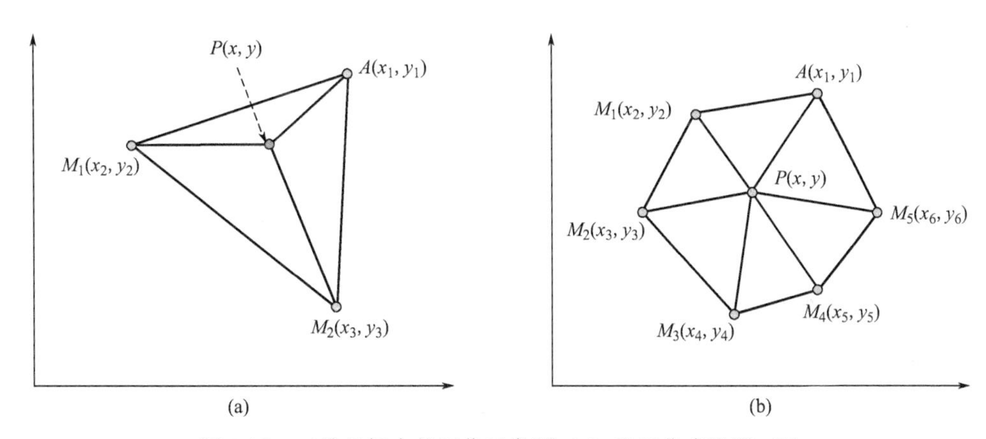

图 3-18　二维坐标中的区位三角形（a）和区位多边形（b）

注：参考自徐兰伏（2006）。

以钢铁厂区位选择为例，来解释区位三角形的形成过程。钢铁生产主要有煤、铁矿石和石灰石三种原料，其中石灰石是一种遍地原料，可以基本不考虑其不同空间分布所带来的价格差异。如果铁矿石是炼铁的唯一原料，其含铁率为 33.3％～50％，那么炼 1t 生铁就需要 2～3t 铁矿石；煤既是燃料也是置换铁矿石中氧的还原剂，它将全部以 CO、CO_2、灰渣、煤气和热的形式丧失。虽然煤气可再次收集用作燃料，但煤在生产过程中几乎丧失其重量的 100％。依据上述分析可知，由于失重效应钢铁生产必须放在原料产地，可是到底选铁矿石产地还是煤产地呢？需要寻求 M_1、M_2、A 之间一个平衡点 P［图 3-18(a)］，如果运费最小点 P 不在区位三角形内，那就可能位于三个角之中的一个角上。现实情况更为复杂，如运费率会随距离增长而下降；成品运费率比煤、铁矿石等原料高得多；即使都是原料，煤、铁矿石的运费率也会有所不同等。

在钢铁工业发展初期，煤是主导原料，所以选择区位主要是煤产地。但随着时间的推移，技术不断进步，每吨产品所需要的煤量不断减少，所以煤产地对最佳区位点的拉力明显减弱，而每吨铁矿石的含量并不能改变，其失重效应仍与发展初期一样。19 世纪以后，钢铁工业逐渐采用废钢铁代替生铁，由于废钢铁主要积累在市场，所以废钢铁用量的增长就会增加已有市场的拉力。这是由于如果不在这样的市场设厂，就得把废钢铁从市场运到生产地点去，同时，废钢铁用量的增加也表明生产每吨钢所需生铁量不断减少，从而所需煤和铁矿石也会减少。钢铁工业的发展已使铁矿石、煤产地的拉力作用不断减小，而市场的拉力作用不断增大，所以市场就是最小运费点。

为了找到最佳区位 P，可以采用几何构图法或编程方式求得最小运费点。韦伯提出采用力学方法“范力农构架”来求解区位（李小建，2002）。如图 3-19 中，生产 1t 供应市场（A）的产品，需原料产地 1（M_1）供应 3t 原料，原料产地 2（M_2）供应 2t 原料的区位三角形。

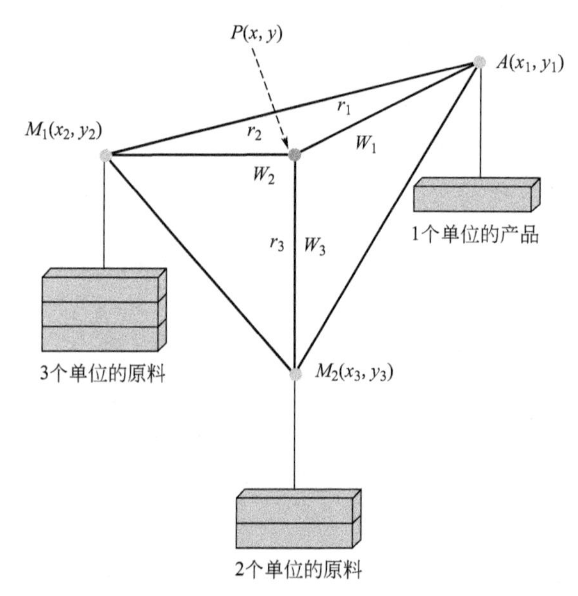

图 3-19　范力农构架（Varignnon Frame）

注：参考自李小建（2002）。

根据韦伯运费指向论，最佳区位应是运费最小点 P，它应是 M_1、M_2 和 A 的重力中心。P 与各点间的距离分别为 r_i，原料和产品的重量为 W_i，那么在运费与距离、重量成比例的情况下，也就是单位运费率相同的情况下，采用“范力农构架”总运费 K 可用以下公式表示：

$$K=\sum_{i=1}^{n}W_i r_i=\sum_{i=1}^{n}W_i\sqrt{(x-x_i)^2+(y-y_i)^2} \tag{3-38}$$

式中，x_i 和 y_i 分别为地点 i 的横纵坐标，求最小值需满足以下方程组：

$$\frac{\partial K}{\partial x}=\sum_{i=1}^{n}\frac{W_i}{r_i}(x-x_i)=0 \tag{3-39}$$

$$\frac{\partial K}{\partial y}=\sum_{i=1}^{n}\frac{W_i}{r_i}(y-y_i)=0 \tag{3-40}$$

对于多原料地和市场的区位多边形而言，也可用此公式求解运费最小点，即求解区位多边形 P 点的坐标。

思考题

1. 产业的概念、产业经济学的研究对象及研究内容是什么？

2. 产业关联含义和关联方式、投入产出分析法是什么？如何计算直接消耗系数和完全消耗系数？

3. 农业和工业区位理论是什么？其区位形成机制是什么？

参考文献

陈锡康，杨翠红，2011. 投入产出技术 . 北京：科学出版社 .

杜能，2002. 孤立国同农业和国民经济的关系 . 吴衡康，译 . 北京：商务印书馆 .

冯江华，王峰，2000. 主导产业、优势产业和支柱产业辨析 . 生产力研究，3：72-73.

胡佛，杰莱塔尼，郭万清，1992. 区域科学导论 . 上海：上海远东出版社 .

李晶，田丹丹，2015. 宏观经济学和微观经学在教学上的区别与联系 . 时代教育，4：188.

李小建，2002. 经济地理学 . 北京：高等教育出版社 .

列宁，1960. 列宁选集：第 4 卷 . 北京：人民出版社 .

孟祥林，2008. 大北京经济圈下保定城市发展模式与对策研究 . 城市发展研究（S1）：140-145，149.

齐舒畅，2003. 我国投入产出表的编制和应用情况简介.（2003-05-23）[2018-07-12]. http：//www. stats. gov. cn/ztjc/tjzdgg/zggmjjhstx/200305/t20030527 _ 38595. html.

苏东水，2006. 产业经济学 . 北京：高等教育出版社 .

宫泽健一，1975. 产业の経済学 . 东京：東洋経済新報社 .

王勇，2012. 中国投入产出核算：回顾与展望 . 统计研究，29（8）：65-73.

杨公朴，夏大慰，2002. 产业经济学教程 . 上海：上海财经大学出版社 .

杨治，1985. 产业经济学导论 . 北京：中国人民大学出版社 .

中国人民大学区域经济研究所，1997. 产业布局学 . 北京：中国人民大学出版社 .

徐兰伏，2006. 工业区位三角形图的判读方法与训练 . 地理教育，1：49.

许宪春，齐舒畅，杨翠红，等，2006. 我国目前产业关联度分析 . 统计研究，11：3-8.

张芷苒，2018. 微观经济学与宏观经济学的对比与结合 . 经济研究导刊，(5)：5-6，12.

Fisher A G B，1935. The Clash of Progressand Security. London：MacMillan & Co. Ltd.

Haggett P，1983. Geography：A Modern Synthesis. Revised Third Edition. New York：Harper& Row Publishers.

Hoffmann W G，1958. The Growth of Industrial Economies. Manchester：Manchester University Press.

Leontief W，1936. Quantitative input and output relations in the economic system of the United States. The Review of Economic and Statistics，18：105-125.

Leontief W，1966. Input-Output Economics. New York：Oxford University Press.

Marx K，1990. Capital，Volume I. London：Penguin Books.

第4章 生态学理论

产业经济学研究对象的生态转型离不开生态学理论与原理的支撑。产业生态学与产业经济学研究对象的相同，使得产业经济学的基本理论在充分考虑资源与环境要素后可应用于产业生态学研究；产业生态学与生态学研究对象的相似，使得生态学的基本理论可通过比拟方式应用于产业生态学研究。因此，产业生态学可以说是生态学的一门应用学科，主要将生态学的基本原理与方法应用到产业或产业生态系统研究中，分析产业发展和生态环境保护之间的关系。

生物体与企业具有相似的生命特征，生态产业与种群有着相似的生长曲线与规律，生态产业园区中也存在类似生物群落的种间关系、关键种与食物链，产业生态系统也有着特定的结构和功能，遵循进化规律、生态位法则和反馈机制等基本原理。本章在研究对象相似性比拟的基础上，从生态学的四个研究尺度出发，对比分析了生物体与企业、种群与产业、生物群落与产业集群及生态系统与产业系统的特征，以期找出相似体中的共同点及区别，从而构建符合产业生态学原理的企业生命体、生态产业、生态产业集群和产业生态系统。

通过本章的学习，学生可以掌握生物体与企业、种群与产业、生物群落与产业集群、生态系统与产业系统的相似性与差异性，掌握Logistic生长曲线、关键种、食物链、进化规律、生态位、反馈机制等相关的基本原理，为产业生态规划与管理打下重要理论基础。

4.1 研究对象的相似性

产业经济学的研究对象跨越多个尺度，从产业内部的企业到产业、产业集群，再到产业系统，通过分析其经济运行规律和基本原理，以期实现研究对象经济效益的提升。而生态学的研究对象同样有多个尺度，从生物体到种群、群落，再到生态系统，主要研究其生态规律和原理，最终促进研究对象生态效益的提升。无论从产业经济学还是生态学角度，研究对象的尺度推移均反映产业生态学研究对象随时间的演化过程，从个体——生物体、企业，不断发展为群体——种群、产业，再不断增强其多样性——群落、产业集群，最后适应环境，形成完备的系统——生态系统、产业系统（图 4-1）。在产业生态学研究领域内，比拟产业经济学与生态学的研究对象，通过模拟自然生态系统的运行规律和基本原理重构产业系统，可以实现经济效益与生态效益的双赢。

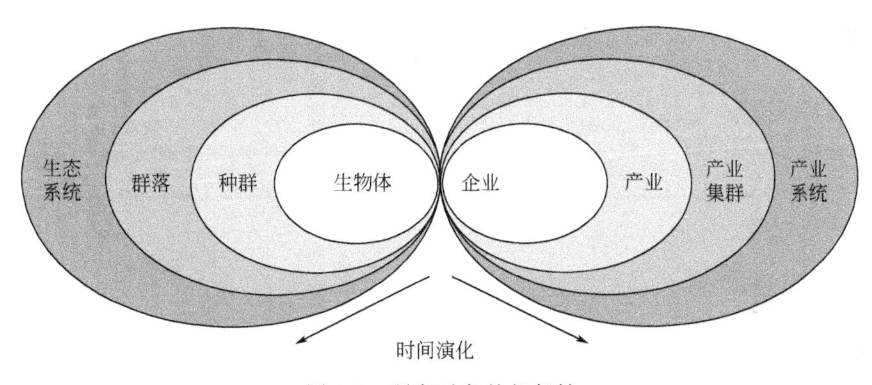

图 4-1　研究对象的相似性

表 4-1 归纳了生态体系和经济体系中，不同研究对象的界定。生物体或企业均是体系的基本单元，具有个体独立性。同种属性基本单元的集合构成种群或产业，而不同属性的基本单元则构成群落或产业集群，再考虑与环境的互动，就形成生态系统或产业系统。

表 4-1　不同研究对象的界定

生态体系		经济体系	
生物体	生物界不同的动物、植物、微生物及其它生物单体	企业	能够创造和实现财富增值，人机结合的社会经济基本单元
种群	在一定时间内占据一定空间的同种生物的所有个体	企业种群（产业）	同一属性的生产经营活动、同一属性的产品和服务，同一属性的企业的集合
群落	占据特定空间和时间的多种生物种群的集合体和功能单位	产业集群	以某一个或几个特定产业为核心，在某一特定区域内，由于具有互补性的企业及其支持机构在该区域空间内的集聚，从而产生规模经济、范围经济，形成强劲、持续的竞争优势
生态系统	生物群落与非生物因子通过能量流动和物质循环相互作用而构成的生态集合体	产业系统	产业集群及其外部环境通过物质能量流动与转换而构成的有机整体

4.2 企业生命体

企业是人工创造的“社会系统”，尽管其不具备生命的性质，却与生命系统有着极大的相似性，具有同样的运行方式和生命周期。本节将企业视为生命体，模拟生物特征，分析生命体与环境的关系。虽然企业以非蛋白质形式存在，但两者均具有新陈代谢功能、生命周期过程、遗传变异、适者生存及组织协调等特征（见表 4-2），因此可根据两者的相似性构建与外部资源环境相适应的企业生命体（丁任重，2004；刘天卓和陈晓剑，2006）。

表 4-2 生物体与企业相似性

特征	生物体	企业
新陈代谢功能	生物的生活需要营养，生物能排除身体内的废物	需要资源，企业生产排放废弃物
生命周期过程	生长、发育、生殖、死亡	初创、成长、成熟和衰退
遗传变异	物种形成与生物进化	规模扩大与创新能力
适者生存	适应环境	盈利
组织协调	依靠细胞、组织、器官协调	依靠管道、工艺、车间协调（或小组、团队、研究室协调）

4.2.1 新陈代谢功能

生物体与环境间的物质和能量交换，以及生物体内部物质和能量的自我更新过程可称为新陈代谢，一般包括合成代谢（同化作用）、分解代谢（异化作用）和调节代谢，是生物体的基本特征之一。生物体通过同化作用，将从环境中获取的营养物质转变成自身的组成成分，并且储存能量，这一变化过程称为合成代谢；把自身原有的一部分组成加以分解，释放出其中的能量，并且把分解的终产物排出体外，这一变化过程称为分解代谢；当生物体所处环境不断变化，影响到新陈代谢过程时，生物体会利用精细的调节机制，调节代谢强度、方向和速度，以适应环境变化，这一过程称为调节代谢。

企业新陈代谢是“产业代谢”概念形成的基础，用来描述把原材料转化为产品和废物的一系列转化过程。企业新陈代谢功能体现在企业组分之间及其与外部环境间物质、能量、信息的交换和转移过程。如图 4-2 所示，企业将从环境获取的营养物传递、转化为自身需要的中间产品、产品，这是合成代谢；同时会分解出副产品、废弃物，并把分解的终产物排入环境，这是分解代谢。合成与分解代谢是顺应物质和能量输入、输出方向的两个代谢过程，而调节代谢则是逆向回路，通过循环机制加强物质再利用、再循环，实现对输入、输出的调节和控制。合成、分解与调节代谢相互联系、相互制约，分解与调节代谢可以保证合成代谢的正常进行，而合成代谢反过来也为分解代谢、调节代谢（具有循环机制）创造良好的条件，三者共同促进企业的生长与健康。

4.2.2 生命周期过程

生物体从诞生到成长、成熟，再到衰老、死亡，构成了一个生命周期过程。企业作为

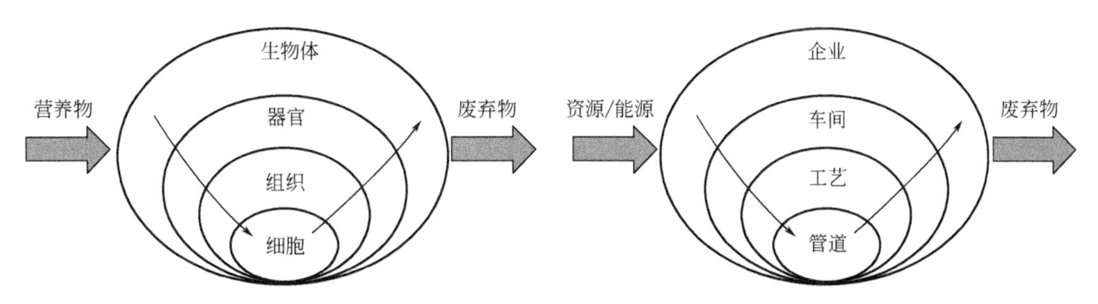

图 4-2　生物体/企业的新陈代谢功能

一个人造的系统，也会经历从创立到成长，再到消亡的过程，这体现了生物体的生命特征。美国管理学家 Adizes 用 20 多年的时间研究企业如何发展、老化和衰亡，于 1988 年出版了 *Corporate Lifecycles：How and Why Corporations Grow and Die and What to Do about It* 一书。他将企业看成一个生命体，提出企业生命周期可分为 10 个阶段，即孕育期、婴儿期、学步期、青春期、盛年期、稳定期、贵族期、官僚早期、官僚期、死亡期（Adizes，1998）。付强（2010）在综合国内外企业生命周期理论成果的基础上，提出企业生命周期过程的 4 阶段划分法，即初创期、成长期、成熟期和衰退期四个阶段（图 4-3）。生物体很可能因为难以适应环境而走向灭亡，企业也一样，如果不进行合理的改变以适应市场环境的变化，就会逐渐在竞争中处于劣势，最终被淘汰。对于生物体的生命而言，衰老是不可避免的"定数"；对于企业而言，衰老却是一个异常现象。衰老并非企业的宿命，如果企业富有创新精神，保持旺盛的生命力与极高的工作效率，就能永远处于盛年期。

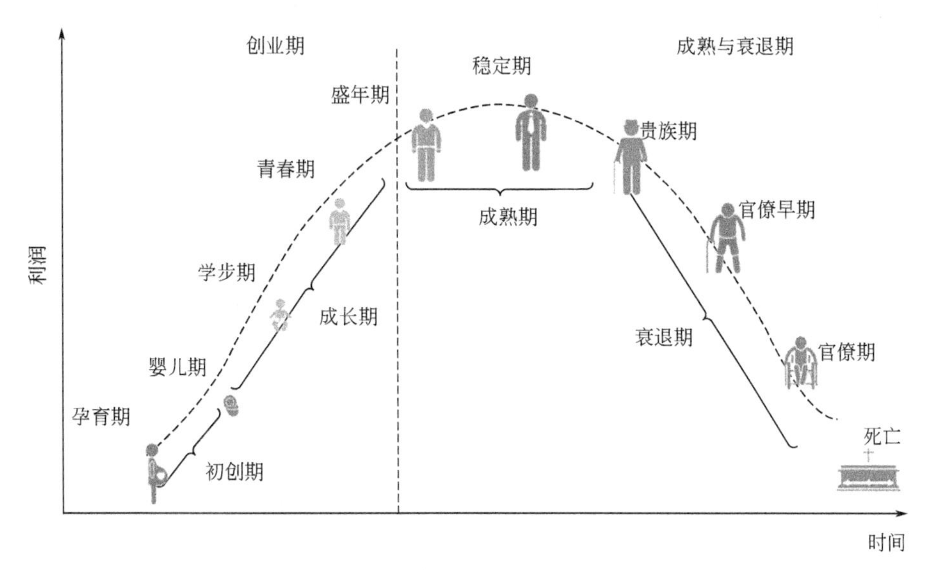

图 4-3　生物体/企业的生命周期过程

注：引自 Adizes（1988）及付强（2010）。

不同的生命周期阶段，企业在销售量、利润、购买者、市场竞争等方面会有不同的特征。企业处于初创期时，建造厂房、购置设备、开发新产品、拓展市场等均需要大量的资金投入，利润为负值。同时，企业尚未建立一定的市场地位，信用度不高，资金是初创期企业能否生存和进一步发展的关键。企业进入成长期后，产品逐渐被市场接受，销售能力也日益增强，业务迅速增长，发展速度加快，逐步在目标市场上取得一定知名度，但企业现金流仍有较大的不确定性。成熟期企业的主要业务能呈现较强的稳定性，销售业务能够持续不断地产生净现金流，企业已经进入经营的黄金时段。此时，企业的产品质量稳定，生产效率达到最高，成本降到最低点，利润也随之达到最高点，但利润率（利润占成本或销售额的百分比）开始大幅下降，因此成熟期企业的产品价格、成本和销量控制极为重要。企业步入衰退期后，由于竞争加剧，原有产品逐渐被市场所淘汰，且新产品很难迅速占领市场，销售量迅速下降，此时业务趋向萎缩（图 4-4）。

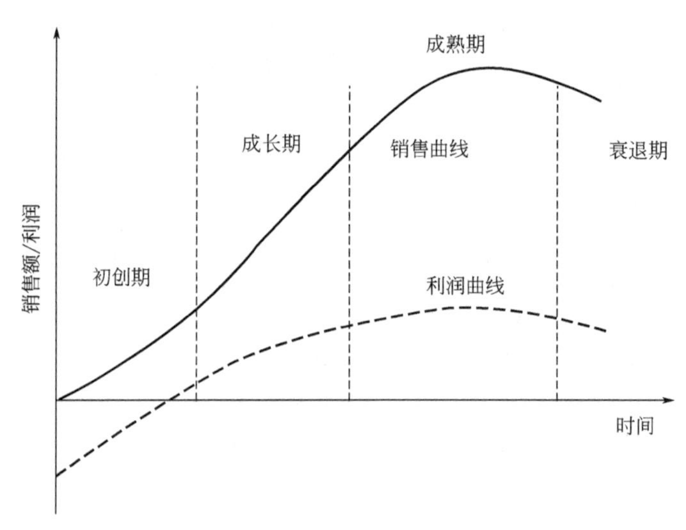

图 4-4　企业生命周期一般模型

4.2.3　遗传变异

生物繁殖过程中保持同种生物世代之间性状上的相对稳定，即为生物遗传。在生物的繁殖过程中，同种生物世代之间或同代不同个体之间的性状不会完全相同，这种差异性即为生物变异。遗传和变异是生命活动中既对立又统一的一对矛盾体。遗传是相对的、保守的；而变异则是绝对的、发展的。没有遗传，不可能保持物种的相对稳定（物种形成）；没有变异，也就不可能有新的物种形成，不可能有今天这样一个丰富多彩、形形色色的生物圈（生物进化）。

企业的“繁殖”并非完全是自我复制的过程，而是一种全新的建设。企业通过不断创新、开发新产品，使得寿命不断延长，这可以理解为是企业遗传变异特征的体现。企业的返老还童现象屡见不鲜，学者们常把企业到了成熟期又返老还童的现象称为“企业再造”“企业蜕变”和“二次创业”等。例如，Apple 公司每半年或一年时间就更新一次 iOS 系统，提高 iPhone 和 iPad 等产品的性能和用户体验，以此来提高产品的市场存活率和竞争力，用不断更新的产品和服务来刺激消费者。从形式来看，企业遗传变异特征可使企业生命周期曲线变为多级，即为多级螺旋式上升的生命周期曲线（图 4-5），用以表示产品创新或技术引进可以帮助企业生命周期不断地延伸。

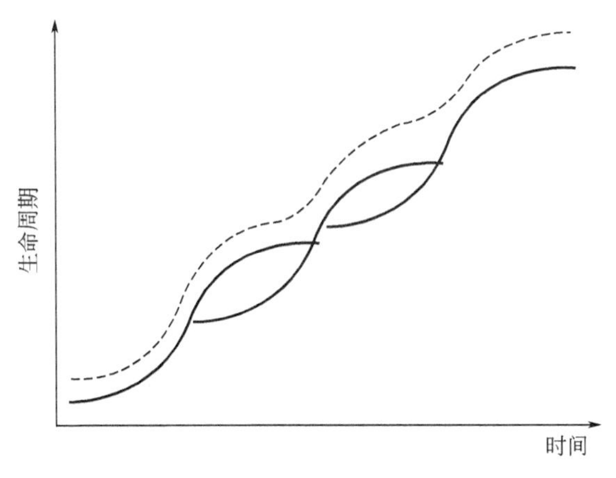

图 4-5 企业多级生命周期一般模型

4.3 企业种群

同种属性企业的集合为产业，也叫企业种群。但产业特性参量与企业并不相同，如企业可用创立、死亡、寿命、生命周期、规模、增长等状态加以描述，而企业种群则用企业的统计量来描述，如企业出生率、死亡率、破产率、平均寿命、企业密度、企业分布等，用以表征产业的基本形态和结构、空间分布和数量变动规律。产业的发展是一个动态过程，决定其数量变化的是初创、成长、成熟和衰退四种过程。与生物种群类似，任何产业（企业种群）不可能无限增长，也会受到资源稀缺的限制，因此企业种群的增长也与有限环境中的生物种群一样，呈 Logistic 增长模式。

4.3.1 Logistic 模型

Logistic 模型是生态学的经典种群增长模型，也称为 Verhulst-Pearl 模型。此模型用来研究在空间有限和资源稀缺的条件下，种群增长率随种群密度变化而变化的规律。经典的 Logistic 模型如下：

$$\frac{\mathrm{d}N}{\mathrm{d}t}=rN\left(\frac{K-N}{K}\right)=rN(1-\frac{N}{K}) \tag{4-1}$$

式中，N 为种群大小（种群密度）；t 为时间变量；r 为种群的瞬时增长率，是种群的最大增长速度；K 为环境容纳量。

Logistic 模型具有密度影响效应，又称为阻滞增长模型，它假定随着种群密度的增加，其密度阻滞效应按比例增加，其中，$1-N/K$ 为密度制约因子（孙儒泳，2001）。例如，某个环境空间能容纳 100 个物种个体，即 $K=100$，那么每个个体就利用了 $1/K$ 的环境空间。空间中每增加一个个体就会对种群的进一步增长产生 $1/K$ 的抑制作用。当 $K=100$ 时，每个个体就会产生 $1/100=0.01$ 的抑制影响。如果在某个时间状态下，种群中有 N 个个体，那么该种群在整体上就利用了 N/K 的空间，而 $1-N/K$ 就是可供继续增长的剩余空间，即 Logistic 系数。当种群数量 $N>K$ 时，$1-N/K$ 为负值；当 $N<K$ 时，该项为正值；而

当 N 趋于 K 时，该项约为 0，即种群数量不发生变化，

Logistic 增长模型的前提体现在环境容纳量、瞬时增长率和增长率的假定。一是设想有一个环境条件所允许的最大种群值，称为环境容纳量或负荷量，通常以 K 表示。这是由于在特定的时空组合下，企业可利用的资源数量和质量也是一定的，对于有限的资源量（原材料、劳动力、技术、资本和市场规模等）来说，能够容纳的企业种群规模也是有限的，其环境容纳量存在最大值 K。当 $N=K$ 时，企业种群的规模达到极限值，因此可以断定 $N=K$ 是产业发展的一个稳定平衡点。变量 N 为企业种群发展的综合指标。企业种群发展的意义在于企业种群发展综合指标的增大，因而 $\mathrm{d}N>0$。当种群规模的大小突破环境容纳量时，将不再增长，即 $\frac{\mathrm{d}N}{\mathrm{d}t}=0$。二是 r 表示企业种群在不受外界条件限制的情况下的自然增长率，即状态变量 N 的增长率（又称内禀增长率）。它是一个固定值，表示在没有任何外部限制条件下的最大发展速率，对种群数量的变化起着一种抑制作用，使种群数量总是趋向于环境容纳量 K。三是假设种群增长率所受到的影响会随着种群密度的上升而呈现出等比例的下降趋势，这是处理种群密度对种群增长影响的简化方式。

4.3.2 生长曲线

由图 4-6 可知，企业种群 Logistic 生长曲线呈现出 S 形增长趋势。在 $N=0$ 时，$\mathrm{d}N/\mathrm{d}t$ 值最小。对 $\mathrm{d}N/\mathrm{d}t$ 求导，可知当 $N=K/2$ 时，企业种群增长率为最大。之后，随着种群密度的增加，增长率不断降低。这是因为，任何一个种群都生活在有限的空间和环境中，随着种群数量的增长和种群密度的上升，对有限的空间、资源以及其他生活必需条件的物种内部竞争也将增加。同时，种群密度的增加会导致单位种群对资源的占有量降低，种群出生率和存活率也会随着单位个体对资源占有的减少而降低，从而使种群的增长率有所降低，到最后趋近于 0，甚至还会出现种群密度下降的现象（郑秀峰，2008）。每个企业个体的增加均会意味着现有个体占有资源的潜在流失（赵树宽等，2008；李金津，2011）。由于资源的限制，企业种群数量增长会对后续企业数量增长形成阻滞作用，从而使企业种群的增长率随着种群数目的增加而呈现下降的趋势。

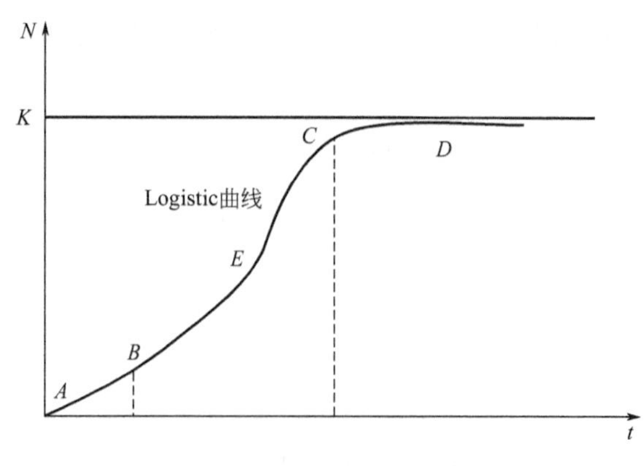

图 4-6　企业种群 Logistic 曲线

如果产业规模的初始值较小，短时间内由于资源供应相对充分，企业密度的制约影响很小，产业增长基本符合指数增长规律。随着时间的推移，产业规模逐渐增大，密度制约的影响

也越来越大，迫使产业规模的增长速度变慢，逐渐达到饱和，进入平衡状态，即 $N=K$。

从曲线斜率来看，在 AB 阶段，企业种群数量的增长率较低，此时企业种群的规模较小，资源相对丰富，种群间的竞争不激烈，种群密度较低，环境容纳量 K 的重要性不明显，主要面临的问题是能否被外部环境接纳。但到 BC 阶段，企业种群数量和种群密度逐渐提高，相同类型的企业在种群中大量繁衍，直至趋向环境容纳量的极限，其中，E 点（$N=K/2$）的企业种群增长率最大，这个阶段 r 是影响种群增长率的主要因素。CD 阶段，曲线接近环境容纳量 K，种群数量的增长又逐渐变慢，直到与渐近线重合，种群数量停止增长，r 的重要性逐渐增加，种群内企业个体之间的竞争日益激烈，新进入企业种群量减少，而退出率升高。沿此思路，可以逐渐突破有关假设条件，探讨企业种群内竞争状态下的种群增长，单种种群的空间分布等情况，从而利用指数函数、对数函数及概率分布函数探求企业种群的增长规律。

4.4 产业集群

产业集群中，不同生产部门的地位和作用与生物群落中不同的种群类似，在结构和功能方面存在着一定的相似性（表 4-3）。从组成要素到有机整体、从营养结构到空间分布，均体现了类似的结构属性，而通过物质、能量和信息流动所产生的功能关系也有相似特征。其中，种间关系、关键种、食物链等生态学原理在产业集群研究中应用广泛（刘天卓和陈晓剑，2006）。

表 4-3　生物群落与产业集群的相似性

特征	生物群落	产业集群
组成要素	以生物为主体，体现生物多样性	以产业为核心，体现要素、产业多样性
有机整体	不同生物种群间按照一定组织结构，相互影响、相互作用，构成有机整体	不同产业之间的相互影响、相互作用构成一个有机整体
营养结构	食物链	价值链
空间分布	不同生物种群在特定地理范围和空间尺度上的分布	不同产业在特定地理范围和空间尺度上的分布
新陈代谢	物种流动、能量流动、物质循环、信息传递、生物繁殖、资源合成与废物分解	物质流动、能量流动、信息传播、价值流动、生产活动、废物排放
种间关系	竞争、共生、捕食、寄生	竞争、共生、掠夺、寄生

4.4.1 种间关系

不同属性企业之间的关系和生物种间关系有很大的相似性，但也存在差别。企业是理性的、契约自由的经济主体，在逐利性驱使下，企业会选择一种对自身最有利的生存模式，因此偏利或偏害关系很少或几乎不存在，即便存在也是作为一种中间形式，而不会长期存在于企业之间。例如企业间不会长期存在对一方有利而对另一方无利也无害的寄生关系，此类关系只是一种中间过渡形式。图 4-7 显示了企业种群间的生态关系类型，包括竞争、共生和掠夺关系（许芳和李建华，2005）。

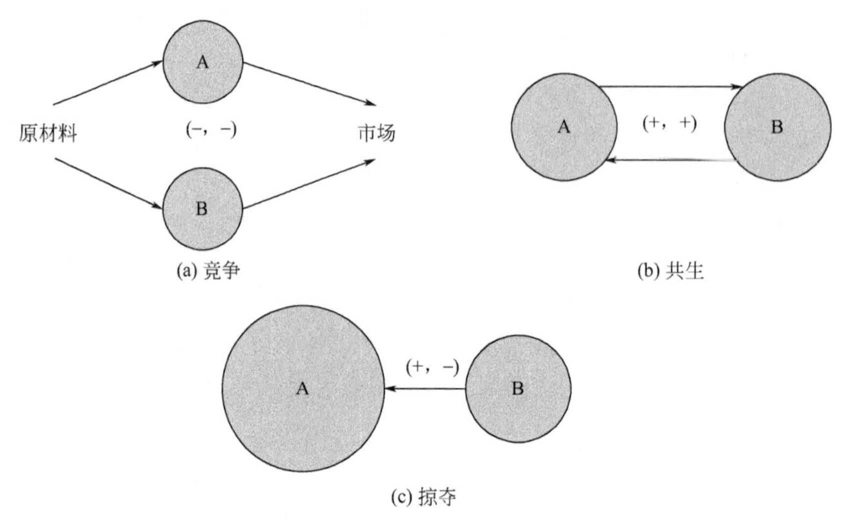

图 4-7　企业种群间的生态关系

注：引自许芳和李建华（2005）。

4.4.1.1　竞争关系

（1）供应端与需求端资源竞争

资源的稀缺性会导致企业种群内部、种群间发生竞争，这种竞争是由获得或使用的资源相同或相近引起的。本节主要讨论的是种群间竞争，产业不仅利用原材料、能源等资源，也需要充分考虑客户、市场等资源，因此资源利用竞争可分为两种情况：一是作为生产者的企业种群提供替代产品或服务，展开对市场的争夺，称为供应端资源竞争；二是作为消费者的企业种群出于对同一种资源的需求，展开激烈的争夺，称为需求端资源竞争。如果两种产品或服务之间的替代性很强时，供应端资源竞争就会非常激烈。

资源利用竞争中，两个一强一弱的企业种群经由同一途径获得相同资源，只是获取资源的速度和效率有所不同。资源总量减少往往会对弱势种群存活、生长和发展产生影响，强势种群经常会因为价格优惠、倾斜性供给和政策保护而表现出更为强大的竞争优势。

（2）竞争的正负效应

企业种群之间的竞争是一个动态博弈的过程，会产生正负效应，表现为有效竞争、过度竞争和竞争不足等。过度竞争有时会对竞争双方均有抑制作用，而有效竞争可以推动企业种群加速创新，提高生产效率，实现资源优化配置，进而提升产品和服务质量，增强竞争力，促进劳动者集结、劳动过程靠拢和生产资料积聚，以使空间范围缩小从而节约非生产费用。

常见的竞争结果是对一方有利，即一方企业种群的环境资源范围不断扩展，其地位和作用不断加强，实现了优胜劣汰，将弱者淘汰出局。竞争结果也可能促进差异化生产，根据各自的优劣势，改进新产品，减少产品之间的直接竞争；或通过产品分工细化，形成上下游关系的产业链条（如专门生产原产品的某些部件），选择双方可以共赢的方式，是一种竞争性的分工合作。

4.4.1.2　共生关系

共生关系是不同企业种群间通过某种物质联系形成共同生存、协同进化的合作关系。类似生物群落，产业集群是由多个彼此相关联的企业互相合作，通过物质交换、封闭循环等方式实现关联。依据物质联系的不同，共生可分为两种情况：一是企业种群间通过交换商品、服务，形成产业链上下游关系，互利互惠协同生产，以形成产业联合体为目标，提高企业生存能力和获利能力；二是企业种群间以副产品和废弃物的交换为纽带，形成产业共生网络（生态产业园区），以实现提高资源利用效率和保护环境的目标（Ehrenfeld and Chertow，2002）。

通过副产品和废弃物交换形成的共生，在产业生态学领域被称为“产业共生”。通过此关系形成的组织形式，可有效实现资源循环。以循环为特征，将传统的线性单向流动“资源—产品—废物”，重构为循环反馈流程“资源—产品—再生资源—再生产品”，形成物质封闭系统，将废弃物转变为原料。丹麦卡伦堡生态产业园就是基于对副产品和废弃物的彼此需求而形成的相互合作关系。这种合作关系不仅降低了企业对其所排放废弃物的处理成本，而且还极大地减少了经济负外部性，获得良好的生态和经济效益，双方形成了良好的互利共生关系。

4.4.1.3 掠夺关系

在产业集群中，除竞争、共生关系外，掠夺是企业种群得以生存的必要保障。专业化分工使得没有任何一个企业可以脱离其他个体存在并占据产业链的全部环节，必须与其相关企业种群发生物质、能量、信息、技术等一系列要素的交换，形成上下游关系。

然而企业种群间的掠夺关系与动物种群间的掠夺关系又有所不同。后者的掠夺方式是一种生物以另一种生物为食，作为食物一方的生存会受到掠夺者的威胁。而前者的掠夺方式是基于对某一商品、服务的需求，处于产业链下游的企业会从上游企业处购买其所必需的中间产品（新技术、信息、服务等），那么上游企业就是这种掠夺关系的被掠夺者，下游企业是掠夺者，其掠夺的对象是上游企业的产品。显然，上游企业（被掠夺者）的生存并没有受到掠夺者（下游企业）的威胁，反而促进或带动了上游企业的发展。因此，企业种群间的掠夺关系模型实际为上下游企业间关系模型。

4.4.2 关键种

4.4.2.1 关键种企业

Paine 指出，关键种对其它物种具有不成比例的影响（Paine，1969）。关键种通常具有如下特征：第一，关键种的存在对于维持生态系统中群落的组成和多样性具有决定性作用（Sanford，1999），关键种发生的任何变化都将影响整个生态系统的演化结果；第二，关键种在生态系统中发挥的功能影响要大于结构影响（Heywood，1995）。关键种概念的提出开拓了人们的思维，其概念不断运用于产业生态学领域。关键种企业往往处于企业生态链网的关键节点，影响着产业链网的稳定运行（谢涛和夏训峰，2006），对网络链条的延伸和发展起到至关重要的作用。对于某个企业群落系统来说，其内部企业的种群数量、产业关联度、生态关联度和各种政策、文化等因素都对关键种企业的形成有一定影响（孙刚和盛连喜，2000）。

关键种企业的个体规模一般较大，其传输的物质、能量和信息量也颇为庞大（Cohen，1978；戴铁军和陆钟武，2006），与群落中的绝大多数企业种群都有着密切的关联。关键种企业的发展能够带动该群落内其他企业种群的发展，换句话说，整个群落的发展在很大程度上都依靠关键种企业的发展，因此关键种企业具有强大的资源辐射能力（Graedel and Allenby，2008）。一般选定煤炭、火电厂、石油、石化、钢铁、水泥作为“关键种企业”，利用其水、热和物质副产品，与其他企业联合形成生态产业链。目前已成功运行的生态产业园中，卡伦堡生态工业园的 Asnaes 发电厂、日本太平洋水泥生态工业园的水泥厂、广西贵港生态工业园的糖厂等均属于关键种企业，成功带动和牵引本地其他企业的发展。

4.4.2.2 关键种识别与测度

引入网络的中心度指标，可以识别与测度产业集群中的关键种企业。网络中心度越高的节点越处于核心地位，能够有效控制及影响网络中其他行动者之间的活动。中心度分为点度中心度和中介中心度两个指标，前者刻画的是一个行动者与其他行动者发生关联的能力，后者描述一个行动者控制网络中其他行动者的能力。点度中心度的表达式为

$$C_{\mathrm{RD}}(i)=\left[\frac{C_{\mathrm{ID}}(i)+C_{\mathrm{OD}}(i)}{n-1}\right]\Big/2 \tag{4-2}$$

式中，C_{RD} 为点度中心度；C_{ID} 为点入度；C_{OD} 为点出度；n 为网络规模（节点数）。

中介中心度是以经过某个节点的最短路径数量来测度节点重要性的指标，是衡量一个节点作为媒介者的能力。如果一个节点处于其他多个节点对的最短路径（捷径）上，那么该节点就具有较高的中介中心度，在网络中就能起到重要的连通作用。该节点的失效或移除，极有可能导致多对节点间产业链条断裂，进而对整个网络产生致命的影响（Freeman，1979）。中介中心度的表达式为

$$C_{\mathrm{RB}}(i)=\frac{2\sum_{j=1}^{n}\sum_{k=1}^{n}b_{jk}(i)}{n^2-3n+2} \tag{4-3}$$

式中，C_{RB} 为中介中心度；n 是网络规模（节点数）；b_{jk}（i）是 i 处于点 j 和 k 之间捷径（最短距离）的概率；n^2-3n+2 为中介中心度可能的最大值，存在于星形网络中（Freeman，1977）。

以卡伦堡产业网络为例，计算 1975 年、1985 年、1995 年网络节点的中心度（图 4-8）。由表 4-4 可知，在 20 年演变过程中网络关键种企业由炼油厂（节点 2）变为火电厂（节点

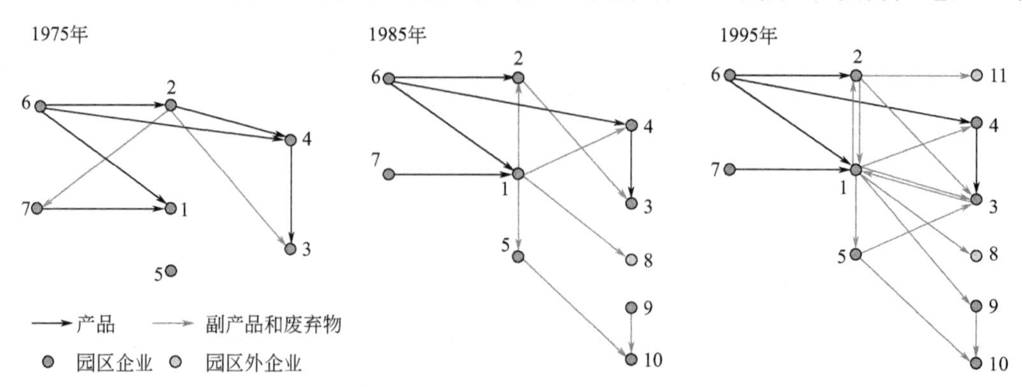

图 4-8 卡伦堡产业网络演变

注：参考自郑俊（2009）。1—火电厂；2—炼油厂；3—石膏板材厂；4—卡伦堡城；5—制药厂；6—Tisso 湖；7—海湾；8—水泥厂；9—养鱼场；10—农场；11—硫酸厂

1)。1995年火电厂的点度中心度达到最大50.0，相当于炼油厂的2倍，中介中心度也最大(40.4)，相当于石膏板材厂（位居第二）的2.6倍，表明火电厂控制着网络的资源传递，其他节点间的关联依赖于节点1完成物质、能量和信息的传递，节点1是网络中非常重要的桥梁成员，同时节点1占据着“结构洞”的位置，如果去除将会影响到整个园区的运行与稳定。图4-9展示了去除1995年节点1对卡伦堡产业网络的影响。

表4-4　网络节点中心度指标

节点	1975年		1985年		1995年	
	点度中心度	中介中心度	点度中心度	中介中心度	点度中心度	中介中心度
1	16.65	0	33.3	12.5	50.0	40.4
2	33.35	5.0	16.65	2.1	25.0	7.0
3	16.65	0	11.1	0	25.0	15.6
4	25.0	1.7	16.65	2.1	15.0	0.4
5	0	0	11.1	4.2	10.0	0
6	25.0	0	16.65	0	15.0	0
7	16.7	3.3	5.55	0	5.0	0
8			5.55	0	5.0	0
9			5.55	0	10.0	7.8
10			11.1	0	5.0	0
11					5.0	0

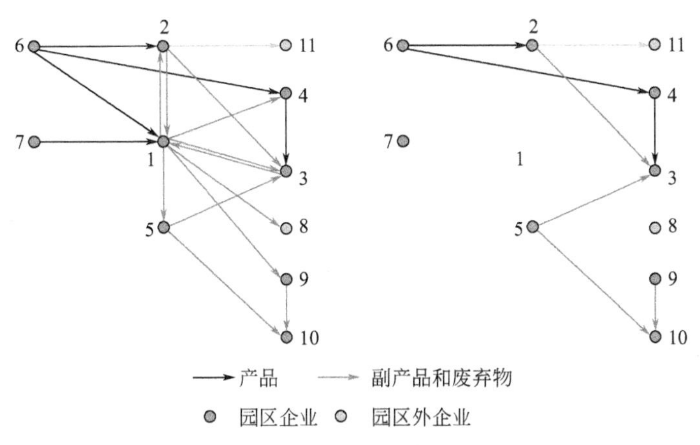

图4-9　关键节点去除对产业网络的影响

4.4.3　食物链

4.4.3.1　链条角色

食物链是各种生物为维持其本身的生命活动，必须以其他生物为食物而形成的连锁关系，从而使营养物质和能量在不同的营养级间进行传递和循环。产业链具有与食物链相似的结构，产业链中不同类型的产业通过物质和能量的交换，同样扮演着生产者、消费者、分解者等不同的角色（图 4-10）。

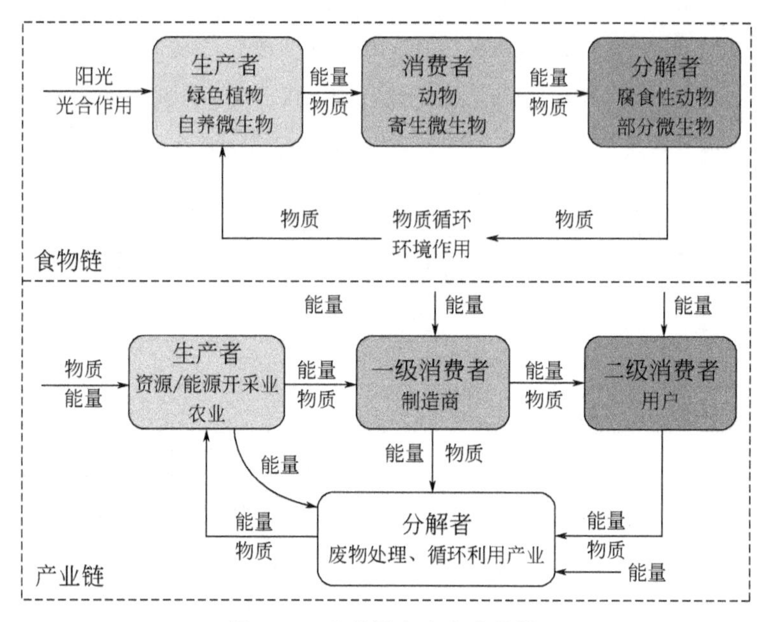

图 4-10　食物链与产业食物链

（1）生产者

确定生产者的根本出发点是："谁为产业链提供物质和能量"。将原生资源引入链条的资源/能源开采业和农业扮演着生产者角色，他们一般利用基本环境要素（空气、水、土壤、岩石、矿物质等自然资源）生产出初级产品。资源/能源开采业是重要的生产者，包括建材开采业（砂、碎石、石块、石膏、石灰等）、化工原料开采与冶炼业（硫矿石、磷矿石、铁矿石、铜矿石、铝矾土、盐）、化石能源采掘业（原煤、原油、天然气）。农业是生物产品的重要生产者，包括森林制品生产者（建筑用原木、造纸用材、薪柴等）和农产品生产者（粮食、秸秆、果蔬、奶制品、畜产品、甘蔗、油料作物、棉麻等）。

（2）消费者

产业链的消费者是指消耗生产者提供的物质和能量，并产生各类废弃物的实体。包括初级产品的深度加工和高级产品生产，如化工、肥料制造、服装和食品加工、机械、电子产业等；或者不直接生产"物质化"产品，但利用生产者提供的产品，供自身运行发展，同时形成生产力和发挥服务功能，如行政、商业、金融业、娱乐及服务业等。除此之外，还有主要利用原生资源的能源加工转化产业、主要利用二次资源的加工制造产业、利用大量再生资源的特殊加工产业，以及将资源转化为存量的建筑业等。所以消费者又可以细分为一级消费者（初级加工企业）、二级消费者（深加工企业）、三级消费者（大型制造业）、终级消费者（用户）。

（3）分解者

产业链产生的废弃物大部分需借助人工处理才能进行分解和还原，因此以物质还原、环境保护和生态建设为目的的产业，如废物回收、垃圾处理、污水处理、废物再生、废物资源化的企业实体均应纳入分解者范畴。

食物链中生物角色往往是经过长期进化和适应而逐渐稳定下来的，因此很难发生更改。而在产业链中，企业的专业化并不是永久的，不同企业间的联系也会发生改变。企业常常根据外界资源和机会的变化来制订战略计划、安排经营活动，并选择适当的合作伙伴，因此其生态角色是发生变化的。

4.4.3.2 产业食物链

食物链中第一营养级是初级生产者（如植物），它利用太阳能和无机物质来生产下一营养级可利用的物质（种子、叶子等），支撑草食动物、肉食动物和分解者（接受来自前面各营养级的残渣，生产可重新流到初级生产者的物质）等后续营养级。图 4-11 以一个简化的淡水生态系统食物链为例，说明食物链中生物营养级间资源传递过程。浮游植物作为生产者，利用太阳能生产有机物，为浮游动物、田螺、青鱼、鳕鱼等消费者提供所需的营养，而各级消费者的排泄物和尸体则由细菌分解为无机物，被生产者再次利用。

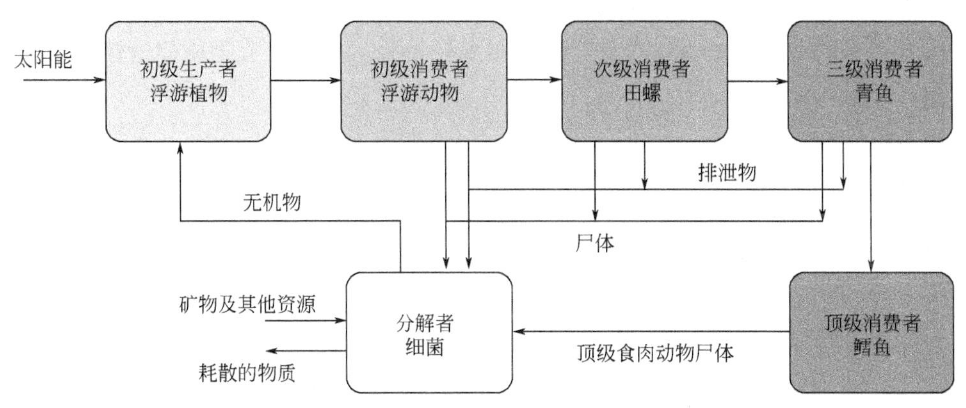

图 4-11 淡水生态系统食物链

注：引自王寿兵等（2006）。

产业链也存在类似于食物链的关系链条。在产业链条中，不同的企业处于不同的环节，发挥着各自的作用（张金屯，2004）。根据企业相互作用关系而建立起来的物质、能量、信息和价值交换的链条正是“产业食物链”。类似地，简化的产业食物链如图 4-12 所示（以个人电脑中铜的使用为例）。产业营养级和生物营养级基本上可用相同的术语来描述。第一营养级是冶炼厂，作为生产者利用外部环境提供的铜矿和能量生产下一营养级可利用的铜锭，之后经过电线、电缆和计算机制造商加工，依次生产铜线、电缆和个人电脑。上述营养级均会产生副产品和废弃物，经资源回收商处理，废铜、废铜线、可使用模块和元件、可用部件

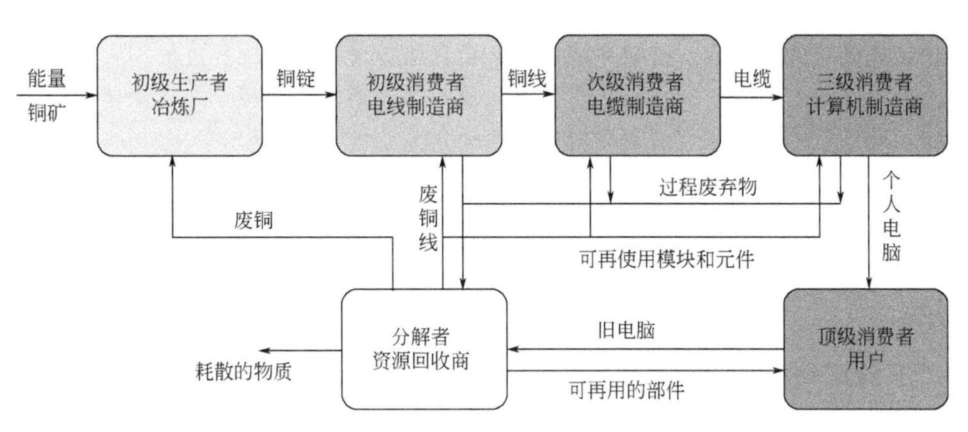

图 4-12 产业食物链（个人电脑中铜的使用）

注：引自王寿兵等（2006）。

等可再次返回到各个营养级循环利用。生物离不开食物链，任何企业也不可能离开产业食物链而独立生存。多条产业食物链间通过某些节点关联交织在一起，就形成了产业食物网，构成了产业的基本形态（张月山和董启锦，2006）。

值得注意的是，前述产业食物链类似于牧食食物链，如草原上的青草→野兔→狐狸→狼。随着产业食物链的发展，其结构越来越复杂，逐渐发展出腐食食物链——即以副产品和废弃物为基础，由下游多个营养级加以利用，这是当前生态产业园区建设与发展的重要理论基础。

4.4.3.3 链条特征

产业食物链与自然食物链存在着诸多相似之处，如生态角色、物质循环与能量流动过程等，但也有明显的不同，主要体现在产业的多角色特征，以及产业物质能量消耗量大、效率低等方面。

（1）多角色的产业

从资源提供者来看，自养生物为整个食物链提供能量和营养物质。在产业食物链中资源获取途径有：一是采矿业或生物质开采业，开采金属矿或其他有用物质来开辟食物链；二是能源采掘业，可为产业食物链的任意营养级提供能源；三是回收利用者，如废品商，为产业食物链中不同营养级提供以前用过的物质。

从分解者来看，食物链的分解者为生产者及部分较低营养级的消费者提供有用的物质，而产业食物链中，分解者不但可以为生产者及部分较低营养级的消费者提供物质，也可为其他更高营养级的消费者提供部分物质，产业食物链中分解者可提供物质的范围较自然界的食物链更广，即产业食物链的分解者既有生产功能又有分解功能（王寿兵等，2006）。

（2）物质能量的流失

食物链传递的营养是物质和能量，而产业食物链除了传递物质和能量，还包括知识、信息、技术和价值等（文宁一和张艳荣，2009）。能量沿生物食物链单向传递，而物质形成封闭循环，资源流失少，从外部获取的资源仅是小部分。而产业食物链虽然也存在生产者（资源开采业）、消费者（制造商、经销商、用户等）和分解者（废物处理、循环利用产业），但能量、物质均呈现开放、耗散状态，消耗量大且效率低，资源流失较多，必须从外部获取大部分的资源。因此，如何效仿生物食物链，建立类似的封闭物质循环体系，增加能量在各环节的利用率，从而降低成本，获得最大的经济和生态效益，成为产业生态学的重要研究内容。

产业食物链的效率高低，也导致能量在各营养级传递中有不同程度的损失。与生物食物链能量流动不同的是，产业食物链的能量输入不只是在第一营养级，在各个营养级上均需要输入能量，而且以不可再生能源消耗为主（图 4-10）。

4.5 产业生态系统

4.5.1 三级进化

产业生态学理论的主要探索者 Braden R. Allenby 提出了一套产业体系的“三级生态系统进化理论”，并指出了理想的产业发展模式。

4.5.1.1 初级生态系统

初级自然生态系统的组成、结构相对简单，可以选择无穷尽的资源。生命进化过程中的物质流动是相互独立进行的，对可利用资源产生的影响几乎可以忽略不计。在可以利用无限资源的前提下，生命生长代谢产生的废物相对于环境容量来说，是无限制的。资源在单一组分生态系统（生态系统单元）中流动过程是线性的（图 4-13）。

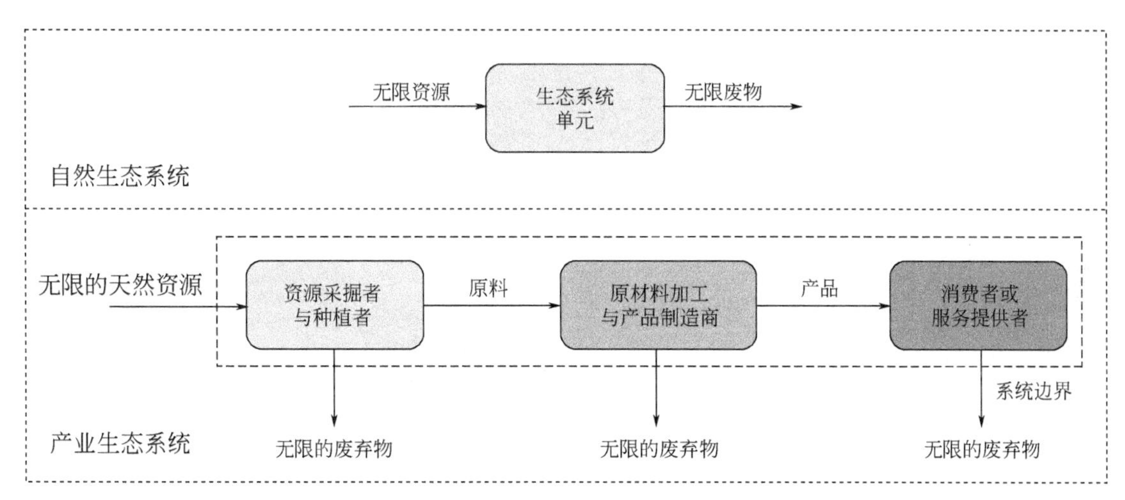

图 4-13 初级生态系统的线性物质流

注：引自王寿兵等（2006）。

在产业活动早期，产业体系并不复杂，行业门类、产业数量和规模、产品种类和数量均相对简单。天然物质进入产业系统后经一次使用便形成废物，呈现线性流动模式，生产和消费过程只是物质与能量流动的线性叠加。产业活动的物质和能量消耗量较低，相对来说自然资源和环境容量比较富足，并不稀缺。此阶段的产业生态系统在结构和功能属性上具有生态系统早期发育的某些特征，因此被称为初级产业生态系统。初级产业生态系统的运行方式建立在资源储备、环境容量极其丰富的前提下，一般很少考虑资源利用效率、废物排放和持续性问题（图 4-13）。

4.5.1.2 中级生态系统

随着生态系统的不断进化，其组成和结构趋向复杂和庞大，相对来说生态系统所能利用的资源变得越来越有限，这使得生物之间的联系变得更为紧密，由此形成更为复杂的物质与能量流动网络（图 4-14）。

随着产业规模的不断扩大、门类的不断增多，物质和能源流动速度和规模变得越来越大，自然资源开始变得越来越稀缺，废弃物的大量累积也产生了严重的环境问题。一些企业开始从原来认为没有利用价值的残余物中获取资源，资源的循环利用开始出现。循环举措不仅存在于企业或消费者内部（如清洁生产和就地循环利用），也存在于企业之间或企业与消费者（异地再循环）之间。虽然此阶段的产业生态系统物质和能量流量、流速较大，但单位经济产出消耗的能源和资源以及排放的废弃物均比初级产业生态系统要少得多，效率明显提升，被称为中级产业生态系统。

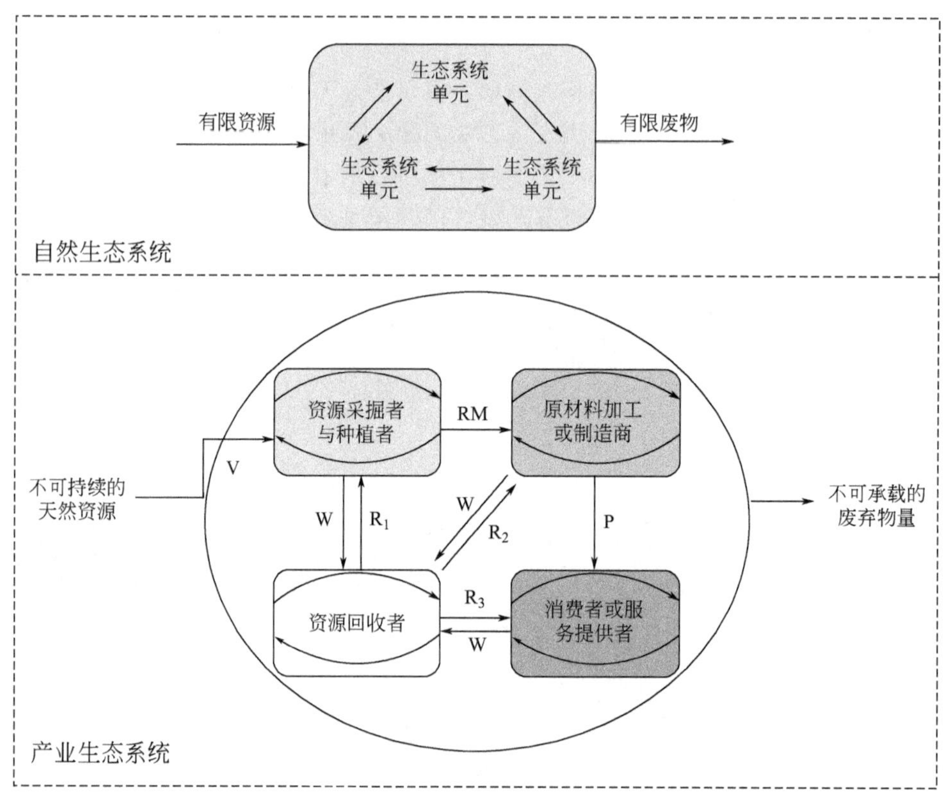

图 4-14　中级生态系统的准循环物质流

注：引自王寿兵等（2006）。P—产品；R_1—回收的资源；R_2—回收的材料或零部件；R_3—可再用的产品或部件；V—能源物质；W—废弃物；RM—原料

当前，产业生态系统的运行方式属于中级生态系统模式，主要表现在以下几个方面：一是利用的物质和能量相对有限；二是物质与能量流动趋于简单网络化；三是产业生态系统的废物循环程度仍相对较低。在资源利用相对有限的情况下，产业生态系统中尚未培育出完备的"分解者"，因此不能使消费者产生的废弃物完全分解为可供生产者或各级消费者再次利用的组分，从而使得产业生态系统的物质利用效率不高，产品使用寿命相对较短，物质消耗量大的产品不断生产出来，从而产生大量的废弃物，即产业生态系统的物质利用过程尚未形成封闭循环的模式，导致产业生态系统是不可持续的（图 4-14）。

4.5.1.3　顶级生态系统

自然生态系统的进化最终以完全循环的模式运行，资源与废物没有实质差别，一种生物的代谢废物对另一种生物来说就是资源。物质和能量流动复杂而活跃，整个系统受太阳能驱动，物质来源于系统本身，又消化于系统本身，被充分利用而没有废物产生（图 4-15）。

随着资源环境压力的不断增加，新的资源将进入到产业活动中，新的产业组织也将不断出现。同时，资源利用、循环利用的水平和效率不断提高，废弃物排放量不断减少。资源消耗速度与再生速度、废弃物积累速度与净化速度之间的比例关系达到可持续发展状态，资源消耗和环境排放完全满足生态承载力的要求。产业生态系统的结构组成、物流、能流开始呈现出成熟生态系统的某些特点，可称为顶级生态系统（图 4-15）。

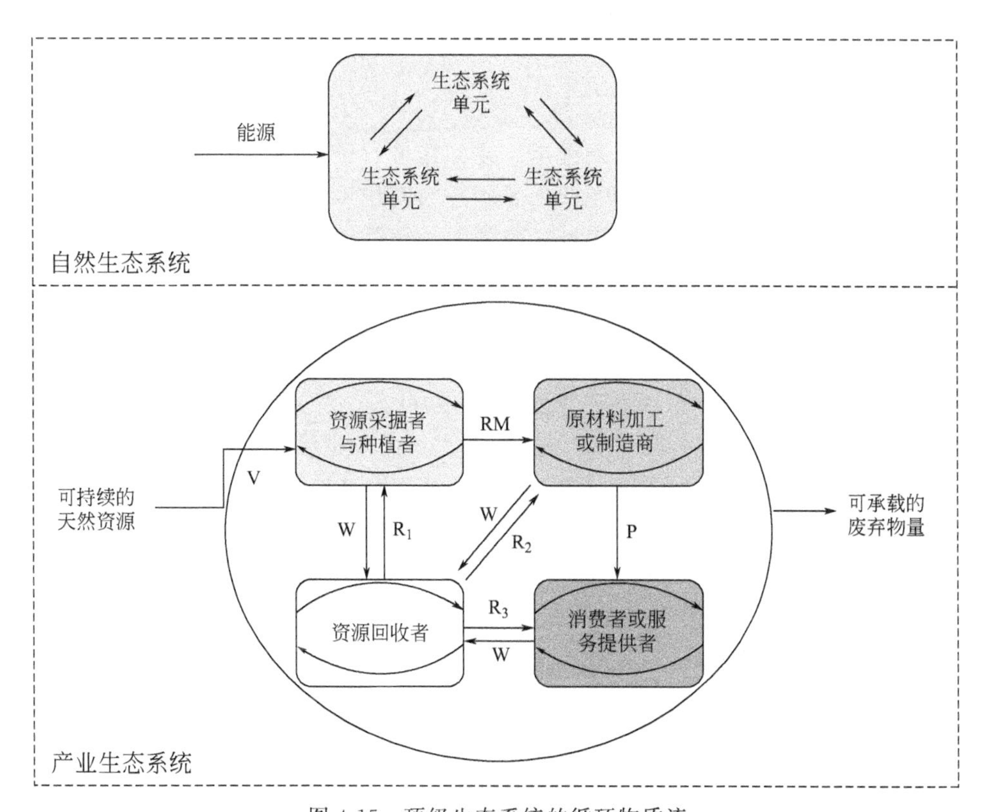

图 4-15 顶级生态系统的循环物质流

注：引自王寿兵等（2006）。P—产品；R_1—回收的资源；R_2—回收的材料或零部件；R_3—可再用的产品或部件；V—能源物质；W—废弃物；RM—原料

4.5.2 企业生态位

4.5.2.1 生态位定义与模型

（1）生态位定义

生态位是指生物体在其环境中所处的位置和所发挥的功能，包括生物体发展所需的各种环境条件、所利用的资源和占据的时间。将生态位概念引入到产业生态学领域，可以分析企业、企业种群生态位（颜爱民，2011），其中企业生态位是最为重要的概念。企业生态位描述的是某个企业在其市场环境中所处的位置和所发挥的功能，反映对各类资源环境条件的综合占有状况。

生物生态位是每种生物对资源变量（如食物种类）、环境变量（如温度、湿度）的选择范围所构成的集合，因为资源、环境变量是多维的，所以生物的生态位就是一个多维的超体积空间。企业生态位也是一个多维的概念，包括时间、空间、可利用资源和环境因素 4 个变量（沈大维等，2006）。

企业生态位的时间维度包括企业建立时间、运营时间、企业所属行业的生存时间以及企业生存时间等因素。企业生态位的空间维度包括企业地理区位、企业在链网的位置（企业在价值链、产业链或供应链等各类链网中所处的环节和位置）、企业发展空间。企业生态位的资源维度包括各种知识、技能、信息、人力、物力、环境容量等因素。而环境维度既包括企业所在区域的政治、经济、文化等社会环境因素（体制条件、生产力条件、政策条件和社会条件），也包括生态环境因素。

（2）生态位模型

企业生态位模型需要综合考虑时间维度、空间维度、资源维度和环境维度这四个变量。企业间竞争大多是由某一地域内（即企业处于同一时空维度）资源和环境维度的重叠所致。因此，一般情况下可以假定时间和空间维度的因素为常量，仅基于资源维度和环境维度，评价企业的综合竞争能力及应对外界变化的适应能力。即使仅考虑资源、环境维度，也会形成复杂的 n 维超体积模型（Hutchinson 模型），本节仅介绍简化的二维、三维企业生态位模型。

在直角坐标系中，如果把影响企业的某一资源环境因子（如物质资源、能源、环境容量、消费者、资本、人力资源等）作为一维（x 轴），以企业适合度为量度指标（y 轴），可构建二维企业生态位模型。根据资源环境因子的梯度绘制量度指标的变化趋势，可形成一条呈正态分布的钟形曲线［图 4-16(a)］，表明企业在某个维度上有一个存在范围，具有高适合度，这部分空间对企业生存是最适宜的。如果在原有 1 个资源因子（x 轴消费者）的基础上，增加一个环境因子（y 轴政策条件），仍以企业适合度为量度指标（z 轴），即可构建三维生态位模型［图 4-16(b)］。

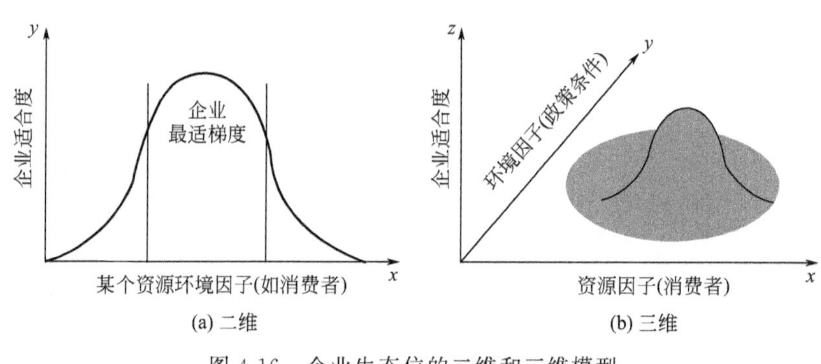

图 4-16　企业生态位的二维和三维模型

注：参考自刘微微（2009）。

4.5.2.2　生态位分布

自然生态系统中，生物生态位趋于分化，从而避免直接的竞争，保证生态系统的稳定。生态学研究表明，同一时空维度下，如果两个生物生态位重叠，则表明至少有一部分生存空间为两个生物所共同占有而出现竞争，但两个生物不可能占有完全相同的生态位，否则生态位就会发生分离，称为"竞争排斥原理"。这一原理同样适用于企业，在生态位上完全相同的两个企业会发生激烈的竞争，其中一个企业会排斥掉另一个企业。类似两个生物生态位的关系，在饱和市场环境中（市场竞争足够激烈），不容许出现企业生态位完全重叠的情况，不同企业要实现共存，必须具有某些生态位上的差异。企业生态位的分布有内包、部分重叠、邻接和分离 4 种情况（图 4-17）。

（1）生态位内包

如果一个企业的理想生态位被完全内包于另一个企业的理想生态位之内，竞争足够激烈时，竞争结果是重叠部分的生态位空间最终由竞争优势强的企业所占有（许芳和李建华，

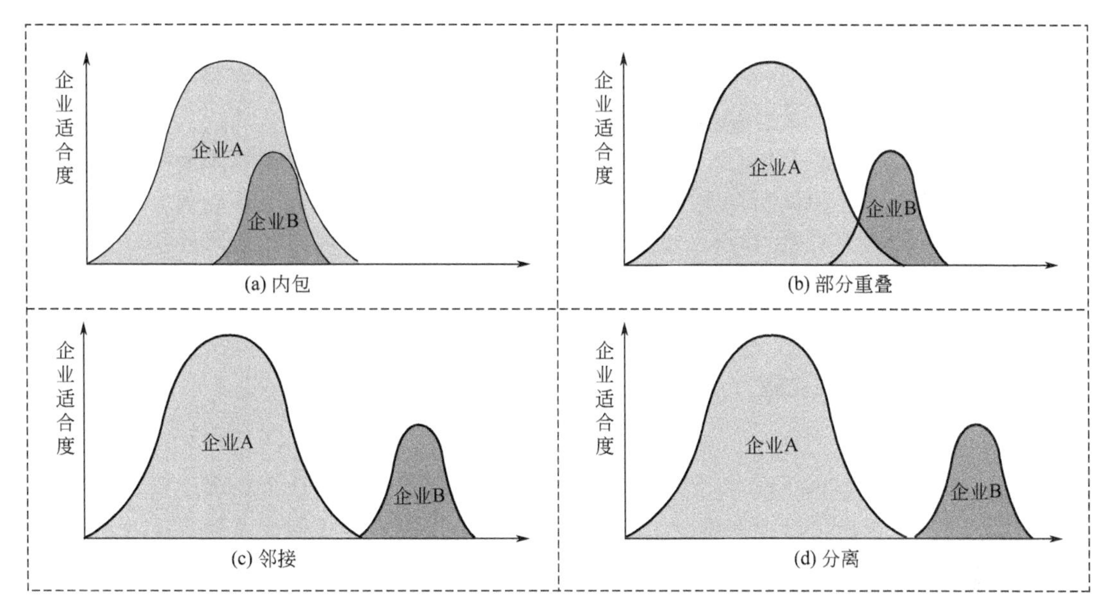

图 4-17 两个企业生态位的分布

注：参考自许芳和李建华（2005）。

2005）。以格力公司和海尔公司为例，对比消费者维度（资源维度）下的生态位分布，格力公司专业生产空调，而海尔公司生产包括空调在内的众多电器产品（空调、洗衣机、电视、电水器、冰箱等），那么格力公司的消费者生态位就内包于海尔公司的生态位之内。如果市场竞争足够激烈，在空调消费者生态位上占有优势的格力公司应能最终把海尔公司从空调消费者生态位上淘汰掉。但是由于市场远没有达到饱和，所以两个企业在空调消费者生态位上可以共存，部分消费者追求技术过硬的拳头产品（格力空调），而部分消费者注重智能家电的全套解决，体验海尔智慧家庭的设计理念。

（2）生态位部分重叠

每一个企业均占有部分无竞争的生态位空间，从而实现共存（李勇和郑垂勇，2007）。以统一公司和康师傅公司为例，同时对比消费者维度下的生态位分布。统一公司和康师傅公司均生产方便面，都需求方便面消费者资源，这部分的生态位存在重叠，但两者还有各自的其他产品，如统一产品为非碳酸饮料及方便面，而康师傅产品有方便面、饮品、糕饼以及相关配套产业的经营，可以实现共存。在市场饱和状态下，重叠生态位（方便面消费者）占优势的企业最终会独占这部分空间，但现实情况下市场远未达饱和，方便面市场的多品牌产品可以同时存在。

（3）生态位邻接

两个企业的生态位有交点，这意味着两种情况：一是更激烈的潜在竞争，二是由于回避竞争才导致了企业生态位的邻接。以肯德基与麦当劳为例，两者的产品非常雷同，为避免激烈的竞争，两者的消费者生态位略有分化。两家企业在产品口味上做文章，肯德基主要吸引青少年，麦当劳主要吸引儿童，结果两者的生态位彼此邻接。但是，两个企业的产品如此相似，同时消费者口味也会存在变化，导致二者的生态位随时可能重叠产生竞争（李勇和郑垂勇，2007）。

（4）生态位分离

如果两个企业的资源、环境条件毫不相关，两者的生态位完全分离，不会发生竞争，二者和平共处不会给对方造成伤害（许芳和李建华，2005）。假设钢铁工业和旅游业在产品和资源上并不相关，生态位则处于分离状态。企业生态位的互异为彼此建立需求关系提供了可能，促进了资源、能量、信息和技术的良性流动，形成了产业食物链。

企业生态位处于不断变化之中，企业发展应不断拓展资源生态位和调整需求生态位，以适应资源环境的变化。初创期企业生态位并不稳定，各类资源环境因子不能很好结合，对外部环境和内部结构的控制能力较低，因此不能发挥应有的功能。随着企业对外部环境观察分析能力的提升，对内部结构进行有序化的调整，企业生态位的功能将逐渐稳定和清晰，形成特有的资源环境因子组合。

4.5.2.3 生态位宽度与重叠

（1）生态位宽度

生态位宽度是指生物利用不同资源环境条件的综合幅度，可表现生物利用资源环境条件的多样性程度。而企业生态位宽度是指企业所利用各种资源环境条件的总和，反映企业对资源环境适应的多样化程度（Freeman and Hanan，1989）。

如果生物实际利用的资源环境条件只占整个资源环境谱系的一小部分，那么这个生物的生态位较窄，反之则较宽。类似的，可以确定企业生态位的宽窄。以科龙公司和海尔公司为例，两者虽都生产电器，但科龙公司主打制冷空调，消费者类型单一，生态位较窄；而海尔公司产品线较宽，需求的消费者类型较多，生态位相对较宽。窄生态位的企业对特定类型的消费者满足能力强，当特定消费者足够多时，其竞争能力将超过宽生态位企业；而宽生态位企业以牺牲对特定类型消费者的强满足能力来换取对大范围消费者的基本满足能力，当市场消费者不足时，其竞争能力将会优于窄生态位的企业。企业生态位宽度可用以下公式测度：

$$\beta_i = \frac{\lg \sum N_{ij} - \frac{1}{\sum N_{ij}} \sum (N_{ij} \lg N_{ij})}{\lg r} \tag{4-4}$$

式中，β_i 为 i 企业的生态位宽度指数；N_{ij} 为 i 企业在 j 资源等级中的数值；r 为资源等级的数量。

【例 4-1】 假设有 4 个企业，占有的资源可分为 4 个等级。占有某一资源计为 1，不占有计为 0（表 4-5）。

表 4-5　4 企业资源占有统计

项目	资源 1	资源 2	资源 3	资源 4
企业 1	1	1	0	1
企业 2	1	0	0	1
企业 3	0	1	1	0
企业 4	1	0	0	1

解： 依据生态位宽度计算公式，可得，

$$\beta_1 = \frac{\lg 3 - \frac{1}{3} \times (1 \times \lg 1 + 1 \times \lg 1 + 1 \times \lg 1)}{\lg 4} = 0.792$$

$$\beta_2 = \frac{\lg 2 - \frac{1}{2} \times (1 \times \lg 1 + 1 \times \lg 1)}{\lg 4} = 0.500$$

$$\beta_3=\frac{\lg 2-\frac{1}{2}\times(1\times\lg 1+1\times\lg 1)}{\lg 4}=0.500$$

$$\beta_4=\frac{\lg 2-\frac{1}{2}\times(1\times\lg 1+1\times\lg 1)}{\lg 4}=0.500$$

结果可知，β_1 值较大，企业 1 具有较宽的生态位。

（2）生态位重叠

两个生物需要同种资源环境条件时，有部分生态位空间为两个生物所共有，就会出现生态位重叠的现象。生态位重叠是竞争的必要条件而非充分条件，生态位重叠是否会发生竞争取决于资源环境的状态，当资源环境条件相对充足时，生态位重叠并不会发生竞争，反之则会发生激烈的竞争。对于企业而言，如果两个企业的目标客户是相似的，两个企业的生态位就会发生重叠。企业生态位重叠的计算公式为：

$$C_{ih}=1-\frac{1}{2}\sum\left|\frac{N_{ij}}{N_i}-\frac{N_{hj}}{N_h}\right| \tag{4-5}$$

式中，C_{ih} 是 i 物种和 h 物种的生态位重叠指数；N_{ij} 是 i 物种在 j 资源等级中的数值；N_i 是 i 物种在所有资源等级中的数值；N_{hj} 是 h 物种在 j 资源等级中的数值；N_h 是 h 物种在所有资源等级中的数值。

【例 4-2】 同【例 4-1】，计算两两企业间的生态位重叠指数。

解： 依据生态位重叠的计算公式，可得：

$$C_{12}=1-\frac{1}{2}\times\left(\left|\frac{1}{3}-\frac{1}{2}\right|+\left|\frac{1}{3}-\frac{0}{2}\right|+\left|\frac{0}{3}-\frac{0}{2}\right|+\left|\frac{1}{3}-\frac{1}{2}\right|\right)=0.667$$

$$C_{13}=1-\frac{1}{2}\times\left(\left|\frac{1}{3}-\frac{0}{2}\right|+\left|\frac{1}{3}-\frac{1}{2}\right|+\left|\frac{0}{3}-\frac{1}{2}\right|+\left|\frac{1}{3}-\frac{0}{2}\right|\right)=0.333$$

$$C_{14}=1-\frac{1}{2}\times\left(\left|\frac{1}{3}-\frac{1}{2}\right|+\left|\frac{1}{3}-\frac{0}{2}\right|+\left|\frac{0}{3}-\frac{0}{2}\right|+\left|\frac{1}{3}-\frac{1}{2}\right|\right)=0.667$$

$$C_{23}=1-\frac{1}{2}\times\left(\left|\frac{1}{2}-\frac{0}{2}\right|+\left|\frac{0}{2}-\frac{1}{2}\right|+\left|\frac{0}{2}-\frac{1}{2}\right|+\left|\frac{1}{2}-\frac{0}{2}\right|\right)=0$$

$$C_{24}=1-\frac{1}{2}\times\left(\left|\frac{1}{2}-\frac{1}{2}\right|+\left|\frac{0}{2}-\frac{0}{2}\right|+\left|\frac{0}{2}-\frac{0}{2}\right|+\left|\frac{1}{2}-\frac{1}{2}\right|\right)=1.000$$

$$C_{34}=1-\frac{1}{2}\times\left(\left|\frac{0}{2}-\frac{1}{2}\right|+\left|\frac{1}{2}-\frac{0}{2}\right|+\left|\frac{1}{2}-\frac{0}{2}\right|+\left|\frac{0}{2}-\frac{1}{2}\right|\right)=0$$

结果可知，企业 2 和企业 4 完全重叠，企业 1 和 2、企业 1 和 4 的生态位重叠程度较高，从企业长远发展来看，这些企业必须及时调整产品结构，创建产品优势，从而占据独特的生态位空间。

4.5.3 反馈机制

4.5.3.1 正负反馈

正负反馈作用机制可以用经典的草—兔子—狐狸食物链来说明。如果草原生态系统在某一年阳光充足、雨水适宜，绿色植物就会非常茂盛，以草为食的兔子数量就会增长，同时以兔子为食的狐狸数量也会相应增长，狐狸增长就会加大对兔子的捕食量，从而抑制兔子种群数量的扩张，导致猎物不足，这又会引起狐狸数量的下降。经过一段时间的调节，兔子和狐狸的种群数量处于一个新的平衡状态，系统的调节过程以负反馈为主。同时，生态系统中还存在着正反馈机制，最终结果不是保持平衡，而是不断发展或衰退。以湖泊生态系统为例，湖泊受到污染，鱼类数量就会因为污染死亡而减少，鱼体死亡腐烂后又会加剧污染并引发更多的鱼类死亡（图 4-18）。

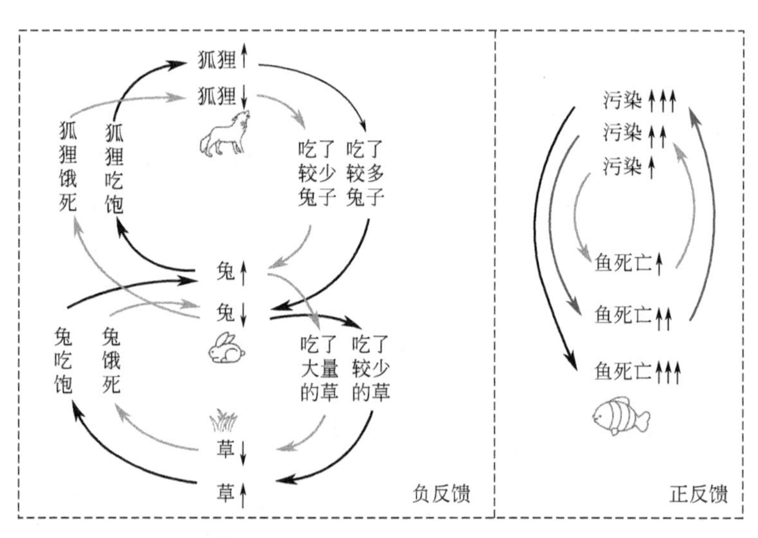

图 4-18　生态系统反馈机制

生态系统中正反馈和负反馈两种作用机制的作用明显不同。正反馈的要素之间递推互促，使其要素沿着原变化方向不断变化，即正反馈具有自我强化（或削弱）的作用，是系统中促进系统发展（或衰退）、进步（或退步）的因素。正反馈的特点是发生于其回路中任何一处的初始偏离与动作循环一周后将获得增大与加强，具有非稳定、非平衡、增长和自增强等多种特性（王其藩，2009）。负反馈要素之间渐进递推，使其要素的属性沿着原来变化相反的方向变化。因此，它具有内部调节器（平衡器）的效果，即负反馈回路可以控制系统的发展速度或衰减速度，是系统具有自我调节功能必不可少的环节。负反馈回路的特点是，它力图缩小系统状态相对于目标状态（或某平衡状态）的偏离。因此，负反馈回路亦可称为稳定回路、平衡回路或自校正回路（王其藩，2009）。

产业生态系统的正负反馈机制发挥着同样的作用。当某产品的市场需求呈快速增长时，就会有大量的企业加入该产品的生产行列中。在满足需求的同时，同类企业的增加会加剧竞争，并导致平均利润率的降低，进而减小行业吸引力，从而起到控制企业种群数量扩张的效果。以电子产品 U 盘为例，当以闪存为核心技术的 U 盘刚问世时，其小巧时尚的外观和方便快捷的特点很快被市场接受，需求量骤增。丰厚的行业利润率吸引了众多企业加入 U 盘制造行业。起初内存 128MB 的 U 盘市场价格要二三百元，内存 4GB 的 U 盘更为昂贵。经过一段时间的市场调节后，大内存 U 盘价格明显下降，而竞争的存在也使得 U 盘生产技术不断提高，4GB 内存的 U 盘逐渐被淘汰。因此，反馈机制的调节不但降低了市场价格，也带来了技术革新。

4.5.3.2　反馈模型

依据反馈作用机制，可建立反馈模型，其中的基本要素是生态系统组分及组分间作用关系。本节以概化组分间关系为主，介绍因果箭、因果链和反馈回路的构建。

（1）因果箭和因果链

因果箭以连接因果要素的有向边表示，箭尾始于原因要素，箭头终于结果要素，箭头有引起、影响、导致之意。按影响作用的性质，可确定因果箭的正负极性。正因果作用是指当由原因引起结果时，原因和结果的变化方向一致，以箭上的“＋”号表示；负的因果作用原因和结果的变化方向相反，以箭上的“－”号表示。产业生态系统中也存在着广泛的因果关系，如农业投资（原因）与粮食产量（结果）是正因果关系，产品出库（原因）与产品库存量（结果）之间是负因果关系。两个或两个以上的因果箭首尾相连（不闭合）而成的因果关系称为因果链，可表示诸多具有递推性质的要素因果关系，如 A 是 B 的原因，B 又是 C 的原因，而 C 又是 D 的原因，最终 A 也成为 D 的原因［图 4-19(a)］。

因果链的极性符号与全部因果箭极性符号的乘积相同。如果因果链中所有因果箭均是正极性，则因果链为正极性；如果因果链中所有的因果箭中含有偶数个负因果箭，则因果链仍为正极性；如果链中含奇数个负因果箭，则因果链的极性就为负极性。正极性因果链说明起始因果箭的原因与终止箭的结果呈正因果关系，而负极性说明是负因果关系。由图 4-19(a) 可知，国民收入（A）增加，使得食物和营养水平（B）也提高，这样人的期望寿命（C）也相应增长，最终导致人口总数（D）增加，整个因果链极性为正。由图 4-19(b) 可知，因果链极性也为正（偶数个负箭），人口数量（A）增加，导致资源总量（B）减少，于是又导致污染量（C）增加，最终使非健康人数（D）随之增加。人口数量（A）与非健康人数（D）呈正因果关系，说明我们一定要注意消除污染，改善环境。由图 4-19(c) 可知，某种商品销售量（A）增加，其库存量（B）减少，这样向工厂的订货量（C）增加，则工厂生产该商品的产量（D）也随之增加；但工厂的生产能力有限，该种产品产量增加，必然导致其它产品产量（E）的下降，此因果链极性为负（奇数个负箭）（王其藩，2009）。

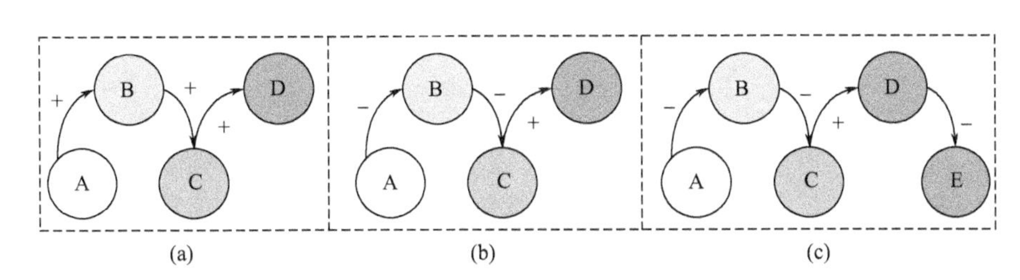

图 4-19　因果链极性的确定方法

（2）反馈回路

因果链首尾相接形成的闭合回路称为反馈回路。生态系统中一些原因和结果总是相互作用的（作用与反作用），这是生态系统中存在的普遍现象。原因引起结果，而结果又作用于形成该原因的有关元素，从而使原因又产生变化，这样就形成了反馈回路。例如，由于国民收入增加使购买力增强，致使商品数量减少，从而促使生产量增加，而生产量增加又使得国民收入增加。因此，该反馈回路具有自我强化作用，是一个正反馈回路［图 4-20(a)］。土壤肥力增加，会使得粮食亩产量增加，单产增加使得土壤负荷增大，从而使得土壤肥力下降，因而起到调节、平衡的作用，是一个负反馈回路［图 4-20(b)］（王其藩，2009）。

如果模型中存在两个或两个以上的反馈回路，就是多重反馈回路。社会经济活动过程中，也存在着正、负的反馈回路。年出生人口数量多会导致人口总数增大，进而导致年出生

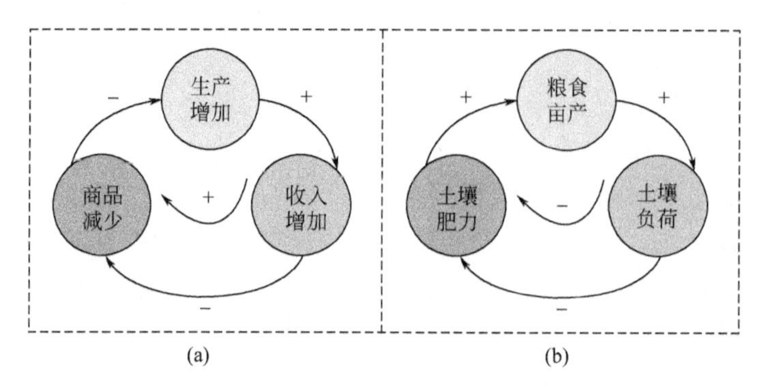

图 4-20 反馈回路示意图

人口数量继续增大，形成正反馈回路，而年死亡人数多则会减少人口总数，进而形成负反馈回路［图 4-21(a)］。投入一定量的工业资本，就会有一定的产出，产品利润一部分可再次作为投资扩大再生产，从而形成新的工业资本，所以工业资本与投资之间形成了互相促进的正反馈回路。工业资本与折旧费用之间形成的是负反馈回路，这是因为工业资本增加，使每年的折旧费增加，进而使得工业资本相对减少［图 4-21(b)］（王其藩，2009）。

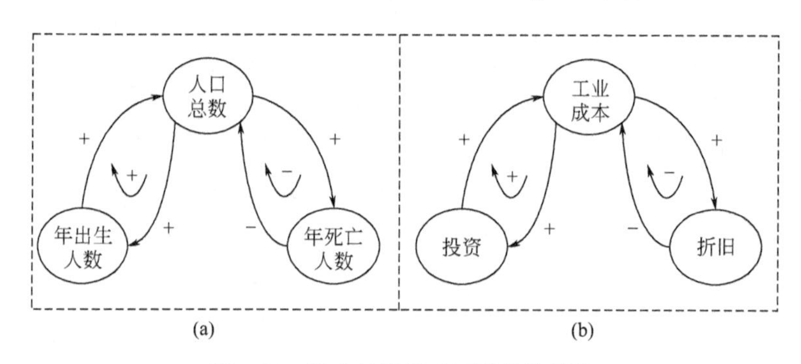

图 4-21 社会经济活动两重反馈回路

1971 年，福雷斯特教授提出的世界模型，也是基于反馈机制构建的研究全球问题的系统动态模型。模型包括 5 个状态变量、7 个决策变量、104 个方程，因果关系涉及人口、自然资源、工业、农业、环境（污染）等子系统，构建了一个复杂的反馈模型，模拟计算了多个反馈回路（图 4-22）。反馈回路包括由人口、工业化和食物三因素形成的正反馈回路；工业化和自然资源、工业化和污染形成的两个负反馈回路；工业化、污染和人口形成的负反馈回路；工业化、食物、占用土地、自然空间和人口形成的负反馈回路（王其藩，2009）。

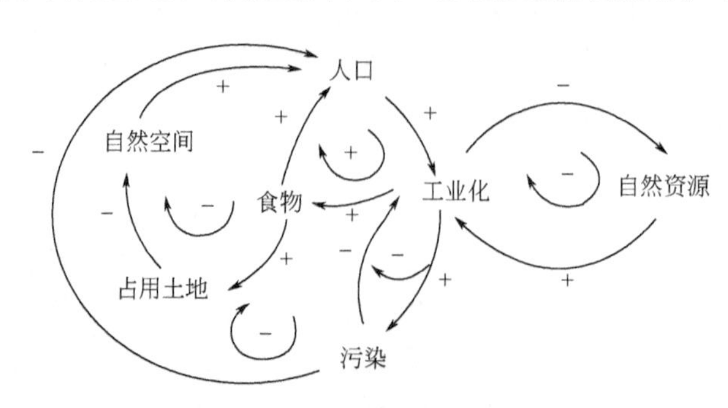

图 4-22 世界模型的反馈回路

思考题

1. 请到附近的森林公园和农村去看一看，试图分析自然生态系统和产业生态系统在结构和功能上的相似性和差异。

2. 请论述产业生态系统三级进化理论对当前产业建设的启示。

3. 产业生态系统有必要做到物质的完全循环吗？为什么？请举例说明。

参考文献

戴铁军，陆钟武，2006. 定量评价生态工业园区的两项指标．中国环境科学，26（5）：632-636.

丁任重，2004. 企业生命体：解读企业生命奥秘．成都：天地出版社．

付强，2010. 生命周期视角下的企业盈余管理研究．商业时代，12：44-46.

李金津，2011. 企业生态链理论研究. 长春：吉林大学．

李勇，郑垂勇，2007. 企业生态位与竞争战略．当代财经，(1)：51-56.

刘天卓，陈晓剑，2006. 产业集群的生态属性与行业特征研究．科学学研究，24（2）：197-201.

刘微微，石春生，2009. 国防高校科研能力构成要素对其影响机理研究：基于生态位"三维"分析视角．兵工学报，30（S1）：14-19.

沈大维，曹利军，成功，等，2006. 企业生态位维度分析．科技与管理，2：72-74.

孙刚，盛连喜，2000. 生态系统关键种理论：新思想、新机制、新途径．东北师大学报（自然科学版），32（3）：73-77.

孙儒泳，2001. 生物生态学原理．北京：北京师范大学出版社．

王其藩，2009. 系统动力学．上海：上海财经大学出版社．

王寿兵，吴峰，刘晶茹，2006. 产业生态学．北京：化学工业出版社．

文宁一，张艳荣，2009. 食物链与企业生态链的比较及启示．湖南农业科学，2：124-126.

谢涛，夏训峰，2006. 关键种理论对构筑生态工业园的指导作用研究．生态经济，5：39-41.

许芳，李建华，2005. 企业生态位原理及模型研究．中国软科学，5：130-139.

颜爱民，2011. 企业生态位评价模型构建及实证研究. (2011-06-11)[2018-12-10]. http://www.paper.edu.cn/index.php/default/releasepaper/content/200606-187.

张月山，董启锦，2006. 集群状态下的企业生态链建设浅析．当代经济，3：67-68.

赵树宽，郝陶群，李金津，2008. 基于 Logistic 模型的企业生态系统演化分析．工业技术经济，10：70-72.

郑俊，王少平，曹俊，2009. 卡伦堡工业共生网络结构特征的演化研究//中国环境科学学会 2009 年学术年会论文集（第四卷）．北京：北京航空航天大学出版社：193-199.

郑秀峰，2008. 企业种群生态系统研究．北京：中国经济出版社．

Adizes I，1988. Corporate lifecycles：How and why corporations grow and die and what to do about it. New Jersey：Prentice Hall.

Cohen J E，1978. Food webs and niche space. Princeton：Princeton University Press.

Ehrenfeld J，Chertow M，2002. Industrial symbiosis：The legacy of Kalundborg//Ayres

R，Ayres L，eds. Handbook of Industrial Ecology. Cheltenham：Edward Elgar.

Freeman J H，Hanan M T，1989. Organizational Ecology. Cambrige，MA：Harvard University Press.

Freeman L C，1979. Centrality in social networks：Conceptual clarification. Social Networks，1：215-239.

Freeman L C，1977. A set of measures of centrality based on betweenness. Sociometry，40：35-41.

Graedel T E，Allenby B R，2008. Industrial Ecology（Second Edition）. Upper Saddle River：Prentice Hall.

Heywood V H，1995. Global Biodiversity Assessment. Cambridge：Cambridge University Press.

Paine R T，1969. A note on trophic complexity and community stability. The American Naturalist，103（929）：91-99.

Sanford E，1999. Regulation of keystone predation by small changes in ocean temperature. Science，283（5410）：2095-2097.

第5章 产业代谢分析

产业代谢分析作为面向物料的分析方法，是产业生态学研究的主要方法之一，也叫物质与能量流动分析，是开展评价模拟、服务设计管理的重要基础。与自然生态系统类似，产业运行同样存在新陈代谢过程，包括物质输入、内部转化、产品和废物输出、废弃物循环等代谢阶段。产业代谢分析基于物料和能量平衡原理，分析产业系统代谢流（输入流、输出流）在不同代谢阶段的分布规模、结构，进而探求产业代谢过程的变化规律与作用机理。

那么，究竟什么是产业代谢？产业代谢分析原理如何应用？产业代谢分析如何进行？针对这些问题，本章将介绍产业代谢概念、过程及模型，并在此基础上重点介绍研究产业代谢过程的物质流分析方法，包括侧重元素流、批量流的分析框架、量化模型和核算评价指标，最后简要介绍能值分析方法在产业代谢中的应用。

通过本章的学习，要求学生掌握产业代谢概念、过程与原理，掌握产业代谢分析的两种物质流核算方法和模型，包括跟踪观察模型和定点观察模型，以及相应的核算和评价指标，为产业生态模拟提供重要的数据支撑。

5.1 产业代谢内涵

5.1.1 产业代谢概念

5.1.1.1 产业代谢演化

“代谢”一词最初来源于生命科学，是指生物体摄取养分、合成机体组分、排出废物的微观生命过程，是生命体的基本特征。随着代谢理论在自然科学中的发展，有学者提出生态系统代谢的概念，用以研究生态系统中能量转化和营养物质循环（Clements，1916；Lotka，1925；Odum，1959）。随着研究的深入，代谢理论逐渐被应用到经济领域，代谢主体也由一个企业拓展到产业、部门和国家经济体。尤其是20世纪以后，工业化进程的加快促使全球范围内经济快速发展，同时也带来了巨大的生态环境压力，引发学者对产业发展与生态环境保护之间相互关系的讨论（Stefan，1998），进而提出了“产业代谢”的概念。

产业代谢研究始于对资源稀缺性的考虑。1864年环境保护运动的倡导者佩肯（George Perkins）撰写了《人与自然》（该书在1874年经佩肯重新修订为 *The Earth as Modified by Human Action：Man and Nature*）一书，书中从木材越来越稀缺的客观事实出发，指出人类正在通过侵蚀自身赖以生存的生物物理基础使自己不断陷入困境。随后，地质学家希勒（Nathaniel Shaler）进一步提出了矿产资源稀缺性问题，表达了对未来人类社会矿产资源消耗的担忧（Shaler，1905）。从佩肯的呼吁到希勒的担忧，可以反映出产业代谢分析关注的内容慢慢从农业生产资源（生物资源）稀缺向工业生产资源（原料）稀缺转移。1969年艾瑞斯（Ayres）和经济学家克尼斯（Kneese），以1963～1965年的美国为例，首次采用物质流分析方法对国家经济体进行研究。他们认为经济活动应以没有市场价格而且越来越稀缺的环境资源（如空气、水等）为基础，但由于环境资源的外部性（即一项经济交易不仅直接影响交易的双方，还影响到与交易无关的第三者），市场资源配置的帕累托最优规则并不适用（Kneese et al，1970）。鉴于外部不经济性的客观存在，越来越多的学者从减少经济系统物质代谢规模的角度，理解资源环境问题与经济系统物质流的关系，开启了产业代谢的相关研究。

绿色卡片

帕累托最优

意大利经济学家帕累托在研究经济效率和收入分配的过程中最早使用了帕累托最优的概念。

帕累托最优也称为帕累托效率，是指资源分配的一种理想状态，即假定固有的一群人和可分配的资源，从一种分配状态变化到另一种状态，在没有使任何人境况变坏的前提下，使得至少一个人变得更好。

帕累托最优是公平与效率的“理想王国”，最优状态就是不可能再有更多的帕累托改进的余地。帕累托最优在指导自然资源开发时是一个十分有用的原理，但其“无人受害”的标准过于严苛，现实中很难完全达到，可以采用补偿方式来使很多十分必要却有部分人会因此受损的开发得以进行，以获得经济福利和生态福利（生态补偿）。在流域水资源开发时，下游获利地区应给予上游受损地区一些必要的补偿，只要在实践中逐步实施生态补偿，就一定能实现资源开发的帕累托最优。

1988年Ayres借鉴生物代谢和生态系统代谢原理，正式提出了产业代谢（industrial metabolism）的概念。生物的新陈代谢过程需要从外界吸收低熵的“食物”，同时产生一些高熵废弃物，以维持有机体的自身功能、生长和再生。Ayres认为，产业也需要消耗资源、能源以维持生产运行，同时排放废弃物，因此也是一种代谢的过程。产业代谢是把原材料和能源以及劳动在一种（不同程度的）稳态条件下转化为最终产品和废弃物的所有过程的完整集合。产业代谢过程除了包含产业与外部环境之间的输入、输出过程，还包含代谢主体之间的物质、能量转移过程，通过集合、衔接这些过程，构成了完整的产业代谢图景。

5.1.1.2 产业代谢类型

根据代谢规模及代谢物质的类型，产业代谢可划分为基本型代谢和扩大型代谢（图5-1）。基本型代谢是指产业发展可以依靠来自生物圈的可更新资源运行，代谢吞吐量基本上与自然生态的再生能力相一致。人类历史上的大多数产业行为主要属于此类，如狩猎采集活动、农业活动等。扩大型代谢是指产业运行所需营养必须借助于生物圈以外的非再生资源，诸如地质圈的化石燃料（石油、天然气、煤）、铁和其他矿物等，大多工业活动属于此类型。

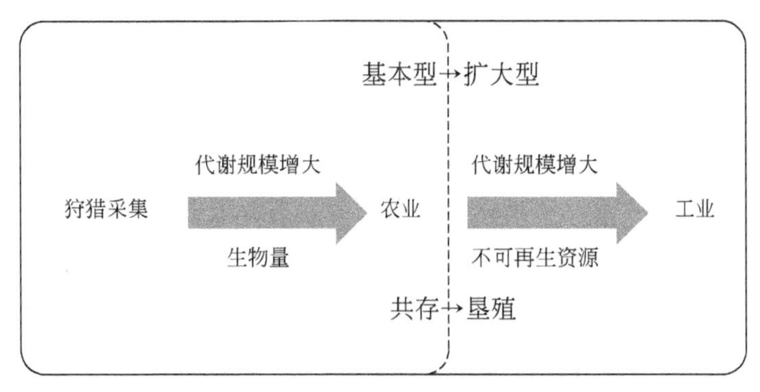

图5-1 产业代谢类型

注：参考自费希尔-科瓦尔斯基和哈珀尔（1999）。

有研究表明，从狩猎采集活动发展到农业活动，代谢规模不断增长，主要来自生物量需求的变化，其中动物由自然资源到经济财产的转变起到了非常重要的作用。当然，农业活动也会使用矿物质和其他资源，但用量相对较小。狩猎采集、农业等产业活动可以实现产业与生态的共存，而到了大规模工业活动开展的时期，产业与生态间关系更多为垦殖（原意为开垦荒地，进行生产，此处为过多产业活动产生了巨大的生态环境压力）。由农业活动发展到工业活动，代谢规模进一步增长，主要是化石燃料、矿物质和金属消耗的增加，而生物量生产和利用只有少量增长，产业活动类型的转变体现了产业代谢从“基本型”向“扩大型”的过渡（费希尔-科瓦尔斯基和哈珀尔，1999）。

5.1.2 产业代谢过程

5.1.2.1 产业代谢主体

产业代谢主体是指产业系统中“吞”“吐”物质的、可独立处理的基本物质单位，如机器等人造资本、各种门类的产业，它们“吞进”原料，“吐出”废物。现在产业分类多关注其经济属性，较少考虑其代谢特征的差异。例如，在《国民经济行业分类》（GB/T 4754—2017）中，“废弃资源综合利用业”与其他制造业都属于制造业门类，但其物质利用特征明显不同。

如图 5-2 所示，产业 a 主要利用区域内外环境提供的原生资源进行生产，产业 d 属于静脉产业，主要利用其他产业的废弃物，将其转化为再生资源再次提供给其他产业利用。产业 b 同时利用了原生资源、中间产品（来自其他产业的输出）和产业 d 加工处理的再生资源，而产业 c 则主要开展中间产品的深加工。同时，这些产业均会利用中间产品，并把部分废弃物排到环境中。由此可见，不同产业在物质利用特征方面存在着显著差异，因此可依据产业物质利用特征的不同，划分产业代谢主体（图 5-2）。在产业代谢分析中，可依据划分的代谢主体，对国民经济体系的行业进行拆解与归并。

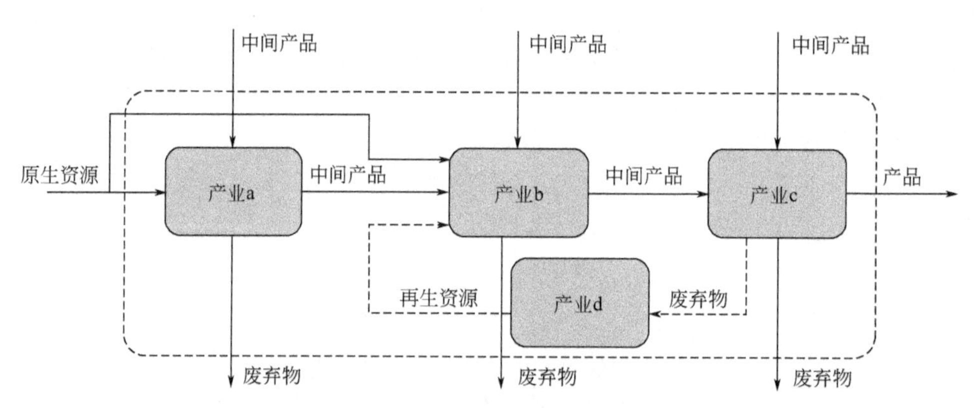

图 5-2 产业代谢主体物质利用特征的差异

产业代谢过程是否顺畅、代谢链条是否完善（非断裂）的关键是动脉产业和静脉产业的协调与平衡，两者是否可以形成循环耦合的有机整体，因此可将产业代谢主体粗略划分为静脉产业和动脉产业。如果动脉产业的代谢流过多，就会带来巨大的资源消耗量与废弃物产生量，如果没有静脉产业的再造供给，就会导致严重的生态危机。吉野敏行（1996）仿照生物体体内血液循环的概念，将产业活动划分为两类：一类是从大自然索取资源进行生产，包括从事原料开采、生产、流通、消费、废弃过程的产业，为动脉产业；另一类是把前述生产过程中浪费掉的资源和废弃物进行循环利用，作为生产材料再次生产，包括从事废弃物收集、运输、分解、资源化及最终完全处置过程的产业，为静脉产业（尹小平和王洪会，2008）。2006 年国家环境保护总局出台了《静脉产业类生态工业园区标准》，其中明确了静脉产业的定义：“以保障环境安全为前提，以节约资源、保护环境为目的，运用先进的技术，将生产和消费过程中产生的废物转化为可重新利用的资源和产品，实现各类废弃物的再利用和资源化的产业，包括废物转化为再生资源及将再生资源加工为产品两个过程。”

在代谢主体粗划分的基础上，可以进一步细分动脉产业，包括将原生资源引入产业代谢过程的产业（如采矿业、农林牧渔业），主要利用原生资源的产业（如初级加工产业和能源加工转化产业），主要利用中间产品的加工制造产业，利用大量再生资源的特殊加工产业以及主要将资源转化为存量的建筑业等主体。表 5-1 给出了各代谢主体所包括的典型行业，这些划分的组分也可以进行适当的归并。

表 5-1　动脉产业细分及其对应的典型行业

物质利用特征	代谢主体	产品	典型行业
引入原生资源	农林牧渔业	可再生资源	农业、林业、畜牧业、渔业 水的生产和供应业……
	采矿业	不可再生资源	煤炭开采和洗选业、石油和天然气开采业、金属矿采选业、非金属矿采选业 ……
主要利用原生资源	初级加工产业	生物产品	农副食品加工业、木材加工和木竹藤棕草制品业 ……
		生物与非生物产品	纺织业、皮革毛皮羽毛及其制品和制鞋业 ……
		非生物产品	化学原料和化学制品制造业、化学纤维制造业、黑色金属冶炼和压延加工业、有色金属冶炼和压延加工业 ……
	能源加工转化产业	能量	电力、热力的生产和供应业、燃气生产和供应业 ……
主要利用中间产品	加工制造产业	主要生物产品	食品制造业，酒、饮料和精制茶制造业，烟草制品业 ……
		非生物产品	纺织服装服饰业、家具制造业、印刷和记录媒介复制业、文教、工美、体育和娱乐用品制造业、医药制造业、橡胶和塑料制品业、非金属矿物制品业、金属制品业、通用设备制造业、专用设备制造业、汽车制造业、铁路、船舶、航空航天和其他运输设备制造业、电气机械和器材制造业、计算机、通信和其他电子设备制造业、仪器仪表制造业、其他制造业、金属制品、机械和设备修理业 ……
利用大量再生资源	特殊加工产业	—	造纸和纸制品业 ……
将资源转化为存量	建筑业	—	房屋建筑业、土木工程建筑业、建筑安装业、建筑装饰装修和其他建筑业 ……
废物处理与回用	静脉产业	无害产品/再生资源	废弃资源综合利用业、生态保护和环境治理业 ……
传输资源	传输产业	—	批发和零售业、交通运输仓储和邮政业 ……
消耗资源	消费产业	—	住宿和餐饮业 ……

5.1.2.2 产业代谢物质

在确定产业代谢主体的前提下，可根据代谢物质的不同，追踪出不同属性的产业代谢链条，从而解析产业代谢过程。段宁（2004）曾依据产业生产过程中物质流代谢主线的不同，提出了“产品代谢”和“废物代谢”的概念，以产品流为主线的代谢称为“产品代谢”，以废物流为主线的代谢称为“废物代谢”。通常情况下，“产品”和“废物”是表征代谢输出端物质的一对概念。为了充分反映物质利用特征，可采用代谢输入端物质的概念——“资源和废物”（即代谢物质进出代谢环节时所扮演的角色）来替代“产品和废物”。

资源代谢和废物代谢是两个同时存在的过程，两者各自形成相对独立的产业传递转化链条，构成产业代谢过程。资源代谢和废物代谢之间可通过代谢主体的不同功能实现衔接。动脉产业在推动资源代谢过程中作用明显，而静脉产业对资源代谢和废物代谢过程有着重要的衔接作用，其将废物还原为资源的能力将显著影响产业代谢过程的特征。

产业代谢过程解析为资源代谢和废物代谢，将有助于明确各代谢主体的特征。资源代谢连接的是资源利用及其有效产出，倾向于反映主体的资源利用效率、经济贡献等特征；而废物代谢连接的是废弃物产生及其再利用、最终排放，倾向于反映主体的环境影响特征。对于资源代谢而言，其代谢物质“资源”可以进一步细分为来自自然界的“原生资源”和经历了人工转化的“二次资源”。而“二次资源”包括中间产品和再生资源。这种代谢主体输入端物质类型的分化，可充分反映各代谢主体物质利用特征的差异，与代谢主体划分的依据相吻合（李盛盛，2011）。

5.1.2.3 产业代谢阶段

类比生物地球化学循环（自然生态系统的元素代谢过程），可深入剖析产业代谢过程。生态系统代谢是将自然界中的无机物，如碳、氮、磷等营养元素，通过光合作用转化为有机物（有生命），多级生物的排泄物或生物死亡后的遗体残骸又可以形成生物产品（无生命），最后还原成无机物。类似的，提取生态环境的物质可以生产出原材料/商品，经过加工可以生产出机械设备，再次加工、分销形成消费的最终产品，原材料生产和产品消费后的废弃物排入自然环境，构成线性的产业代谢链条。同时，还存在循环代谢链条，如最终产品消费后产生的废弃物通过再利用、再循环等手段返回到原材料加工、生产制造环节；生产制造环节产生的副产品返回到原材料生产环节，类似于生态系统代谢的还原再生过程（图 5-3）。

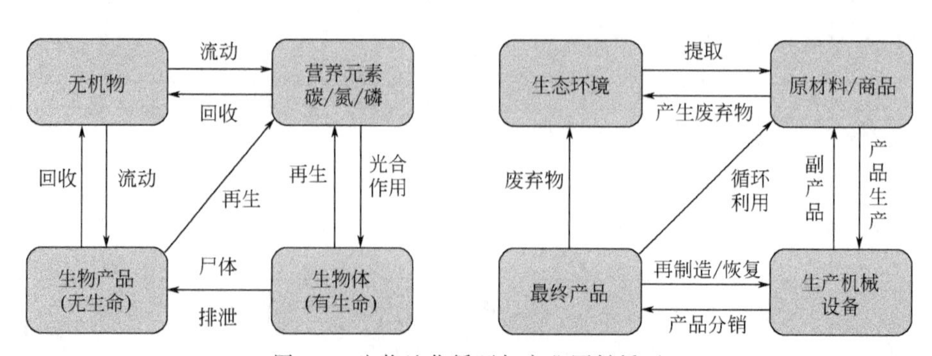

图 5-3 生物地化循环与产业原料循环

注：参考自 Ayres 和 Simonis（1994）。

基于代谢主体划分，类比生态系统代谢过程，可以将产业代谢过程划分为合成代谢、分解代谢和调节代谢 3 个阶段（图 5-4）。生产环节的虚线泛指代谢主体间物质、能量转化路径，此外还有物质能量合成产品的过程（合成代谢）、伴随产品生产分解出废弃物的过程（分解代谢），以及通过循环再生的调节过程（调节代谢）。合成代谢、分解代谢已经可以完成物质传递和转化，并产生代谢物，这两者是顺应主导传输途径的输入、输出两个代谢阶段；而调节代谢过程形成的是逆向回路，通过对物质、能量循环利用实现对输入、转化、输出的调节和控制。图中右下角小方块有两个分支流向，一是输出流向的分解代谢过程，产生代谢物，二是代谢物质循环的调节代谢过程，决定了废弃物是否再次参与合成代谢。这种代谢阶段的解析方式有助于分析产业代谢紊乱的症结所在。

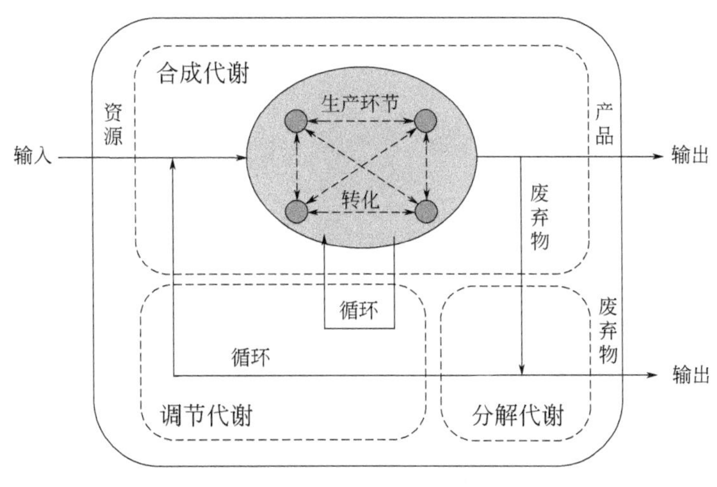

图 5-4　产业代谢阶段解析

5.1.3　产业代谢模型

5.1.3.1　黑箱模型

抽离代谢主体和主体间的代谢路径可构建产业代谢模型，其中最简单的是将研究对象作为黑箱模型（图 5-5），主要讨论研究对象与环境的关系，追踪资源能源投入、废弃物排放和产品产出等代谢路径。但黑箱模型的构建方式决定了其研究内容、研究模式、研究方法囿于对输入、输出物质种类、数量和结构的核算评价，无法探讨产业内部物质能量的传递、转化过程。

5.1.3.2　网络模型

依据产业食物链，细化黑箱模型的代谢主体，辨识产业上下游分布，不仅要分析代谢主体与环境的关系，更要剖析代谢主体间的关系（图 5-6 左）。产业代谢主体间复杂的物质能量交换会形成网络形态，据此构建产业代谢网络模型（图 5-6 右），假设代谢主体包括农业、采掘业、加工制造业、能源加工转化业、建筑业和循环加工业 6 个，代谢主体通过“吞”与“吐”的交织路径构成复杂网络，具体交换关系见表 5-2。

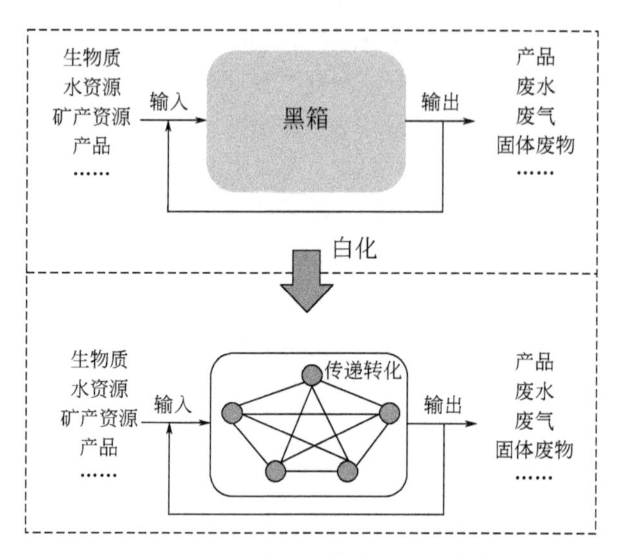

图 5-5 产业代谢黑箱模型及其白化

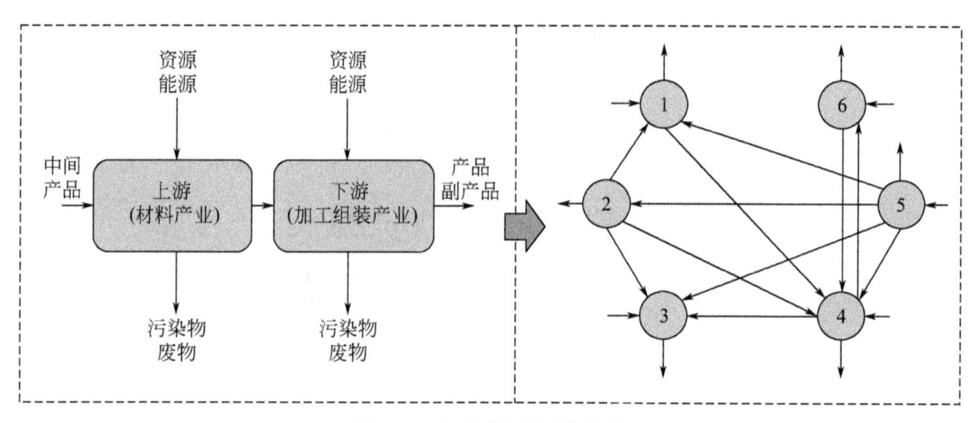

图 5-6 产业代谢网络模型

1—农业；2—能源加工转化业；3—建筑业；4—加工制造业；5—采掘业；6—循环加工业

表 5-2 产业代谢路径

$f_{输入/输出}$	1	2	3	4	5	6	环境
1	—	f_{12}	—	—	f_{15}	—	z_1
2	—	—	—	—	f_{25}	—	—
3	—	f_{32}	—	f_{34}	f_{35}	—	z_3
4	f_{41}	f_{42}	—	—	f_{45}	f_{46}	z_4
5	—	—	—	—	—	—	z_5
6	—	—	—	f_{64}	—	—	z_6
环境	y_1	y_2	y_3	y_4	y_5	y_6	—

注：f_{41} 为用于加工制造的农产品，如棉花；f_{12} 为能源加工转化业为农业生产提供的能源；f_{32} 为建筑业消耗的来自能源加工转化业的能源；f_{42} 为能源加工转化业为加工制造业生产提供的能源；f_{34} 为建筑业消耗来自加工制造业的原料；f_{64} 为加工制造业排放的待处理污染物；f_{15} 为采掘业为农业生产提供的资源；f_{25} 为发电、发热、炼焦、石油加工等提供的原料和能源；f_{35} 为采掘业提供给建筑业的原料和能源；f_{45} 为加工制造业提供的铁矿等矿产原料和能源；f_{46} 为经过处理被加工制造业循环利用的资源；z_1 为农业生产消耗的水及其他营养物质；z_3 为外部供给的建筑材料；z_4 为外部供给的加工制造的原材料和生产用水等；z_5 为外部供给采掘业的资源、能源；z_6 为污染物净化过程消耗的氧气等；y_1 为农业产生的各种污染物和产品输出；y_2 为能源加工转化业的能源输出；y_3 为建筑、装修和拆迁垃圾；y_4 为加工制造产品的输出（如钢材）和未达标排放的污染物；y_5 为采掘业的产品输出；y_6 为经过净化处理后排放的各种污染物。

5.1.3.3 代谢参量

产业发展消耗和累积了大量资源和能源，形成了流量、存量。流量、存量是表征产业代谢过程的两个重要参量，以多种物质或单一元素作为核算对象。流量是产业物质和能量流动规模及变化的统计变量，关注输入、转化和输出等代谢过程，表征城市代谢吞吐量和规模、代谢强度和效率。产业发展过程中部分消耗的物质会在代谢主体中蓄积下来形成存量，如机器设备、运输工具、构筑物等人造资本。存量是物质处于某种状态的统计变量，同样可以反映产业代谢效率。产业代谢流量和存量分析可以确定资源利用效率提高的干预领域。

产业代谢流量和存量存在着紧密关系，存量大小决定了流量的变化，如企业建设规模（如建筑面积、道路厂房等存量）决定了其物质能源消耗量（原料使用、电力消耗等流量）的多少；而流量也决定了存量累积的多少，如企业钢铁、水泥消耗规模（流量）直接决定了企业构筑物数量（存量）。产业代谢流量与存量可形象反映产业的不同发展特征，跟踪和细化城市资源消耗和物质累积的具体模式。例如，成熟企业其存量相对稳定，多关注流量特征及其资源环境效应；年轻企业存量增长快，代谢速率高，存量累积、流量消耗均可反映其生长发育的特点；老年企业代谢速率低，存量减少是其关注的重要指标。企业单一元素研究可细化和识别特定要素对于产业发展的影响，以突出产业发展的行业特点，从而采取相应手段增加要素利用效率和减少其环境影响。多要素（物质）研究可以关注产业发展过程中所有物质叠加后的综合影响，帮助企业、产业和区域决策者更快发现产业面临的综合性问题，并制定相关政策推动自身可持续发展。

当前产业代谢流量研究相对成熟，多采用物质流分析、能量流分析开展流量核算与评价。虽然多数学者认同物质流分析方法在存量研究中的价值，但相关研究仍较为薄弱，原因：一是存量分析受到数据获取的限制，难以准确核算，大多通过流量净值估算存量净增量；二是方法学不统一，具体核算项目、核算参数的确定有待于进一步研究，直接核算结果的准确性有待考证。学者达成共识的是，采用物质流分析方法，产业代谢存量核算可分为建筑物、基础设施和人工产品三大类，进而细分为构筑物、生产厂房、道路/铁路、管道、电力线路、建筑器械、交通工具等子类。

5.2 物质流分析法

5.2.1 基本原理

物质流分析（material flow analysis，MFA）是研究产业代谢过程的传统方法。该方法基于质量守恒原理，建立物质平衡表的投入产出账户，量化分析产业活动的物质利用特征及其流量和存量的变化。该方法以物理单位（通常为吨）对物质采掘、生产、转换、消费、循环使用直到最终处置等阶段进行结算，分析的物质对象包括元素、原材料、基本材料、产品、制成品、废弃物及空气、水等，通过收集统计数据分析物质从“摇篮”到“坟墓”整个生命周期的产业代谢过程（Fischer-Kowalski，1998；陶在朴，2003）。

依据研究对象的不同，物质流分析法可划分为元素流分析（substance flow analysis，

SFA）和批量流分析（bulk material flow analysis，Bulk-MFA）两类。元素流分析主要研究特定的物质，如铁、铜、锌等对国民经济有重要意义的物质，以及砷、汞、铅等对环境有较大危害的有毒有害物质；批量流分析主要研究整个经济体的物质流入与流出，20 世纪 90 年代中期逐渐成为研究和应用的主流。

产业活动驱动着物料沿着产品生命周期的轨迹流动，因此物料流动会随着生命周期阶段呈现出周期性的变化，这与流体运动具有相似的特征。可借助流体力学的两种研究方式——拉格朗日法和欧拉法，构建相应的物质流分析模型，模拟跟踪特定元素/物料或特定空间的物质流动过程（陆钟武，2010）。在连续流动的流体中选定一个质点作为观察点，然后观察这个质点在空间移动过程中各物理量的变化，是拉格朗日法的研究方式。借鉴拉格朗日法，将流体的质点引申为"一定数量的元素、物料"等，构建跟踪观察模型，内含时间变量，核算分析特定量元素或物料经历不同生命周期过程后的数量变化，大多的元素流分析采用此类模型。欧拉法是在连续流动的流体中选定一个空间作为观察对象，然后观察瞬间流过这个空间的流体物理量随时间的变化规律。借鉴欧拉法，可将流体空间引申为一个国家、地区、部门或产业，构建定点观察模型，获得时间截面物料投入、存量增加、产品生产和废物排放的数据，进而分析长时间序列下的物质利用动态变化数据，大多批量流分析采用此类模型。

以钢铁产业为例，图 5-7 展示了两种研究方式的思路，将钢铁产业链划分为钢铁生产、产品制造、产品使用和废钢回收等阶段。拉格朗日法选定一定量的钢进行跟踪观察，从钢铁生产输入开始，包括铁矿石、加工废钢、自产废钢以及来自若干年前钢铁产品报废后的折旧废钢的投入，生产出钢材进入产品制造阶段生产出钢铁产品，同时产生的加工废钢重新返回钢铁生产阶段进行钢材生产。钢铁产品使用后成为废钢进入若干年后的钢铁生产阶段（陆钟武，2010）。

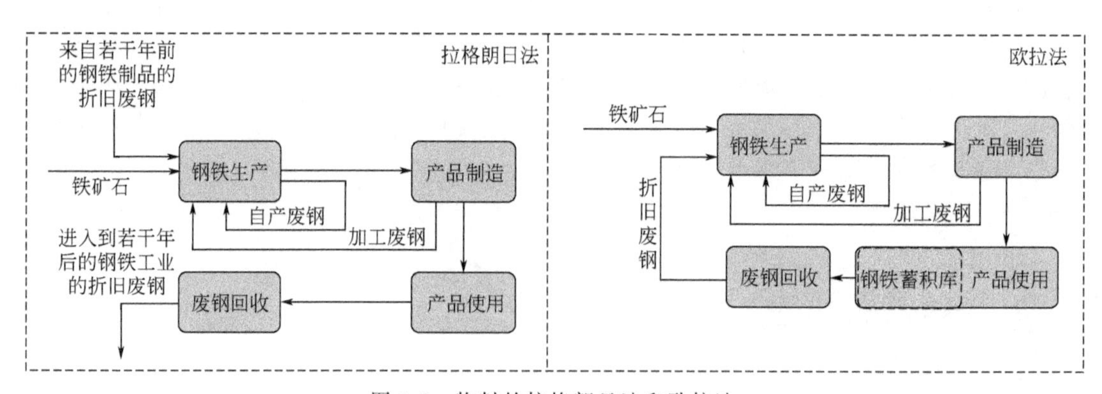

图 5-7　物料的拉格朗日法和欧拉法

注：引自陆钟武（2010）。图中未标出各生命周期阶段的环境排放（释放的含铁物流）。

同样以钢铁产业为例，欧拉法选定特定时间截面进行定点观察，相对于拉格朗日法，欧拉法在产品使用阶段还内含了一个钢铁蓄积库。此方法关注某时间截面不同生命周期阶段的输入输出，以及阶段间转移过程。同样包括钢铁生产、制造、使用和回收阶段，考虑铁矿石、加工废钢、自产废钢及折旧废钢的输入和输出（图 5-7）。两种研究方式的图示虽区别不大，但所使用的数据差别极大，拉格朗日法是跟踪特定量的元素，数据间转化关系非常清晰，而欧拉法则考虑某时间截面各阶段的静态数据，数据间的转化关系并不明显。

5.2.2 元素流分析法

5.2.2.1 跟踪观察模型

类似于拉格朗日法的研究思路，元素流分析法大多构建跟踪观察模型，研究特定元素从自然界进入生产和消费领域的分配、贮存及最终进入环境的途径和数量（陆钟武，2006）。如果以河流中流体的流动比喻元素流动，就好比坐在船上顺流而下，跟踪观察特定量元素的生命周期轨迹（图 5-8 上）。一般来讲，跟踪观察模型设置的跟踪行程至少要从某个生命周期起点（如铁矿石等天然资源投入）到终点（如报废的钢铁制品），经过产品生产、制造、使用和产品报废后回收四个阶段，这样可以充分了解上一个生命周期阶段的末端和下一个生命周期的始端（图 5-8 下），以厘清生命周期内元素的来龙去脉和流动规律（陆钟武，2010）。

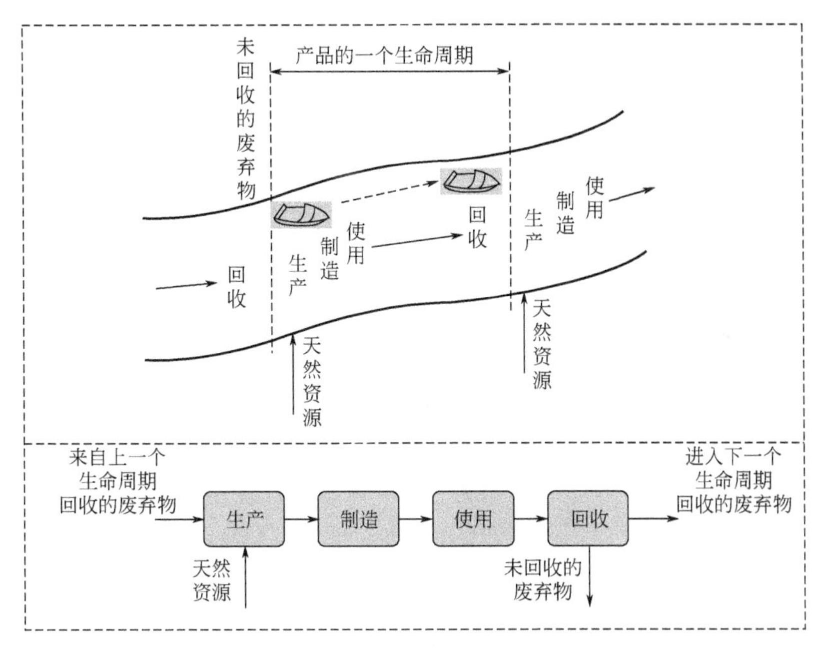

图 5-8 跟踪观察模型

注：引自陆钟武（2010）。

5.2.2.2 模型量化

跟踪观察模型是具有时间概念的产品生命周期元素流分析模型。以金属产业为例，选定的观察对象为一个国家或地区某一年（第 τ 年）内生产的全部金属产品。图 5-9 中各路径标出的物料流量均不是实物量，而是实物的金属含量。模型中 a、b、c 三个参数分别为折旧废金属回收率、加工废金属回收率和生产过程金属损失率。$aP_{\tau-\Delta\tau}$ 为金属生产使用的折旧废金属量，bP_{τ} 为产品制造产生的加工废金属量，cP_{τ} 为金属生产的金属损失量。为了简化模型，假定不存在金属的进出口，仅考虑金属生产、产品使用阶段的排放（含金属物流的释放），折旧废金属回收率 a 值为常数，不随时间变化。同时，除考虑金属产品的平均使用寿命 $\Delta\tau$ 外，对其他变量的时间属性也做了简化处理，包括加工废金属在金属产品生产出来的同一年就返回金属生产阶段去重新处理，折旧废金属在产品报废的当年就加以回收，即 τ 期使用的产品在第 $\tau+\Delta\tau$ 年即返回金属生产中（陆钟武，2010）。

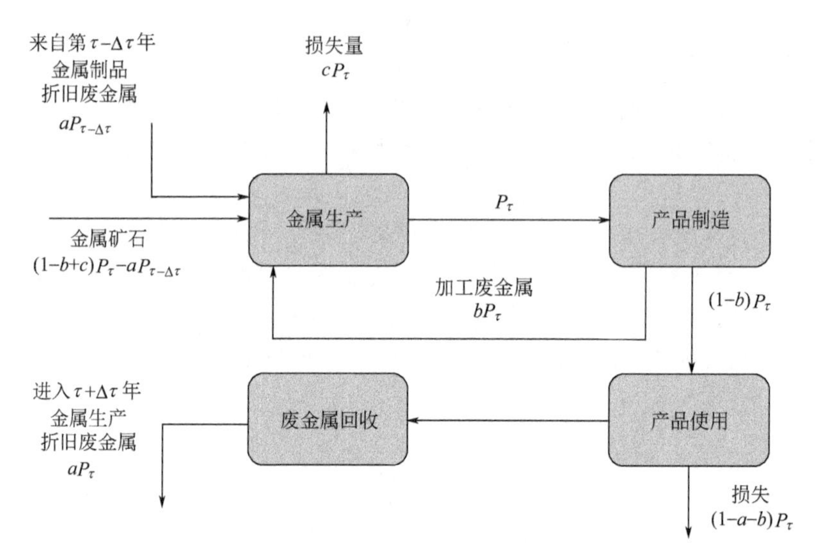

图 5-9　跟踪观察模型的量化（以金属生产为例）

注：引自陆钟武（2010）。

如图 5-9 所示，假设第 τ 年金属生产的产品产量为 P_τ 吨，作为跟踪观察的特定量元素，以此为基准，核算各生命周期阶段的金属元素量。产品制造形成的金属制品量为 $(1-b)P_\tau$ 吨，同时产生加工废金属量 bP_τ 吨，全部返回金属生产阶段重新处理。本生命周期第 τ 年金属生产的产品经使用 $\Delta\tau$ 年后报废，形成折旧废金属 aP_τ 吨，作为原料进入第 $\tau+\Delta\tau$ 年的金属生产过程。与此同时，金属生产损失量为 cP_τ 吨，产品使用损失为 $(1-a-b)P_\tau$，因此有 $(1-a-b+c)P_\tau$ 吨废弃物未被回收而进入环境中。同理，进入本生命周期第 τ 年的金属生产阶段的折旧废金属为 $aP_{\tau-\Delta\tau}$ 吨，是从第 $\tau-\Delta\tau$ 年的金属产品中演变过来的。根据物料守恒原理，第 τ 年金属生产还需投入金属矿石 $(1-b+c)P_\tau-aP_{\tau-\Delta\tau}$ 吨。

5.2.2.3　评价指标

引入非稳度指数 p，可以得到单位金属产品的跟踪观察模型（图 5-10）。非稳度指数反映 $\Delta\tau$ 年内金属生产阶段产品产量的变化，可作为物料是否处于稳态的判据。稳态物流 $p=1$，非稳态物流 $p\neq1$，其中产量增长物流 $p<1$，产量下降物流 $p>1$。公式为：

$$p=\frac{P_{\tau-\Delta\tau}}{P_\tau} \tag{5-1}$$

依据单位金属产品的跟踪观察模型，可以获得废金属指数、矿石指数、金属损失指数、资源效率、环境效率等一系列评价指标。

（1）废金属指数

废金属指数 S_τ 为第 τ 年金属生产阶段使用的折旧废金属与加工废金属之和与当年金属产量的比值，可以判断第 τ 年金属产业废金属资源的充足程度。公式为：

$$S_\tau=ap+b \tag{5-2}$$

S_τ 越大，废金属资源越充足；S_τ 越小，废金属资源越短缺。非稳度指数 p 对 S_τ 的影响较大。下面以钢铁生产为例，分析产量变化与废金属指数之间的关系。

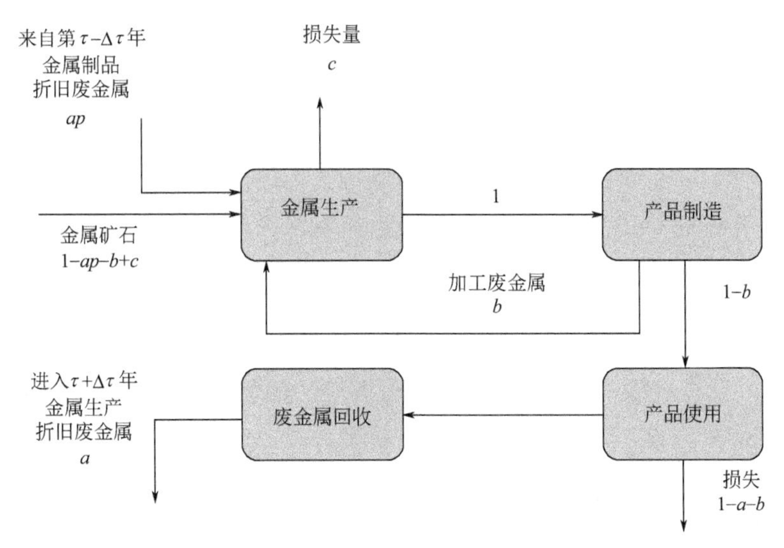

图 5-10 单位金属产品的跟踪观察模型

注：引自陆钟武（2010）。

【例 5-1】 钢铁生产的产品产量保持不变（$P_\tau = P_0$）、产量增长（$P_\tau > P_0$）、产量下降（$P_\tau < P_0$）的情况下（图 5-11），废钢指数如何变化？

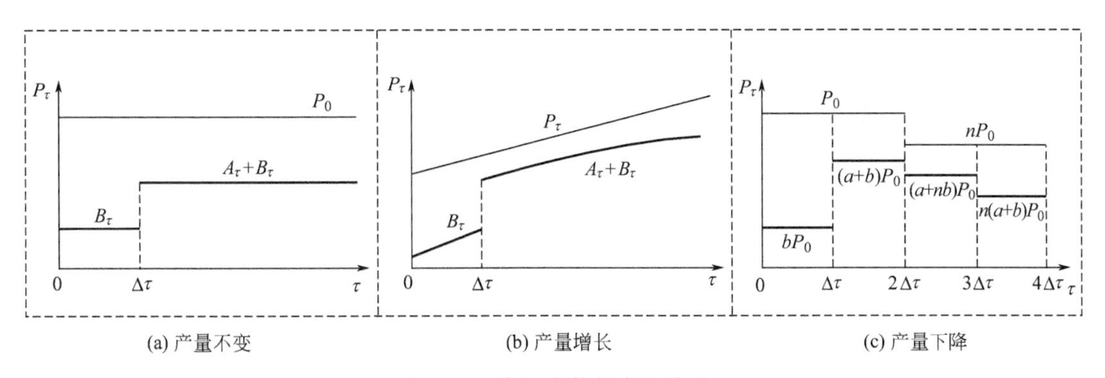

图 5-11 废钢指数与产量关系

解： 在产量保持不变情况下，$\tau=0$ 到 $\tau=\Delta\tau$ 期间，只有加工废钢回收量而没有折旧废钢回收量，因为上一个生命周期的产量为 0，加工废钢回收量为 $B_\tau = bP_0$，即废钢指数 $S = bP_0/P_0 = b$；第 $\Delta\tau$ 年以后，加工和折旧废钢回收量都存在，废钢指数为 $S=(a+b)P_0/P_0 = a+b$。因此，在产量长期保持不变的情况下，钢铁产品的平均使用寿命 $\Delta\tau$ 对 S 值无任何影响。

在产量线性增长 $P_\tau = P_0(1+\mu\tau)$ 情况下（P_0 为第一年的钢铁产品产量，μ 为增长系数），$\tau=0$ 到 $\tau=\Delta\tau$ 期间，废钢指数为 $S=B_\tau=P_0(1+\mu\tau)/[P_0(1+\mu\tau)]=b$；第 $\Delta\tau$ 年以后，废钢指数为 $S=\{aP_0[1+\mu(\tau-\Delta\tau)]+bP_0(1+\mu\tau)\}/[P_0(1+\mu\tau)] = a\{[1+\mu(\tau-\Delta\tau)]/(1+\mu\tau)\}+b$；当 $\tau=\Delta\tau$ 时，$S=a(1+\mu\Delta\tau)^{-1}+b$，此时 S 必小于 $a+b$。

产量由 P_0 下降到 nP_0 的情况下(在 $\tau=0$ 到 $\tau=2\Delta\tau$ 期间，钢铁产品产量保持不变，然后突然下降为 nP_0，其中 $n<1$，随后产量保持 nP_0 不变)，$\tau=0$ 到 $\tau=\Delta\tau$ 期间，废钢指数为 $S=b$；在 $\tau=\Delta\tau$ 到 $\tau=2\Delta\tau$ 期间，$S=a+b$；在 $\tau=2\Delta\tau$ 到 $\tau=3\Delta\tau$ 期间，$S=(aP_0+$

$nbP_0)/(nP_0)=a/n+b$；在 $\tau=3\Delta\tau$ 到 $\tau=4\Delta\tau$ 期间，$S=(naP_0+nbP_0)/(nP_0)=a+b$。可见，钢产量突然下降导致 S 值增大的情况只能维持 $\Delta\tau$ 年；其后 S 又恢复到 $a+b$（陆钟武，2010）。

废钢资源是否充足，是相对于金属生产的产品产量而言的。在其他条件无差别时，钢铁产品产量增长，废钢指数降低；产量下降的情况下，废钢指数升高；产量保持不变的情况居中。如果钢铁产量保持稳定 $p=1$，$S_\tau=a+b$；如果钢铁产量增长 $p<1$，$S_\tau<a+b$；如果钢铁产量下降 $p>1$，$S_\tau>a+b$。

（2）矿石指数

矿石指数 R_τ 是第 τ 年金属生产阶段使用的矿石量 $(1-b+c)P_\tau-aP_{\tau-\Delta\tau}$ 与当年金属产量 P_τ 的比例，可以判断第 τ 年金属产业对矿石资源的依赖程度。该指数越大，金属产业越依赖于天然资源。公式为：

$$R_\tau=1-ap-b+c \tag{5-3}$$

（3）金属损失指数

金属损失指数 Q_τ 是金属产品在一个生命周期内损失的金属量 $(1-a-b+c)P_\tau$ 与第 τ 年金属产品产量 P_τ 的比值，公式为：

$$Q_\tau=1-a-b+c \tag{5-4}$$

【例 5-2】根据中国铜元素流动状况（岳强和陆钟武，2005a），可绘制中国 2002 年铜流图（图 5-12）（岳强和陆钟武，2005b），请据此计算矿石指数、废铜指数及资源效率等评价指标。

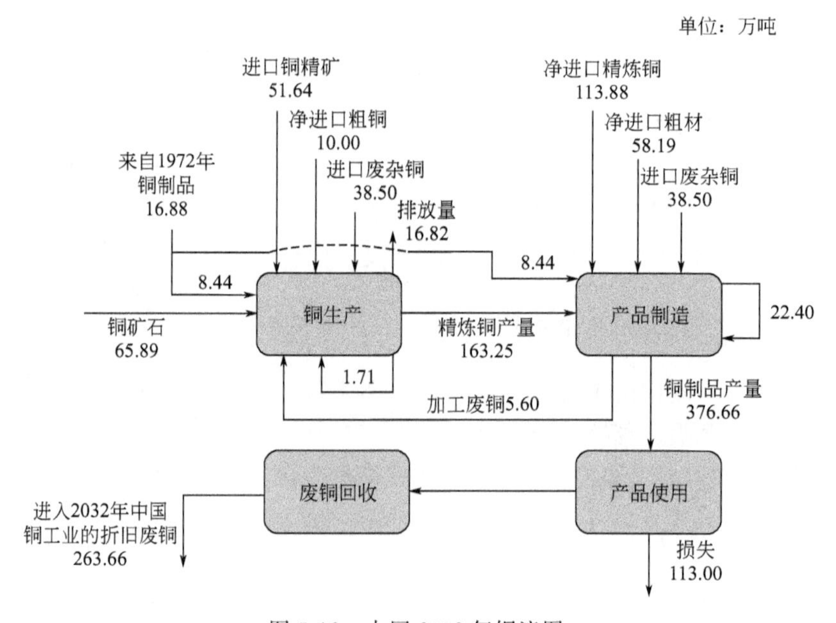

图 5-12　中国 2002 年铜流图

解：本例题假定中国铜制品平均使用寿命为 30 年，铜制品报废后回收率为 70%，可计算得到 2002 年回收的折旧废铜量为 16.88 万吨，其中 50%用于生产精炼铜，另外 50%直接利用；生产阶段铜损失量主要根据中国主要技术经济指标确定，为 18.53 万吨，由质量平衡可知，生产过程中铜排放量为 16.82 万吨，铜回收量为 1.71 万吨；假设报废的铜制品在 2032 年回收率仍为 70%，可得到进入 2032 年铜产业的折旧废铜回收量为 263.66 万吨，未能回收的报废铜制品为 113.00 万吨。将生产过程及回收环节铜排放量加和，可得向环境排放的铜为 129.82 万吨。

矿石指数 $R_\tau=\dfrac{65.89+51.64+10.00}{163.25}=0.7812$，表明生产 1t 精炼铜需要投入 0.7812t 的铜矿（包括精铜）。废铜指数 $S_\tau=\dfrac{8.44+38.50+5.60}{163.25}=0.3218$，表明生产 1t 精炼铜需投入的废铜量为 0.3218t。金属损失指数 $Q_\tau=\dfrac{16.82+113.00}{163.25}=0.7952$，表明生产 1t 精炼铜产生 0.7952t 的铜损失量。

（4）资源/环境效率

资源效率是第 τ 年金属生产阶段的产量 P_τ 与当年此阶段使用的矿石量 $(1-b+c)P_\tau-aP_{\tau-\Delta\tau}$ 的比值，即投入单位矿石所能生产出来的金属产品量，为 R_τ 的倒数，用 r_τ 来表示。

$$r_\tau=1/(ap-b+c) \tag{5-5}$$

环境效率是第 τ 年的金属生产阶段的产量 P_τ 与金属产品在一个生命周期内损失的金属量 $(1-a-b+c)P_\tau$ 的比值，即单位金属损失量所能生产出来的金属产品量，为 Q_τ 的倒数，用 q_τ 来表示。

$$q_\tau=1/(1-a-b+c) \tag{5-6}$$

【例 5-3】以瑞典铅酸电池产业的铅流为例（图 5-13），分析其资源效率、环境效率、折旧废金属回收率、加工废金属回收率、金属损失率等指标（陆钟武，2006）。

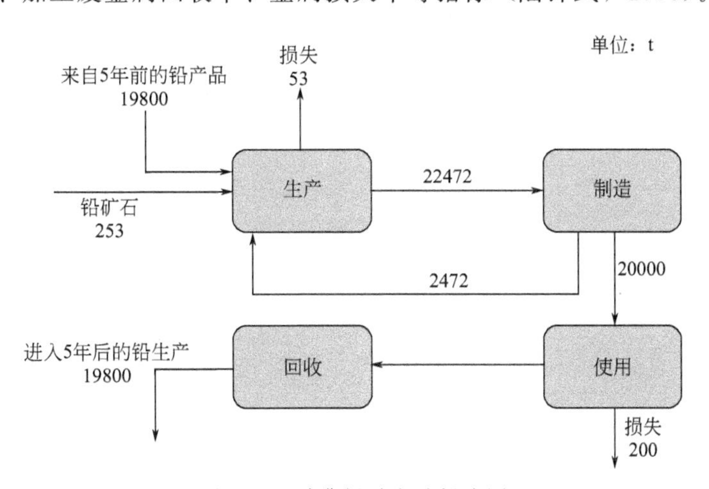

图 5-13 瑞典铅酸电池铅流图

注：引自 Ministry of Environment（2013）

解：由图 5-13 可知，生产阶段的铅产品年产量为 22472t，使用寿命为 5 年，据此可计算：资源效率 $r_\tau=\dfrac{22472}{253}=88.82$，表明投入单位矿石所能生产出来的铅产品量为 88.82t；环境效率 $q_\tau=\dfrac{22472}{253}=88.82$，表明单位铅损失量所能生产出来的铅产品量也为 88.82t。折旧废金属回收率 $a=\dfrac{19800}{22472}=0.88$，加工废金属回收率 $a=\dfrac{2472}{22472}=0.11$，生产过程金属损失率 $c=\dfrac{53+200}{22472}=0.01$。

5.2.3 批量流分析法

5.2.3.1 定点观察模型

物质流分析的另一个重要应用领域是研究不同尺度下（国家、区域、产业或企业）多种物质的消耗水平、利用效率、可持续发展程度等方面的评估与对比，称之为批量流分析（Bulk-MFA）。批量流分析法主要关注于某一时间截面的物流状况，类似于欧拉法的研究思路，建立定点观察模型，研究某一区域在某一时间节点上各个生命周期阶段流入和流出的物理量。如果仍然用河流比喻，用这种方法研究物流，就好比站在一座桥上，进行定点观察（陆钟武，2006），观察的范围仍为整个生命周期过程（图 5-14 上）。需要说明的是，在不同的生命周期阶段均存在一个“库”，库存包括生产和制造贮备、仍使用的历年产品、已报废但并未进行分解处理的产品及未能回收的废弃物（图 5-14 下）。

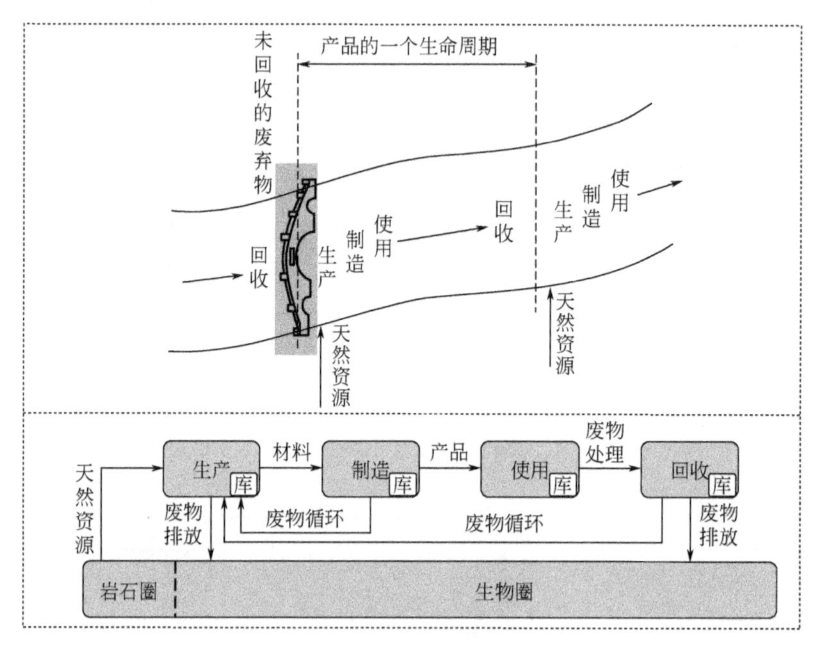

图 5-14 定点观察模型

注：引自陆钟武（2010）。

定点观察模型关注某特定时间内各生命周期阶段输入和输出的物流，所以并不是一种连续追踪物质的分析方法，只是一种静态研究方法，也称为存量与流量分析方法（stocks and flows，STAF）。由于数据获取的限制，当前成熟的批量流分析大多将研究对象作为黑箱处理，不考虑经济体系的物质流分配结构。

5.2.3.2 模型量化

（1）物质分类

参照欧盟统计局制定的《物质流分析手册》，物质流量指标可分为输入、输出两种。其中输入指标包括本地开采、进口/调入及相应隐流，而输出指标包括排放与废物（废气、固体废弃物、废水和耗散性物质等）、出口/调出及相应隐流（表 5-3）。物质输入包括本地开采和区外进口/调入两大部分。本地开采包括化石能源、矿产资源和农林牧渔等生物物质，进口/调入物质不仅包括区外的化石能源、矿产品、生物产品，也包括了半制品和制成品的商品类物质，甚至包括了废纸、废钢等再生资源。输出物质则有废水、废气、固体废弃物和出口/调出的原材料、制成品、半制成品等。

表 5-3　批量流分析的物质分类

输入		输出	
本地开采	化石燃料	排放和废物	废气
	矿物		固体废弃物
	生物		废水
	水		耗散性物质
进口/调入	原材料	出口/调出	原材料
	半成品和成品		半成品和成品
	其他产品		其他产品
	进口产品附带的包装材料		出口产品附带的包装材料
	最终处理、处置的进口废物		最终处理、处置的出口废物
平衡项	燃烧耗氧	平衡项	燃料过程的水蒸气
	呼吸耗氧		产品的水蒸气
	其他工业过程耗氧		人畜呼吸排出的水汽
未利用的本地开采（本地隐流）	采矿和采石的未利用开采	未利用的本地开采（本地隐流的二次影响）	采矿和采石的未利用开采
	收获过程产生的未利用生物质		收获过程产生的未利用生物质
	土壤开发和挖掘		土壤开发和挖掘
进口/调入隐流	进口/调入原材料隐流	出口/调出隐流	出口/调出原材料隐流
	进口/调入成品、半成品的隐流		出口/调出成品、半成品的隐流

植物光合作用和动植物呼吸所消耗和产生的 O_2、CO_2 和水蒸气，以及燃料燃烧消耗的 O_2 和产生的水蒸气作为平衡项物质被纳入分析框架。虽然这类物质的质量较大，但在实际操作过程中，由于其影响因素相对单一，因此相关研究很少考虑这些含氧气体。另外，物质流分析框架中不包含水要素，这是由于水消耗量远大于其他物质消耗量的总和，若将其纳入框架中，会掩盖其他物质的输入、输出和消耗状况。

（2）核算项目

核算项目包括生物资源、金属矿物、非金属矿物、工业产品、化石燃料和各种污染物等，具体见表 5-4、表 5-5。

（3）隐流

隐流是指人类为获得有用的物质和生产产品而动用的没有直接进入交易和生产过程的物质。这类物质虽然并未进入产业系统，没有体现在 GDP 中，但它是为获取有用物质和产品所动用的环境物质，数量巨大且环境影响显著，故称为隐流。例如，生产钢铁需要直接投入铁矿石，而为了开采铁矿石又需要开挖许多矿坑、巷道，剥离大量表土和岩石，这些物质并未直接进入产品的生产过程和产品本身中，是获取钢铁产品的隐流。

表 5-4　批量流分析的输入核算项目

物质分类		核算项目	指标
本地开采	非生物资源	化石燃料	煤、原油、天然气、其他(如石油气、油页岩等)
		金属矿物	铁矿石、有色金属矿石(如铜矿、矾土矿等)
		工业矿物	盐、黏土、砂石、用于农业的泥炭等
		建筑材料	沙粒、碎石子(包括制造水泥用的石灰石)、黏土、石材等
	生物资源	农产品	谷类、茎类、油类、须根类作物、蔬菜、水果、坚果及其他作物
		农副产品	用作饲料的农作物残余、具有经济价值的麦秆等
		林业生物质	木材、除木材外的其他原材料(药材等)
		牧草产量	永久性牧场、其他草场(包括高山草场)的产量
		渔业生物量	海洋鱼类捕获量、淡水鱼产量、法律规定允许捕捞的其他水生哺乳动物等
		其他生物量	蜂蜜、采集野生生物、狩猎等
进口/调入		原材料	化石燃料、矿物、生物物质、二级原材料、其他物质
		半成品	以化石燃料、矿物、生物物质为基础的半成品
		成品	以化石燃料、矿物、生物物质为基础的成品
		其他产品	生物及非生物产品、其他
		进口/调入物品的包装物质	
		输入区域内进行最终处置或填埋的废弃物等	
平衡项		燃料燃烧所需的氧,呼吸需要的氧气,工业生产过程中需要的气体	
本地隐流		开采矿物过程中产生的隐流	
		部分未被使用的生物物质(木材砍伐和农作物收获过程中产生物质流失)	
		基础设施建设的挖方量	
进口/调入隐流		使用的进口商品的间接流(进口物质的原材料当量-进口物质的量)	
		进口的化石燃料、矿物的隐流;农作物收获中产生的流失	

表 5-5　批量流分析的输出核算项目

物质分类		核算项目	指标
本地物质输出	污染物排放	大气污染物	CO_2、SO_2、NO_x、VOCs(除去溶剂和甲烷)、CO、颗粒物、N_2O(除去农业和废弃物所产生的N)、NH_3、卤代烃(CFCs、哈龙)等
		固体废弃物	城市生活垃圾、工业和商业废弃物(如生产废物和建筑废物)、污染治理中产生的物质(如污染处理厂产生的污泥)
		水体污染物	含N、P的污染物、有机污染物、向水中倾倒的其他废物等
	本地物质输出	污染物排放	农业上使用化肥、农家肥、堆肥、污泥、杀虫剂、种子等的耗散
		耗散性流失	磨损(如轮胎)、化学品事故、天然气泄漏、基础设施侵蚀(如道路、桥梁等)
		林业生物质	木材、除木材外的其他原材料(药材等)
		耗散性物质	永久性牧场、其他草场(包括高山草场)的产量
出口/调出		原材料	化石燃料、矿物、生物物质、二级原材料、其他物质
		半成品	以化石燃料、矿物、生物物质为基础的半成品
		成品	以化石燃料、矿物、生物物质为基础的成品
		其他产品	生物及非生物产品、其他
		出口/调出物品的包装物质	
		输出到区域外部进行处置和填埋的废弃物	

续表

物质分类	核算项目	指标
平衡项	燃烧过程中产生的水	
	产品生产过程中产生的水	
	人和牲畜代谢过程中产生的 CO_2 和水	
本地隐流	具体分类与表 5-4 的分类相同	
出口/调出隐流	与进口/调入物质的隐流分类相同	

开采、采收或开挖活动均会动用大量的自然界物质，据此可将隐流分为 3 种类型：a. 开采（伴生）隐流，是伴随矿产品一起开采出来、在洗选过程残留的尾矿；b. 采收隐流，是随农作物和森林产品一起收割，但不进入经济活动的废弃物（农业秸秆和森林残留物）；c. 开挖隐流，是指采矿剥离的覆盖层和表土，产业活动导致的水土流失，以及因建筑物和基础设施建设而开挖的土石方（土壤搬运）等。

从输入和输出端考虑隐流，可以全面揭示产品对自然资源的消耗和对生态环境的冲击，常用来表征生态环境影响。同时，隐流还可分为区内和区外，区内隐流会随调出/出口物质计量到外部区域，区外隐流也会随调入/进口物质计量到本地核算体系（Li et al，2019）。隐流一般通过动用的环境物质量与隐流系数相乘得到，如农业采收隐流可先通过农作物秸秆产生系数和利用率计算得到隐流系数，再乘以农作物采收量获得（李刚，2014）；由于实际物质利用量很难获取，建筑开挖隐流（剩余土石方）大多基于竣工面积折算（鲍智弥，2010）。目前，各类物质隐流实测数据相对较少，大多采用德国伍柏塔尔研究所（Wuppertal Institute）、欧盟生态经济研究所（EU eco-economic research insitute）和中国台湾永续发展中心提供的全球平均隐流系数。

5.2.3.3 评价指标

遵循“输入—贮存—输出”的物质流动过程，搭建批量流分析框架（黄和平等，2006；单永娟，2007）（图 5-15）。汇总输入和输出端的核算项目，建立批量流分析的评价指标，并梳理其与输入、输出指标的对应关系。

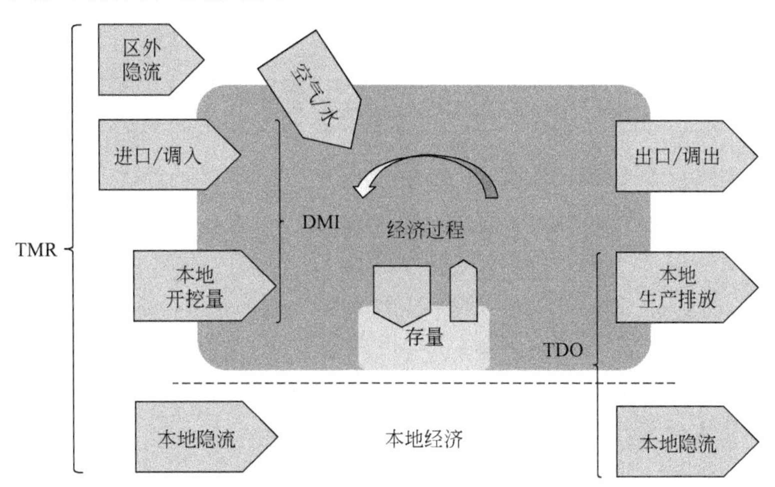

图 5-15 批量流分析框架

注：参考自黄和平等（2006）。

输入经济体的物质总量中，主要是汇总本地开采和进口/调入的直接物质输入（direct material input，DMI），包括开采的化石燃料、矿物质、生物资源等，汇总本地隐流与DMI可计算物质总输入（total material input，TMI），再考虑从区域外进口/调入的成品、半成品和原料产生的相应隐流，就可获得物质总需求（total material requirement，TMR）。输入物质的一部分在经济过程中贮存下来，其余部分以废弃物排放和耗散形式返回到本地自然环境中，形成本地生产过程排出（domestic processed output，DPO），再考虑到本地隐流产生的二次影响，可获得本地总排出（total domestic output，TDO）。本地总排出与出口/调出的加和可计算物质总排出（total material output，TMO）（表5-6）。

表5-6　评价指标与输入输出指标的对应关系

输入(产业代谢起点)	排出(产业代谢终点)
本地开采(生产使用) 　化石类能源(煤、油、气等) 　矿物原料(矿石、砂等) 　生物质(木材、谷物) 进口/调入	废弃物排放 　空气中 　弃地废物 　水中 耗散及损失(肥料、尿、种子、腐蚀)
小计 直接物质输入(DMI)	小计 本地生产过程排出(DPO)
本地非使用物质 　矿物开采 　生物质采收 　土壤开挖	本地非使用物质的转置 　矿物开采 　生物质采收 　土壤开挖
小计 物质总输入(TMI)	小计 本地总排出(TDO) 出口/调出
与进口/调入相关的隐流	小计 物质总排出(TMO)
总计 物质总需求(TMR)	净存量增加NAS 基础设施及建筑 其他(机械设备、耐用品等)
	与出口/调出相关的隐流

（1）物质输入指标

直接物质输入（DMI）汇总所有具有经济价值的，且直接进入经济生产和消费活动的物质，分为本地开采和进口/调入两部分。

物质总需求（TMR）可衡量一个区域经济过程所动用的全部物质总量，为直接物质输入和隐流之和，其中隐流分为本地隐流和与进口/调入相关的隐流。进口/调入物质的隐流虽然在出口区域产生环境压力，但仍计入进口区域的物质总需求中，以反映一个区域经济过程动用的整个自然界的物质总量。

（2）物质输出指标

本地生产过程排出（DPO）是经济过程排出到自然环境中的废弃物，其数值等于直接物质输入（DMI）减去物质在经济系统库存中的净增量（net additions to stock，NAS）和出口量。

本地总排出（TDO）由本地生产过程排放与本地隐流构成，表征经济过程对本地环境的影响强度。

（3）物质消耗指标

本地物质消耗（DMC）是经济过程直接使用的物质总量，等于直接物质输入减去出口/调出，不包括隐流。

物质总消耗（TMC）是在本地物质消耗基础上考虑隐流，包括与进口/调入、出口/调出相关的隐流。

物质贸易平衡（physical trade balance，PTB）是经济系统年度物质进口/调入与出口/调出的差额，用来衡量经济体物质投入对内部资源和进口/调入物质的依赖程度。

物质存量净增长（NAS）是指在经济过程中存储的物质净增长量，如基础设施和建筑物等。

（4）强度和效率指标

物质消耗强度（intensity of material consumption，IMC）等于物质总需求除以人口总数，用来衡量经济体年度人均资源消耗量，主要受经济总量、人口基数、消费结构和技术水平等因素的影响。

物质生产力（material productivity，MP）等于本地生产总值除以物质总需求，表示单位物质消耗所创造的经济价值，是衡量经济体年度资源利用效率的指标，主要受生产力水平和经济结构的影响。

废弃物再利用效率指标可从资源端与废物端来构建：废弃物回收利用率，是废弃物资源化利用量与废弃物产生量的比值；资源循环利用率，是废弃物资源化利用量与直接物质输入量的比值。

各指标间相互关系具体见表 5-7。

表 5-7　评价指标间相互关系

指标分类	主要分析指标	指标计算公式
物质输入指标	直接物质输入（DMI）	DMI＝本地物质输入＋进口
	物质总输入（TMI）	TMI＝DMI＋本地隐流
	物质总需求（TMR）	TMR＝DMI＋本地隐流＋与进口/调入相关的隐流
	进口/调入隐流（IF）	IF＝进口/调入物质的原料当量×物质隐流系数
	本地隐流（HF）	HF＝本地物质当量×物质隐流系数
物质输出指标	本地生产过程排出（DPO）	DPO＝废弃物排放＋耗散及损失
	本地总排出（TDO）	TDO＝DPO＋本地隐流
	物质总排出（DMO）	DMO＝TDO＋出口/调出
物质消耗指标	本地物质消耗（DMC）	DMC＝DMI－出口/调出
	物质总消耗（TMC）	TMC＝TMR－出口/调出－与出口/调出相关的隐流
	物质存量净增长（NAS）	NAS＝DMI－DPO－出口/调出
	物质贸易平衡（PTB）	PTB＝进口/调入－出口/调出
强度和效率指标	物质消耗强度（IMC）	IMC＝TMR/人口数
	物质生产力（MP）	MP＝GDP/TMR

日本在 20 世纪 90 年代引入批量流分析方法，最成功的案例是为制定《循环型社会推进计划》提供数据基础（王军等，2006）。推进计划主要依据 2000 年日本批量流分析的结果（Ministry of Environment，2003），制定了循环型社会发展目标，包括资源生产率、循环利用率及最终处置量 3 个主要指标（图 5-16）。

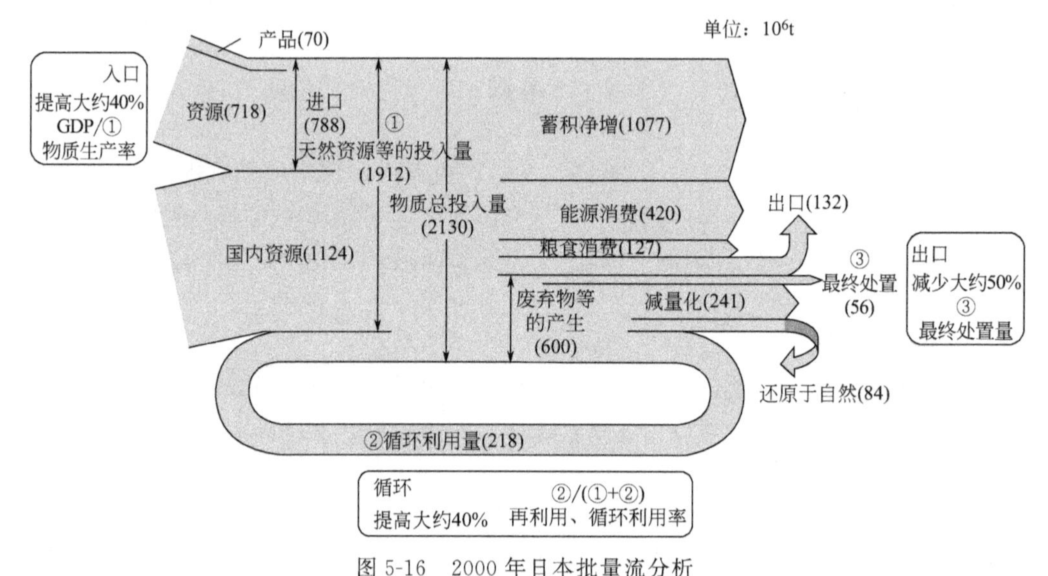

图 5-16　2000 年日本批量流分析

注：引自 Ministry of Environment（2003）。

2000 年，日本物质总投入量为 2.130×10^9t，其中天然资源为 1.912×10^9t，循环利用量为 2.180×10^8t，约占物质总投入量的 10%。废弃物产生量约为 6.0×10^8t，能源消耗的物质约为 4.2×10^8t。净增存量为 1.077×10^9t，包括民用和工业建筑、道路、桥墩、汽车、家电产品等固定资产。获得国内外资源的过程中，国内开采 1.124×10^9t 资源量时产生 1.090×10^9t 隐流（相当于资源开采量的 97%），而 7.180×10^8t 的国外资源开采量也会产生隐流 2.830×10^9t（相当于资源开采量的 3.90 倍），共计 3.920×10^9t 隐流，约为国内隐流的 4 倍。为了支撑日本经济发展所需的资源进口，在世界其他区域产生了相当于日本国内隐流的 3 倍。据此，提出了 2010 年日本循环型社会发展目标：入口物质生产率需提高约 40%，过程循环利用率也相应提高约 40%，而出口最终处理量约减少 50%。

5.3 能值分析法

除了传统的物质流分析法，能值分析法由于具有统一计量的优势，也逐渐应用于产业代谢研究中。两种方法均可有效追踪物质能量输入、存储、转化和输出等流动过程（Hendriks et al，2002），但物质流分析法关注物质资源的分类及物质资源平衡表账户，通过收集统计数据分析产业代谢过程（Fischer-Kowalski，1998），而能值分析法将各种物质和能量都折算成统一的目标函数（能值），进而分析产业代谢过程。

5.3.1 基本概念

能值分析法提供了产业代谢过程核算的统一量度，是联系经济系统与生态系统的桥梁（Hall et al，1986；Odum，1988）。能值分析法以能值（emergy）作为度量单位，以能值转换率（emergy transformity）和能值/货币比（emergy/＄）为转换介质，可有效比较不同物质和能量的品质差异，同时融入物质流分析法无法度量的信息流、货币流和人口流，实现了生态与经济价值的统一评价。

5.3.1.1 能值

美国著名生态学家、系统能量分析先驱、现代生态学之父 H. T. Odum 于 20 世纪 80 年代创立了能值（emergy）理论，并以能值作为一个科学的度量标准。能值是指形成一种产品、资源或服务所需的直接和间接的能量（Odum，1986），即产品或劳务形成过程中直接和间接投入的一种有效能量（Odum et al，1998）。能值不仅可以表征能量的数值大小，而且还可以区分能量的品质好坏。

Odum 能值理论认为一切物质和能量的流动均来自太阳能，因此常以太阳能为基准来衡量各种能量的能值，即所具有的太阳能值（solar emergy），单位为太阳能焦耳（solar emjoules，即 Sej）。

5.3.1.2 能质与能量层阶

能量沿着食物链营养级逐级转化，能量数量不断递减，能量品质（简称能质 energy quality）和能级不断提高。每转化一次，能质就提高一次，较高营养级上的能量具有较高能质，如从低等级太阳能转化为较高质量的绿色植物能量，再转化为质量更高、更为密集的各级消费者能量。通常，食物链上游节点的能质较低，下游节点能质较高，因为处于下游较高营养级需要利用大量低质量的能量（如太阳能），才能形成高质量的能量。例如，产生 1g 鹿肉比产生 1g 木材需要更多的能量，故鹿肉的能质高于木材。

能质概念的提出推动了相关能值理论的完善。1983 年 Odum 提出了能量层阶（亦称能量转化层阶，energy transformation hierarchy）概念并进行了系统阐述（Odum，1983；Brown et al，2004）。能量层阶是指在能量传输和转化过程中，系统的不同单元按其能量品质差异形成的层次结构，一般以能值转化率作为层阶结构的特征量，据此确定单元所处的能量层阶。Odum 把能量层阶理论称作热力学第五定律，是热力学第二定律在系统层面的表达。

5.3.1.3 能值转换率

能值转换率（transformity）是指产生一单位能量所需要的另一种类型能量的量，即单位某种能量所含能值的量（Odum，1996），用来表征能质，单位为 Sej/J 或 Sej/g（Odum，1996）。能值转换率越大，能质越高，就需要越多的太阳能来生产产品。

$$M=\tau E \tag{5-7}$$

式中，M 为能值；τ 为能值转换率；E 为物质、能量、信息或货币的数量。

能值分析法利用能值转换率把一切物质和能量转化为太阳能值，能够为产业代谢研究提供统一量度（Odum，1988）。但该方法目前最大的难点是能值转换率的计算，Odum 和各国研究人员经过大量研究实践，换算出了自然界和人类社会经济主要能量（物质）类型的能值转换率，但其本地化仍有待进一步研究。

5.3.2 核算指标

基于产业代谢过程解析，绘制产业代谢能值流图，以明确各过程需核算的项目。能值核算项目一般包括可更新资源能值（renewable emergy flow，R）、不可更新资源能值（non-renewable resources，N）、输入能值（imported emergy，IMP）、输出能值（exported emergy，EXP）和能值总量（total emergy used，U）共5类。其中，可更新资源能值（R）包括太阳辐射、潮汐能、地热能、风能、雨水化学能、雨水势能、河流势能、地球旋转能等。由于这些能量均是源自同一过程的复合产物，归并中仅取其中最大项，以避免重复计算。不可更新资源能值（N）为区域一次能源、建筑矿物、金属与非金属矿物能值，以及表土损失等环境影响（视为一种资源投入）的能值之和（图5-17）。

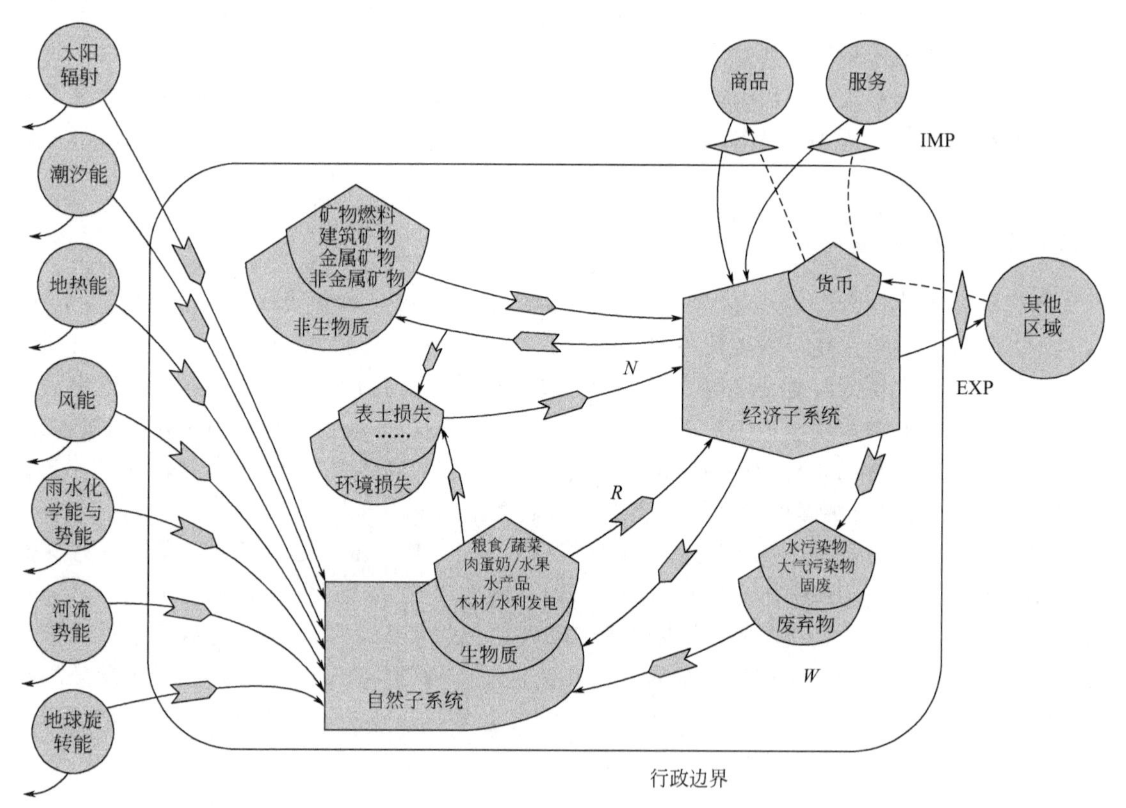

图5-17 产业代谢能值流图

注：引自Odum（1959）。

输入能值IMP表示外部区域投入经济子系统的商品和服务的数量（即购买资源/服务能值）；经济体也向外部区域输送商品和服务，这部分能值（EXP）称为输出能值。废弃物能值是废水、废气和固废能值之和。能值总量（U）是经济体拥有的总“财富”，在数值上等于可更新和不可更新资源能值与购买资源/服务能值之和。可再生能值产品（包含直接和间接的免费环境资源生产）包括本地农业、林业和渔业产品，是可更新资源能值投入的产出，用来满足经济体生物资源的需求，从资源消耗的角度并未纳入能值总量中（表5-8）。

表 5-8　产业代谢能值核算指标

核算项目	具体内容	代表意义
可更新资源能值 R	太阳辐射、潮汐能、地热能、风能、雨水势能和化学能、河流势能、地球旋转能	城市自有的能值财富
不可更新资源能值 N	化石燃料、建筑矿物、金属矿物、非金属矿物	城市自有的能值财富
输入能值 IMP	商品、服务	外界输入的能值
输出能值 EXP	商品、服务	系统向外界输出的能值
废弃物能值 W	废水、废气和固废	系统向环境排放的废弃能值
能值总量 U	$R+N+\mathrm{IMP}$	系统拥有的总能值财富

5.3.3　评价指标

产业发展以经济活动为核心，以生态环境为支撑，因此代谢能值评价指标应包括经济发展、资源利用和污染排放等相关指标，反映效率、压力、强度和影响等特征，从而综合表征产业代谢过程的运行情况。基于能值核算，提出 7 项能值评价指标（Brown and Ulgiati，1997），分别为能值自给率（emergy self-sufficiency ratio，ESR）、能值产出率（emergy yield rate，EYR）、能值密度（emergy density，ED）、人均使用能值（emergy per capita，EPC）、能值货币比（emergy dollar ratio，EDR）、环境负荷率（environmental loading ratio，ELR）及可持续发展指数（emergy sustainability index，ESI），具体计算公式见表 5-9。

表 5-9　产业代谢能值评价指标

评价指标	计算表达式	代表意义
能值自给率 ESR	$(N+R)/U$	系统自我支持和自我支撑能力
能值产出率 EYR	$(R+N+\mathrm{IMP})/\mathrm{IMP}$	系统经济效益
能值密度 ED	U/面积	系统代谢的使用面积压力
人均使用能值 EPC	U/人口	系统代谢的人均压力
能值货币比 EDR	U/GDP	系统用货币购买能值的能力
环境负荷率 ELR	$(U-R)/R$	经济活动对环境的压力
可持续发展指数 ESI	EYR/ELR	可持续发展的程度
改进的可持续发展指数 EISD	EYR×EER/ELR	考虑能值交换率的可持续发展

注：ESI 由美国生态学家 Brown M. T 和意大利生态学家 Ulgiati S. 在 1997 年提出；EISD 由陆宏芳等于 2002 年提出。

能值自给率（ESR）用来评价产业对自有资源的利用情况及其自我支持能力。能值自给率越大，对内部资源开发和利用程度越高，自我支持能力就越强。能值产出率为能值总量与输入能值的比值，与经济“产投比”（产出/投入）相似，该比值越高，表明在相同能值投入下，产出越大，运行效率越高。

能值密度（ED）和人均使用能值（EPC）是衡量单位面积和单位人口能值利用程度的指标，值越大，表征产业代谢的压力越高。而能值货币比（EDR）表明货币购买能值的能力，这是因为能值量化了产品的能量，同时也量化了产品对经济财富的贡献，这个值越大，表明单位货币可以购买更多的能值，同时也说明生产产品（服务）过程中消耗的资源量较大，一般科技较落后。

环境负荷率（ELR）是对产业运行状况的一种警示指标。若产业长期处于较高环境负荷率，平衡容易遭受破坏。根据众多学者的研究成果，当 ELR＜3 时，表明环境压力很小；当 3＜ELR＜10 时，表明环境影响程度处于中等水平；当 ELR＞10 时，表明环境压力已经相当大。

可持续发展指数（ESI）为能值产出率与环境负载率之比，即 EYR/ELR。ESI 的提出填补了基于能值理论评估可持续发展水平的空缺，但 ESI 较少考虑科技进步对废弃物循环利用的影响，同时认为产业能值产出均为正效应，对人类有益，但实际上污染物产出为负效应。EYR 越高并不一定越有利于实现可持续发展。有学者在 ESI 基础上，引入能值交换率，提出了改进的可持续发展指数 EISD，指出相同的能值产出条件下，交易过程也会受到市场、文化、伦理等影响，具有不同的能值交换率（emergy exchange ratio，EER，为产业对外交换中所获能值与换出能值之比，可用来衡量产业交换效益），从而对产业发展产生影响，因此将三者合并得到一个可同时兼顾经济效益与生态环境压力的可持续发展指数。鉴于经济效益与发展目标成正比，环境负载率与可持续要求成反比，将经济效益即能值产出率与能值交换率的乘积作为分子，环境负载率作为分母，构造出与产业可持续发展能力成正比的综合性评价指数（emergy index for sustainable development，EISD）。EISD 值越高，意味着单位环境压力下的经济效益越高，产业可持续发展能力越好（陆宏芳等，2002）。

【例 5-4】以武夷山产业优选为例，绘制能值流图分析旅游业、毛竹业、茶业的代谢过程，并基于相应的能值评价指标分析其可持续发展的对策（Yang et al，2011）。

解：首先构建三个产业的能值流图（图 5-18），核算各个产业的可更新资源能值、不可更新资源能值、输入能值等，并将生物多样损失和水土流失等生态损耗量化，转化为产业不可更新资源能值投入，据此提出了反映经济效益、生态压力和优先发展水平等相关指数。其中经济效益用能值货币比 EDR 表征，生态压力采用单位面积的不可更新自然资源能值表征；通过前两项指标乘积的倒数建立产业优先发展指数，用以评价区域产业优先发展顺序。

1995～2004 年，武夷山三大产业的能值货币比均呈不同程度的降低，其中旅游业的能值货币比下降最大（82.0%），茶业次之（51.6%），而毛竹业最小（38.5%）。从研究时期该评价指标的平均值来看，毛竹业能值货币比约为旅游业的 2 倍，茶业的 3 倍，大于全国能值货币比（2004 年为全国能值货币比的 1.29 倍）而该年旅游业和茶业的能值货币比则仅为全国平均值的 52.8%和 42.6%。说明武夷山各产业在与国内其他产业系统进行交易时，茶业获利最多，具有较高的经济收益，旅游业次之，这两个产业均对武夷山经济发展起到积极的促进作用。毛竹业则会损失一定比例的能值财富，对本地的经济发展起阻滞作用。

武夷山毛竹业的不可更新资源能值的密度最大，约为旅游业的 20 倍，为茶业的 10 倍，说明武夷山毛竹业的生态压力最大，其发展是以牺牲生态环境为代价的。但同时也应看到，近 10 年来，随着毛竹业逐步规范化和产业链的延长，其生态压力呈逐渐减缓趋势，而旅游业的生态压力却逐年攀升，2004 年旅游业的不可更新资源能值的密度已达 1995 年的 27.8 倍。

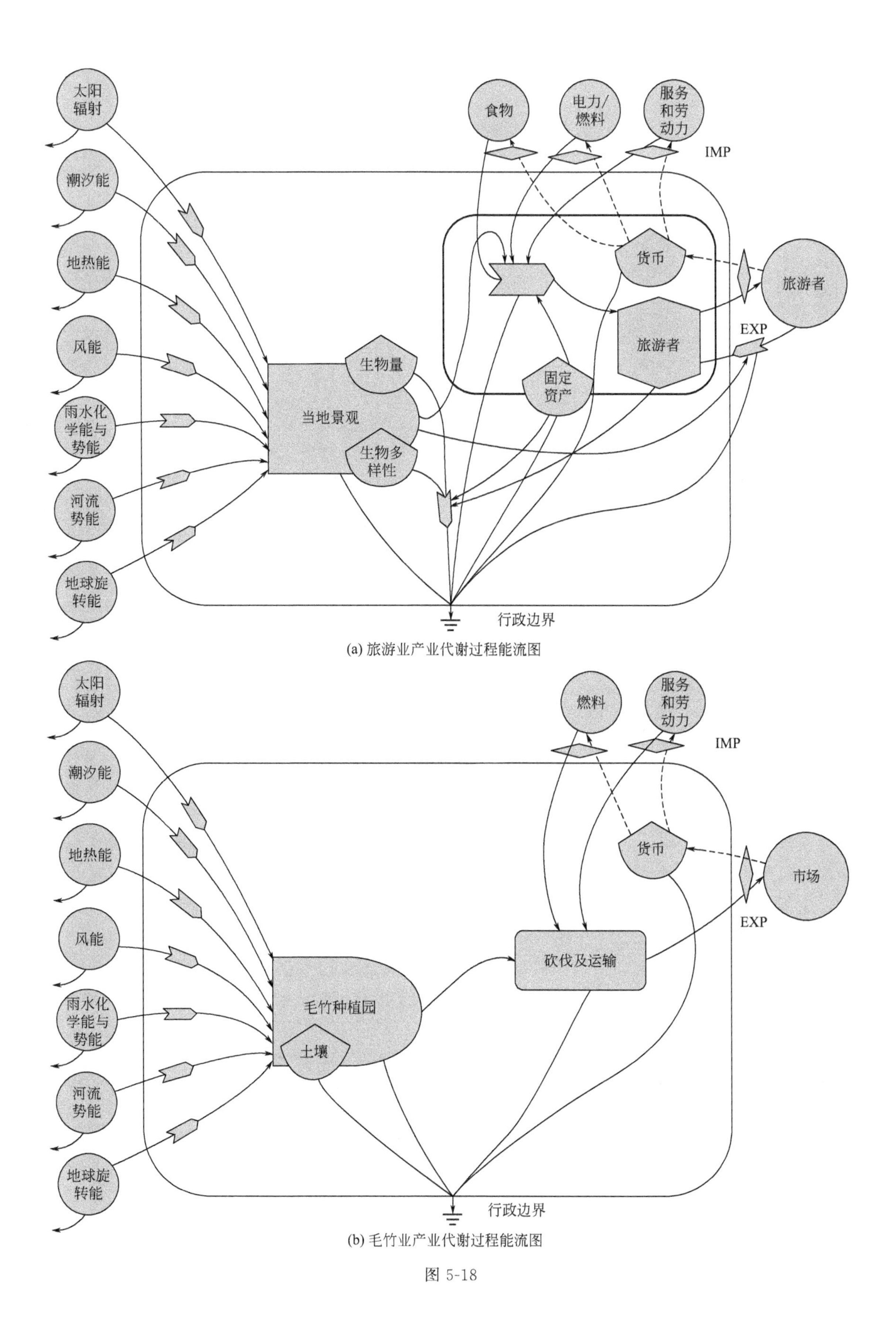

(a) 旅游业产业代谢过程能流图

(b) 毛竹业产业代谢过程能流图

图 5-18

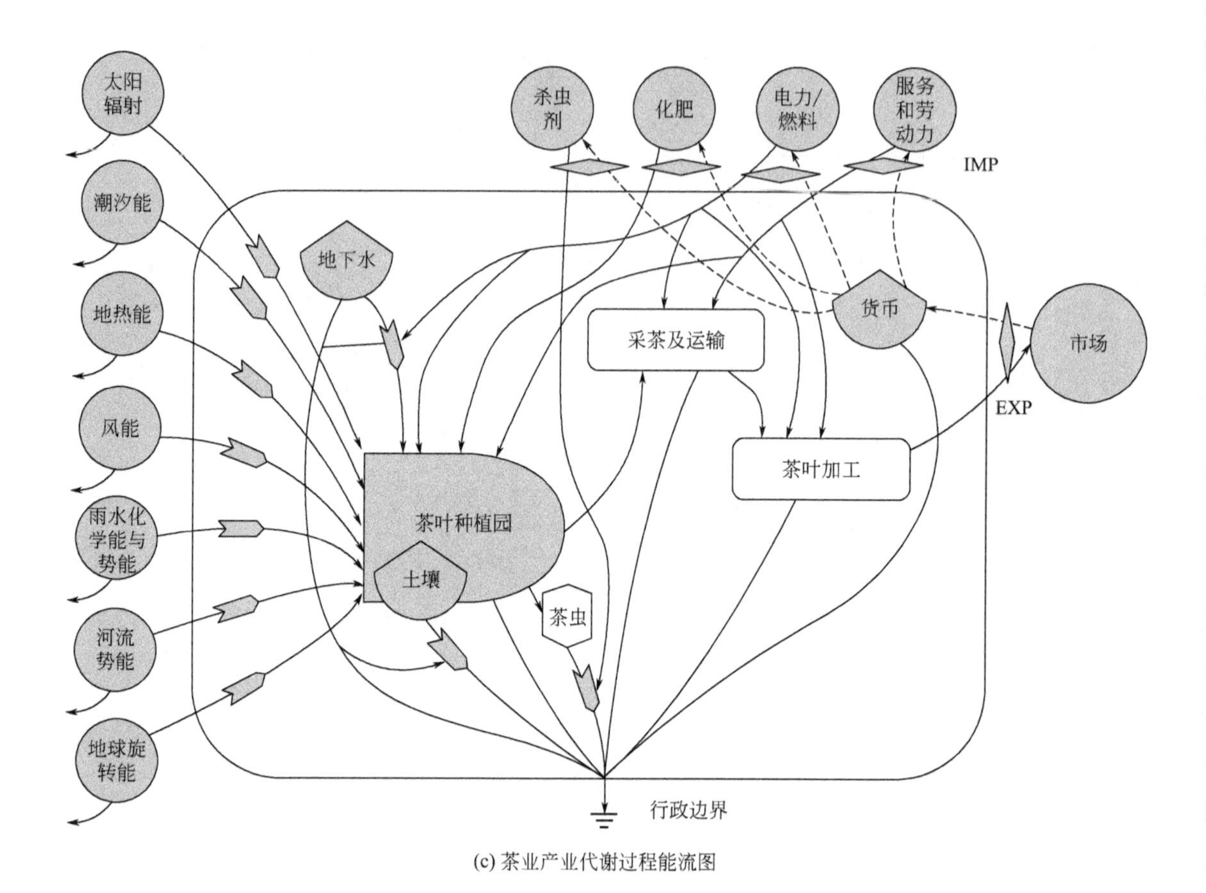

(c) 茶业产业代谢过程能流图

图 5-18　三个产业代谢过程能流图

1995～2004 年，武夷山旅游业的优先发展指数高于其他两个产业，是武夷山优先发展的产业。但也应注意到，武夷山旅游业近年来不可更新资源能值的密度逐年增加。未来，在强化旅游业优势地位的同时，应注重传统旅游的生态化，减少其对本地生态环境的影响。茶业作为武夷山市的传统产业，经济效益高于其他两个产业，但由于茶园的水土流失现象严重，生态损耗较大，导致其生态压力远大于旅游业，优先指数较低，应逐步加大对茶园土壤流失问题的治理力度。毛竹业对自然资源的依赖程度高，经济效益最低，对生态压力最大，因此产业优先发展指数最小，是武夷山今后需要限制发展的产业，应严格界定毛竹砍伐范围，使其尽量远离生物多样性丰富的地区，同时加强毛竹深加工链的开发，提升毛竹业的科技含量。

思考题

1. 产业代谢分析方法对我国发展循环经济有何意义？

2. 请以自己所在家庭为对象，完成一个家庭物质代谢实证，并与其他类似分析结果进行比较，找出存在的差异，提出物质减量化的对策和措施。

3. 已知：钢铁产品产量在较长时间内保持稳定后，下降 40%（即 $n=0.6$），且 $a=0.4$，$b=0.1$，$c=0.05$。求产量下降后钢铁工业的 S 和 R 值，并与产量保持不变情况下的 S 和 R 值进行对比。

参考文献

鲍智弥，2010. 大连市环境-经济系统的物质流分析．大连：大连理工大学．

段宁，2004. 城市物质代谢及其调控．环境科学研究，17（5）：75-77.

黄和平，毕军，李祥妹，等，2006. 区域生态经济系统的物质输入与输出分析——以常州市武进区为例．生态学报，26（8）：2578-2586.

吉野敏行，1996. 资源循环型社会的经济学．台中：东海大学出版社．

李刚，2014. 中国农业可持续发展的物质流分析．西北农林科技大学学报（社会科学版），14（4）：55-60.

李盛盛，2011. 城市代谢系统分析及其生态层阶研究．北京：北京师范大学．

陆宏芳，蓝盛芳，李雷，等，2002. 评价系统可持续发展能力的能值指标．中国环境科学，22（4）：380-384.

陆钟武，2006. 物质流分析的跟踪观察法．中国工程科学，8（1）：18-25.

陆钟武，2010. 工业生态学基础．北京：科学出版社．

玛丽娜·费希尔-科瓦尔斯基，赫尔穆特·哈珀尔，1999. 可持续性发展：社会经济代谢与开垦自然．国际社会科学杂志，4：109-123.

单永娟，2007. 北京地区经济系统物质流分析的应用研究 [D]. 北京：北京林业大学．

陶在朴，2003. 生态包袱与生态足迹-可持续发展的重量及面积观念．北京：经济科学出版社．

王军，周燕，刘金华，等，2006. 物质流分析方法的理论及其应用研究．中国人口资源与环境，16（4）：60-64.

尹小平，王洪会，2008. 日本循环经济的产业发展模式．现代日本经济，6：41-45.

岳强，陆钟武，2005a. 中国铜循环现状分析（Ⅱ）：具有时间概念的产品生命周期物流分析方法．中国资源综合利用，5：4-8.

岳强，陆钟武，2005b. 中国铜循环现状分析（Ⅰ）："STAF"方法．中国资源综合利用，4：6-11.

Ayres R U，Simonis U E，1994. Industrial metabolism，restructuring for sustainable development. Tokyo：United Nations University Press.

Brown M T，Odum H T，Jorgensen S E，2004. Energy hierarchy and transformity in the universe. Ecological Modelling，178（1-2）：17-28.

Brown，M T，Ulgiati S，1997. Emergy-based indices and ratios to evaluate sustainability：monitoring economies and technology toward environmentally sound innovation. Ecological Engineering，9（1-2）：51-69.

Clements F E，1916. Plant succession. Washington：Carnegie Institute Washington Publications.

Fischer-KowalskiM，1998. Society's metabolism，the intellectual history of materials flow analysis，Part I，1860-1970. Journal of Industrial Ecology，3（1）：61-78.

Hall C A S，Cleveland C J，Kauffmann R，1986. Energy and resource quality：The ecology of the economic process. New York：John Wiley and Sons.

Hendriks C，Obernosterer R，Muller D，et al，2002. Material flow analysis：A tool to support environmental policy decision making. Case studies on the city of Vienna and the Swiss lowlands. Local Environment, 5: 311-328.

Kneese A V, Ayres R U, D'Arge R C, 1970. Economics and the environment: A materials balance approach. Baltimore: The Johns Hopkins Press.

Li Y, Zhang Y, Hao Y, et al, 2019. Exploring the processes in an urban material metabolism and interactions among sectors: An experimental study of Beijing, China. Ecological Indicators, 99: 214-224.

Lotka A J, 1925. Elements of physical biology. Baltimore: Williams & Wilkins.

Ministry of Environment, 2003. The basic project of promoting circular society. Tokyo: Ministry of Environment.

Odum E P, 1959. Fundamentals of ecology. Philadelphia: Saunders W B.

Odum H T, 1983. Systems ecology: An introduction. New York: Wiley.

Odum H T, 1986. Ecosystem theory and application. Now York: John Wiley & Sons.

Odum H T, 1988. Self-organization, transformity and information. Science, 242: 1132-1139.

Odum H T, 1996. Environment accounting: Emergy and environmental decision making. New York: John Wiley & Sons.

Odum H T, Brown M T, Brandt-Williams S, 2000. Handbook of emergy evaluation. Gainesville: University of Florida Center for Environmental Policy.

Odum H T, Diamond C, Brown M T, 1987. Emergy analysis and public policy in Texas. Ecological Economics, 12: 54-65.

Odum H T, Odum E C, Browm M, 1998. Environment and society in florida. Boca Raton: Lewis Publishers.

Shaler N S, 1905. Man and the earth. New York: Duffield and Co.

Stefan A, 1998. Industrial metabolism and the linkages between economics, ethics and the environment. Ecological Economics, 24 (2-3): 311-320.

Yang Z F, Li S S, Zhang Y, 2011. Emergy synthesis for three main industries in Wuyishan city, China. Journal of Environmental Informatics, 17 (1): 25-35.

第6章 生命周期评价方法

生命周期评价是面向产品的分析方法，随着产业生态学学科的发展与成熟，生命周期评价逐渐被纳入产业生态学领域，成为产业生态研究的主要方法。生命周期评价与产业代谢分析均关注从物料到产品的整个生命周期过程，以提炼原料生产能源和初级材料作为开端，到材料与能源参与制造、运输及使用环节，最后到最终处置或回收再用环节。但产业代谢分析关注生命周期阶段的物料流动，而生命周期评价则关注生命周期阶段的环境负荷或影响。

生命周期评价是一种由摇篮到坟墓的评价方法，其基本思路是确保以最少的资源投入和最低的环境成本生产产品。经过50余年的发展，其研究成果不断丰富，应用领域已不仅仅局限于产品，还包括活动、服务等研究对象。那么，究竟什么是生命周期评价？生命周期评价具体应用在哪些方面？如何开展生命周期评价？针对这些问题，本章将介绍生命周期评价的概念和应用，并在此基础上重点介绍生命周期评价的技术框架，包括目标与范围确定、清单分析、影响评价和解释。

通过本章的学习，掌握生命周期评价概念和技术框架，明确技术步骤之间的逻辑关联；熟悉生命周期评价的操作步骤，包括清单分析中针对不同类型数据的收集与处理的方式，影响评价中分类、特征化和量化的具体操作过程等，为产业发展的环境影响识别与量化提供重要储备。

6.1 生命周期评价内涵

从单个生命周期阶段考量产品的环境影响，或者分散考虑各生命周期阶段的环境影响均是不客观的，需要从生命周期的全过程出发，综合、全面评估产品的环境负荷与影响，即开展生命周期评价（life cycle assessment，LCA）。例如水污染排放可能在产品生命周期的任何一个阶段都不是最严重的，但当把所有阶段加和，可能就是最大的环境影响，只有集成所有的生命周期过程，才能明确哪个生命周期阶段对环境影响最大、哪种影响（如水污染排放）最显著。

绿色卡片

客观的生命周期评价

例一：英国最大发电厂 Drax 每秒燃煤大约产生 430kg 碳和 17 kg SO_2。为了治理大气污染，该厂采用湿石灰/石膏工艺每年可减少 482400 t SO_2 排放，去除率可达 90%。但采用 LCA 后发现，这种末端处理在整个生命周期过程中反而多产生 900 t SO_2，多排放 8200 t 碳酸钙。

例二：中国的北方沙尘暴对人体健康和区域社会经济发展有百害而无一利，但从生物地球化学循环角度评价，利大于弊。表现为：补充海洋营养，尤其是氮、磷和铁；经沙尘及其土壤粒子中和，可使中国北方降水 pH 值增加 0.8～2.5，韩国和日本增加 0.2～0.5；沙尘暴可使大气污染物聚集沉降。

6.1.1 LCA 概念

生命周期评价研究始于 20 世纪 60 年代，经历了雏形期（20 世纪 60 年代末～70 年代中期）、幼年期（20 世纪 70 年代中后期～80 年代后期）和成长期（20 世纪 90 年代初至今）。雏形期的生命周期评价被称为资源与环境状况分析（resources and environmental profile analysis，REPA），生命周期清单分析（LCI）是其主要内容。1969 年，美国中西部资源研究所针对可口可乐公司的饮料包装瓶开展了最早的 LCA 研究。之后，1970～1974 年，整个 REPA 的研究焦点集中于包装产生的废弃物问题。20 世纪 70 年代石油危机的出现，使 LCA 研究的核心转向能源，并于 1979 年出版了《工业能源分析手册》。雏形期 LCA 的特点是以消耗结构简单的包装品为主要研究对象，以能源和资源分析为主要研究内容，较少关注潜在的环境问题。此类工作主要由工业企业发起，秘密进行，研究结果仅服务于企业内部产品的开发与管理。如可口可乐包装的研究结果使得公司抛弃了过去长期使用的玻璃瓶，转而采用至今仍然使用的塑料瓶，而这项研究直到 1976 年才在 *Science* 杂志上发表。

20世纪70年代中后期，环境问题日益严重，人们对LCA的研究兴趣逐渐由资源能源消耗分析转向环境排放问题。70年代末，全球性固体废弃物问题受到关注，使得REPA的研究方法不断将资源与环境问题衔接，侧重于对固体废弃物产生量、原材料消耗量的分析以及能源分析与规划。同时，政府积极参与LCA的研究工作，1975年美国国家环保局开始放弃对单个产品的分析评价，继而转向能源保护和固体废弃物减量目标的制定。欧洲LCA研究也由包装系统转向公众所关心的循环利用问题，并要求企业对其生产过程的能源和资源消耗、固废排放进行全面的监测与分析。此时，LCA方法已分为清单分析和影响评价两部分，但仍缺乏统一的理论框架。幼年期LCA的案例研究由于方法学不统一的问题（为同样目标开展的不同研究结果差异较大）而明显减少，公众兴趣也逐渐淡漠，尤其是企业界几乎放弃了这方面的研究，人们开始考虑LCA方法论的统一问题。

随着全球性环境问题日益严重和公众环保意识的加强、可持续发展思想及其行动计划的兴起，LCA的研究结果日益受到公众和社会的关注。成长期LCA的应用领域不断扩大，涉及管理部门、工业企业、产品消费者等，不同的国际组织和学术团体开展的LCA研究促进了方法统一和数据完善。1990年，国际环境毒理学与化学学会（International Society for Environmental Toxicology and Chemistry，SETAC）首次主持召开了生命周期评价的国际研讨会，之后多次举办技术框架研讨班，并于1993年出版了一个纲领性报告《生命周期评价纲要：实用指南》。该报告为LCA方法提供了一个基本的技术框架，这是生命周期评价方法研究的一个重要的里程碑。除了SETAC，国际标准化组织（International Organization for Standardization，ISO）也积极推进LCA方法的国际标准化工作，并于1997年6月颁布了ISO 14040（环境管理—生命周期评价—原则与框架），1999年颁布了ISO 14041（清单分析），2000年颁布了ISO 14042（影响评价）和ISO 14043（结果解释）。遵照国际标准，我国也于1999年、2000年和2002年推出了与ISO 14040～ISO 14043等同的国家标准。

SETAC和ISO分别在1993和1997年提出了生命周期评价的概念。SETAC指出LCA是对某种产品系统或行为相关的环境负荷进行量化评价的过程，而ISO指出LCA是一种评价与产品相关的环境负荷和潜在影响的技术。本质上，两者提出的LCA概念是一致的。二者提出的技术框架也存在诸多相似之处，SETAC指出LCA首先辨识和量化所使用的物质、能量和对环境的排放，然后评价这些使用和排放的影响，关注了LCA的清单分析和影响评价，而ISO除了关注上述两个步骤（编制与研究系统相关的输入和输出数据清单、量化评价伴随输入和输出的潜在环境影响）以外，更强调联系研究目标，解释清单分析和影响评价的结果（邓南圣和王小兵，2003）。二者在生命周期阶段和影响类型划分方面也较为一致，涉及原材料采集、材料冶炼与加工、产品制造、产品使用、回收循环利用和报废处置阶段，以及所有的运输过程（EPA，2003）。关注的影响类型包括资源消耗、人类健康、生态系统健康（生态后果）三个方面，不考虑经济效应或社会效应（图6-1）。

6.1.2 LCA技术框架

（1）SETAC技术框架

1993年SETAC在《生命周期评价纲要：实用指南》中将LCA分为4个有机的组成部分，包括定义目标和确定范围、清单分析、影响评价和改进评价（图6-2）。

定义目标和确定范围是LCA的第一步，直接影响到后续的评价程序和最终的研究结论。定义目标需清楚说明开展LCA的目的和原因，以及研究结果可能应用的领域。研究范围的确

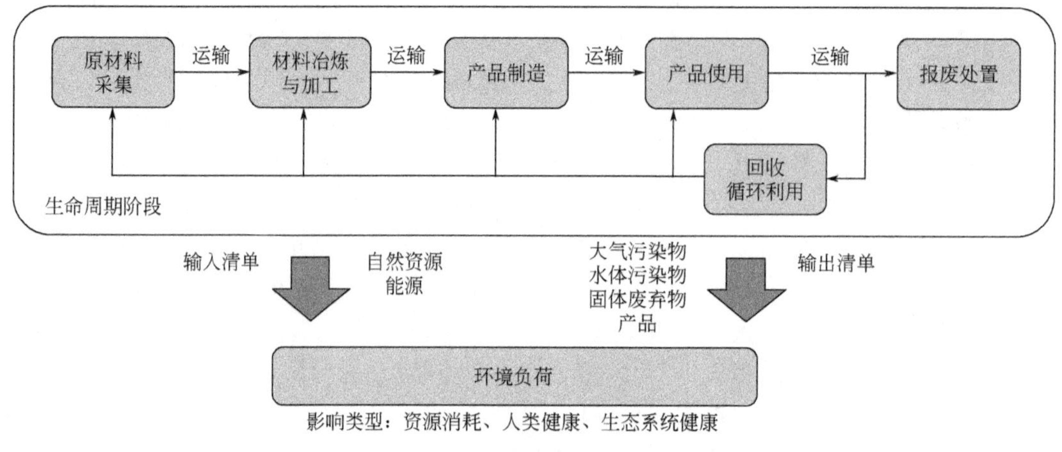

图 6-1　生命周期评价概念的解读

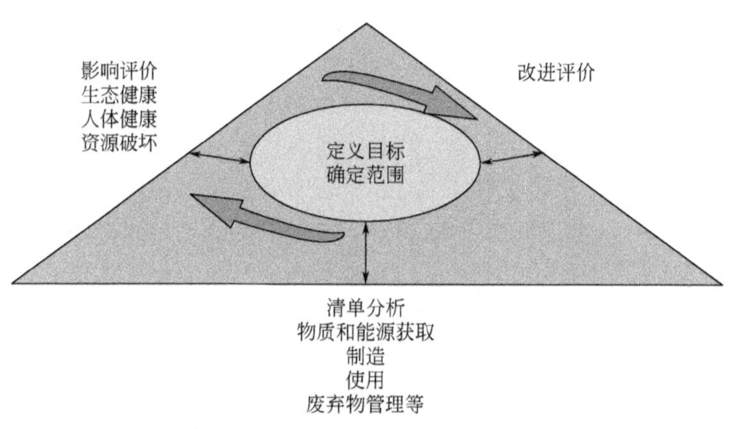

图 6-2　生命周期评价的技术框架

注：引自 SETAC（1993）。

定应满足研究目的，包括定义研究系统、确定系统边界、说明数据要求、指出重要假设和限制等。清单分析是针对产品整个生命周期内的能量与原材料消耗、环境排放（包括废气、废水、固体废弃物及其他环境排放物）编制数据清单，是 LCA 中工作量最大的一步。影响评价是对清单分析阶段所识别的环境影响进行定量或定性的表征评价，考虑对生态系统健康、人体健康以及资源消耗等方面的影响，是将清单数据与环境问题相关联的重要一步。改进评价是系统评估产品整个生命周期内具有削减潜力的能源消耗、原材料使用以及环境释放等过程，并提出定量和定性改进措施，例如改变产品结构、重新选择原材料、改变制造工艺及消费方式和废弃物管理等。

（2）ISO 技术框架

1997 年，ISO 在原有 SETAC 框架的基础上做了一些改动，颁布了 ISO 14040 标准，把 LCA 步骤分为目标与范围确定、清单分析、影响评价和解释四部分（图 6-3）。

ISO 与 SETAC 的技术步骤本质是一样的，差异主要在第四步，将“改进评价”替换为“解释”。ISO 认为改进是开展 LCA 的目的，而不是一个必需的步骤，因此增加了生命周期解释环节，对前 3 个互相联系的步骤进行解释。解释是一个系统的过程，用以辨识、量化、检查和评价来自清单分析和影响评价的结果，使其满足预期的应用目的。解释的目的是减少清单分

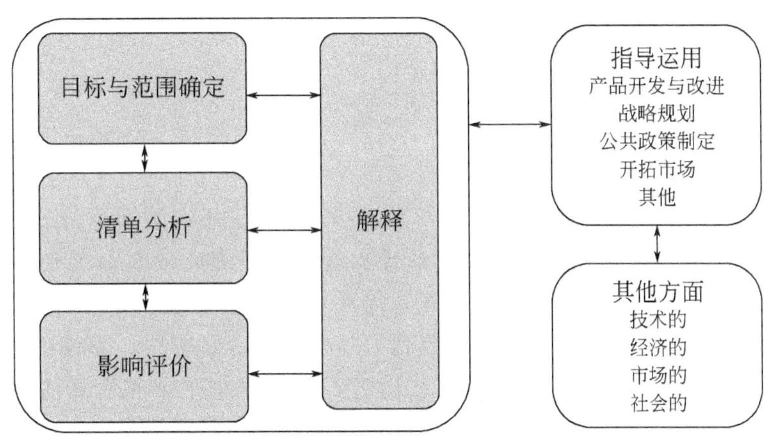

图 6-3 生命周期评价的技术框架

注：引自 ISO (1997)。

析、影响评价结果中的数据量，综合清单分析和影响评价的结果，以便提供有效服务于决策过程的报告。图 6-3 中显示，各技术步骤之间是一个反复的过程（双箭头），当进行影响评价时，可能需要重新调整清单数据的收集与处理方式；当结果的解释不能满足实际需要时，可能需要修正原定的目标和范围。另外，ISO 14040 框架细化了 LCA 的应用领域，有利于指导 LCA 的实践应用。4 个技术步骤虽有反复过程，但主线呈前后顺序和递进关系，因此步骤间能够有机联系在一起（图 6-4）。目标与范围确定指明后续工作的方向，清单分析为工作开展提供重要的数据储备，影响评价将清单数据与环境问题相关联，而解释是与实际应用衔接，具体阐述见后续章节。

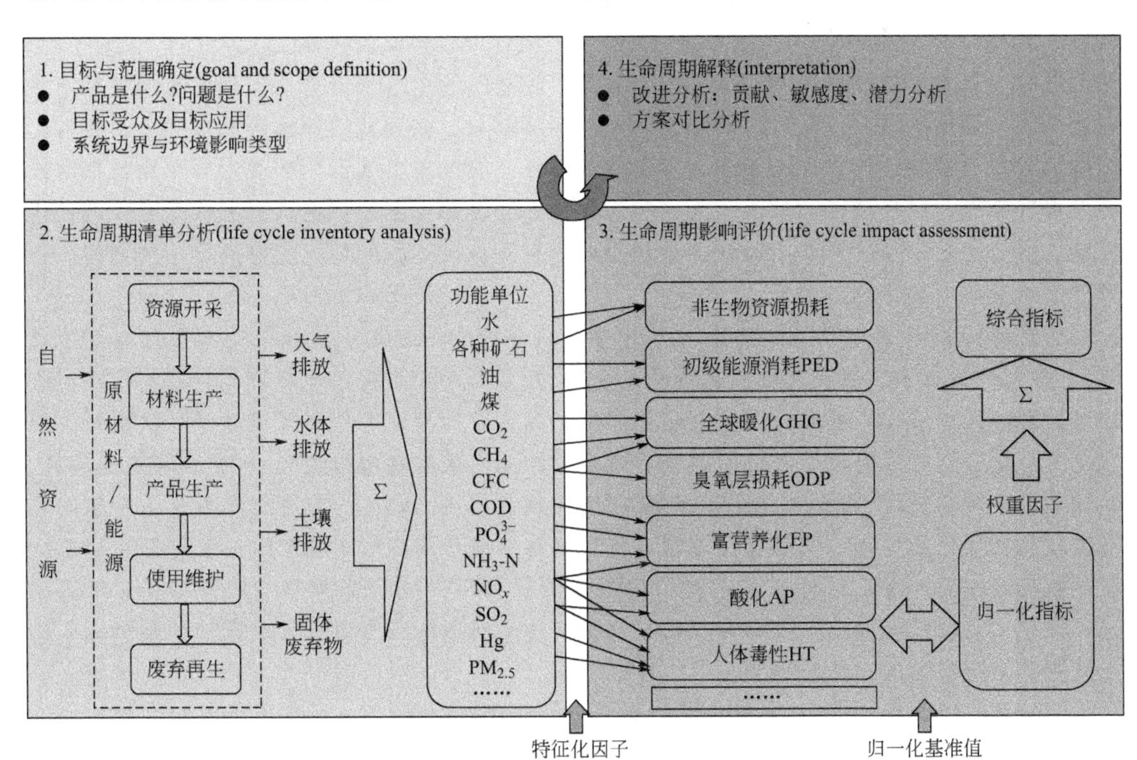

图 6-4 4 个技术步骤的有机联系

注：引自王洪涛（2011）。

6.2 目标与范围确定

目标与范围确定是生命周期评价的第一步。一般先确定生命周期评价的目标，然后按评价目标来确定研究的范围。目标确定就是要清楚地说明开展此项生命周期评价的目的与意义，以及研究结果的预期使用目的，如提高系统本身的环境性能、用于环境声明或获得环境标志。范围确定的深度和广度受研究目标控制，一般包括功能单位、系统边界确定、数据质量要求等方面。此外，LCA 研究是一个反复的过程，随着对数据和信息的收集，可能要对研究范围的各个方面加以修改，以满足原定的研究目标。在某些情况下，由于未曾预知的局限、制约或获得的新信息，可能要对研究目标本身加以修改。

6.2.1 研究目的

LCA 的研究目的必须明确应用意图，指出开展此研究的原因、服务对象（研究结果的接受者）及预期应用。如果在设计阶段，其研究目的可能是生产流程多个替代方案的选择；如果产品已经投入生产，其研究目的往往不是改变生产流程，而是以最低干扰和最小成本的代价改变其环保性能。

企业、消费者、管理部门和国际组织等主体在应用 LCA 结果时有不同的研究目的，以便开展不同的计划和行动。企业可以利用 LCA 结果开展产品环境性能诊断、新产品设计与研发、产品生产方案比较、工艺改进和循环工艺设计等活动，以看到自己产品的长处在哪、短处在哪。环境性能诊断是通过从“摇篮”到“坟墓”的全过程分析，识别影响最大的工艺过程和生命周期阶段，以及产品的环境效益与经济效益。在环境性能诊断的基础上，企业可以跟踪物耗、能耗，建立平衡关系，寻求降低物耗、能耗成本或选用环境友好型原材料和能源的设计方案，以环境影响最小化为目标，比较不同设计方案、替代产品（或工艺）的环境性能，服务于新产品的开发与设计。企业也可以利用自己产品的环境优势进行市场宣传，提升产品的竞争力和市场占有率。

管理部门和国际组织可以利用 LCA 结果开展环境立法、制定环境法规与标准（标志计划）、优化决策方案、发布相关信息等活动。管理部门依托 LCA 结果掌握某类产品生产过程中环境影响最大或较大的阶段，在制定该类产品的生产标准或有关的环境政策、法规时，可以把重点放在这些影响较严重的阶段上，制定“面向产品的环境政策”，优化政府能源消耗、运输消耗和废物管理等行动方案。管理部门还可以利用 LCA 结果向公众发布有关产品的资源消耗和污染排放信息，例如美国国家环保局通过大量的 LCA 研究工作，积累了大量的化学品数据，作为产品设计和使用的第一手科研背景资料。荷兰资源环境部开展了“生态指标”计划，目前已经提出了 100 种原材料和工艺的生态指标，为设计人员选择原材料和生态工艺提供了定量化的支持与帮助。

消费者可以利用 LCA 结果转变消费理念、规范消费行为。LCA 结果可以为区别普通产品与生态标志产品提供具体指标，客观上刺激生态产品的消费。以一次性塑料杯和纸杯的生态消费选择为例（图 6-5），LCA 的研究结果表明，一次性塑料杯生产主要消耗不可再生资源（石油），生产过程能耗高，虽材料投入量少、生产过程排放少，但毒性大、难降解；一次性纸杯生产主要消耗可再生资源（木材），但生产过程能耗高、材料（含化学品）消耗多，同时生产过程排放量大（如温室气体、COD 等）。因此，LCA 是集成多个生命周期阶段、多种环境问题的客观研究，可有效引导消费。

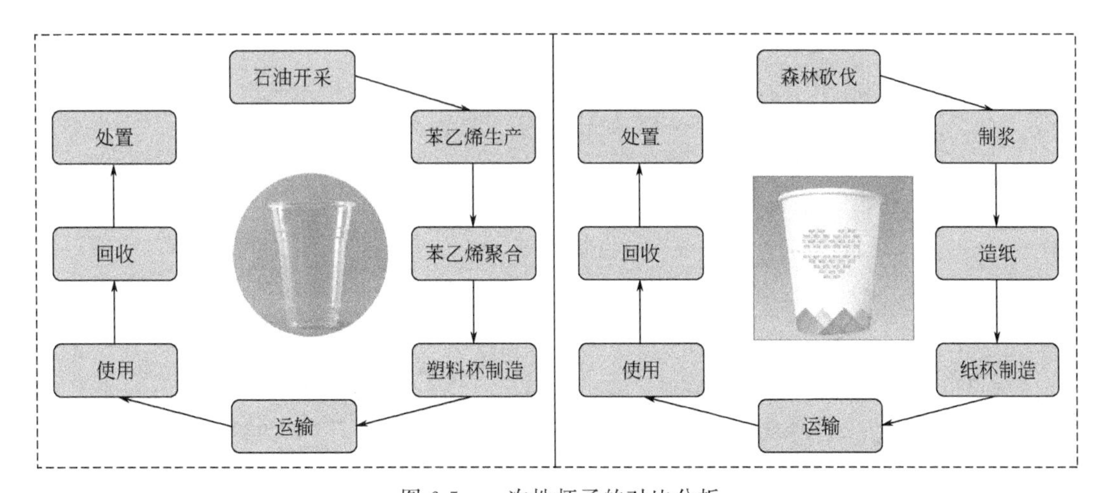

图 6-5　一次性杯子的对比分析

注：参考自 Van der Harst 等（2014）。

6.2.2 研究范围

LCA 研究范围需与研究目的相匹配，以保证研究的广度、深度，通常包括系统边界确定、数据质量要求、功能单位和环境影响类型等方面。

6.2.2.1 系统边界确定

LCA 的研究范围是从“摇篮”到“坟墓”的全生命周期过程，一般包括“摇篮”到“大门”（产品生产至使用前的阶段）、“大门”到“大门”（产品的生产加工阶段）、“大门”到“坟墓”等不同范围，针对不同的范围识别环境输入、过程转化和环境输出等环节（图 6-6）。

无论是哪种研究范围，均需将研究对象模型化，首要任务是识别纳入系统模型的所有单元过程（unit process，UP）。单元过程是借助企业生产流程图，将产品生产过程划分成若干个便于数据收集的单位，一个单元过程可包含一个或多个工艺过程（图 6-7）。产品系统是单元过程通过中间产品和/或废物处理设施相互联系在一起共同构成的单位。单元过程之间的流动为中间流。单元过程与环境相关联的输入和输出为基本流，包括进入的矿石、煤、原油、沙子、风能、太阳能等自然资源，以及离开的“三废”、射线和噪声等。

理论上，产品系统模型应包括所有的产品生命周期过程，边界之外为系统环境（图 6-6）。产品生命周期过程一般包括主要制造和加工工艺的输入和输出，产品及中间产品的分配和运输，燃料、电力和热力的生产和使用，产品的使用和维护，过程中产生的废物和产品的处置，用后产品的回收（包括再使用、再循环和能量回收），辅助性材料的制造，基础设备的制造、维护和报废，辅助性作业（如照明和供热），以及其他与影响评价有关的考虑（如果存在）。

但在多数情况下，由于受时间和数据的限制，不可能开展全面研究，只能针对一些主要的阶段，因而建立产品系统模型时需确定有哪些单元过程，这些单元过程的详细程度如何，

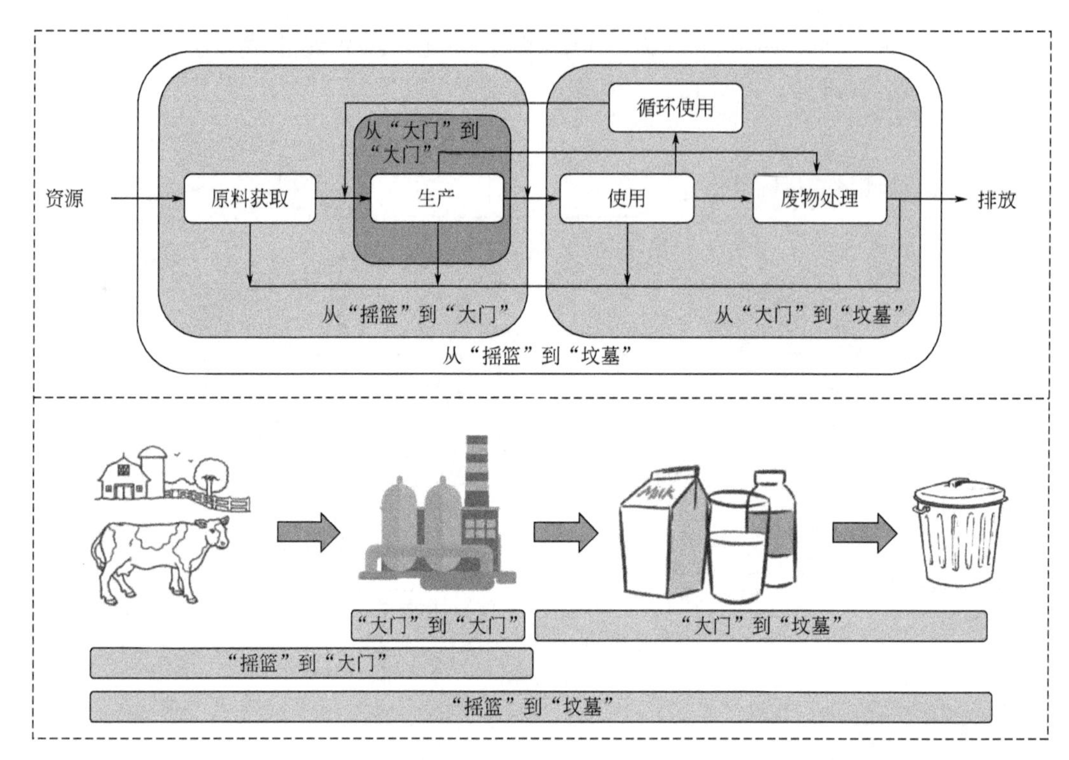

图 6-6　LCA 研究范围

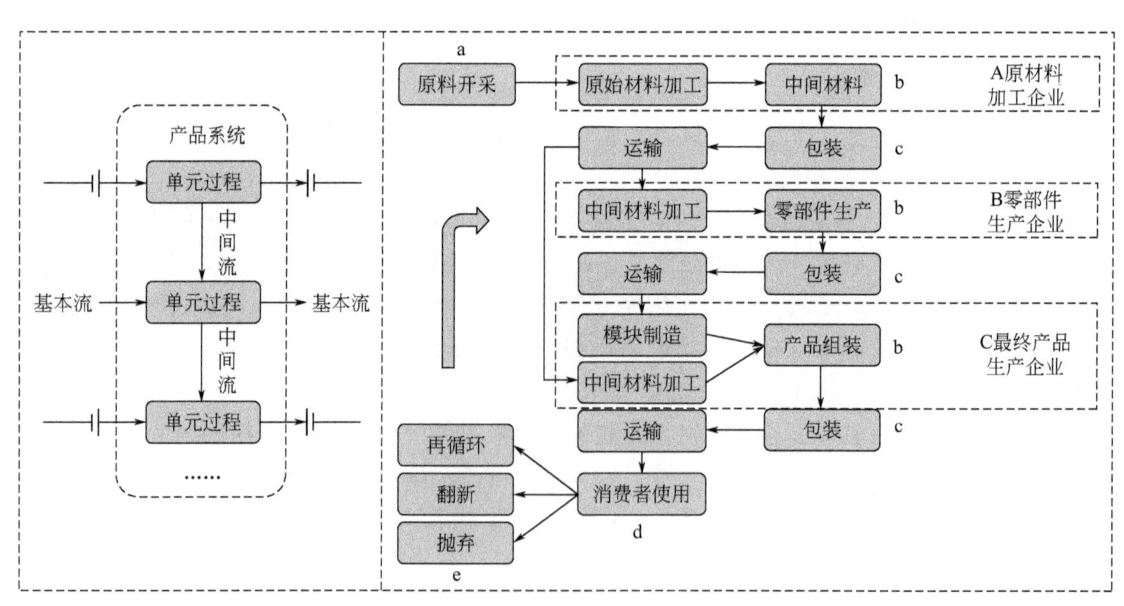

图 6-7　产品系统模型

注：引自王寿兵等（2006）。

从而不必为量化那些对总体结论影响不大的输入、输出而增加成本，图 6-8 显示了建筑物生命周期评价的系统边界。

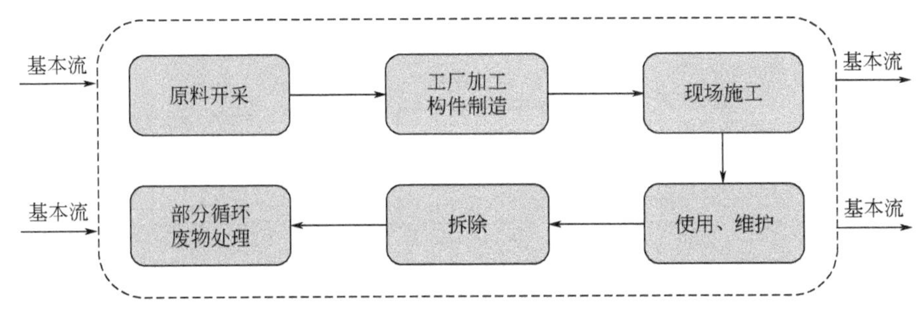

图 6-8　建筑物生命周期评价的系统边界

注：参考自段海燕（2020）。

LCA 研究需要哪些数据取决于研究目的，而数据质量可有效保证研究结果的可靠性。LCA 所需数据可通过单元过程的现场收集得到，也可从公开文献中直接获取或通过估算得到。对评价结果影响较大的单元过程的物流和能流数据，原则上应从现场获取，或选取有代表性的平均值。如果数据是从特定现场或出版物收集得到的，应明确其数据类型（测量值、计算值或估算值）。

6.2.2.2　功能单位

功能单位是量化产品环境性能的基础，必须与研究目的和范围相符。功能单位（functional unit）是量度产品系统输出功能时所采用的单位，目的是为有关的输入和输出数据提供参照基准，以保证 LCA 结果的可比性。

功能单位可以是一定数量的产品，如 1 辆轿车、1 台彩电、1 只饮料瓶等，也可以是某种服务，如涂料防护面积 $1m^2$、城镇污水厂处理量 10000t/d、货物运输 1t・km。所有获得的清单数据都必须以功能单位为基准，如轿车生命周期废气排放数据应为多少 CO_2/轿车（t/辆）、NO_x/轿车（t/辆）等。对不同的产品系统进行比较时，必须以相同功能单位对基本流（与环境之间的输入和输出）加以量化，这样才会使研究结果具有可比性。

6.2.2.3　环境影响类型

产品生命周期过程所产生的环境影响可能种类繁多，但并非样样重要。因此，在进行环境影响评价之前，首先必须确定要纳入评价的环境影响类型。所选择的环境影响类型应与研究目的和范围相匹配，以保证影响类型的完整性、实用性和独立性。确定的影响类型在原则上应包括所有相关的环境问题，并保证各影响类型相互独立以避免重复计算，但在实际应用中可选择主要影响类型，不必包括过多的影响类型，以减少评价工作在人力、物力等方面的投入。

目前国际上尚无统一的环境影响分类方法。但由于环境影响类型的划分与保护目标密切相关，因此国际上比较流行的是 SETAC 提出的从保护目标出发的分类方法。针对资源和物理空间枯竭、人体健康影响和生态系统健康影响 3 个保护目标，该方法将环境影响分为资源耗竭、环境污染、生态系统和景观退化三大类。每一大类下又包括许多小类，如资源耗竭包括非生物资源的耗竭和生物资源的耗竭，环境污染则包括全球变暖、臭氧层损耗、人体毒性、生态毒性、光化学烟雾、酸化、富营养化等，而生态系统和景观退化则包括土地利用等（表 6-1）。

表 6-1　SETAC 环境影响类型与保护目标

影响类型		资源和物理空间枯竭	人体健康影响	生态系统健康影响
资源耗竭	非生物资源的耗竭	+		
	生物资源的耗竭	+		
环境污染	全球变暖		(+)	+
	臭氧层损耗		(+)	(+)
	人体毒性		+	
	生态毒性		(+)	+
	光化学烟雾		+	+
	酸化		(+)	+
	富营养化			+
生态系统和景观退化	土地利用		+	

注：+表示潜在直接影响；(+) 表示潜在间接影响。

在 SETAC 分类方案的基础上，丹麦技术大学提出了工业产品设计方法（environmental design of industrial products，EDIP）。EDIP 根据环境影响的空间尺度，将环境影响分为全球性影响、区域性影响和局地性影响，又根据影响对象和影响途径分为环境污染、资源消耗和职业健康（表 6-2）。

表 6-2　EDIP 方法中环境影响类型分类体系

类型	全球性影响	区域性影响	局地性影响
环境污染	全球变暖 臭氧层损耗	光化学烟雾 酸化 湖泊水体富营养化 持续性毒性	生态毒性(急性) 人体毒性 废物土地填埋
资源消耗	化石燃料(煤、油、天然气等) 金属及其他矿物质		生物质(木料、秸秆、作物) 水(地下、地表水、水力发电)
职业健康			化学致癌 化学物质对生殖系统的损害 化学致敏 化学物质对神经系统的损害 单调重复的工作对肌肉损害 噪声对听力的损害 事故造成的人身损害

针对中国实际情况，中国科学院生态环境研究中心提出了一个相对简单的影响类型划分方案（表 6-3），并在汽车生命周期评价研究中加以应用（杨建新等，2002）。

表 6-3　简化的环境影响分类体系

环境影响类型	影响区域	环境影响类型	影响区域
不可更新资源消耗	全球	水体富营养化	区域
全球变暖	全球	光化学臭氧合成	区域
臭氧层损耗	全球	固体废弃物	局地
可更新资源消耗	区域	危险废弃物	局地
雨水酸化	区域	烟尘及灰尘	局地

6.3 清单分析

生命周期清单分析（life cycle inventory，LCI）是对产品整个生命周期内能源和原材料消耗以及环境排放（包括废气、废水、固体废弃物及其他环境排放物）进行以数据为基础的客观量化过程。LCI是LCA研究中工作量最大的一个步骤，涉及数据的收集和计算程序，目的是量化产品系统的有关输入和输出（ISO，1998），一般包括生命周期过程图绘制、数据收集、数据分配、数据核实、数据处理和汇总等步骤（图6-9）。清单分析是一个反复的过程，当取得了一些数据，对产品系统有了一定的认识后，可能会出现新的数据要求或发现原有的局限性，因而要求对数据收集程序做出修改，以适应研究目的，有时会要求对研究范围加以修改，以完善系统边界。

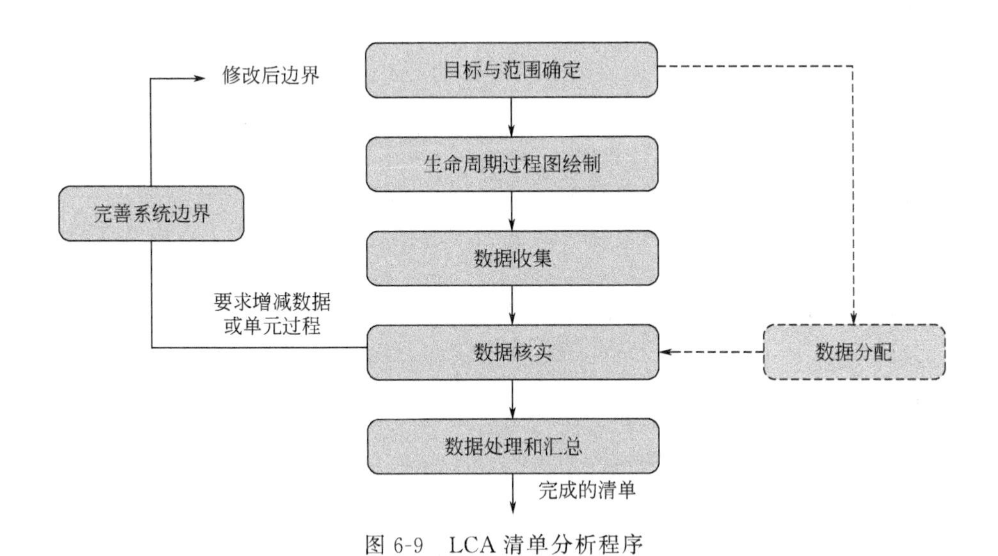

图6-9　LCA清单分析程序

注：引自王寿兵等（2006）。

数据核实是对每个单元过程做简单的物料和能量衡算，保证单元过程的总输入等于总输出。衡算可根据产品物质量、能源量，也可基于具体的元素（如C、N等）。

$$\sum_{i=1}^{n} M_{\text{in}, i} = \sum_{j=1}^{m} M_{\text{out}, j} \tag{6-1}$$

式中，$\sum_{i=1}^{n} M_{\text{in}, i}$ 为单元过程的物质输入量（汇总输入的 i 种物质）；$\sum_{j=1}^{m} M_{\text{out}, j}$ 为单元过程的物质输出量（汇总输出的 j 种物质）。

$$\sum_{i=1}^{n} E_{\text{in}, i} = \sum_{j=1}^{m} E_{\text{out}, j} \tag{6-2}$$

式中，$\sum_{i=1}^{n} E_{\text{in}, i}$ 为单元过程的输入能量（汇总输入的 i 种能量）；$\sum_{j=1}^{m} E_{\text{out}, j}$ 为单元过程的输出能量（汇总输出的 j 种能量）。

通过物质、能量平衡方程，可对各种输入、输出数据进行检查和筛选。如果输入与输出之间的差值在2%以内，即可认为所获得的数据是准确的。

$$\frac{\sum_{i=1}^{n} M_{\text{in}, i} - \sum_{j=1}^{m} M_{\text{out}, j}}{\sum_{i=1}^{n} M_{\text{in}, i}} \leqslant 2\% \tag{6-3}$$

$$\frac{\sum_{i=1}^{n} E_{\text{in}, i} - \sum_{j=1}^{m} E_{\text{out}, j}}{\sum_{i=1}^{n} E_{\text{in}, i}} \leqslant 2\% \tag{6-4}$$

系统边界修改的反复性是LCA研究的固有特性，可以通过敏感性分析，确定各项数据的重要性，以决定数据的取舍，并针对性地修正最初定义的系统边界，如可能排除一些不重要的生命周期阶段或一些对研究结果影响不大的物质/能量流，也可能重新包含进一些新的有重要意义的单元过程。

6.3.1 生命周期过程图绘制

研究范围确定后，单元过程和有关的数据类型也初步确定。在此基础上，就可以绘制生命周期过程图，其中以矩形表示单元过程，单元过程间的箭头表示物质能量流。生命周期过程图描绘了产品系统模型的单元过程和单元过程间的相互关系，目的是勾勒出一个总轮廓，原则上生命周期过程图始于原材料采掘，结束于环境排放和最终处置，所有涉及物质转化和使用状况的过程都要表示出来（图6-10）。但在绘制过程中不可能把100%的过程囊括，因此要关注最主要的工艺过程和环境影响，明确产品整个生命周期中可能出现的资源消耗种类和污染物种类，根据行业特点及研究目的对需要考察的资源因子和污染因子进行取舍。

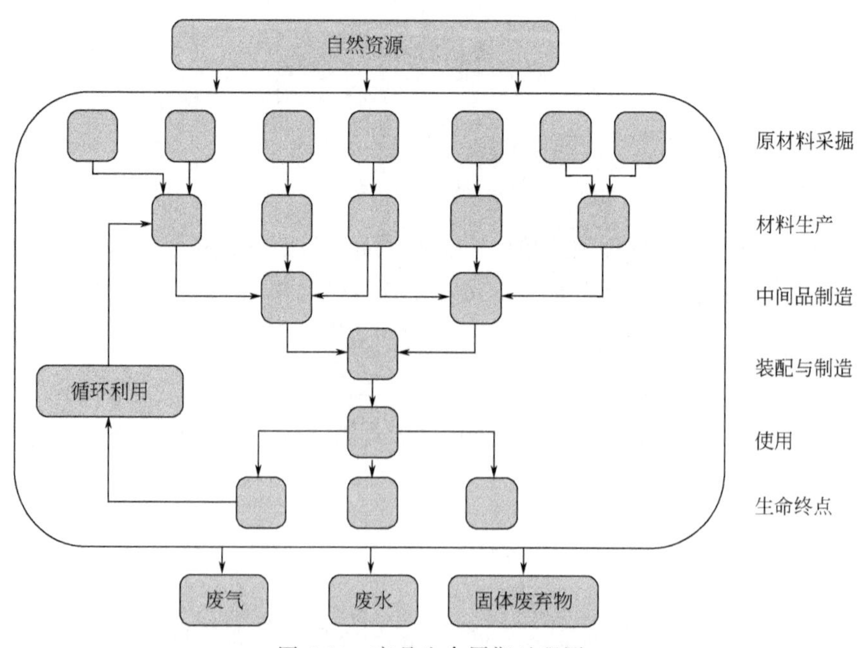

图6-10 产品生命周期过程图

注：引自王寿兵等（2006）。

此步骤还需要透彻了解并详细表述每个单元过程，列出与之相关的数据类型。根据数据获取途径的不同，可将生命周期过程图拆解为实景过程和背景过程，前者可从实际供应链和统计资料中收集，获取企业、供应商的实景数据，数据质量相对较好；但后者无法自行调查，多从现存数据库中挑选背景数据，包括行业平均数据等。无上游链条的背景过程称为汇总过程（图 6-11）。

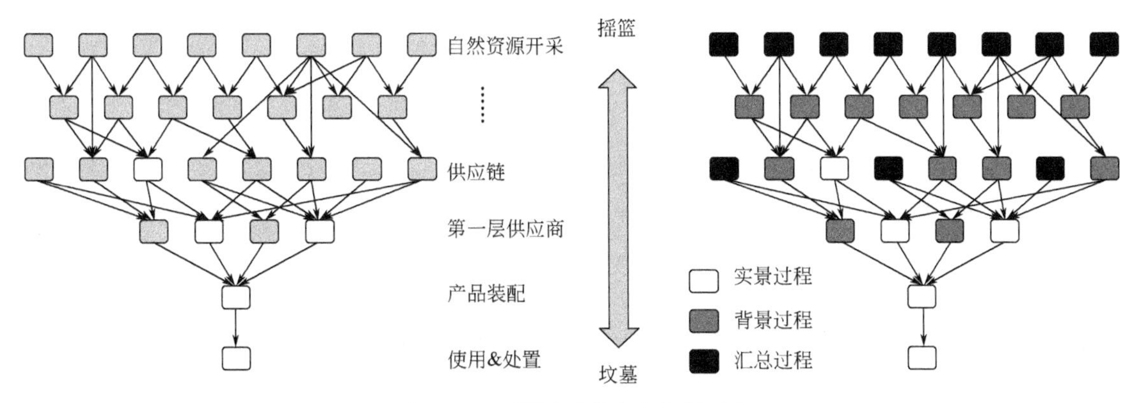

图 6-11 不同类型的生命周期过程

注：引自王洪涛（2013b）。

6.3.2 数据收集

为避免重复计算或断档，数据收集阶段必须对每个单元过程的输入和输出予以记录，形成清单数据集。清单数据集描述一个单元过程单位产出及其相应的输入（原料、能源消耗）和输出（废弃物排放）。LCA 主要采取的数据收集方式有：a. 标准文献或其他研究论文；b. 各类统计年鉴、报表；c. 环境数据手册；d. 百科全书；e. 工厂内部的工艺信息；f. 制造商协会可能有的一般性信息或文献；g. 实际的或潜在的供应商信息（可通过采购部联系）；h. 其他已完成的 LCA 或公开的数据。主要收集原材料采掘与生产、加工制造、产品运销、产品使用、产品废置等阶段的资源消耗与环境排放数据。

（1）原材料采掘与生产阶段

此阶段的资源和能源消耗数据、污染排放数据可根据社会平均水平计算，这是因为加工制造所用的原材料一般由市场直接购得，其环境性能不能由某个生产企业提供，而应收集社会生产的平均水平数据（如燃料和电力）。行业主管部门和环境管理部门会发布各行业的资源消耗系数、污染排放的统计数据，但这些数据并未以 LCI 所需要的形式给出，因此需要计算处理，处理方法有产值污染系数法、产量污染系数法和行业系数法。

例如，产值污染系数法首先利用原材料所属行业的总产值和相应的总排污数据得到产值排污系数（如万元产值排放废水量），再根据单位产品所消耗的原材料量计算得到污染物排放量；产量污染系数法是利用行业产量统计值和污染统计值计算出产量污染系数（污染物排放量/单位产量），该法不受市场价格差别和波动的影响，较容易实施；行业污染系数法是根据行业技术特点和技术现状提出的，是各行业的典型排放数据，可代表行业污染排放水平，这些数据较规范，容易获取，且具有较好的连续性。

（2）加工制造阶段

此阶段的数据收集工作是清单分析中难度最大的一部分。主要收集企业年度统计、报表、环境监测报告、物料供应定额等，再按功能单位进行换算即可获得该单元过程的清单数据，然后将所有单元过程的清单数据进行分类汇总即可得到产品生产阶段的清单数据。

(3) 产品运销阶段

运销数据可首先从企业销售部门获取，或通过调查得到，如运输工具种类、燃料消耗、水消耗、平均运输距离、装载率等，再根据实测或相关文献得到各运输工具的排放系数，最后根据收集数据和功能单位，即可计算得到有关的环境排放清单数据。

(4) 产品使用阶段

产品使用数据可以通过产品设计资料、国家规定的产品报废标准、社会调查和实际监测等渠道获得。以汽车为例，使用数据包括主要用途（载人或载物）、报废年限、实际使用年限、报废里程、实际运行里程、出厂时百公里油耗、运营时百公里实际油耗、出厂时尾气排放浓度、运营时尾气排放浓度、寿命期内物质消耗情况（如洗涤用水、轮胎、机油、制动液以及更换、维修的零件消耗等）等（杨丽丽，2007）。

(5) 产品废置阶段

此阶段可通过社会调查获取不同处理方式下的相关数据。例如，焚烧方式的数据包括焚烧量、焚烧环境排放量（废气、灰渣、废水等）、回收热量，如果将回收热量记为负值，则表明产品生命周期总耗能减少；填埋方式的数据包括填埋量、填埋占地、填埋后环境排放（废气如 CH_4、CO_2 等；废水如滤液、重金属及富营养化因子等）；回收利用方式的数据包括用途、利用量等。物质回收后有不同的用途（如作为其他产品的原材料、报废产品的再利用等），不论做何用途，都应收集因回收利用这些报废产品而带来的成本变化，包括增加或减少原材料及能源消耗、环境排放等数据，如果是减少，则在清单分析中记录为负值。

各阶段均会形成输入数据表、输出数据表和运输数据表。输入数据表包括原材料、能源和其他输入等项目，需要具体列出原材料名称、质量或体积，能源名称（电、煤、汽油、柴油、天然气、液化石油气、木材、重油等）、质量或体积，以及其他输入的名称（水、空气等）、质量或体积。输出数据表包括产品和废物，需要具体列出产品和连带产品的名称、年产量、年产值、单重、主要成分等，固体废弃物名称（如粉煤灰、污泥、边角料、生活垃圾、包装废品、工艺废弃物等）、质量或体积，废气排放成分（如颗粒物、硫氧化物、氮氧化物、CO、CO_2、CH_4、NH_3、氯气、苯、苯并芘、醛、萘、氮、磷、铅、汞等）、质量或体积，废水成分（固体悬浮物、COD、BOD、苯酚、石油、其他烃类、硫酸、盐酸、硝酸、其他酸、磷酸盐、硝酸盐、杀虫剂、铬、铁、铝、汞、铅、锌、锡、氮、磷、氨、碱等）、质量或体积，以及其他输出名称（如挥发、丧失、滴漏等）、质量或体积。运输数据表包括运输方式和距离，其中运输方式包括汽油车、柴油车、电车、火车、驳船、轮船、输油管道、输气管道等（王寿兵等，2006）。

以简单产品纸杯为例，追踪其单元过程可以形成一个包括输入和输出的数据集。纸杯生产消耗原料、能源，排放废物。其中原料是纸和胶水，其中纸需要纸浆、水和染剂来生产，而纸浆来自林业活动培育的树木，依次追踪形成多层数据结构。除此之外，还需要调研杯子到商店、商店到家庭的路径运输数据，以及纸杯扔掉后填埋或焚烧处理的数据。

6.3.3 数据处理与汇总

指定基准流 R（产品系统总产出，对应功能单位），调整各单元过程的比例系数 s（下游消耗量与上游产出之比），汇总各单元过程数据得到 LCI 结果。实质上中间产品被抵消（上游产品产出与下游原料投入相等），将中间产品替换为产品生命周期生产过程的资源消耗与环境排放，最终基准流被保留下来，资源投入和环境排放累积构成清单数据（图 6-12）。

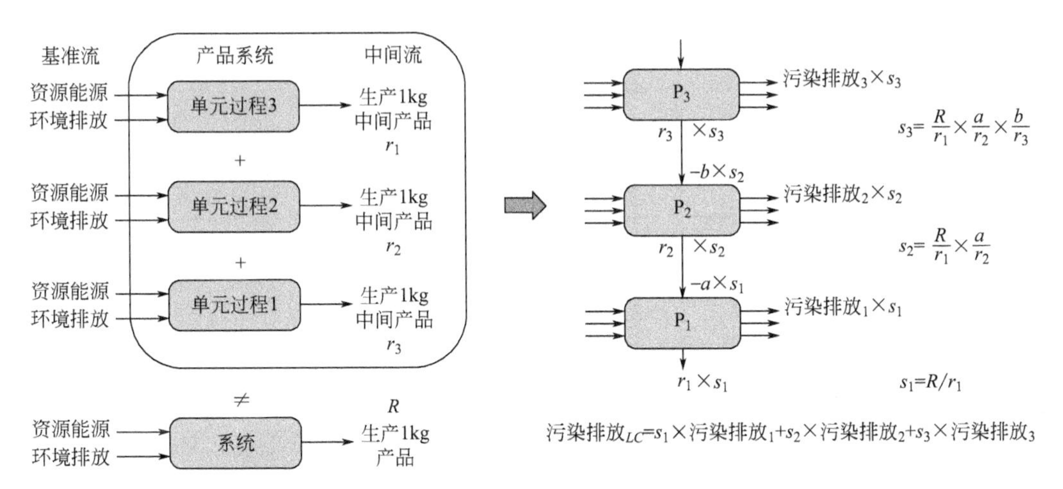

图 6-12　以基准流为依据的数据处理过程

注：引自王洪涛（2013a）。

以电网电力产品为例，图 6-13 显示了参与电力生产的单元过程及其相应输入输出，以 1kW·h 电网电力为功能单位，依据单元过程的比例系数处理单元过程的数据，可以获得资源消耗和环境排放的清单数据（表 6-4，表 6-5）。

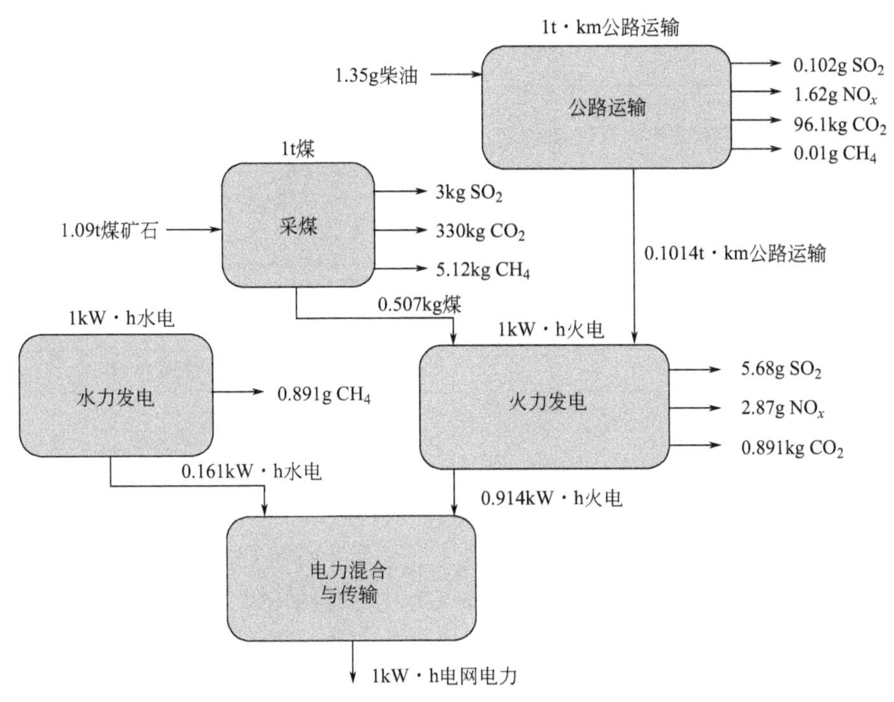

图 6-13　电力生产的单元过程及其输入和输出

注：引自王洪涛（2013a）。

表 6-4 电力生产单元过程数据的处理

过程	清单物质名称	P/I/O	单位	单元过程数据	过程系数	清单数据
电力混合	电网电力	P	kW·h	1	1	1
	火电	I	kW·h	−0.914		−0.914
	水电	I	kW·h	−0.161		−0.161
火力发电	火电	P	kW·h	1	0.914	0.914
	动力煤	I	kg	−0.507		−0.453
	公路运输量	I	t·km	−0.1014		−0.0927
	SO_2	O	g	5.68		5.19
	NO_x	O	g	2.87		2.62
	CO_2	O	g	891		814
水力发电	水电	P	kW·h	1	0.161	0.161
	CH_4	O	g	0.891		0.143
煤炭开采	动力煤	P	t	1	0.457	0.457
	硬煤	I	t	1.09		0.498
	SO_2	O	g	3000		1.371
	CO_2	O	g	330000		150810
	CH_4	O	g	5120		2339.84
公路运输	公路运输量	P	t·km	1	0.091	0.091
	柴油	I	g	1.35		0.123
	SO_2	O	g	0.102		0.0093
	NO_x	O	g	1.62		0.147
	CO_2	O	g	96100		8745.1
	CH_4	O	g	0.01		0.00091

注：引自王洪涛（2013a）。P—产品；I—输入；O—输出。

表 6-5 电力生产清单数据

名称	电网电力	CO_2	CH_4	SO_2	NO_x	硬煤	柴油	…
单位	kW·h	kg	kg	kg	g	kg	g	…
数量	1.000	160.37	2.34	1.38	2.77	489.13	0.12	…

注：引自王洪涛（2013a）。

6.3.4 数据分配

清单分析实现了产出（功能单位）与物流、能流的关联，但实际上产品生产过程会产出多种产品，并且存在将副产品和废弃物循环加工为原材料的环节，即将边角料、副产品或废旧产品等在生产工艺中重新利用。因此，必须根据既定的程序将物流、能流和环境排放分配到各个产品和关联过程中。数据分配通常出现在多产品系统及开环再循环过程中，基础设施共享和废物处理系统属于多产品系统的特殊形式。

数据分配是一个复杂的过程，在系统模型构建时应尽量避免分配。避免数据分配主要采用两种方法：一是针对多种产品系统，将要分配的单元过程进一步细分为两个或更多的子过程，并收集这些子过程的输入、输出数据，以识别哪些单元过程是仅由其中某一产品引起的；二是针对开环再循环过程，应尽量纳入更多的单元过程，扩展产品系统的边界，将与共生产品有关的功能囊括进来，以避免分配，当然，这种分配方法要考虑到功能、功能单位和基准流的确切要求。

当分配不可避免时，应将产品系统的输入和输出划分到其不同产品或功能中。其中，首要前提是确定分配参数，以尽可能反映系统本身的物理行为，通常采用产品重量、能量、面积、体积、摩尔值等物理参数进行分配。例如，最常见的形式是以每种产品的相对重量大小来分配系统的输入和输出。例如，燃煤热电厂的电和热是输出的共同产品，需要确定多少煤用于发电，多少煤用于产热，以及生产一单位电将释放多少 CO_2，生产一单位热释放多少 CO_2 等问题。因此与生产电力、热相关的工艺过程，如采煤、运输和发电过程都需要进行分配。

【例 6-1】 图 6-14 中上部分为产出 A 和 B 两种产品的生产过程，如何依据重量分配参数进行产品间的数据分配。

解： 图 6-14 下部分为根据产品 A 和产品 B 的重量比例进行分配的方案（谢明辉等，2009），依据产品 A 和产品 B 的重量大小，对能源、原材料消耗量和固体废物产生量进行比例分配。

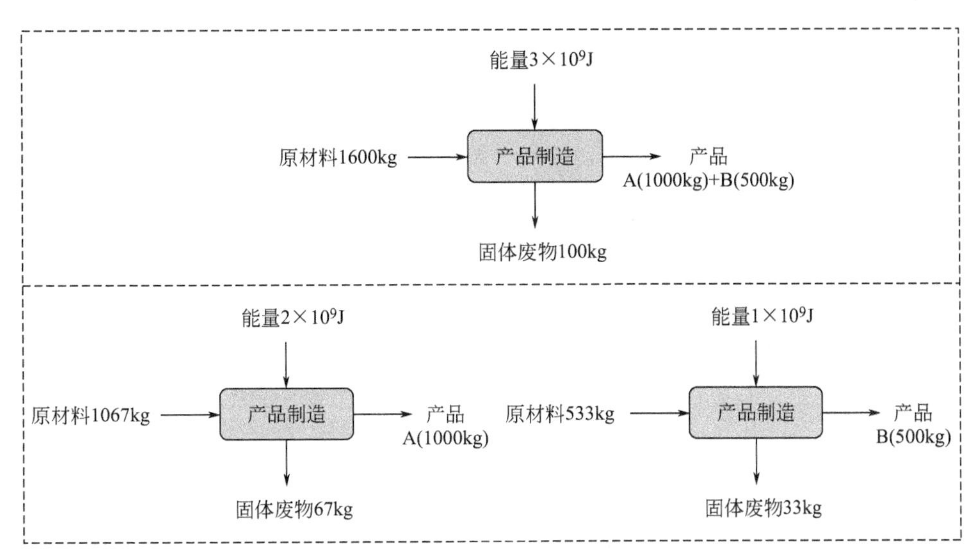

图 6-14　按重量比例进行数据分配示意图

注：引自杨建新等（1999）。

对某些特定的产品系统，也可采用物质干重、化学计量（分子量等）等作为分配参数。如干重法比较适合农产品系统，因为以干重为参数进行分配可以避免将过多的输入和输出分配给某些含水量大的产品；以化学计量为基础的分配能更精确地把资源分配到复杂化学反应的共生产品上，如果一种原材料的分子在化学反应中只贡献多产品系统中的一种产品，则将这种原材料分配给该产品比重量分配方法更为合理。当单纯的物理关系无法建立或无法用来作为分配基础时，也有研究根据产品的经济价值按比例将输入、输出分配给共生产品（一般不鼓励采用，因为对一些高技术含量的产品，其重量通常很小而经济价值却很高，对此采用经济价值分配显然不太适用）。

6.4 影响评价

生命周期影响评价（life cycle impact assessment，LCIA）是运用清单分析结果评价潜在的环境影响大小，即确定产品系统的物质、能量交换及环境排放所造成的影响，考虑生态系统健康、人体健康和资源保护等影响类型。清单分析的信息一般较分散，很难给予解释。影响评价的作用是将清单信息转化成可理解的、综合的环境效应，提供总体的评价结果。ISO、SETAC都倾向于把影响评价定为分类、特征化、量化“三步走”的模式（王建宏和齐美富，2002）。分类是将清单项目归属到不同的影响类型中，特征化是依据特征化模型和类型参数模拟得到环境负荷大小，而量化包括归一化和加权汇总，以便为规划和决策提供科学依据（图6-15）。

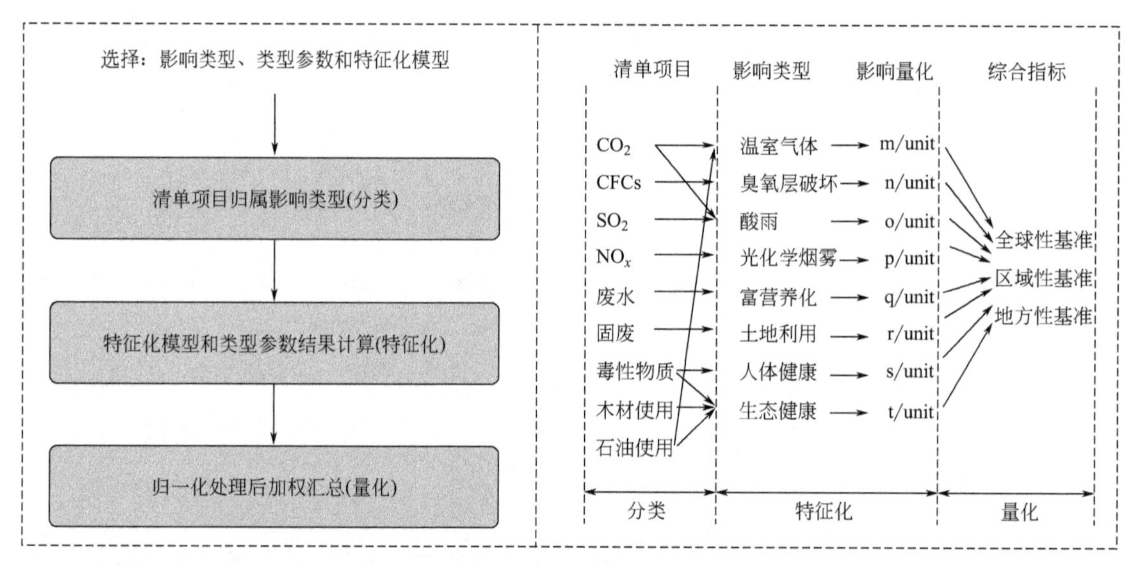

图6-15　影响评价的关键技术步骤

注：引自王洪涛（2013a）。

由于时间、经费和数据可获得性的限制，有学者提出了简化矩阵（即产品环境性能评价矩阵）半定量方法，可为产品设计提供更为实用的评价框架（Graede and Allenby，2003）。简化矩阵一般为5×5的评价矩阵，一维代表产品生命周期的5个阶段（材料获取、产品制造、产品包装运输、产品使用、回收利用），另一维代表5个资源环境要素（资源消耗、能源消耗、废气、废水和固废排放）。专家根据经验和生产调查，给出简化矩阵中的元素评价值。评价值有5个等级（以数值0、1、2、3、4表示），其中环境影响最大给予否定数值0，环境影响最小给予肯定数值4。因为矩阵共有25个元素，因此产品环境性能打分的最大值为100（表6-6）。

6.4.1 分类

分类（classification）是将清单分析所得到的数据分到不同的环境影响类型中。分类是根据环境效应和干扰机制，辨识清单输入和输出数据与环境问题之间的关联关系（杨建新等，2002）。产品系统的输入输出与环境问题之间存在着复杂的因果作用链条，输入输出会引发环境效应，进而造成环境干扰，产生环境问题（表 6-7）。

表 6-6 产品生命周期评价矩阵

生命周期阶段	环境要素					
	资源消耗	能源消耗	废气	废水	固废	合计
材料获取						
产品制造						
产品包装运输						
产品使用						
回收利用						
合计						

表 6-7 环境效应及环境干预一览表

环境效应	环境干预	单位
非生物资源消耗	资源利用	kg, m^2
生物资源消耗	资源利用	kg, $10^4 m^2$
温室效应增强	排入大气	kg
臭氧层消耗	排入大气	kg
人体毒性	排入大气	kg
	排入水体	kg
	排入土壤	kg
生态毒性	排入水体	kg
	排入土壤	kg
光化学氧化剂	排入大气	kg
酸化	排入大气	kg
富营养化	排入大气	kg
	排入水体	kg
	排入土壤	kg
废热	排入水体	MJ
噪声	产生噪声	dB
生态系统和景观损害	空间利用	$m^2 \cdot s$
伤亡	伤亡	

产品系统的输入输出造成的环境影响常常难以归为某一清单项目的单独作用，如臭氧层损耗主要受氯氟烃（CFCs）和其他卤代烃影响，而酸化问题主要受 SO_2、NO_x 等影响。同一清单项目可能会对不同的环境影响均有贡献，如 CO_2 同时对全球变暖和臭氧层损耗都有影响。由于环境影响与环境干扰强度、人类的密切关注程度相关，因此此阶段的一个重要假设是将环境干扰因子与环境影响类型之间的关系简化为线性。一般而言，对不同的影响类型

都有贡献的输出数据，如果产生的效应是相互独立的，则可同时分到不同的环境影响类型中，如 NO_x 既会导致酸化，沉降到水中又会产生富营养化。如果是在同一效应链中，例如臭氧层耗竭及其后来引起的皮肤癌就不能同时分进去（表 6-8）。

表 6-8 清单项目与环境影响类型的归类

环境影响类型		环境负荷
不可再生资源耗竭	能源矿物资源	煤、石油、天然气的消耗
	非能源矿物资源	铁、铜、铝、金、锌、镍、锡矿等的消耗
可再生资源耗竭	淡水资源	地表水、地下水的消耗
	生物资源	森林资源的消耗
	耕地占用	固体废物排放
环境污染	全球变暖	CO_2、CH_4、N_2O、CFCs 等排放
	臭氧层损耗	CFCs、CF_2Br、Halon 等排放
	光化学臭氧合成	VOCs、NO_x、CO 等排放
	环境酸化	NH_3、SO_2、NO_2、HCl 等排放
	富营养化	NH_3、NO_3^-、NH_4^+、PO_4^{3-} 等排放
	人体毒性	砷、镉、钡、铅、铜、汞、Cr^{6+}、镍、苯、硫化氢、PM_{10}、氨、SO_2、NO_2、甲醛等排放
	水生生态毒性	砷、镉、钡、铅、铜、汞、Cr^{6+}、镍、苯、硫化氢、PM_{10}、氨、SO_2、NO_2、甲醛等排放
	陆生生态毒性	砷、镉、钡、铅、铜、汞、Cr^{6+}、镍、苯、硫化氢、PM_{10}、氨、SO_2、NO_2、甲醛等排放

6.4.2 特征化

特征化（characterization）是针对所确定的环境影响类型，对清单数据进行分析和量化的过程（向东等，2002），即将清单项目中过多的物质种类转化为环境问题（如资源能源消耗、温室效应、酸化、富营养化、人体毒性、生态毒性）的方法，与具体产品无关。特征化的主要过程是开发一种特征化模型，然后应用生命周期清单分析所提供的数据和其他辅助数据，使用特征化因子将已分类的 LCI 结果换算为统一单位，然后将转换后的 LCI 结果进行汇总并得到参数结果。

特征化模型通过表述 LCI 结果、类型参数以及类型终点（在某些情况下）之间的关系反映环境机制。类型终点（category endpoint）所关注的特定环境问题涉及自然环境、人体健康或资源的属性或组成，而环境机制（environmental mechanism）是特定影响类型的物理、化学或生物过程系统，它将 LCI 结果与类型参数和类型终点相联系。特征化模型中表征关系的参数被称为环境影响类型参数（category indicator），如量化全球变暖这一影响类型的参数是红外线辐射强度。通用单位的因子是将 LCI 结果转换成环境影响类型参数的重要指标，称为特征化因子（characterization factor）。特征化因子使清单数据合并得以实现（图 6-16），如各温室气体的全球增温潜能值（global warming potential，GWP）就是一个特征化因子（表 6-9）。

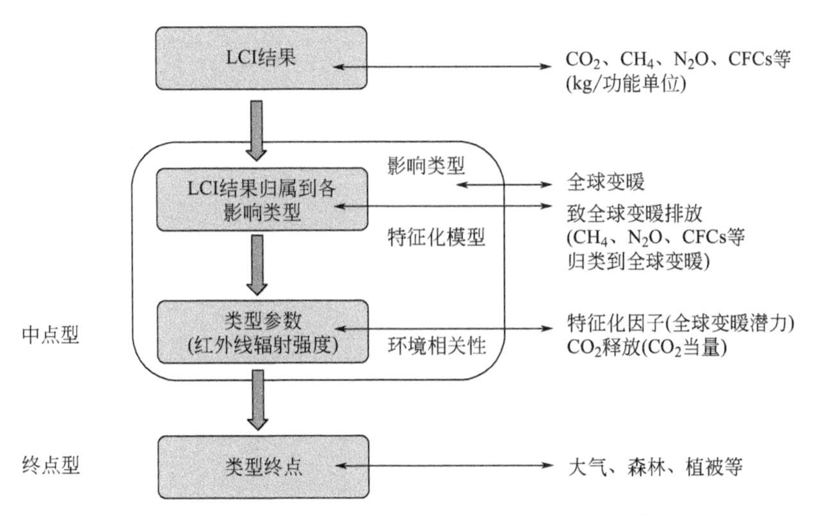

图 6-16　类型参数、特征化因子所用的概念框架

注：引自王洪涛（2011）。

表 6-9　特征化具体步骤

方法开发步骤	示例一	示例二
选择一种环境影响类型	全球变暖	酸化
找出相关清单物质	各种温室气体 GHG	各种酸性物质
建立特征化模型(因果链)	DG18.768mmIPCC 辐射升温模型(mid-point)/升温损害模型(end-point)	DG18.768mm 大气输运(mid-point)/沉降/损害模型(end-point)
选择一个类型参数	红外线辐射强度(W/m^2)(mid-point)	CML 方法采用电离出 H^+ 数量(mid-point)
选择一种基准物质	以 1kg CO_2 为基准物质	以 1kg SO_2 为基准物质
得出各清单物质的特征化因子(当量因子,折算因子)	全球增温潜能值 GWP(各温室气体的当量值)	酸化效应 AP(各酸性物质的当量值)

注：引自王洪涛（2013a）。IPCC，intergovermental panel on climate change；特征化因子分中点型（mid-point）和终点型（end-point）两类，前者基于物化性质，通用性好，后者的特征化模型试图延伸包含更完整环境因果链直至损害层面。

以全球变暖为例，以 CO_2、CH_4 等温室气体的全球增温潜能值为特征化因子，以 1kg CO_2 为基准物质，将每种温室气体的 LCI 结果折合为二氧化碳当量，再将各种气体的计算结果进行合并，就得到以二氧化碳当量表示的类型参数（红外线辐射强度）结果。以 CH_4 为例，100 年内 CH_4 的全球增温潜能值是 25，说明 1kg CH_4 产生的全球增温潜能值（当量值 cf）相当于 25kg CO_2 产生的（表 6-10），这意味着 CH_4 在 100 年内对于全球变暖的影响是等量 CO_2 所带来影响的 25 倍。全球增温潜能值 GWP 计算公式为

$$GWP = cf_1 \times CO_{2LC} + cf_2 \times CH_{4LC} + cf_3 \times N_2O_{LC} + cf_4 \times CFC_{LC} + \cdots \tag{6-5}$$

$$GWP = 1 \times CO_2 + 25 \times CH_4 + 298 \times N_2O + 10900 \times CFC + \cdots \tag{6-6}$$

表 6-10 不同物质的全球增温潜能值

GHGs	辐射效率 /[W/($m^2 \times 10^{-9}$)]	大气寿命 /年	不同时间水平下全球增温潜能值(*GWP*)		
			20 年	100 年	500 年
CO_2	1.4×10^{-5}	30～90	1	1	1
CH_4	3.7×10^{-4}	12	72	25	7.6
N_2O	3.03×10^{-3}	114	289	298	153
CCl_2F_2	0.32	100	11000	10900	5200
$CHClF_2$	0.2	12	5160	1810	549
CF_4	0.10	50000	5210	7390	11200
C_2F_6	0.26	10000	8630	12200	32600
SF_6	0.52	3200	16300	22800	32600
NF_3	0.21	740	12300	17200	20700

目前，国际上采用的特征化方法主要有两种，即面向环境问题法和目标距离法。面向环境问题法着眼于环境影响因子和影响机理，是由荷兰 Leiden 大学环境研究中心提出的，也称 CML 法，主要利用特征化因子将清单分析数据和具体的环境问题相关联。目标距离法着眼于影响后果，采用目标距离的原理表征某种环境效应的严重性，以该效应当前水平与目标水平（标准或容量）之间的距离来表示，其代表方法是瑞士的临界稀释体积法（critical dilution volume）（任苇和刘年丰，2002）。

面向环境问题法是目前多数国家以及 ISO 广为采用和推崇的方法。这种方法的原理是利用不同污染物（在质量相同的情况下）对同种环境影响类型的贡献量差异，以其中某种污染物为基准，把其影响潜值（impact potential）看作 1，然后将等量的其他污染物与其比较，这样就可以得到各类污染物相对的影响大小。这种方法从影响机理出发，认为同种物质产生的潜在影响不受地理、时间等因素的影响，不同研究结果之间具有较强的可比性。

临界稀释体积法的基本原理是以将所排放的污染物稀释到某种环境质量标准所需要的洁净空气或水的体积作为该污染物的影响大小。生命周期过程所排放的污染物的质量除以相应的环境标准，就可以得到其临界稀释体积。这种方法实用、简明，大量的污染物被综合为几个简单的指标，被大多数环保部门和研究者采用，但不足之处在于各国法律规定的允许标准并非完全依据科学制定，而且一般仅适用于对人体健康的影响，未考虑生态毒性、长期生态效应等问题（Grisel et al，1994）。假设某产品生命周期过程共排放 2.7kg SO_2，大气质量标准为 0.03mg/m^3，其临界稀释体积为 $9 \times 10^7 m^3$，即当满足该大气质量标准时，需要 $9 \times 10^7 m^3$ 的洁净空气才能将其稀释。这种方法实质上类似于环境影响评价中的等标负荷法，汇总所有污染物的临界稀释体积可得到一个综合指标值来表征环境影响。

6.4.3 量化

量化（valuation）是指确定不同环境影响类型的相对贡献大小、权重，以便得到一个可供比较的综合指标的过程，一般包括归一化和加权汇总。特征化过程得到的各环境影响类型参数在量纲和级数上均存在差异，不能简单汇总，必须归一化处理才能开展产品环境性能的综合比较，公式为

$$N_i = C_i / S_i \tag{6-7}$$

式中，N_i 为归一化结果；C_i 为特征化结果，如全球增温潜能值（如 CO_2 当量等）；S_i 为基准值；i 表示环境影响类型。

基准值可以是特定范围内（如全球、区域或局地）的污染排放总量或资源消耗总量，也可以是特定范围内人均（或类似均值）污染排放量或资源消耗量。为了增强结果与同类研究的可比性，原则上全球性环境影响类型应选择全球数据作为归一化的基准值，如全球增温潜能值的归一化基准值可选择全球污染排放总量、人均污染排放量、单位产值污染排放量等。

归一化后的指标数据只是“在全球/区域/局地总量中的比例”，并未减少指标数量，因此需引入权重进一步合并指标。如生产 1t 水泥能耗 500kg 标煤、SO_2 排放 0.2kg（清单数据，两者相差 2500 倍），假设全球能耗 50 亿吨标煤、SO_2 排放 2000 万吨（基准值，两者相差 250 倍），消除量纲和量级后 1t 水泥能耗为 10^{-10}、SO_2 为 10^{-11}（归一化，两者相差 1 个数量级），可知能耗是比 SO_2 排放贡献更大的影响类型，但无法判断哪种影响类型是重要的。一般需要对不同环境影响类型赋予一定的权重后才能进行汇总得到综合指标。权重主要采用专家评分法确定，让专家先对所有影响类型的重要性进行两两打分，然后利用一定的数学方法求出各影响类型的权重大小（向东等，2002）。

6.5 解释

生命周期解释（interpretation）是指对清单分析和影响评价的结果进行辨识、量化、核实和评价的系统过程，以透明的方式分析结果、形成结论、提出建议，最后提交一份完整的 LCA 研究报告。解释阶段主要由 3 个步骤组成：一是根据 LCI 和 LCIA 的结果识别重要问题；二是对评价结果进行完整性、敏感性和一致性检验；三是得出结论，给出能够改善环境影响的意见和建议，并呈报 LCA 研究结果（图 6-17）。

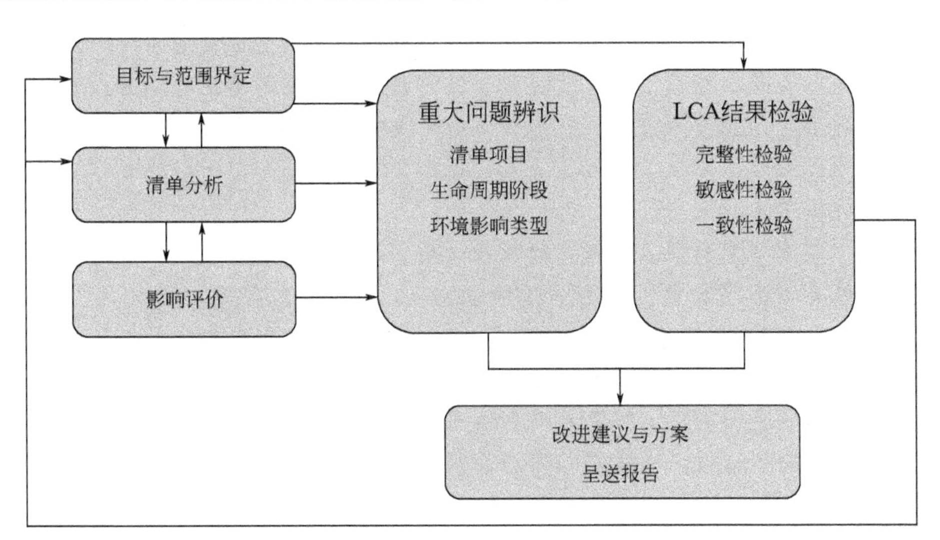

图 6-17　生命周期解释的步骤及和 LCA 其他阶段间的关系

注：引自王寿兵等（2006）。

6.5.1 重大问题辨识

辨识重大问题是提出针对性改进建议和意见的重要前提。重大问题主要涉及 3 个方面：一是清单分析中的项目，如能量、材料的消耗，气、液、固体排放物等；二是环境影响类型，如资源消耗、全球变暖、酸化等；三是生命周期阶段或某阶段的工序，如生产阶段中的运输、能源生产等。这些重大问题的识别，可以以图形（饼状图、柱形图、条形图等）和表格的形式给出，利于相互比较。重大问题辨识需开展贡献率分析、可控性分析和异常分析等。

（1）贡献率分析

贡献率以生命周期某阶段或某工序的结果占总结果的百分比来表示，如在原材料获取阶段的水消耗量为 1t，整个生命周期水耗为 50t，则原料获取阶段的贡献占 1/50。

（2）可控性分析

通过可控性分析，可以明确生命周期某阶段或某工序是否有降低环境影响的能力。例如通过贡献率分析发现某企业产品生命周期 CO_2 排放量主要集中在生产阶段，而生产阶段以电耗为主，若所消耗的电来自社会电网，则对该企业来说不可控；若是企业自发电，则根据自身的技术水平及资金等情况来决定控制的可能性。

（3）异常分析

根据以往的经验确定 LCI 或 LCIA 数据是否正常。若发现某一数据异常，可能是数据计算或转换的错误，应重新检验相应的 LCI 或 LCIA 的结果。

6.5.2 LCA 结果检验

检验的主要目的是增加 LCA 结果的可信度与可靠性，一般需要经过完整性检验、敏感性检验和一致性检验。

（1）完整性检验

完整性检验的目的是确保能够较完整地得到生命周期解释阶段所需的有关信息和数据。若发现某些相关信息缺少或不完整，则应考虑该信息是否重要，若认为不太重要，可将其忽略；若认为很重要，应重新检查 LCI 或 LCIA 阶段的有关数据，或重新界定研究目标和范围。

（2）敏感性检验

数据质量、数据分配原则、影响类型划分、归一化方法均会给研究结果带来不确定性，应开展敏感性检验以确定这些处理方式是否会对 LCA 的结果有较大影响。如果在 LCI 和 LCIA 阶段就开展了敏感性分析和不确定性分析，那么在此部分需要说明进一步分析的必要性。例如，已知某工序资源、能源消耗量及污染排放量，且知道该工序生产两种产品，要分别确定这两种产品的输入输出，就要采用不同的分配原则。按产品质量比例、经济价值比例分配会产生两种不同的结果，这时需要开展敏感性检验。通过敏感性检验若发现采用两种不同的分配原则结果差别不大，则选用其中任何一种分配原则都可以；若发现差别很大，则应结合具体的评价对象、目标和范围的限定，选择一种能反映实际情况的分配原则。

（3）一致性检验

一致性检验的目的是确定在整个 LCA 过程中所做的假设、所采用的方法和所使用的数据等是否一致。当比较两种同类产品的环境性能时，通过一致性检验可确保相互比较的两种产品具有可比性。经常存在的不一致性有：数据来源差别，如产品 A 的数据是从有关文献获得，而产品 B 的数据是现场实测的；数据精确性差别，如产品 A 的数据是通过详细的工艺流程图分析计算得到，而产品 B 的数据则仅由有限工艺得出，也没有经过仔细的分析；数据时间跨度差别，如产品 A 是过去 5 年的数据，而产品 B 是最近收集的；技术水平差别，如产品 A 的数据来自最新技术的工厂，而产品 B 则是全国平均水平；地理范围差别，如产品 A 和 B 的数据来自不同的地区（王寿兵等，2006）。

6.5.3 改进意见和建议

为了让有关的利益方清楚、完整、准确地理解一个 LCA 的研究结果，应根据全面呈报的研究结果，给出改进的意见和建议。同时，也应就结果是否可靠、是否有局限性做出解释（曹华林，2004）。

要注意的是，由于清单分析结果是关于研究对象输入输出的信息，不能提供潜在环境影响大小的信息，所以建议应基于影响评价结果提出。影响评价的结果既可以是未经过归一化和加权的各类环境影响类型的指标，也可以是一个单一的综合得分，以辅助决策者优选不同的方案。

呈送的研究报告应包括一般信息、4 个技术步骤的结果和关键性审核等相关内容。一般信息包括进行 LCA 研究的人员姓名、职称和通信地址等具体信息，以及呈报结果的日期。4 个技术步骤的结果包括研究原因、用途、目标听众，产品系统的功能、功能单位、系统边界，数据收集和计算过程，影响评价方法和结果，结论、意见和建议，数据质量评价（完整性、敏感性、一致性检验）等方面。关键性审核需包含审核人员姓名和职称等个人信息、审核报告以及对结论的意见等内容（曹华林，2004）。

思考题

1. 论述开展圆珠笔生命周期评价的基本方法及步骤。
2. 生命周期清单的基本步骤和方法有哪些？
3. 简述生命周期评价的作用，介绍 LCA 在工艺选择、设计和优化中的应用。

参考文献

曹华林，2004. 产品生命周期评价（LCA）的理论及方法研究．西南民族大学学报·人文社科版，25（2）：281-284.

邓南圣，王小兵，2003. 生命周期评价．北京：化学工业出版社．

段海燕，陈思颜，刘源源，等，2020. 生命周期视角下中国建筑业能源区域消耗特征研究．中国人口·资源与环境，30（7）：57-65.

任苇，刘年丰，2002. 生命周期影响评价方法综述．华中科技大学学报，19（3）：83-85.

王洪涛，2011. LCA 方法框架与计算［OL］．（2011-02-28）［2018-07-12］. http：//blog. sciencenet. cn/blog-509598-417347. html.

王洪涛，2013a. LCA 的计算与分析［OL］．（2013-03-11）［2018-07-12］. https：//blog. sciencenet. cn/blog-509598-669239. html.

王洪涛，2013b. LCA 数据库开发与数据质量［OL］.（2013-03-25）［2018-07-12］. http：//blog. sciencenet. cn/blog-509598-673712. html.

王寿兵，吴峰，刘晶茹，2006. 产业生态学 . 北京：化学工业出版社，2006.

向东，段广洪，汪劲松，2002. 产品全生命周期分析中的数据处理方法 . 计算机集成制造系统-CIMS，8（2）：150-154.

杨建新，王寿兵，徐成，1999. 生命周期清单分析中的分配方法 . 中国环境科学，19（3）：285-288.

杨建新，徐成，王如松，2002. 产品生命周期评价方法及应用 . 北京：气象出版社 .

杨丽丽，2007. 汽车产业生态化研究 . 吉林：吉林大学 .

EPA，2003. Life-cycle impact assessment：A conceptual framework，key issues and summart of existing methods. Washington：Environmental Protection Agency.

Graedel T E，Allenby B R，2003. Industrial ecology（second edition）. Englewood Cliffs：Prentice Hall.

Grisel L，Jensen A A，Klöpffer W，1994. Impact assessment within LCA. Society for the Promotion of LCA Development.

ISO，1997. ISO 14040 Environmental management life cycle assessment principles and framework. Geneva：International Organization for Standardization.

ISO，1998. ISO 14041 Environmental management life cycle assessment goal and scope definition and inventory analysis. Geneva：International Organization for Standardization.

SETAC，1993. Guidelines for life cycle assessment：A "code of practice". Brussels：SETAC.

Van der Harst E，Potting J，Kroeze C，2014. Multiple data sets and modelling choices in a comparative LCA of disposable beverage cups. Science of the Total Environment，494-495：129-143.

第7章 产业共生规划

产业共生是指通过不同企业间的合作，构建副产品或废弃物再利用、再循环的网络，以期提高所有企业的生存能力和获利能力，最终实现资源节约和环境保护的目标。产业共生理念是实现产业生态转型的重要支撑，而生态产业园区是产业共生的直接实践形式。基于产业共生理念开展园区生态链网规划设计，是产业生态学的一个重要研究领域。

本章将重点介绍产业共生内涵、特征和模式，生态产业园区的内涵和基本类型，并结合国内外运行良好的生态产业园区具体案例，从实践角度进一步总结产业共生规划理念、原则及方法，包括基于园区生态角色的生态产业链网结构规划方法，以及基于物质集成、能量集成和信息集成的生态功能规划方法。最后引入社会网络分析、生态网络分析方法，介绍如何评价和规划产业共生系统。

通过本章的学习，掌握产业共生、生态产业园区的概念，明确生态产业园区的内涵与分类，以及建设、管理和验收生态产业园区的基本要求和指标。结合产业生态学前述章节，基本掌握产业共生结构与功能规划的原则与方法，以及产业共生网络分析、评价和规划方法。

7.1 产业共生内涵

1947 年 George Renner 借鉴生物共生原理，首次在国际《经济地理》杂志上提出了产业共生（industrial symbiosis）的概念，用来描述不同企业、产业间形成的有机联系，即一个企业的废物可以作为另一企业的原料，进而构成相互交换副产品和废物的共生网络（Renner，1947）。在后续的几十年里，产业共生一词并没有引起重视。直到 1989 年产业生态学诞生，产业共生的相关文献不断涌现，进而成为产业生态学的重要分支领域（Graedel and Allenby，1995）。

7.1.1 产业共生定义

产业共生领域的迅猛发展离不开理论基石和实践应用两方面的推动（Harper and Graedel，2004）。1989 年 Frosch 和 Gallopoulos 提出"产业生态系统"的概念，他们指出，通过模拟自然生态系统中的交换关系，能够使社会经济系统中能源和物质消耗最优化、废物产出最小化（Frosch and Gallopoulos，1989），这为产业共生的发展提供了理论基础。20 世纪 70 年代丹麦卡伦堡试图在减少费用、有效地管理废料和使用淡水资源等方面寻求革新，经过 10 余年的发展，该区域内自发创建了一种新的体系——产业共生体（Engberg，1993；Ehrenfeld and Chertow，2002）。卡伦堡产业共生体的形成，也从实践方面印证了产业共生的可行性和有效性。这两个事件是产业共生领域发展过程中的里程碑。

1997 年 Ehrenfeld 和 Gertler 创建了产业共生理论，认为企业间可相互利用废物，以降低环境负荷和减少废物的处理费用，建立一个产业共生循环系统（Ehrenfeld and Gertler，1997）。*Journal of Industrial Ecology* 杂志首刊中，主编 Lifset（1997）评论了共生的物质交换及其在卡伦堡的实现过程，指出产业共生并不仅仅是共处企业间的废物交换，而是一种全面的合作。到 21 世纪，一些学者扩展了产业共生的内涵，关注什么条件下能够形成"产业共生"、"产业共生"有哪些存在形式能够维持其可持续发展、"产业共生"的目的是取得何种收益等问题。如 Chertow（2000）指出具有合作关系并且在地理位置上相近的企业间可以形成产业共生体。在这一内涵界定中，也提出了"产业共生"的存在形式是物理交换（物质、能量、水或副产品）。之后，Lambert 和 Boons（2002）将产业共生定义为企业之间开展的设备共享，废物流集中处理和废弃物、多余能量的交换。Mirata 和 Emtairah（2005）指出企业间除通过传递物质和能量实现共生，也可以通过共享信息和人力而实现共生。也有学者除了关注产业共生前提条件和存在形式，也关注其收益。2004 年，丹麦卡伦堡公司出版的《产业共生》一书指出，产业共生体的形成可极大地提高原有企业的生存和获利能力，并且使得企业所取得的经济和环境效益最大化（Harper and Graedel，2004）。同时 Chertow 和 Lombardi（2005）也从生态收益方面对产业共生进行了界定。自此，从产业共生形成条件、存在形式到最终收益，都有了比较科学的解释。

产业共生是指一定地域范围内企业为提升竞争优势而在资源节约利用和环境保护方面合作的一种经济现象，是将某一生产过程的废物、副产品及各种闲置资源用作另一生产过程的原料，从而高效利用资源和减少废物的一种产业组织形式，该组织形式因同类资源共享或异类资源互补形成共生体，促进了内部或外部、直接或间接的资源配置效率的提高。产业共生是模仿自然界生物种群的共生关系原理所形成的创新组织模式，企业彼此之间通过副产品、废弃物交换建立起“生产者—消费者—分解者”生态产业链网，从而实现资源循环利用、物质减量化与污染低排放。

产业共生的组织形式存在于园区、局地和国家尺度，是一个在多尺度上均有分布的合作网络，既具有经济特征，又具有生态特征。连接企业的产业共生纽带是传统上被认为“毫无价值”的废弃物，它以追求经济价值和环境改善为双重目标，受政策法规、技术变革等影响更为强烈。如卡伦堡产业共生体形成的驱动力主要来自制度创新。政府在管理制度上对污染排放大的企业实行强制的高收费政策，迫使污染物排放成为成本要素，与此同时，对于减少污染排放的企业则给予利益激励。

7.1.2 产业共生特征

（1）企业竞合关系

产业共生并不是指企业之间均为共生关系，而是竞合关系，不仅包含合作，同时包括竞争。企业之间不仅包含副产品、废弃物的利用，而且包括信息流、人才流、技术流和创新流等方面的全面合作与竞争。产业共生强调单元之间相互激励合作，不断产生新的共生形态和组织结构，同时，产业共生不排斥竞争，但竞争形式应由“排他性”转为“排劣性”，形成良好的共生文化。

（2）企业关联与互补

关联性是产业共生的基本条件，企业之间强关联性可以有效促进废弃物、副产品的消纳与转化，但不应该因关联性而丧失每一环节的资源削减，整个产业共生链网的资源需求与纳污能力应显著提高。产业共生组织更像是一个生物群落，组织内部企业处于产业链条的上下游位置，互补性明显。如卡伦堡产业共生体是由几个既不同又互补的企业合作，群落中不仅有“生产者”（发电厂、炼油厂等）以及“消费者”（化肥厂、水泥厂、石膏厂等），还有采用高新技术开展土壤修复和废弃物处理的公司作为“分解者”，这种成员组成为能源、原料和副产品流动提供了形成高效率、低耗费生态链的可能。

（3）企业趋利与增值

产业共生组织良性发展的目标是经济与生态价值的增值。在加强废弃物、副产品消纳与转化的过程中，显著减少了废弃物排放和资源消耗，节约了大量经济成本，实现了经济与生态的互利与共赢。产业共生组织技术创新的驱动来自对企业经济效益的追求，如卡伦堡产业共生体多条水循环利用链的开发，充分体现了产业共生组织发展的核心在于谋求更多的经济效益。卡伦堡水资源缺乏且地下水昂贵，废水排放还需交纳污水排放税，在发展受限的情况下，其他企业主动与发电厂签订协议，循环利用发电厂产生的冷却水（鲍丽洁，2011）。

7.1.3 产业共生模式

产业共生组织的基本单元是企业，企业间通过竞合关系构建不同的产业共生模式。不管企业在共生组织中承担何种生态角色，作为“产业食物链”的基础产业，或传递剩余物的产业，抑或影响到环境的末端产业，依据企业的资源利用和收益状况，将产业共生模式划分为互利型和寄生型。

（1）互利型产业共生

互利型产业共生模式是指两个或两个以上企业通过互利共栖、优势互补，组成利益共同体，企业都能在资源交换中获得利益。企业间连接相对稳定，形成近似封闭的循环系统。成员企业没有明显的主动、被动之分，企业地位平等，共同生存，缺一不可。

（2）寄生型产业共生

寄生型产业共生模式是指寄生企业（附属企业）从寄主企业（核心企业）处获取自身生产所需的各种原材料，从而减轻寄主企业的环境污染压力，并依靠寄主废弃物外包业务获取利益。寄主企业拥有一定规模的废弃物，在资源使用、生产工艺、流程设计和产品设计等方面具有明显优势。一般一个寄主企业可以带动多个寄生企业，提供稳定的“食物”，寄生关系比较稳定，但产业生态链短且简单，系统柔性小、抗风险能力低（宋小龙等，2008）。寄生企业依附于寄主企业，地位不平等，寄主企业收获减少废弃物排放的收益，但价值增值效应并不明显，寄生企业间几乎不存在合作关系。

7.2 生态产业园区规划

产业共生组织模式早在工业革命之初就已经存在，在美国、英国、日本及中国的早期产业活动实践中均能找到类似于卡伦堡产业共生现象的踪迹。但为何并未引起足够的重视呢？主要原因在于当时交换副产品、废弃物等共生行为并不是产业发展的主导性力量。随着石油危机带来能源成本的升高以及工业废弃物引发环境问题的密集出现，企业间通过产业共生行为达到的环境效益与经济效益双赢效果才引起广泛关注（石磊，2015）。生态产业园区是贯彻产业共生理念、实现产业生态学目标的重要实践形式。而对生态产业园区特征、分类的研究，将为生态产业园区规划设计与重塑提供重要支撑。

7.2.1 生态产业园区内涵

7.2.1.1 生态产业园区定义

生态产业园（eco-industrial parks，EIP）是中国园区经历了经济技术开发区、高新技术开发区之后的第三代形式，其中第一代园区仅是企业的单纯集聚，技术含量相对较低；第二代园区建设虽以高新技术应用为特征，但园区企业间独立经营，没有有效的物质能量交换。这两代园区虽然把企业聚集在一起，但未形成有效的协同关系，导致资源整体利用率较低且环境污染严重。随着生态产业园区的概念以及丹麦卡伦堡样板的出现，美国、荷兰、英国、日本和韩国等纷纷效仿并制定相关规划，自觉地推动产业园区的生态化转型，使生态产业园区建设在进入21世纪后呈现蓬勃发展之势（石磊，2015）。

由于每个国家的发展阶段和国情不同，产业共生的实践模式也不尽相同。例如，美国1995年前后在总统可持续发展委员会的倡导下先后开展了两批共16个生态产业园区的试点；日本依托生态城镇项目，从1997年开始在全国范围内规划建设了26个静脉产业园区；而英国在2003年前后成立了国家产业共生项目，通过发展大空间尺度共生网络推进产业生态转型。丹麦、美国和英国等西方工业化国家推行以市场为主导的发展模式，时空尺度特征相对明显。如丹麦模式空间尺度小，但时间跨度长，是一种典型的自发驱动模式；而英国模式虽时间短，但空间尺度大，是可以快速有效推广的商业模式。相比之下，中国、日本和韩国等推行以国家战略主导的发展模式，虽然生态产业园区在短时间内快速发展，但长期运行还需依赖市场机制的干预（文娱和钟书华，2006a、b）。

中国生态产业园区建设始于1999年，自此逐步形成了“有标准可依、依标准建设、据标准考核、示范试点带动，建立长效机制”的发展路线（石磊，2015）。1999年国家环境保护总局开始启动生态工业园示范区建设试点工作，2001年8月31日，国家环境保护总局授牌建设第一个国家级生态工业（制糖）建设示范园区，标志着中国生态产业园区的建设步入了一个新的发展阶段。2002年，国家环境保护总局正式确认广东南海生态工业园区为国家生态工业示范园区，并予以挂牌昭示。同年，国家环境保护总局组织通过了黄兴国家生态工业示范园区、包头国家生态工业（铝业）示范园区和石河子国家生态工业（造纸）示范园区建设规划的论证。随后，2003年国家环境保护总局出台了《国家生态工业示范园区申报、命名和管理规定（试行）》与规划指南，提出了生态工业示范园区的特征和类型、指导思想与基本原则、规划步骤、规划方法和技术、园区建设基本指标，并提出了规划文本编制的大纲。2007年，国家环境保护总局出台了《国家生态工业示范园区管理办法（试行）》（环发〔2007〕188号），进一步加强了生态产业园区的建设与管理。2008年4月，环境保护部实施了《生态工业园区建设规划编制指南》。该指南作为指导性标准，规定了编制国家生态工业示范园区建设规划的总体原则、方法、内容和要求，适用于指导国家生态工业示范园区建设规划的编制工作。为进一步规范国家生态工业示范园区的申报、创建、验收、命名和监督等管理工作，2015年环境保护部、商务部、科学技术部联合组织修订了《国家生态工业示范园区管理办法》，环发〔2007〕188号文件同时废止。

1992年英迪戈开发组（Indigo Development）首先提出了生态产业园区的概念，指出生态产业园区的作用在于改进园内公司的经济行为，把对环境的影响降到最小程度。1995年，英迪戈开发组主任Lowe教授也提出了生态产业园区的定义，他指出生态产业园是按照循环经济理念、产业生态学原理及清洁生产要求来规划和建设的产业园区（Lowe and Evans，1995）。1995年Côté和Hall也指出在生态产业园内，企业成员之间可以通过废弃物和副产物的交换，物质、能量和水的逐级利用，以及基础设施的共享等手段来实现园区整体经济效益与环境效益的双赢（Côté and Hall，1995）。1996年8月，美国总统可持续发展委员会召集的专家组指出生态产业园区是有计划地进行材料和能源交换，寻求能源与原材料使用最小化、废物最小化的产业系统，目的是建立可持续的经济、生态和社会关系。

生态产业园区更多地被解读为生态化的产业聚集区域，通过有效共享基础设施、能源、物质、水、信息及自然栖息地等资源，建设园区生态链网，通过企业间相互合作以及与周边区域合作，构建产业共生体系，最大限度地提高资源利用率，从产业源头将污染排放量减至最低。综上所述，生态产业园区是依据循环经济理念、产业生态学原理和清洁生产要求而设计建立的一种新型工业园区。它仿照自然生态系统物质循环方式，通过物流或能流传递把不同工厂或企业连接起来，形成共享资源和互换副产品的产业共生组合，建立“生产者—消费者—分解者”的物质循环方式，使一家工厂的废弃物或副产品成为另一家工厂的原料或能源，以寻求物质闭环循环、能量多级利用和废弃物产生最小化。

7.2.1.2 生态产业园区类型

生态产业园区经过30余年建设，发展出了多种类型。国内外学者从区域位置（Lowe，1998）、形成过程与发展历史（Chertow，2007）、原始基础（袁增伟等，2004）、成员地理位置（王兆华和尹建华，2005）和自然仿生关系（郭翔和钟书华，2005；宋小龙等，2008）等方面开展了类型划分。

（1）根据原始基础划分

根据园区的原始基础，可以将园区划分为现有改造型和全新规划型。现有改造型园区通过对现有企业的适当技术改造，在区域成员间建立起废弃物和能量交换的关系（文娱和钟书华，2006a）。如美国田纳西州查塔努加（Chattanooga）生态产业园，是全球节能降耗与效益增进的典型代表。此园区曾经是一个全美污染严重的制造业中心，后来杜邦公司提出企业再造工程，推行企业“零排放”改革（以尼龙线头回收为核心），不仅减少了污染，而且还带动了环保产业的发展，在老工业园区开拓了新的产业空间。园区的突出特征是重新利用老工业企业的废弃物，以减少污染和增进效益（侯瑜，2009）。现有改造型园区的革新方式对老工业区改造很有借鉴意义，我国广西贵糖、新疆石河子生态产业园区均属于此类。

全新规划型园区是在良好规划和设计的基础上从无到有地进行建设，主要吸引具有“绿色制造技术”的企业入园，并创建一些基础设施，促进企业间废水、废热等的交换（Shi et al，2012a，b）。这类产业园区由政府或管理者主导，将不同的企业聚集起来相互交换废弃物和副产品，一般投资较大，对其成员要求也较高。如位于美国俄克拉何马州的乔克托（Choctaw）生态产业园区，依托所在地丰富的废轮胎资源，采用高温分解技术得到工业用炭黑、塑化剂和废热等产品，构建核心生态产业链，进而扩展为全新的产业共生网络（侯瑜，2009）（图7-1）。我国长沙黄兴、广东南海、天津泰达均属于全新规划型园区。

（2）根据成员地理位置划分

Lowe（1998）根据园区成员的地理位置，将生态产业园区划分为实体型和虚拟型两类。实体型园区的成员在地理位置上聚集于同一区域，共享各类基础设施，可以通过管道设施或短距离运输进行成员间的物质、能量交换，从而寻求经济效益和环境效益最大化（Domenech and Davies，2011），例如卡伦堡产业共生体。虚拟型园区的成员不需要在同一地理范围内聚集，而是利用现代信息技术和交通运输技术，建立成员间合作关系从而形成相对松散的产业共生网络。此类园区一般在计算机上建立成员间的物质能量交换联系，然后在现实中通过供需合同加以落实，这样园区企业共同构成一个不受地域限制的共生体系。虚拟型园区的优点是可以在较大范围内充分循环副产品及废弃物，为整个区域带来可观的经济效益和生态效益；其次，可以根据市场变化灵活选择合作伙伴，减少市场风险的冲击。另外，可以减少购地、搬迁、基础设施建设等费用，节省了园区建设的成本投入。虚拟型园区的缺点是可能会承担较高的运输费用（李有润等，2001）。最为典型的是美国布朗斯维尔（Brownsville）生态产业园区（Martin et al，1996）。

美国Brownsville生态产业园区位于美国与墨西哥交界处，由于其特殊的地理位置，这个园区的范围已经从美国扩展到墨西哥Matamoros。在原有成员的基础上，通过招募新成员（如引入热电站、废油、废溶剂回收厂等）担当该园区“补网者”角色，与现有企业互补以增强废弃物交换（图7-2）。

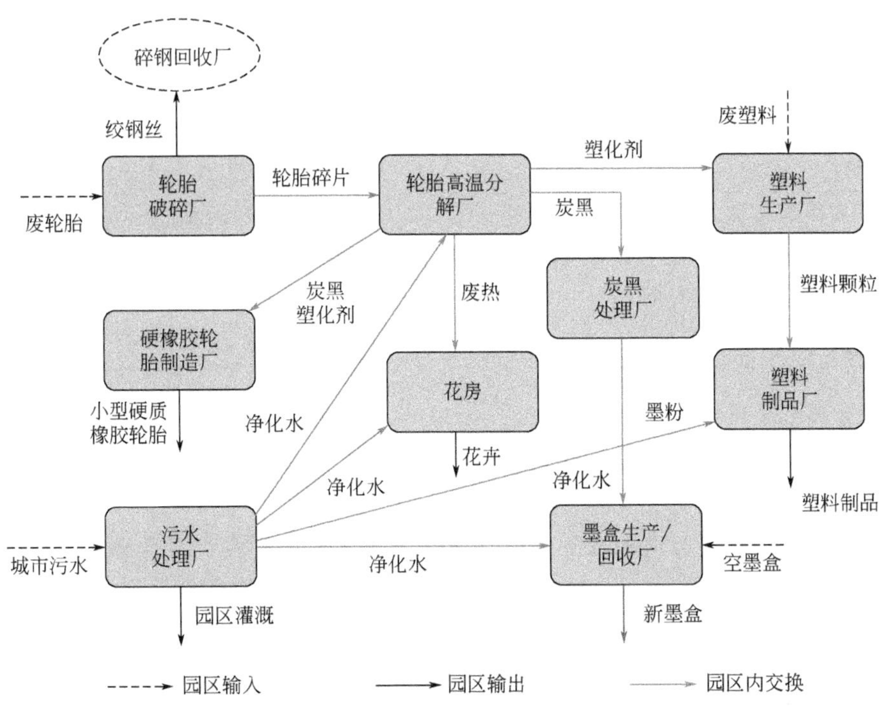

图 7-1　美国 Choctaw 生态产业园区的生态链条

注：参考自 Shi 等（2012a）。

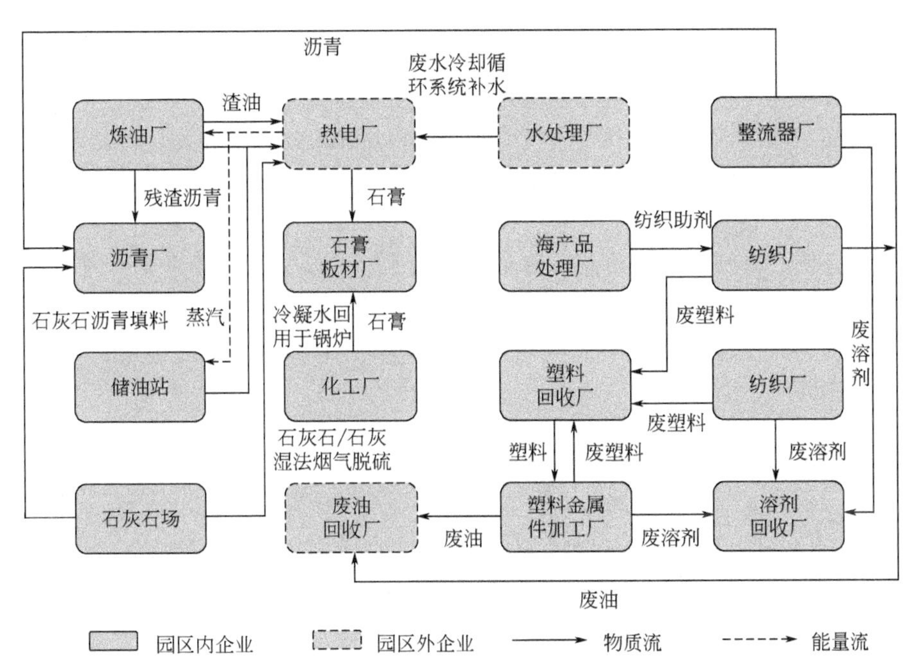

图 7-2　美国 Brownsville 生态产业园区生态链条

注：引自 Martin 等（1996）。

7.2.2 结构和功能规划

自然生态系统中物质、能量、信息在生产者、消费者和分解者之间流动与循环利用，无废弃物可言。通过模拟自然生态系统，在生态产业园区结构和功能规划中设计“生产者（资源生产)—消费者（加工生产)—分解者（还原生产）”的循环路径，可使得资源与能源的利用最大化，废弃物排放最小化（王灵梅和张金屯，2004)。电力设备、运输系统、通信系统等基础设施分别是生态产业园区能量流、物质流和信息流的传输通道，其建设是保障物质流、能量流和信息流通畅的前提。

7.2.2.1 生态结构规划

结合生态学基本理论，根据企业特点及其在生态产业链中位置，将园区内企业划分为生产者、消费者和分解者，模拟自然生态系统的结构，构建产业生态系统。

（1）规划原则

生产者主要承担将不可更新资源、可更新资源和废弃物资源引入生态产业园区的任务，并以可更新资源逐渐代替不可再生资源为目标，为产业运行提供初级原料和能源。生产者包括物质生产者和技术生产者。物质生产者主要为其他成员提供物质、能量，提供的原料可以是从环境获取的基本原料，也可以是废弃物资源；技术生产者以向其他成员提供无形的技术产品为目标，为生态产业链的减物质化提供支持。

消费者是以生产过程无浪费、无污染为目标，利用生产者提供的原料组织生产，生产中间产品或最终产品的企业。分解者要将各种副产物、废弃物资源化，或对其进行无害化处理，如污水处理厂、垃圾处理厂、资源回收利用企业等，是保证产业体系生态化和共生性的必要条件。如园区需建立废弃物资源化中心，负责各企业的废弃物回收利用、交换或最终处置，从根本上解决废弃物和废旧资源的循环利用和处置问题。废弃物资源化中心应设立各种形式的资源回收处理厂，回收园区中单个企业无法自身解决的废弃物，构建静脉生态产业链，例如建立垃圾焚烧厂、塑料厂和净水剂厂等，回收利用生活垃圾、废塑料、废铁屑和废铝屑。

值得注意的是，在园区生态角色不健全的情况下，可以引入区外企业作为补链，通过计算机信息系统与园区内成员进行物质、能量和信息交换，实现远程的生态产业链衔接，进而构成产业共生网络，在园区生态产业链条关系的带动下也可以实现对传统产业的提升和改造。此外，管理机构、市场机制以及政策体系均是园区不可缺少的软环境。如广东南海生态产业园区、长沙黄兴生态产业园区在规划中基于企业特点明确了成员的生态角色，划定了生产者、消费者和分解者企业，并构建了生态产业链条。

（2）广东南海环保生态产业园

园区规划涉及 19 家企业，包括园区核心区 12 个企业及园区外 7 个企业（陶瓷厂、铝型材厂、塑料厂、零部件厂、计算机厂、线路板厂和电镀废液处理厂），它们共同组成生态产业链和产业共生网络。所有成员可分为生产者（科技服务中心、环保仪器设备厂、绿色板材厂、可降解塑料厂、溴化锂厂、陶瓷厂、铝型材厂、塑料厂、零部件厂、计算机厂、线路板厂)、消费者（活性炭厂、净水剂厂、绿色胶黏剂厂、塑料添加剂厂）和分解者（五金回收厂、合成纤维厂、吸声材料厂、电镀废液处理厂)。除此之外，集中供热站、制冷系统和废水处理厂作为园区公共基础设施，也承担着生产者、消费者和分解者的角色。园区的虚拟企业为南海现有的支柱产业，包括铝型材、陶瓷和塑料加工等企业，通过与核心区企业的物质、能量交换，使园区的示范作用扩大到城市、辐射到珠江三角洲，体现了园区对传统产业的改造和提升作用。

南海环保生态产业园区共规划 9 条生态产业链（其中 3 条为闭合生态链）：①环保仪器设备厂制造中产生的废金属，与计算机厂的废金属被五金回收厂合并回收，经重新加工成零部件，返回环保仪器设备厂和计算机厂使用；②环保仪器设备厂将制造中和消费后产生的废聚苯乙烯塑料，与可降解塑料厂的废塑料合并，生产绿色胶黏剂、活性炭和添加剂，分别供应给绿色板材厂、废水处理厂和可降解塑料厂使用；③园区外塑料厂也会提供废塑料，一并作为塑料添加剂厂和合成纤维厂的原料，进行物质的闭路循环；④绿色板材厂的木屑、树皮等废弃物可以生产胶黏剂，返回绿色板材厂加工使用，同时木屑等废弃物也可生产活性炭，应用到废水处理厂；⑤活性炭生产产生的废硫酸可与铝型材厂产生的铝渣资源化利用，生产硫酸铝型净水剂，应用于园区的废水处理厂；⑥园区废水经处理后用作环保仪器设备的清洗用水，然后梯级利用作为陶瓷生产的磨石用水；⑦溴化锂厂生产的溴化锂可应用于空调中，对集中供热提供的余热进行制冷，在园区内为新型空调器的应用起到示范作用；⑧线路板厂生产的线路板可供计算机厂和环保仪器设备厂使用；⑨将园内企业不可回收的废塑料、废木材（经多次回收利用已无法再用或材料已受污染无回用价值）焚烧，回收热量，进行集中供热，满足活性炭、板材和塑料等厂家生产用能的需要（图 7-3）（薛东峰等，2003）。

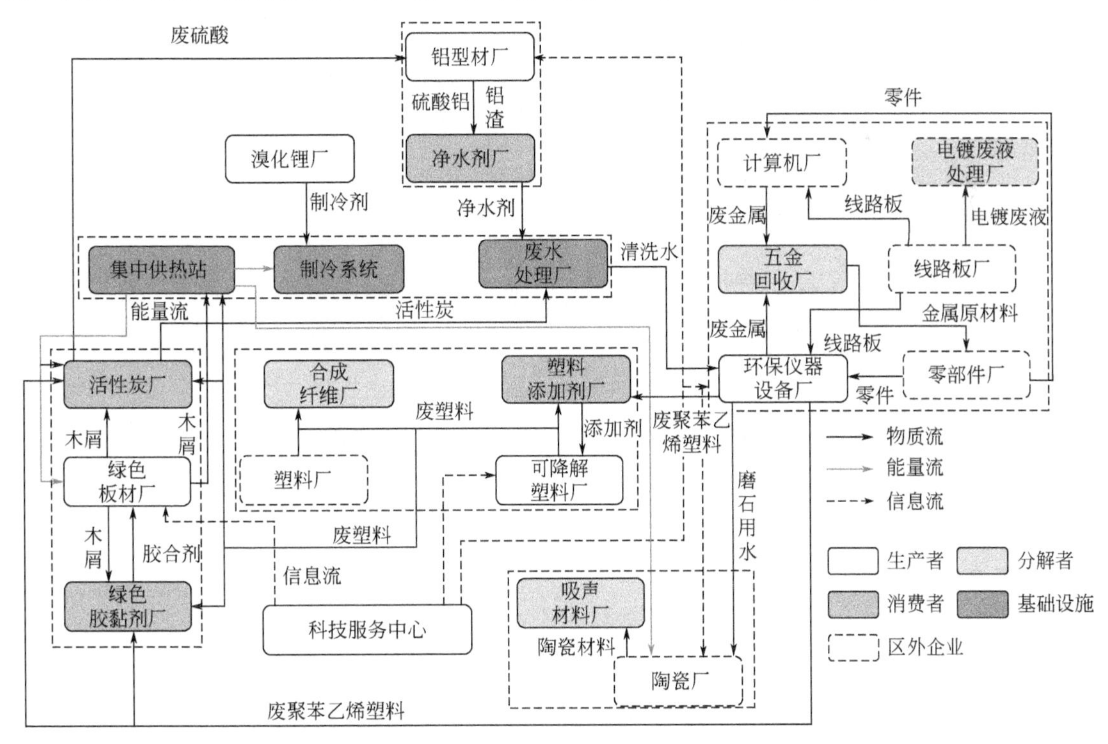

图 7-3 广东南海生态产业园区生态链条

注：引自薛东峰等（2003）。

南海环保生态产业园区的建设产生了广泛的经济效益和生态效益。采用木材废料和废旧聚苯乙烯塑料生产绿色胶黏剂成本下降 42%～59%；与传统的氯化锌法相比，活性炭每吨生产成本下降 1000 元。洗涤工段采用多级逆流洗涤工艺，不仅节约用水，而且大大提高了洗涤效率，回收的高浓度酸可用于净水剂生产，仅此两项每年可创造经济效益240多万元。回收炭化和活化过程的余热，可实现能量的梯级利用，单位产品能耗降低1/3。与分散供热相比，集中供热的锅炉热效率从原来的30%～40%上升至70%～80%，可节约煤、气、油等能源约25%，节电约20%，节省各用户投资约30%～40%，占地面积减少40%～50%，粉尘排放量减少30%左右；集中供热的余热采用溴化锂制冷剂制冷，每年节电约25GW·h，节约开支约100万元。

（3）长沙黄兴生态产业园区

长沙黄兴是我国第一个以高新技术产业为主导的多产业生态园区，优先发展的是电子信息、新材料、生物制药和环保四大类企业，并据此规划构建多个物质和能量传递链条，形成复杂的产业生态群落（图7-4）（王江峰等，2004）。园区主要针对四大产业划分生产者、消费者和分解者，并设计了产业内部、产业之间以及与区外企业间的物质与能量交换。其中生产者主要有16家，消费者主要有23家，除电子产业无分解者外，其他产业中主要有10家分解者。

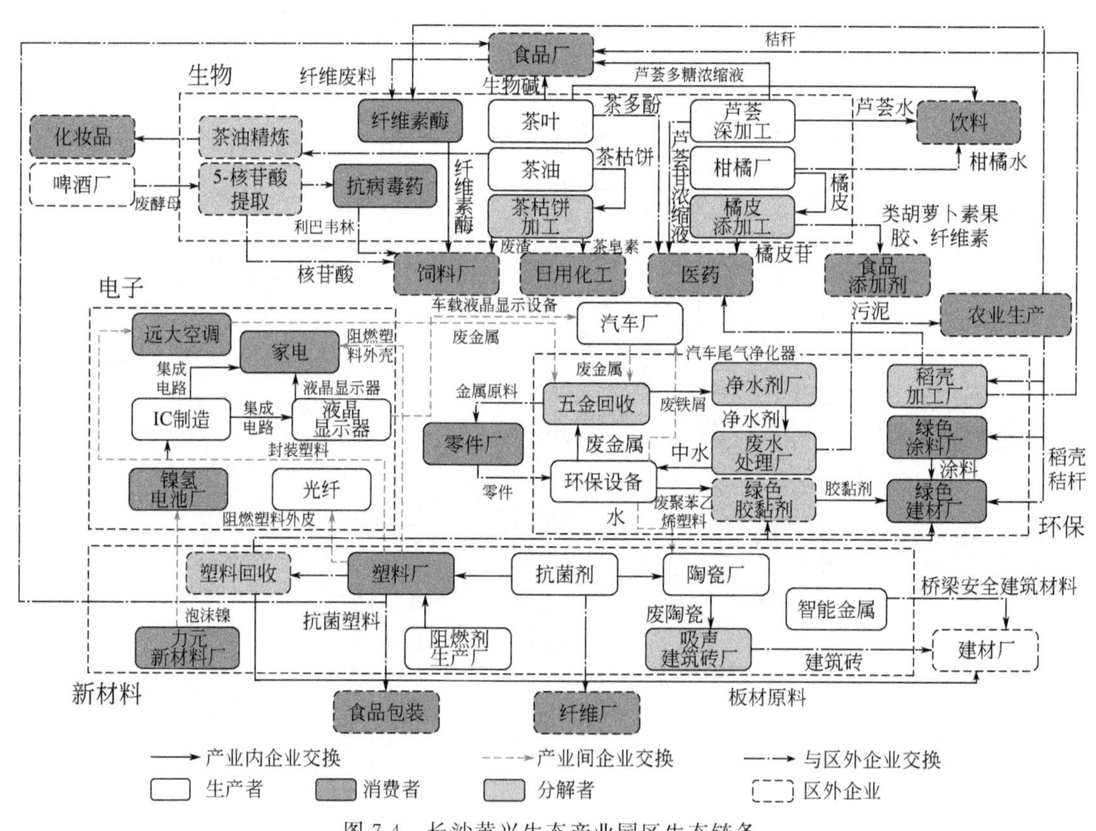

图7-4　长沙黄兴生态产业园区生态链条

注：引自王江峰等（2004）。

电子产业生态群落大力发展高新技术产业和信息产业，主要以家电生产企业、集成电路制造企业、远大空调和液晶显示器生产厂为核心。规划的产业内生态链条为集成电路产品提供给家电生产厂和液晶显示器厂使用，液晶显示器产品可用作家电的生产。规划的产业间生态链条主要集中在电子产业与环保产业、新材料产业、汽车产业以及区外产业的连接。如远大空调厂产生的大量废金属由五金回收公司（环保产业）回收，用来生产小型金属零部件；

远大空调、家电、集成电路和光纤厂接收来自新材料产业的阻燃塑料产品，作为包装、外壳、封装、外皮材料；力元新材料厂（新材料产业）的泡沫镍可作为电池厂的原料生产新型镍氢电池；液晶显示器产品可用作车载显示设备，而光纤产品用于园区信息网络建设。同时，园区内电子元件生产企业可为区域的电器企业提供集成电路、液晶显示元件等产品（罗宏等，2004）。

新材料产业生态群落规划了抗菌材料、抗静电阻燃材料和智能金属材料等产品交换。规划的产业内生态链条为抗菌剂产品提供给陶瓷厂（抗菌陶瓷是理想的卫生洁具）和塑料厂生产抗菌产品，（塑料）利用阻燃剂厂的产品可生产阻燃塑料，作为家电、电子产品的外壳。同时，陶瓷厂的废渣可提供给吸声建筑砖厂生产建筑砖。规划的产业间生态链条主要体现在与环保产业、区外企业的连接。如塑料厂的废塑料可以提供给绿色胶黏剂厂和绿色建材厂使用；抗菌剂产品也可以供纤维厂生产抗菌纤维。同时，园区抗菌塑料产品可提供给区外多个食品公司作包装材料；智能金属厂产品可作为重要地段的建筑材料，提高建筑的安全性（罗宏等，2004）。

生物制药产业生态群落以茶油提炼、芦荟加工、纤维素酶、柑橘加工、茶叶加工、5-核苷酸生产和抗病毒制药为核心企业。规划的产业生态链条大多体现与区外企业的连接。如茶油提炼用于化妆品生产，而产生的茶枯饼可提炼茶皂素用作日用化工原料，废渣作为饲料生产的原料；榨取的柑橘水用于饮料生产，橘皮深加工提取的类胡萝卜素、果胶、纤维素可作为食品添加剂的原料，废渣中提炼的橘皮苷可作为医药加工的中间体；芦荟水也可以生产饮料，芦荟苷浓缩液用于医药生产，芦荟多糖浓缩液用于食品加工；农业秸秆和食品厂的纤维废料可作为纤维素酶制取的原料，用于饲料生产；以区外啤酒厂的废酵母为原料提取5-核苷酸，可作为医药中间体生产抗病毒药（罗宏等，2004）。

环保产业是以环保设备生产厂、绿色建材厂、绿色涂料厂为核心，辅以五金回收企业、净水剂生产厂和绿色胶黏剂厂的企业群落，主要集中于电子、新材料产业以及与区外农业生产、零件加工的连接。如环保设备生产厂研发尾气处理设备，增强区域机动车产品的竞争力，同时产生的金属边角废料可提供给五金回收企业，其中较高品质的金属原料可提供给零件厂生产环保设备零件，从而形成一个闭合循环；低品质的废铁屑可作为净水剂的原料，提供给废水处理厂用于生产铁系净水剂；废水处理厂的中水可满足用水品质不高企业的需求（如环保设备厂），而污水处理产生的污泥可考虑提供给农业生产使用。大量稻壳、秸秆等农业废弃物直接燃烧，不仅利用效率低且污染环境，绿色建材厂、稻壳加工厂和绿色涂料厂可回收这些废料。汽车、摩托车等机械加工类企业及其配件厂、铝型材加工企业是区域重要的支柱产业，在生产过程中会产生大量的废旧金属废料，五金回收公司对此加以回收、分类，提供给相应企业作原料，可生产一些小型金属制品、颜料和净水剂等产品，达到变废为宝的目的（罗宏等，2004）。

7.2.2.2 功能集成规划

借鉴自然生态系统的食物链网原理，开展物质集成、能量集成、水集成和信息集成的设计与规划，模拟自然生态系统的功能关系，实现资源利用效率和污染排放效率的提升（周戎，2010）。

（1）规划原则

功能集成规划是依据企业在类别、规模等方面的匹配关系，构筑物质循环链、能量梯级利用链、水循环利用链，加强物质循环利用、能量/水层叠利用，建立信息畅通传递渠道，实现物质（除水以外）、能量、水和信息的集成。物质集成在功能集成规划中占有核心地位，主要按照产业链路径确定成员的上下游关系，运用各种策略和工具设计废物资源化途径，调整物质流动的路线、流量和组成，促进园区产业体系循环，完成生态产业链网的构建与规划。为实现物质集成，园区需要围绕“关键种”企业拓展、增加下游的增益链条，在其外围形成资源循环、再利用、再加工的格局，同时建立一体化的资源再生体系，为成员间交换副产品和废弃物提供可行途径。

能量集成是基于能量品质的差异，根据用能企业能级需求的高低构建能量梯级利用关系，实现能量层叠利用。能量集成可从新技术采用、能量合理利用和新能源开发三方面来考虑。运用新技术加强余热（废热）回收，开展工艺节能改造，以减少能量消耗；根据实际情况合理用能，实行按质梯级用能、集中供热和热电冷联产，可避免能量损耗；开发风能、太阳能等可再生能源和清洁能源，降低不可再生能源占比，优化用能结构有利于园区的可持续发展（周戎，2010）。

水集成的目的在于减少新鲜用水量和废水产生量，主要考虑节水、开源、循环和处理4大要素（邱宇，2006），采用节水工艺、中水回用、废水循环及水分配网络等综合方式，实现废水减量化、再生回用和分级利用。水质量等级和用水需求的差异为实现分质用水、梯级利用提供了可能。一般水有5个质量等级，包括用于制造半导体芯片的超纯水、用于生物制药过程的去离子水、用于餐饮和淋浴的饮用水、用于清洁卡车与建筑物等设施的洗涤用水，以及用于草坪和树林浇灌的灌溉用水。

信息传输是物质、能量和水顺利交换的基础，信息集成是指通过信息共享与反馈，促进物质集成、能量集成和水集成，减少物质能量消耗。信息集成应注意信息的多样性和动态性，充分发挥信息在促进物质、能量流动方面的重要作用，以实现物质循环和能量梯级利用。信息集成需要管理层面和企业层面的有机结合，企业层面物质、能量和信息的变化及外界的有关信息应及时通过信息平台传递到管理层面，管理决策人员据此运用数据库、方法库和模型库，及时实施应对方案，再迅速反馈到企业层面落实具体措施，从而保证生态产业园区的顺利建设和正常运行（周戎，2010）。

（2）广西贵糖生态产业园区

广西贵糖生态产业园区是中国第一个生态产业园区。依托贵港市得天独厚的甘蔗资源，园区以贵糖（集团）为核心，针对制糖滤泥、酒精废液和造纸黑液等难以治理的污染问题，采用物质集成、能量集成和水集成的方式，构建涵盖蔗田、制糖、酒精、造纸、热电联产和环境综合处理等主体的产业共生网络（图7-5）。

园区依托于贵糖产生的副产品和废弃物拓展生态产业链，实现了物质横向耦合和纵向闭合。横向耦合体现在两条主要生态链，并在一定程度上形成了网状结构。制糖厂输出的蔗渣可作为造纸厂的主要原料，制糖产生的废糖蜜被酒精厂综合利用生产酒精，酒精废液经过浓缩、干燥和补充必要养分后，制成复合肥，不仅消除了环境污染，还可以实现资源共享，整个物流过程没有废弃物概念，只有资源概念，变污染负效益为资源正效益。纵向闭合体现在同为“源”与“汇”的蔗园，它既是制糖工业的起点，也是接收的终点。蔗园利用肥料、水分、空气和阳光生产甘蔗，成为制糖工业的原料，制糖产生的废糖蜜制成复合肥回到蔗田，体现了“从源到汇再到源”的封闭路径（Zhu et al.，2007）。物质集成还体现在飞灰（发电厂）、滤泥（制糖厂）、白泥（造纸厂）作为水泥原料，白泥（造纸厂）、废 CO_2（制糖厂和

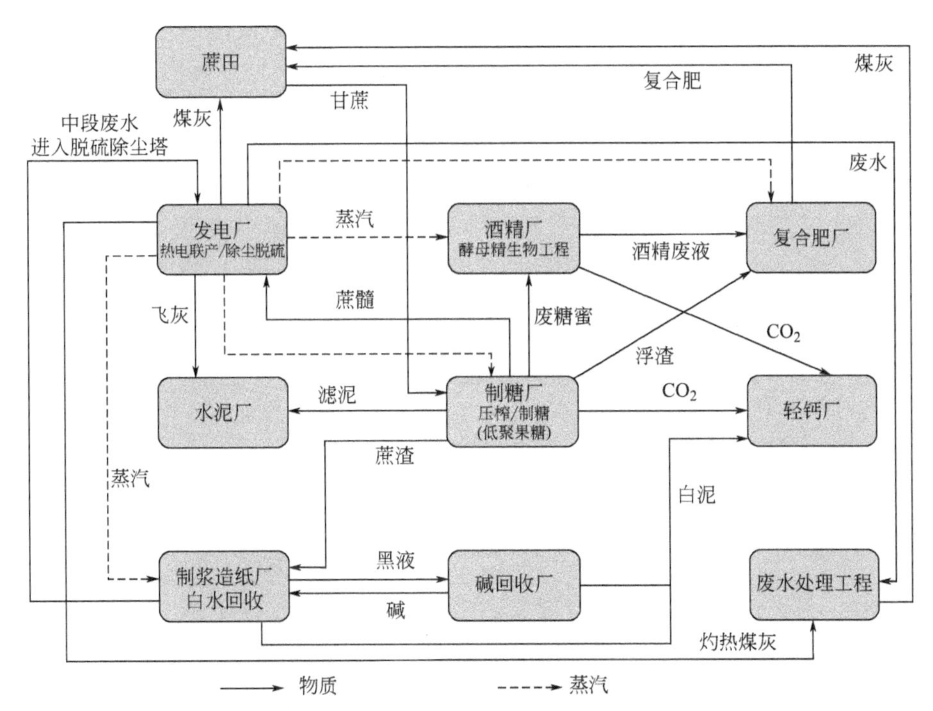

图 7-5　广西贵糖生态产业园区生态链条

注：引自 Zhu 等（2007）。

酒精厂）用于生产轻质碳酸钙，煤灰（热电厂）可作为污水处理的吸附剂，煤灰和污泥（污水处理厂）用作蔗田肥料。

发电厂是园区蒸汽和电力的提供者，与园区其他成员的关系非常密切。发电厂使用甘蔗制糖的副产品（蔗髓）替代部分燃料煤，采用热电联产技术，向制糖、酒精、造纸以及其他辅助系统供应蒸汽和电力。制糖工艺产生的冷凝水、凝结水经过冷却、曝气等处理后进行回用。造纸中段废水和白水经深度处理后，可回用或达标排放。发电厂锅炉的含硫烟气（酸性）与造纸中段废水（碱性）通过脱硫除尘塔进行中和反应，可减少污染物的排放。

园区在节约资源、减少污染方面成效显著。每年酒精生产可节约 60 万吨玉米消耗量，蔗渣造纸每年可避免 60 万立方米木材消耗，造纸脉冲水回用每年可减少 1584 万吨新鲜水消耗。同时，园区建设与发展也在很大程度上解决了广西制糖业的结构性污染问题，园内造纸厂和酒精厂的生产收集了贵港市周边糖厂的蔗渣和广西境内约 93％的废糖蜜，从而实现了园区、贵港及至广西的区域整合，对区域产业升级改造具有辐射作用。

（3）山东鲁北化工生态产业园区

山东鲁北化工生态产业园区是横跨化工、建材、轻工等 10 个行业的大型化工企业，是目前世界上最大的磷铵、硫酸、水泥联合生产企业，也是全国最大的磷复肥生产基地。磷石膏废渣难利用、难处理是制约磷复肥工业发展的世界性难题，园区有机整合了磷铵—硫酸—水泥联合生产线（简称 PSC）、海水一水多用产业链和热电厂，在盐碱荒滩上规划建设了资源共享、功能完善的产业共生网络。

传统磷矿石制磷铵工艺的钙、硫元素以磷石膏的形式排放到环境，而本园区的磷铵、硫酸、水泥联合产业链（简称 PSC）通过设计水泥煅烧工艺，回收利用了磷石膏中的钙、硫元素。磷矿经粉磨后与硫酸反应得到磷酸，磷酸与氨气进行中和反应制得磷铵，排出的废渣磷石膏（每生产1t磷铵排放3～4t的磷石膏）与焦炭、黏土等辅助材料配制成生料，经分解、煅烧后与锅炉炉渣粉末生成水泥，二氧化硫窑气经净化、干燥、转化与水化合吸收制得硫酸，硫酸再返回用于磷铵生产，整个过程没有废物排出，资源得到高效循环利用（图 7-6）。该产业链仅以磷矿石为主要原料，磷石膏和硫酸构成了从源到汇再到源的纵向闭合，避免了硫铁矿（生产硫酸原料）和石灰石矿（生产水泥原料）的开采，同时消除了生产磷铵排放的磷石膏废渣、生产硫酸排放的硫铁矿废渣（冯久田，2003；杨砾等，2004）。

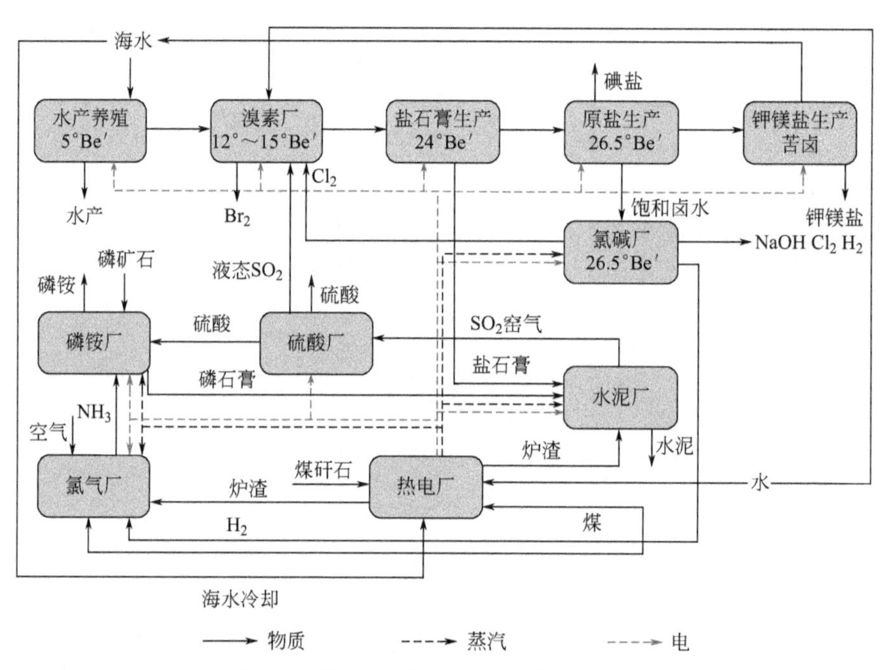

图 7-6　鲁北化工生态产业园区生态链条

注：引自冯久田（2003）。°Be′为波美浓度，如5波美浓度，表示质量分数为5%。

园区的水集成主要是利用海水逐级蒸发、净化原理，构建了“初级卤水养殖、中度卤水提溴、饱和卤水晒盐、高级卤提取钾镁”的海水“一水多用”生态产业链。同时，盐田废渣盐石膏可制硫酸联产水泥，海水送热电厂作冷却水，饱和卤水通过管道直接输送到氯碱装置生产烧碱。热电厂以劣质煤和煤矸石为原料，采用循环流化床技术和海水直流式冷却技术生产蒸汽和电力，坚持按质用量和梯级利用原则，为园区其他成员提供能量。热电厂经热交换升温后的海水重新回到海水“一水多用”产业链，提高了溴素提取和海盐制取的效率，减少了有效热能的损失。水泥厂分解窑中的高温窑气和需预热的水泥生料进行四级换热，提高了热能利用效率，实现了热量的多级利用。

磷铵、硫酸、水泥联合产业链与同等规模单一产品的企业相比成本下降了30%～50%，园区产生的废料大部分转变为原料，既有效地解决了环境污染问题，又拓展了硫酸和水泥生产的原料来源，取得了良好的经济效益和生态效益。同时，还能减少磷石膏堆场建设的费用，节省石灰石（生产水泥）和硫铁矿（生产硫酸）的开采费用，以及消除水泥生产的温室气体排放。

7.2.3 规划内容与方式

7.2.3.1 规划内容

生态产业园区规划的对象主要为未开发区域、传统产业园区及污染区域。不管是哪类规划对象，生态产业园区规划的编制均需从园区现状的分析、建设的可行性与必要性、规划目标、结构与功能规划（生态角色，物质、能量、信息集成等）、投资与效益分析及建设保障措施等方面展开（高建军，2014）。

（1）现状分析及建设的可行性和必要性分析

此部分是规划编制的前提与基础，主要调研园区及区域经济、社会、资源和环境状况，了解当地政府对园区规划的总体要求，全面考虑园区建设对区域经济、社会和生态环境的正负向影响，分析园区建设的可行性和必要性，包括建设意义、优劣势和存在风险等方面。

（2）规划目标设置

明确园区建设的指导思想及基本原则，在此基础之上确定园区建设发展的总体目标。依据园区建设的总体目标，进一步拆分为若干子目标，明确园区发展的近、中、远期目标和具体指标。

（3）结构和功能规划

结构和功能规划是核心内容，具体包括企业选择和改造，生态链网络构建，生态角色确定，以及物质、能量、信息、水的集成。合理规划生态产业链条的上、中、下游企业，确定企业的生产者、消费者和分解者角色及其交换关系，最大程度促进物质循环、能量和水梯级利用，以及信息通畅。

（4）重大项目及投资与效益分析

为保证规划的可行性和可操作性，需引进关键的生态产业链项目，包括推进现有产业链的网络建设、延伸现有产业链长度、新增高关联度的网络节点，并且预测规划实施后为园区和区域带来的社会效益、经济效益和生态效益。

（5）建立健全园区保障体系

从组织机构建设、政策措施和经济技术手段等方面构建保障体系，包括生态管理制度、基础设施建设、产业政策、科技创新、公众支持和入园项目的招商评价系统及建设评价指标体系等，以此来保证园区良好运行。

7.2.3.2 规划方式

生态产业园区规划应该从何处入手呢？按照规划对象的组织层次，有自下而上和自上而下两种方式和思路。

（1）自下而上式

自下而上式源于企业环保意识提高和潜在的利益激励，是由企业发起，逐渐形成产业共生网络和上层管理体系的规划方式。此规划方式一般开始于企业内或企业间的一些小举措，如单个企业在追求成本减量、经济增长或企业规模扩增的目标下，刺激和鼓励邻近企业，共同寻求交换废弃物和副产品的机会，以达到减少资源消耗和废弃物处理成本的双赢目的。同时，政策、法规、标准的约束和激励也为企业发展创建了良好的市场环境，在各方利益的驱使下，企业间相互合作，副产品和废弃物交换逐渐形成规模，构建产业共生网络。这种规划方式在印度、瑞典、南非、荷兰、加拿大和美国等国家广泛采用（高建军，2014）。

例如，卡伦堡产业共生体就是自下而上自发形成的，最初并无详细的规划或管理决议，主要靠市场力量驱动（经济获利），遵照共生各方两两之间的协议（直接销售、以货易货、友好协作等），再辅以政策保障和管理支持不断形成。

（2）自上而下式

自上而下式源于政府或管理层的规定和要求，即政府或者其他组织充分考虑各方面利益，提出规划设计方案，而后引进相应企业的规划方式。此方式首先需确定园区发展定位，编制园区经济和环保等各方面的规划，并将其转化为可测量的标准，最终通过吸引有意愿的企业加入园区，实现规划的初衷。这一过程需要一个组织或机构来负责，发起和实施项目并监督转型。中国现在建设的生态产业园区大部分采用这种推进方式（秦丽杰，2008）。

自下而上的规划方式可以较快适应市场环境的变化，但容易导致园区内某些价值不大的副产品或废弃物积存下来，不利于园区整体的生态化转型；而自上而下的规划方式充分考虑了各方面的利益，可促进园区与区域社会经济、环保等相关规划的融合，但存在着对市场变化不敏感的问题。

7.3 产业共生网络分析

生态产业园区作为产业共生网络，其基本构成单元是节点和路径。节点（compartment）为参与园区运行的成员或主体，可以是企业、工序或基础设施等；路径（flowpath）是连接两个节点的有向线，是节点间物质、能量和信息传递的通道。以企业为节点时，会与其他节点交换产品、副产品和废弃物等物料流，蒸汽、电等能量流，技术、劳务等信息流。当需要特别关注某些与经济主体密切联系的自然主体时，也会将其作为网络模型的节点，以充分体现经济主体与自然主体间的关系。网络分析是模拟产业共生网络结构与功能特征的方法，一般包括社会网络分析方法和生态网络分析方法。

7.3.1 网络结构分析

社会网络分析方法（social network analysis，SNA）的核心在于从“关系”出发研究社会现象和社会结构（刘军，2004），研究重点不是社会主体（如个体、群体、组织等），而是主体间的关系。在确定主体和主体间传递的基础上，判断是否有“关系”的存在，建立邻接矩阵 $\boldsymbol{A}$。邻接矩阵中“列”位置代表关系的发送者，“行”位置代表关系的接受者。网络路径无权重，用 0 和 1 表示，如果主体间有关系，那么矩阵元素记为 1，即 $a_{ij}=1$，否则为 0，即 $a_{ij}=0$。基于邻接矩阵，提出反映网络结构特征的测度指标（Scott，2000），包括中心势、网络密度、平均距离、核心-边缘结构分析和凝聚子群分析等。中心势反映网络节点中心性的平均状况，刻画网络资源聚集能力的大小（第 4 章介绍过相关内容）。网络密度与平均距离均可以反映网络的紧密程度，网络密度表示园区成员间的直接联系，而平均距离则用任意两个节点间的平均最短距离表示园区成员间的间接联系。核心边缘结构、凝聚子群则是依据网络成员的关联性，分析产业共生网络中子网络间、小团体间的关系（韩峰，2017）。

7.3.1.1 紧密程度分析

网络密度（network density）是反映网络完备程度及成员参与交流积极程度的基本指

标，用网络中实际的边数 L 与理论最大可能边数的比值来表示。如果一个网络中所有节点均直接相连，那么这个网络密度就达到最大值，等于它所包含的总对数，即 $n(n-1)$。节点数不变，网络密度越高，网络结构鲁棒性越强，结构的弹性越低。密度值介于 0 和 1 之间，值越接近 1 则代表彼此间关系越紧密。网络密度 ND 计算公式为

$$ND=\frac{L}{n(n-1)} \tag{7-1}$$

式中，ND 是网络密度；n 是网络规模（节点数）；L 为网络实际拥有的连线数。

网络密度关注的是距离为 1 的情形，而平均距离则关注两成员间交流所经过的路径数，反映了一个节点连接到其他节点的难易程度，一般大于 1。平均距离（average distance）是指产业共生网络中任意两个节点对之间捷径距离的平均值，代表网络节点间的分离程度，它是网络节点间进行物质、能量和信息交流所需经过的“路程”的长短，反映传递效率的衰减程度。研究表明，现实社会网络模型的最大密度是 0.5（刘军，2004），其计算公式为

$$AD=\frac{\sum_{i=1}^{n}\sum_{j=1}^{n}d_{ij}}{n(n-1)} \tag{7-2}$$

式中，AD 是平均距离；d_{ij} 是节点 i 与节点 j 之间的捷径；n 是网络规模（节点数）。

选择 9 个生态产业园区开展网络结构特征的对比分析，结果表明网络密度总体偏低，均不超过 0.3，说明各园区内成员之间的资源交换联系较为稀疏，可挖掘的共生潜力较大。新疆石河子共生网络密度最大，达到 0.3，表明园区成员间物质、能量交换多，网络完备程度较高；网络密度最低的长沙黄兴，相对于石河子低一个数量级，只有 0.018，表明园区网络结构稀疏，成员间相对松散，这可能与园区中成员数量多、网络规模大有关系。9 个园区的平均距离均低于 4，鲁北平均距离最大，达 3.629。说明鲁北园区中任意两个成员之间平均通过 3 个以上成员可以相互连通。天津泰达网络的平均距离最小，只有 1.371，表明该园区成员到达其他成员较容易，两个成员间经过不超过两个中间成员就能实现物质、能量和信息的传递（图 7-7 和表 7-1）。

7.3.1.2 子网络分析

核心-边缘（core-periphery）结构分析依据网络节点间联系的紧密程度，将网络中的节点分为核心与边缘两个区域，目的是明确“网络中哪些节点处于核心地位?”“哪些节点处于边缘地位?”“‘边缘’的各个成员之间是否存在关联?”“‘核心’和‘边缘’之间是否存在关联?”等问题，确定核心→核心、核心→边缘、边缘→核心和边缘→边缘四种类别的关系数、比例结构。凝聚子群（cohesive subgroups）又称为“小团体”，是测量网络结构的重要指标之一，基于“成分”“派系”等分析可以确定网络的最大关联子图。

核心-边缘结构分析结果表明，长沙黄兴、Styria 和 Kalundborg 园区的核心节点占比在60%以上，远超过边缘节点数量，其中 Styria 的核心节点占比更高达 90%以上，而山东鲁北园区核心和边缘节点的数量基本持平。其余 5 个园区的边缘节点占比至少为 65%，数量远高于核心节点。上海吴泾、新疆石河子和 Choctaw 园区路径关联主要集中于核心与边缘节点间，相对应的，山东鲁北、Styria、长沙黄兴和 Kalundborg 园区的核心节点间路径数量较为突出，而边缘节点间交换频繁的园区仅为天津泰达（表 7-2）。

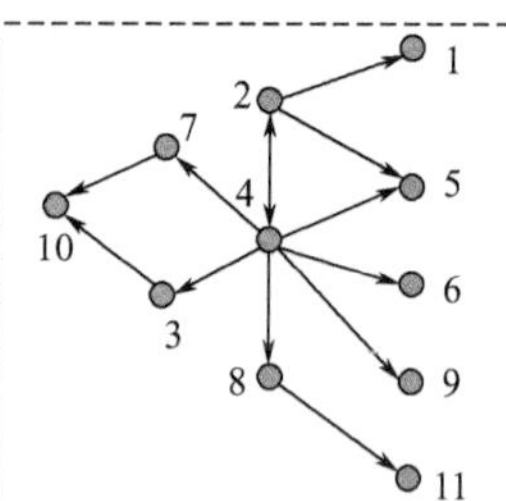

(a) Kalundborg园区
1—化肥厂；2—炼油厂；3—养鱼场；4—火电厂；5—石膏板厂；6—水泥厂；7—生物制药厂；8—卡伦堡城；9—镍钒回收厂；10—农场；11—土壤修复公司

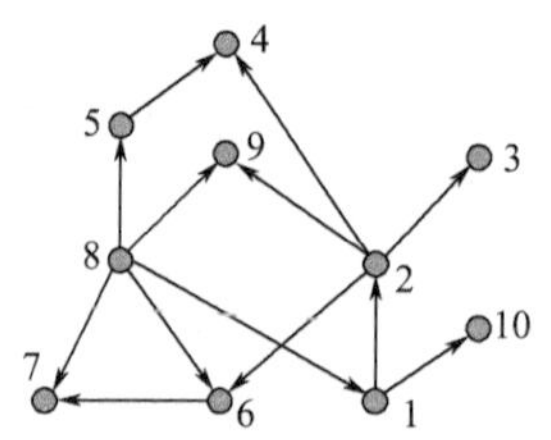

(b) Choctaw园区
1—轮胎破碎厂；2—轮胎高温分解厂；3—硬橡胶轮胎制造厂；4—炭黑处理厂；5—墨盒生产/回收厂；6—塑料生产厂；7—塑料制品厂；8—污水处理厂；9—花房；10—碎钢回收厂

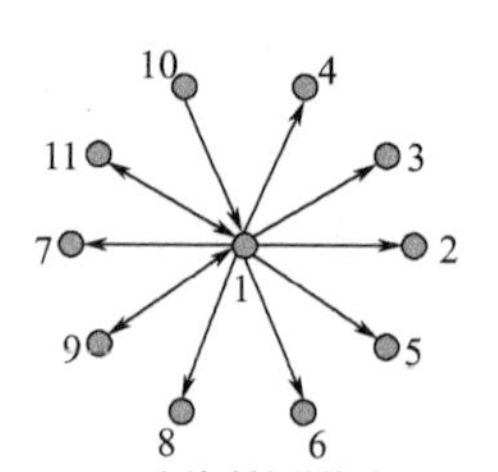

(c) 上海吴泾园区
1—上海焦化厂；2—京华化工厂；3—钛白粉公司；4—摩根碳制品公司；5—联成公司；6—双氧水公司；7—吴泾化工公司；8—中星化工公司；9—林德公司；10—氯碱公司；11—卡博特化工公司

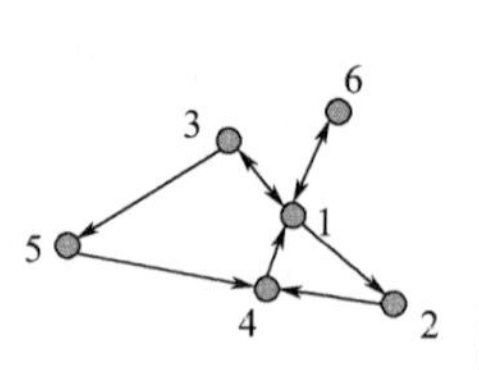

(d) 新疆石河子园区
1—种植系统；2—造纸系统；3—养殖系统；4—污水处理系统；5—畜产品加工系统；6—生态旅游

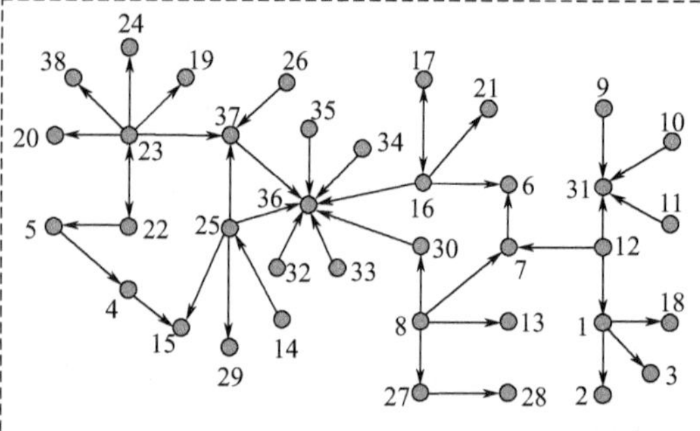

(e) Styria园区
1—造纸厂3；2—纸板厂；3—造纸厂4；4—碎料收集商；5—废水处理厂；6—采矿公司；7—造纸厂1；8—废纸收集商；9—纺织厂1；10—纺织厂2；11—化工厂；12—磨粉厂；13—造纸厂6；14—碎金属分销商；15—建材公司1；16—发电厂1；17—Voitesberg市；18—陶瓷厂2；19—水泥厂6；20—建材公司2；21—水泥厂3；22—Graz市；23—发电厂2；24—水泥厂4；25—炼钢厂；26—废旧轮胎处理厂；27—造纸厂5；28—塑料厂；29—颜料厂；30—造纸厂2；31—陶瓷厂1；32—废油商3；33—废油商2；34—废油商1；35—燃料生产商；36—水泥厂2；37—水泥厂1；38—水泥厂5

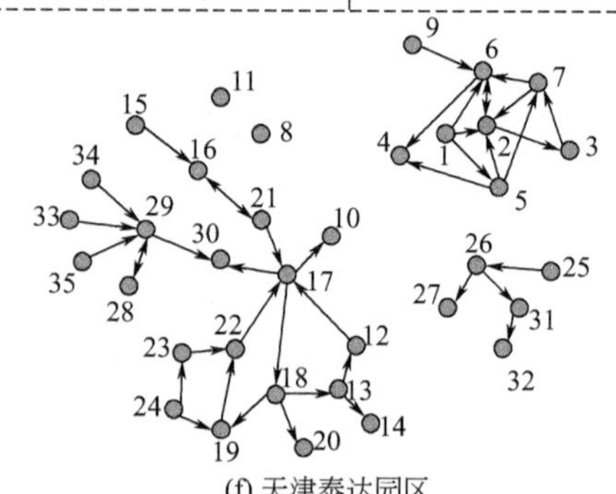

(f) 天津泰达园区
1—水处理厂；2—工商居民用户；3—污水处理厂；4—建筑公司；5—国华热电公司；6—滨海能源发展公司；7—新水源公司；8—生态园林公司；9—海水淡化厂；10—天津一汽丰田资源循环公司；11—其他丰田企业；12—天津一汽丰田模具公司；13—天津虹冈铸钢有限公司；14—其他汽车模具公司；15—天津艾达自动变速器有限公司；16—天津丰田铝冶炼有限公司；17—天津一汽丰田汽车有限公司；18—天津丰田资源管理公司；19—高丘六和(天津)工业有限公司；20—天津钢管集团；21—天津一汽丰田发动机有限公司；22—丰田汽车零部件生产商；23—CMW实业公司；24—废钢承包商；25—炼油厂；26—卡博特化工有限公司；27—化工园区；28—Tong Tee实业公司；29—天津Tobo铅回收有限公司；30—天津水泥厂；31—锦湖轮胎有限公司；32—Aoxing橡胶有限公司；33—天津摩托罗拉有限公司；34—天津汤浅电池有限公司；35—铅酸电池用户

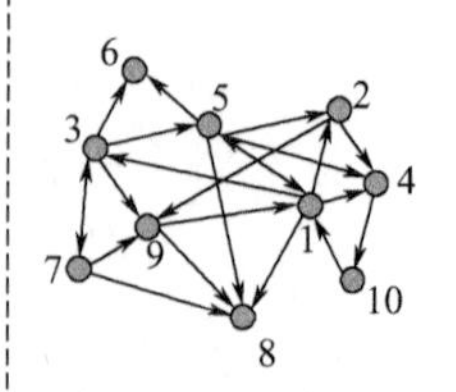

(g) 广西贵港园区
1—制糖厂；2—酒精厂；3—制浆造纸厂；4—复合肥厂；5—发电厂；6—废水处理工程；7—碱回收厂；8—水泥厂；9—轻钙厂；10—蔗田

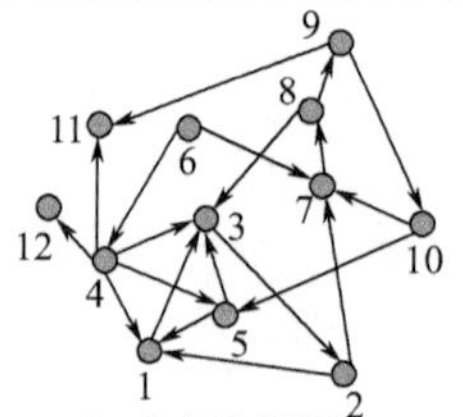

(h) 山东鲁北园区
1—磷铵厂；2—硫酸厂；3—水泥厂；4—热电厂；5—氯气厂；6—水产养殖；7—溴素厂；8—盐石膏生产；9—原盐生产；10—氯碱厂；11—钾镁盐生产苦卤；12—海域

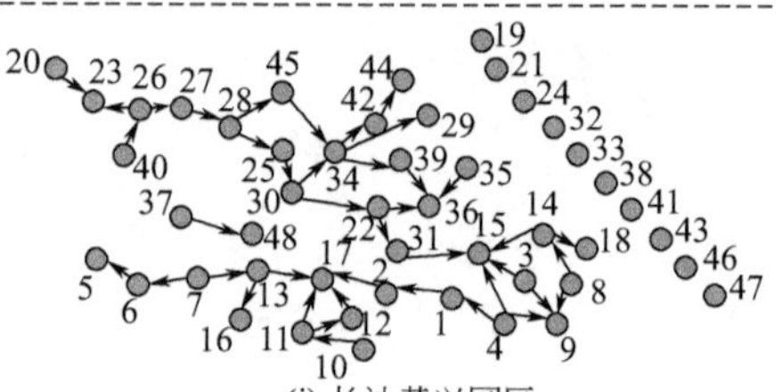

(i) 长沙黄兴园区
1—食品厂；2—纤维素酶厂；3—茶叶厂；4—芦荟深加工厂；5—化妆品厂；6—茶油精炼厂；7—茶油厂；8—柑橘厂；9—饮料厂；10—啤酒厂；11—5-核苷酸提取厂；12—抗病毒药厂；13—茶枯饼加工厂(提取油脂后的残渣处理)；14—橘皮深加工厂；15—医药厂；16—日用化工厂；17—饲料厂；18—食品添加剂厂；19—IC设计；20—IC制造厂；21—汽车制造厂；22—农业生产；23—IC集成电路厂；24—液晶显示器厂；25—净水剂厂；26—塑料厂；27—家电厂；28—远大空调；29—五金回收厂；30—废水处理厂；31—稻壳加工厂；32—光纤；33—镍氢电池厂；34—环保设备厂；35—绿色涂料厂；36—绿色建材厂；37—智能金属厂；38—力元新材料厂；39—绿色胶黏剂厂；40—塑料厂；41—抗菌剂厂；42—陶瓷厂；43—阻燃剂生产厂；44—吸声建筑砖厂；45—零件厂；46—纤维厂；47—食品包装厂；48—建材厂

图 7-7　不同生态产业园区网络结构模型

注：引自 Zhang 等（2013）。

表 7-1　网络密度、路径数量和平均距离

园区	密度 D	路径数	平均距离
Kalundborg	0.118	13	2.147
Choctaw	0.145	13	1.565
上海吴泾	0.109	12	1.675
Styria	0.031	43	1.638
山东鲁北	0.152	20	3.629
天津泰达	0.036	43	1.371
广西贵港	0.267	23	2.250
新疆石河子	0.300	9	2.033
长沙黄兴	0.018	41	3.586

表 7-2　核心、边缘节点间关联数量与占比

Kalundborg						Choctaw						上海吴泾					
路径数量			占比/%			路径数量			占比/%			路径数量			占比/%		
	C	P		C	P		C	P		C	P		C	P		C	P
C	8	5	C	61.54	38.46	C	4	8	C	30.77	61.54	C	1	8	C	8.33	66.67
P	0	0	P	0	0	P	0	1	P	0	7.69	P	3	0	P	25	0
Styria						山东鲁北						天津泰达					
路径数量			占比/%			路径数量			占比/%			路径数量			占比/%		
	C	P		C	P		C	P		C	P		C	P		C	P
C	42	1	C	95.45	2.27	C	8	3	C	40	15	C	15	0	C	34.88	0
P	1	0	P	2.27	0	P	3	6	P	15	30	P	0	28	P	0	65.12
广西贵港						新疆石河子						长沙黄兴					
路径数量			占比/%			路径数量			占比/%			路径数量			占比/%		
	C	P		C	P		C	P		C	P		C	P		C	P
C	5	11	C	20.83	45.83	C	0	3	C	0	33.33	C	40	1	C	97.56	2.44
P	2	6	P	8.33	25.00	P	3	3	P	33.33	33.34	P	0	0	P	0	0

注：C—核心子网络；P—边缘子网络。

7.3.2 网络功能分析

网络的结构特征模拟并未考虑路径的流量，如果将邻接矩阵元素为 1（$a_{ij}=1$）的值替换为相应的流量数据 f_{ij}，就形成直接流量矩阵 $\boldsymbol{F}$，进而可采用生态网络方法模拟网络功能特征。矩阵 $\boldsymbol{F}$ 中元素 f_{ij} 为节点 j 到 i 的流量，z_i 为节点 i 的环境输入，y_i 为节点 i 的环境输出，T_i 为节点 i 的输入通量。基于网络流量矩阵构建产业共生网络流量模型（图 7-8）。

根据流量模型，可建立流量矩阵 $\boldsymbol{F}$（元素为路径传递的能量 f_{ij}）和输入通量矩阵 $\boldsymbol{T}$（总输入流量），进而开展效用分析和流量分析。

$$\boldsymbol{F}=\begin{bmatrix} 0 & 0 & 1.11 \\ 10.11 & 0 & 0 \\ 10.11 & 1.01 & 0 \end{bmatrix} \tag{7-3}$$

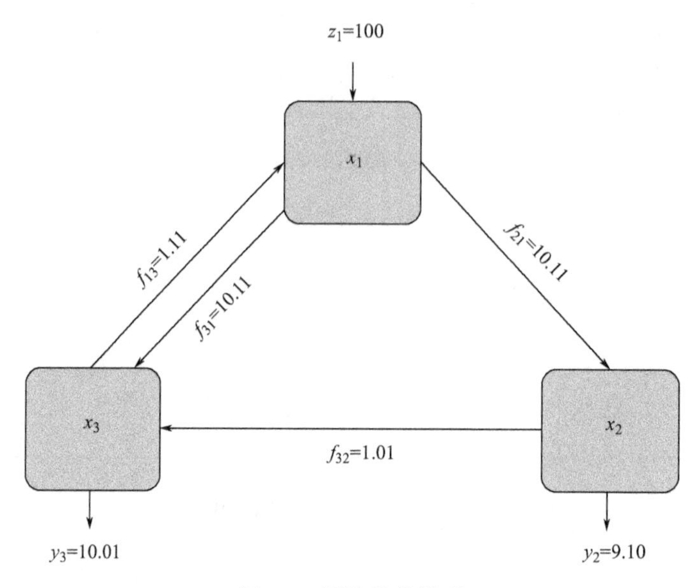

图 7-8 网络流量模型

注：引自 Fath（2007）。

$$\boldsymbol{T}=[101.11 \quad 10.11 \quad 11.12] \tag{7-4}$$

7.3.2.1 效用分析

基于流量矩阵 $\boldsymbol{F}$ 和输入通量矩阵 $\boldsymbol{T}$，可计算得到直接效用强度矩阵 $\boldsymbol{D}$，反映网络节点间净效用；再结合下面公式计算得到无量纲综合效用强度矩阵 $\boldsymbol{U}$（元素 u_{ij}），进而明确节点间利用与被利用的效用强度与利用方式（Patten，1991，1992）。

$$\boldsymbol{U}=(u_{ij})=\boldsymbol{D}^0+\boldsymbol{D}^1+\boldsymbol{D}^2+\boldsymbol{D}^3+\cdots+\boldsymbol{D}^m+\cdots=(\boldsymbol{I}-\boldsymbol{D})^{-1} \tag{7-5}$$

$$d_{ij}=\frac{f_{ij}-f_{ji}}{T_i} \tag{7-6}$$

$$T_i=\sum_{j=1}^{n} f_{ij}+z_i \tag{7-7}$$

式中，$\boldsymbol{I}$ 为单位矩阵；$\boldsymbol{D}^k$ 则反映节点间 k 阶路径的作用强度。

矩阵 $\boldsymbol{D}^1$ 反映节点间直接作用强度与方式，间接作用的传递路径长度一定大于 1，如 $\boldsymbol{D}^2$ 表示沿着 2 阶路径的作用强度，$\boldsymbol{D}^3$ 表示沿着 3 阶路径的作用强度，依此类推。单位矩阵 $\boldsymbol{I}$ 则反映流经节点的流量产生的自我反馈作用。

提取综合效用矩阵 $\boldsymbol{U}$ 中元素 u_{ij} 的正负号，可得到关系符号矩阵 sgn（$\boldsymbol{U}$），其中每个元素记为 su_{ij}，据此可以识别网络节点间的生态关系类型（Fath，2007），包括掠夺、控制、竞争、无害寄生、偏害寄生、中性、互利共生、偏利共生和无利共生 9 种关系（表 7-3）。一般而言，矩阵 $\boldsymbol{U}$ 主对角线的符号均为正，说明网络中每个节点都是自我共生的，实现了自我提升的正面收益（Patten，1991）。

表 7-3 正负号组合与对应的关系类型

项目	+	0	−
+	(+,+)互利共生	(+,0)偏利共生	(+,−)掠夺

续表

项目	+	0	−
0	(0,+)无利共生	(0,0)中性	(0,−)无害寄生
−	(−,+)控制	(−,0)偏害寄生	(−,−)竞争

在可能的9种关系中，$su_{ij}=0$的情况很少出现在产业共生网络中，这是因为中性关系、偏利共生、无利共生、无害寄生和偏害寄生不太符合市场运行规律，虽在政府干预下可能会短期存在，但从长远发展来看，这些关系类型出现的可能性偏低。因此中性关系、偏利共生、无利共生、无害寄生和偏害寄生5种关系可以不考虑。因此，根据正负号组合的不同，节点间可能出现4种生态关系类型，分别为掠夺（+，−）、竞争（−，−）、控制（−，+）和共生（+，+）。其中，掠夺关系和控制关系本质相同，只是主体对换，常被合并统称为掠夺关系。如果（su_{21}，su_{12}）=（+，−），表示节点2掠夺节点1，类似于自然界的捕食关系；相反，如果（su_{21}，su_{12}）=（−，+），表示节点2被节点1所控制，抑或是被掠夺。掠夺与控制均体现依赖关系，可能在某种程度上造成一方受益，一方受损。如果（su_{21}，su_{12}）=（−，−），表示节点1和节点2间存在竞争关系，竞争可分为有效竞争、过度竞争，因此应根据竞争关系的稳定性，识别有效竞争（短期竞争），规避过度竞争（长期竞争），促进双方协调发展，提高资源利用效率（Li et al，2012）。如果（su_{21}，su_{12}）=（+，+），那么两个节点间是共生关系，两个节点相互依存、共同发展，均可获取正面收益。

对比牡蛎礁生态网络和欧洲轮胎产业共生网络（图7-9），构建网络流量模型，分析其生态关系分布特征（陈定江，2003）。牡蛎礁生态网络中滤食动物（节点1）是生产者，被螃蟹捕食（f_{61}），其自身新陈代谢需要消耗一定的能量，同时耗散到环境中部分热量（y_1）（其他节点有类似现象），排泄物和尸体沉积在礁石残屑中（f_{21}）。残屑（节点2）是生物排泄物和尸体的混合物（f_{21}、f_{24}、f_{25}、f_{26}），同时也被多种生物作为养料进行分解或摄食（f_{32}、f_{42}、f_{52}）。微生物（节点3）是底栖动物和食碎屑动物的食物（f_{43}、f_{53}），底栖动物被食碎屑动物捕食（f_{54}），食碎屑动物又被居于食物链最顶层的螃蟹所捕食（f_{65}）。与自然生态系统相比，欧洲轮胎生产—消费—回收网络也存在着复杂的关系。轮胎生产企业（节点1）利用大量原材料（z_1）和少量循环回收的轮胎碎片（f_{15}）生产新轮胎，生产过程排放废物（y_1）和产生不合格的产品（f_{31}）。废品收集企业（节点3）将废弃轮胎的一部分（f_{43}）翻新后重新输送到消费市场（f_{24}），翻新过程需要补充新的原材料（z_4）。将部分废弃轮胎（f_{53}）粉碎制成橡胶碎片，作为原料重新投入生产，而大部分废弃轮胎或是直接填埋，或是焚烧（y_3）。

牡蛎礁生态网络和欧洲轮胎产业共生网络的综合效用矩阵$\boldsymbol{U}$见表7-4。从牡蛎礁生态网络来看，共有9对掠夺关系，占网络主导地位，同时有1对竞争关系和5对共生关系。共生关系主要集中在节点1滤食动物和节点6螃蟹，竞争关系体现在节点6螃蟹与节点2残屑之间。同样，欧洲轮胎产业共生网络也有9对掠夺关系（占主导）、2对竞争关系和4对共生关系。竞争关系主要集中于节点1轮胎生产和节点4轮胎翻新、节点5轮胎粉碎和节点6其他用途之间；共生关系集中于节点2轮胎消费，在节点1轮胎生产和节点6其他用途、节点3废品收集和节点4轮胎翻新之间也有分布。

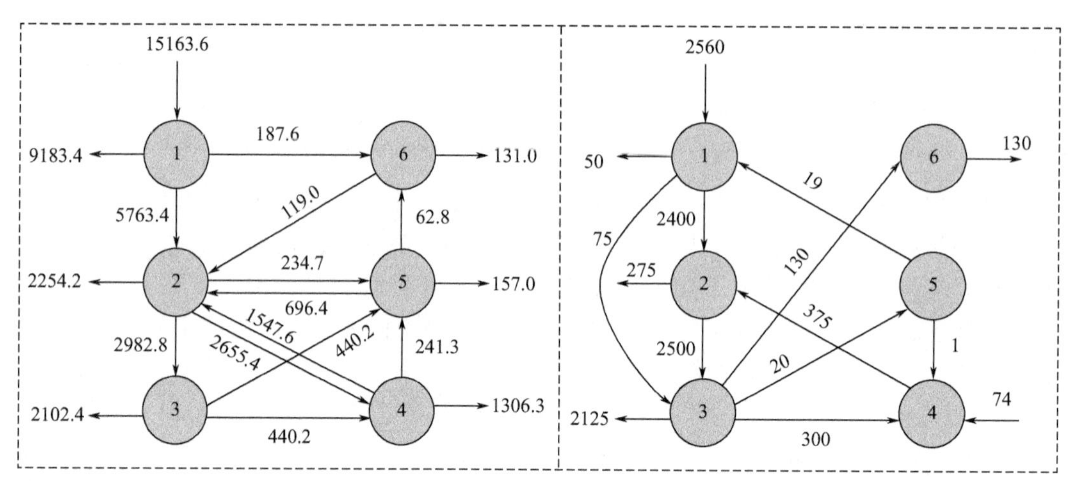

(a) 牡蛎礁生态网络
[牡蛎礁生态系统内部及其与外部环境之间的热量流动关系，单位为kcal/(m²·a)]
1—滤食动物；2—残屑；3—微生物；4—底栖动物；5—食碎屑动物；6—螃蟹

(b) 欧洲轮胎产业共生网络
(欧洲轮胎生产—消费—回收系统的系统内部和系统与外部环境之间的物质流动关系，单位为1000t/a)
1—轮胎生产；2—轮胎消费；3—废品收集；4—轮胎翻新；5—轮胎粉碎；6—其他用途

图 7-9 牡蛎礁生态网络与欧洲轮胎产业共生网络

注：引自陈定江（2003）。

表 7-4 网络综合效用矩阵

A	1	2	3	4	5	6	sgn(*U*)	1	2	3	4	5	6
1	0.833	−0.222	0.071	0.013	−0.027	−0.012	1	+	−	+	+	−	−
2	0.424	0.600	−0.194	−0.036	0.065	−0.001	2	+	+	−	−	+	−
3	0.394	0.547	0.741	−0.200	−0.061	0.007	3	+	+	+	−	−	+
4	0.208	0.287	0.002	0.946	−0.056	0.005	4	+	+	+	+	−	+
5	0.001	0.066	0.437	0.166	0.911	−0.061	5	+	+	+	+	+	−
6	0.423	−0.435	0.255	0.068	0.177	0.976	6	+	−	+	+	+	+
B	1	2	3	4	5	6	sgn(*U*)	1	2	3	4	5	6
1	0.687	−0.366	0.192	−0.076	0.003	−0.011	1	+	−	+	−	+	−
2	0.330	0.396	−0.227	0.084	0.005	0.013	2	+	+	−	+	+	+
3	0.334	0.357	0.644	−0.039	−0.004	−0.038	3	+	+	+	−	−	−
4	−0.064	−0.108	0.743	0.884	−0.005	−0.044	4	−	−	+	+	−	−
5	−0.316	0.710	0.425	−0.012	0.994	−0.025	5	−	+	+	−	+	−
6	0.334	0.357	0.644	−0.039	−0.004	0.962	6	+	+	+	−	−	+

注：*A*—牡蛎礁生态网络；*B*—欧洲轮胎产业共生网络。

7.3.2.2 流量分析

根据直接流量矩阵 **F** 和输入通量矩阵 **T** 可以计算得到无量纲的直接流量强度矩阵 $\boldsymbol{G}'$，元素值 $g'_{ij}=f_{ij}/T_i$，再采用流量分析方法计算无量纲的综合流量强度矩阵 $\boldsymbol{N}'$，进而模拟流量的分布特征，辨识其间接效应的强度（Zhang et al，2015）。

$$\boldsymbol{N}'=(n'_{ij})=(\boldsymbol{G}')^0+(\boldsymbol{G}')^1+(\boldsymbol{G}')^2+(\boldsymbol{G}')^3+\cdots+(\boldsymbol{G}')^m+\cdots=(\boldsymbol{I}-\boldsymbol{G}')^{-1} \tag{7-8}$$

$$g'_{ij}=f_{ij}/T_i \tag{7-9}$$

$$T_i=\sum_{j=1}^{n} f_{ij}+z_i$$

式中，$(\boldsymbol{G}')^0$ 为自反馈矩阵，反映流经各节点的流量产生的自我反馈作用；$(\boldsymbol{G}')^1$ 为直接流量强度矩阵，表示各节点间传递的直接流量的强度；$(\boldsymbol{G}')^2$ 为路径长度为 2 的间接流量强度矩阵，$(\boldsymbol{G}')^m$ （$m\geqslant 2$）为节点间路径长度为 m 的间接流量强度矩阵。通过直接流量强度矩阵 $\boldsymbol{G}'$的高级次幂可以表示不同路径长度的间接流量强度矩阵。

以 4-Node 网络中节点 1 到 4 的流量传递为例，说明综合流量计算的原理。代谢长度 k 是指起始节点和终始节点之间路径的数量，$k=1$ 的路径为直接路径，$k>1$ 的路径为间接路径。图 7-10 中显示了直接与间接流量的形成路径。节点 4 除与外部环境有输入 z_4 和输出 y_4 外，也接受来自节点 1 的直接流量传递（代谢长度 $k=1$），还包括节点 1 经由节点 2 的一次间接流量传递（$k=2$），以及节点 1 经由节点 2、3 的二次间接流量传递（$k=3$）。汇总由节点 1 到 4 的多种可能路径，就可以计算得到节点 1 到 4 的综合流量。

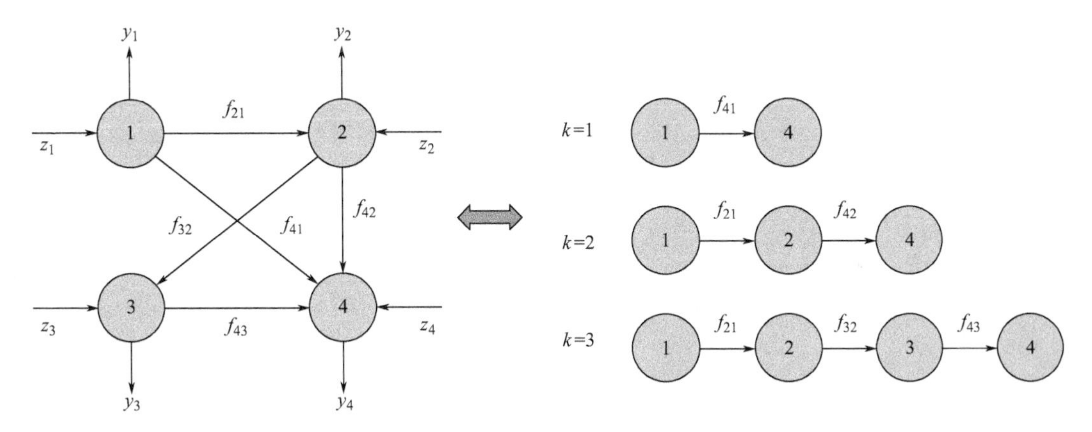

图 7-10　综合流量的计算原理

牡蛎礁生态网络和欧洲轮胎产业共生网络的综合流量矩阵 $\boldsymbol{N}$ 见表 7-5。牡蛎礁生态网络综合输入流量强度最大的集中于节点 2 残屑，主要接收来自节点 5 食碎屑动物的能量，占节点 2 输入的 20%；节点 3 微生物和节点 4 底栖动物的综合输入强度也较高，它们接收分别来自节点 2 和节点 5 的能量，占节点 3 或 4 输入的 30%。欧洲轮胎产业共生网络的综合输入流量强度集中于节点 5 轮胎粉碎，主要输送给节点 2 轮胎消费，占节点 5 输出的 40%；节点 4 轮胎翻新和节点 6 其他用途的输出强度也较大，主要输送给节点 2，分别占节点 4 和 6 的 30%；而节点 2 轮胎消费的输出强度则主要输送给节点 3 废品收集和节点 4 轮胎翻新，合计占节点 2 输出的 40%。

表 7-5　网络综合流量矩阵

A	1	2	3	4	5	6		B	1	2	3	4	5	6	
1	1.00	0.00	0.00	0.00	0.00	0.00	1.00	1	1.01	0.01	0.01	0.01	0.96	0.00	1.99
2	0.54	1.39	0.28	0.78	1.10	0.66	4.75	2	1.09	1.12	0.14	1.12	1.10	0.00	4.57
3	0.20	0.51	1.10	0.29	0.40	0.24	2.74	3	1.00	1.00	1.12	1.00	1.00	0.00	5.11
4	0.21	0.53	0.25	1.30	0.42	0.25	2.96	4	0.12	0.12	0.13	1.12	0.17	0.00	1.65

续表

A	1	2	3	4	5	6		B	1	2	3	4	5	6	
5	0.06	0.16	0.19	0.17	1.12	0.08	1.77	5	0.01	0.01	0.01	0.01	1.01	0.00	1.04
6	0.02	0.01	0.01	0.01	0.08	1.01	1.13	6	0.05	0.05	0.06	0.05	0.05	1.00	1.26
	2.02	2.59	1.84	2.54	3.13	2.24			3.28	2.30	1.47	3.30	4.28	1.00	

注：*A*—牡蛎礁生态网络；*B*—欧洲轮胎产业共生网络。

以节点总输出为表征量（条块长度表示权重），模拟牡蛎礁生态网络和欧洲轮胎产业共生网络的层阶结构（图 7-11）。牡蛎礁生态网络节点 1 是生产者，位于底层；节点 3 是废物，位于第二层；节点 4、5、6 是分解者，位于第三层；节点 2 是消费者，位于最顶层。欧洲轮胎产业共生网络节点 1 是生产者，位于底层；节点 2 是废物，位于第二层；节点 3、4、5 是分解者，位于第三层；节点 6 是消费者，位于最顶层。从生态层阶结构来看，两个网络均呈现出“杠铃型”结构，更多呈现出腐生食物链的特征，分解者角色的权重更为明显（图 7-11）。

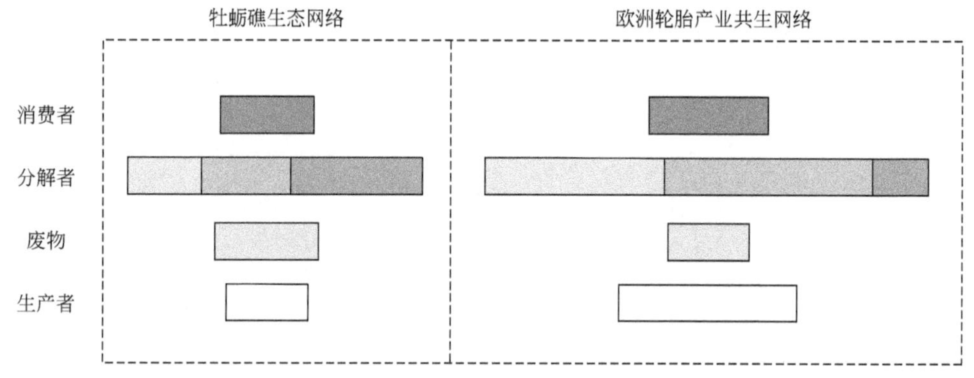

图 7-11　生态层阶结构

注：引自陈定江（2003）。

思考题

1. 产业共生的特征是什么？
2. 如何规划一个生态产业园区，其规划步骤、方式和内容有哪些？
3. 生态产业园区的类型有哪几种？
4. 如何利用网络分析方法量化生态产业园区的结构与功能特征？
5. 结合卡伦堡生态产业园区的成功经验及问题，请分析现有产业园区的优势和不足，并指出其对未来建设生态产业园区的借鉴意义。

参考文献

鲍丽洁，2011. 产业共生的特征和模式分析 . 当代经济，8：146-147.

陈定江，2003. 工业生态系统分析集成与复杂性研究 . 北京：清华大学 .

冯久田，2003. 鲁北生态工业园区案例研究 . 中国人口资源与环境，13（4）：98-102.

高建军，2014. 生态工业园区建设理论与实证研究：以洋县生态工业园区为例 [D]. 晋中：山西农业大学 .

郭翔，钟书华，2005. 基于循环链的生态工业园区模式 . 科技与管理，（2）：32-34.

韩峰，2017. 生态工业园区工业代谢及共生网络结构解析 . 济南：山东大学 .

侯瑜，2009. 生态工业园的国内外实践及对我国的建议 .//中国可持续发展论坛暨中国可持续发展研究会学术年会论文集（上册）.

李有润，沈静珠，胡山鹰，等，2001. 生态工业及生态工业园区的研究与进展 . 化工学报，(52)：189-192.

刘军，2004. 社会网络分析导论 . 北京：社会科学文献出版社 .

罗宏，孟伟，冉圣宏，2004. 生态工业园区：理论与实证 . 北京：化学工业出版社 .

秦丽杰，2008. 吉林省生态工业园建设模式研究 . 长春：东北师范大学 .

邱宇，2006. 生态工业园区的分析与集成 . 福州：福建师范大学 .

石磊，2015. 生态工业园区：环境与经济双赢的解决方案 . 光明网：https：//epaper. gmw. cn/gmrb/html/2015-05/01/nw. D110000gmrb _ 20150501 _ 2-07. htm.

宋小龙，陈来，宋倩，2008. 生态产业园区发展模式研究：基于食物链类型的分析 . 资源开发与市场，24 (10)：918-921.

王江峰，马蔚钧，胡山鹰，等，2004. 长沙黄兴生态工业园区规划 . 计算机与应用化学，21 (1)：48-50.

王灵梅，张金屯，2004. 生态学理论在发展生态工业园中的应用研究：以朔州生态工业园为实例 . 生态学杂志，23 (1)：129-134.

王兆华，尹建华，2005. 生态工业园中工业共生网络运作模式研究 . 中国软科学，2：80-85.

文娱，钟书华，2006a. 欧盟生态工业园的建设特点及发展趋势 . 科技进步与对策，7：127-128.

文娱，钟书华，2006b. 日本生态工业园区建设的特点及发展趋势 . 科技与管理，8 (1)：1-3.

薛东峰，罗宏，周哲，2003. 南海生态工业园区的生态规划 . 环境科学学报，23 (2)：285-288.

杨砾，胡山鹰，梁日忠，等，2004. 中国鲁北生态工业模式 . 过程工程学，4 (5)：467-474.

周戎，2010. 循环经济视角下县城生态工业园规划与设计研究：以湖南省宁乡经济技术开发区为例 . 武汉：湖北工业大学 .

袁增伟，毕军，刘文英，等，2004. 生态工业园建设的国内外实践 . 生态经济，(8)：86-89.

周戎，2010. 循环经济视角下县域生态工业园规划与设计研究：以湖南省宁乡经济技术开发区例 . 武汉：湖北工业大学 .

Chertow M R，2000. Industrial symbiosis：Literature and taxonomy. Annual Review of Energy and Environment，25 (1)：313-337.

Chertow M R，2007. “Uncovering” industrial symbiosis. Journal of Industrial Ecology，11 (1)：11-30.

Chertow M R，Lombardi D R，2005. Quantifying economic and environmental benefits of colocated firms. Environmental Science & Technology，39 (17)：6535-6541.

Côté R，Hall J，1995. Industrial parks as ecosystems. Journal of Cleaner Production，3 (1-2)：41-46.

Domenech T, Davies M, 2011. Structure and morphology of industrial symbiosis networks: The case of Kalundborg. Procedia Social and Behavioral Sciences, 10: 79-89.

Ehrenfeld J, Chertow M, 2002. Industrial symbiosis: The legacy of Kalundborg. Handbook of Industrial Ecology. UK: Edward Elgar.

Ehrenfeld J, Gertler N, 1997. Industrial ecology in practice: The evolution of interdependence at Kalundborg. Journal of Industrial Ecology, 1 (1): 67-79.

Engberg H, 1993. Industrial Symbiosis in Denmark. New York: New York Univ, Stern Sch Bus Press.

Fath B D, 2007. Network mutualism: Positive community-level relations in ecosystems. Ecological Modelling, 208 (1): 56-67.

Frosch R A, Gallopoulos N, 1989. Strategies for manufacturing. Scientific American, 261 (3): 144-152.

George T R, 1947. Geography of industrial localization. Econ Geography, 23: 167-189.

Graedel T E, Allenby B R, 1995. Industrial Ecology. Englewood Cliffs, NJ: Prentice Hall.

Harper E M, Graedel T E, 2004. Industrial ecology: A teenager' s progress. Technologyin Society, 26 (2-3): 433-445.

Lambert A J D, Boons F A, 2002. Eco-industrial parks: Stimulating sustainable development in mixed industrial parks. Technovation, 22: 471-484.

Li S S, Zhang Y, Yang Z F, 2012. Ecological relationship analysis of the urban metabolic system of Beijing, China. Environmental Pollution, 170: 169-176.

Lifset R, 1997. Industrial Metaphor, a field and a journal. Journal of Industrial Ecology, 1 (1): 1-3.

Lowe E A, 1998. Eco-Industrial Parks: A Handbook for Local Development Teams. Oakland, CA: Indigo Development.

Lowe E A, Evans L K, 1995. Industrial ecology and industrial ecosystems. Journal of Cleaner Production, 3 (1-2): 47-53.

Martin S A, Weitz A, Cushman R, et al, 1996. Eco-Industrial Parks: A case study and analysis of economic, environmental, technical and regulatory issues. Research Triangle Institute, Research Triangle Park, NC, Project Number 6050 FR.

Mirata M, Emtairah T, 2005. Industrial symbiosis networks and the contribution to environmental innovation: The case of the Landskrona industrial symbiosis programme. Journal of Cleaner Production, 13 (10-11): 993-1002.

Patten B C, 1991. Network Ecology: Indirect Determination of the Life-Environment Relationship in Ecosystems. In: Higashi M, Bums T, (Eds) . Theoretical Studies of Ecosystems: The Network Perspective. New York: Cambridge University Press: 288-351.

Patten B C, 1992. Energy, emergy and environs. Ecological Modeling, 62 (1): 29-69.

Scott J, 2000. Social Network Analysis: A Handbook. London: Sage Publications.

Shi H, Tian J P, Chen L J, 2012a. China's quest for eco-industrial parks, Part I: History and distinctiveness. Journal of Industrial Ecology, 16 (1): 8-10.

Shi H，Tian J P，Chen L J，2012b. China's quest for eco-industrial parks，part II：Reflections on a decade of exploration. Journal of Industrial Ecology，16（3）：290-292.

Zhang Y，Zheng H M，Chen B，et al，2013. Social network analysis and network connectedness analysis for industrial symbiotic systems：Model development and case study. Frontiers of Earth Science，7（2）：169-181.

Zhang Y，Zheng H M，Yang Z F，2015. Analysis of the industrial metabolic processes for sulfur in the Lubei（Shandong Province，China）eco-industrial park. Journal of Cleaner Production，96：126-138.

Zhu Q E，Lowe E A，Wei Y，et al，2007. Industrial symbiosis in China：A case study of the Guitang Group. Journal of Industrial Ecology，11（1）：31-42.

第8章

产品生态设计

产品设计为人类创造了丰富的商品，但由于过于关注外观和形式，忽视了功能和用途，加速了资源和能源的消耗和污染的排放，对生态环境造成了极大的破坏。产品设计的过度商业化和形式化，使设计成了鼓励人们无节制消费的重要驱动力。在此背景下，人们开始从设计源头反思生态环境问题，设计师也基于生态道德和社会责任提出生态设计理念，成为实现可持续发展的有效途径。

生态设计是在生产源头贯彻可持续发展理念和产业生态学原理的具体体现，也是生命周期分析、产业代谢分析等产业生态学方法得以应用的实践手段，更是连接产业系统和消费者的重要纽带。它内涵丰富，涉及广泛，在多个领域都具有较强的应用性。那么，究竟什么是生态设计？生态设计的理念是如何产生的？生态设计具体如何进行？针对这些问题，本章将在介绍生态设计内涵的基础上提出生态设计的原则、方法与操作步骤，并通过一些典型产品的生态设计案例，展现生态设计的具体过程及其特点。

通过本章的学习，学生应基本掌握生态设计的内涵、生态设计要素，以及生态设计原则与方法，并将其应用于产品的生态设计中；同时应熟练运用评估要素分析生态设计产品，提升自我生态消费意识，指导生态消费。

8.1 生态设计概述

8.1.1 生态设计定义

生态设计思想萌芽于 20 世纪 50 年代，60 年代出现在建筑学理论中（Neutra，1954；Packard，1956）。建筑大师弗兰克·赖特将建筑视为“有生命的有机体”，并提出将设计对象与其时其地融为一体的有机建筑设计原则。1970 年，保罗·索莱利提出将建筑学与生态学合二为一。对生态设计理念产生重大推动作用的是美国设计理论家维克多·巴巴纳克，他的标志性成果是 1971 年出版的一本引起极大争议的专著《为了真实世界的设计：人类生态学和社会变化》（*Design for the Real World*：*Human Ecology and Social Change*），该著作指出过去设计者过多关注外观和形式，忽视了功能、用途、可维护性及其环境和社会影响。生态设计得到了越来越多的关注和认同。生态设计也称绿色设计、生命周期设计或环境设计。

绿色卡片

Design for the Real World

在漫长的人类设计史中，工业设计为人类创造了现代生活方式和生活环境的同时，也加速了对资源、能源的消耗，并对地球的生态平衡造成了极大的破坏。特别是工业设计的过度商业化，使设计成了鼓励人们无节制消费的重要介质，“有计划的商品废止制”就是这种现象的极端表现。“广告设计”和“工业设计”被人们称作是鼓吹人们消费的罪魁祸首，招致了许多的批评和责难。

《为了真实世界的设计：人类生态学和社会变化》一书专注于设计师面临的人类需求最紧迫的问题，强调设计师的社会及伦理价值。巴巴纳克认为，设计的最大作用并不是创造商业价值，也不是包装和风格方面的竞争，而是一种适当的社会变革过程中的元素。他同时强调，设计应该认真考虑对有限地球资源的使用问题，并为保护地球环境服务。对于他的观点，当时能理解的人并不多。但是，自从 20 世纪 70 年代“能源危机”爆发，他的“有限资源论”开始得到人们普遍的认可。

20 世纪 90 年代初，荷兰公共机关和联合国环境规划署（UNEP）最早提出了生态设计（eco-design）的概念。生态设计的基本内涵是在工艺、设备、产品及包装物等的设计中综合考虑资源和环境要素，减少资源消耗和环境影响，提高废弃物再利用和资源化的可能性（贾玉玉，2011）。1993 年，Whitely《为了社会的设计》一书出版了，质疑和批评了设计者在消费型社会中的角色，提出了通过设计可以提高产品社会绩效的观点。1995 年，巴巴纳克又出版了《绿色革命：设计和建筑中的生态学和道德规范》，是《为了真实世界的设计》的续作，著作中介绍了许多领先企业和设计者在产品和建设方面的经验，讨论了企业产品设计对环境的影响。巴巴纳克和 Whitely 的著作为生态设计的研究和应用奠定了基础，但他们并未提出具有可操作性的生态设计手段与方法。1997 年 4 月，联合国环境规划署产业与环境中心与荷兰的 Rathemau 研究所、代尔夫特理工大学共同开展环境友好型产品开发项目，出版了《生态设计：一种有希望的生产与消费思路》一书，提出了实施生态设计项目的技术步骤，这本生态设计手册无疑加快了全球生态设计的进程，为生态设计提供了指导准则、实例及实施步骤（王峥等，2006）。

欧洲的国家政府对企业生态设计的支持开展最早（Gersakis，2001），而美国和日本的生态设计发展则相对成熟。美日为了向欧洲出口产品，其政府也制定了法规推进生态设计的发展和普及，使得企业界开展了广泛的生态设计实践（Levis and Gersakis，2001）。美国的一些电子设备企业为了出口产品，以及迫于消费者、政府环境计划和非政府组织的压力，把先进的理念和模型引入产品的生态设计，如施乐、惠普、3M、AT&T 和 IBM 等，特别是 3M 公司制定了生态设计标准，并促进生态设计与绿色营销、绿色采购的结合，获得了显著的收益（Levis and Gersakis，2001）。日本通产省从 1992 年开始实施“生态工厂”的 10 年计划，要求工厂充分考虑加工浪费和产品对环境的冲击，关注产品生态效率的提升，以保持强劲的市场竞争力，特别是丰田公司在 1995 年发布了一套汽车拆卸回收工艺流程，详细阐述了汽车拆卸程序。日本大部分制造商采用检查清单法（check-list）将产品或服务在生命周期中产生的环境负荷以易拆卸性、循环再生性、省资源、节能等环境属性归并，用事先准备的详细编目表查证比较，设计并生产出环境负荷更低的产品或服务（王峥等，2006）。中国政府也积极推动生态设计的工作，2015 年质检总局和国家标准委联合发布了 6 项有关生态设计的国家标准，包括《生态设计产品评价通则》（GB/T 32161—2015）、《生态设计产品标识》，以及针对家用洗涤剂、可降解塑料、杀虫剂、无机轻质板材 4 种产品的《生态设计产品评价规范》。

生态设计是产业生态学理念在设计领域的集中体现，也是从源头实现产业生态化的实践手段。它将环境因素纳入产品或服务设计之中，在其生命周期的每一个环节都考虑其可能产生的环境负荷，通过改进设计使环境影响降低到最低程度，从而帮助确定设计的决策方向。广义地说，任何与生态过程协调、力图使环境破坏和影响最小的设计形式，都可以称为生态设计（Van der Ryn and Stuart，2007）。产品或服务的生态设计中，将环境因素与传统因素（如利润、质量、功能、美观、效率、企业形象等）一并考虑，甚至在某些情况下环境因素比传统的价值因素更为重要（朱庆华和耿勇，2004；但卫华等，2005）。成功的生态设计追求生态与经济的相辅相成、相互平衡，它要求设计出的产品或服务同时具有先进的技术性、良好的环境协调性以及合理的经济性，最终构建具有可持续性的生产和消费体系。生态设计不仅是技术层面的创新，更重要的是观念上的变革，它要求设计者放弃过分强调外观标新立异的做法，而将重点放在以负责任的态度和方法创造产品和服务的形态，以简洁、长久的造型尽可能地延长其使用寿命。

8.1.2 生态设计意义

生态设计的意义体现在两个方面：一是从环境保护角度考虑，减少资源消耗，实现可持续发展战略；二是从企业角度考虑，降低成本，减少潜在的责任风险，提高竞争能力。

(1) 对环境的意义

UNEP 报告指出，设计阶段决定了产品或服务整个生命周期 80%的经济成本和环境影响（可能也包括社会影响）。荷兰开展产品生态设计的案例也表明，生态设计可以减少 30%～50%的环境负荷。无论产品或服务的环境影响集中在哪个生命周期阶段，大多数的环境影响在设计阶段就被决定了。生态设计就是试图在产品或服务规划或设计阶段，将减少废物产生量、节约原材料、提升资源和能源利用效率等要素“锁进”产品和服务中。

绿色卡片

汽车生态设计减少环境影响

减少尾气排放是汽车生态设计的难题，其解决方案大多从动力能源技术、清洁能源使用入手，提高效率从而减少排污量。另外，还需要从外观造型上加强整体性，减少风阻，降低能耗。

美国通用汽车公司的 EV1 是最早的电动汽车，也是世界上节能效果最好的汽车之一。它采用全铝合金结构，流线造型，一次充电可行驶 112～114km。

丰田公司 2004 款 Prius 则是混合协同驱动车。完全混合动力系统的优势在于某些情况下汽车可以完全用电能驱动，这在燃料消耗以及降低排放上意义重大。混合协同驱动系统的排放比原本已经十分环保的 Prius 低 30%，比普通的内燃机汽车低了近 90%。Prius 打破了环保与性能不可兼得的定论。

(2) 对企业的意义

市场对生态设计的需求给企业带来了更大的动力，这种动力不仅体现在消费理念转变、环境壁垒产生等企业外部因素方面，同时也体现在人才竞争、管理者生态意识提高等企业内部因素方面。企业为追求更多的经济利益，必须提高产品质量，满足相关利益者的要求，提高人才竞争力，遵守国家政策、法规，顺应绿色消费理念和简约主义审美倾向，应对环境贸易壁垒问题，这些方面均要求企业在未来的创新和实际项目中开发一些新的环境战略，考虑非材料化、省电和延长产品寿命等因素，走生态设计道路。以 Veromatic 咖啡机为例，其生态设计的内在动力来源于节约成本（使用较少材料）、提高产品质量和创新动力（设计不同尺寸的机器迎合不同消费者），外在动力主要体现在法律法规约束（如回收义务和生产者责任延伸制度）和竞争刺激（企业树立承担社会生态责任的形象，提高竞争力）。

8.1.3 生态设计特征

生态设计来源于传统设计，两者在过程上大体相似，均开始于设计筹划和开发任务分配，最终形成完整的图纸或说明书等文件。但生态设计增加了一些新的特征，主要体现在风格的简洁性、实用且节能、材料的经济性（节约材料）、多种功能用途、产品与服务的非物质化（环境影响较低）、组合设计和循环设计等方面。生态设计的发展与实现需要设计者、政府和消费者三方共同推动。随着生态意识的提高，不仅生产者逐渐认识到应承担的生态责任，政府和消费者也将注意力投注到源头控制污染的理念上。这种趋势使环保措施的重点从“末端治理技术”和“清洁生产”转向设计阶段，设计师开始考虑清除、避免或减少设计之后可能会产生环境影响的环节，从而逐渐形成了针对生态环境保护的预防阶梯（朱庆华和耿勇，2004）。

在预防阶梯（图 8-1）中，层次越高，预防举措对环境影响的预防性就越高。阶梯中所有的预防举措均可与环境管理相结合，致力于提高企业的环境绩效，满足各项法规要求。清洁生产预防在阶梯的第 5～第 9 级，旨在分析生产过程，谋求生态效益与经济效益的统一与均衡。清洁生产举措中“预防优于治理”的方法体现在第 6～第 9 级，如果在第 6～第 9 级没有解决方法，可选用第 5 级的方法，但清洁生产举措不可能应用在第 4 级及以下更低层次（末端治理举措）。与清洁生产举措相比，生态设计处于在预防阶梯中的最高层，是开始于第 6 级或其以上更高层次的环境方法，同时产品改进也应用了第 6～第 8 级的一些元素。为有效开展生态设计，应从第 9 级开始，然后逐步降到第 6 级，但应该首先考虑第 9 级，即从产品概念开发环节就追求环境绩效提高。

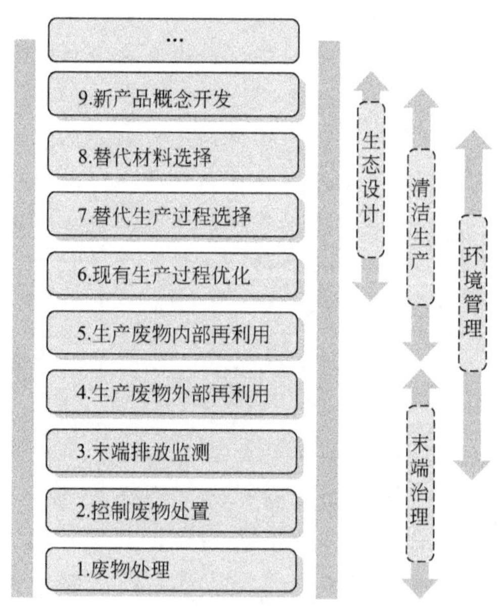

图 8-1　预防阶梯

注：引自朱庆华和耿勇（2004）。

8.2 生态设计与评估

8.2.1 生态设计原则

生态设计理念付诸实践的具体指导原则是“3R”原则，即减量化（reduce）、再利用

(reuse) 和再循环 (recycle)。减量化原则主要体现在产品或服务体量的减少，以实现小型化、简洁化的结构与功能，还包含生产中消耗的减少、流通成本的降低、消费污染的减少等方面，其中减少能耗不仅包括减少产品或服务生产和使用过程的能源消耗，以及尽量使用可再生、无污染的清洁能源，而且应尽量利用其他系统的能量输出。如 SONY ICF-B200 手摇式收音机是索尼公司在 2002 年推出的产品，专为户外旅行设计。该产品是一款巧妙的节能产品，通过手动把机械能转化为电能。再利用原则体现在产品部件组成结构的完整性、可替换结构的完整性及功能的系统性（局部连接的有机整体）等方面，主要包括延长使用时间，设计成可拆解、可回收、可组装的产品，集成更多实用功能等，保证产品结构的易拆卸和易组合特征，提高生态效率。再循环原则要求尽量使用易降解、可再生、可重复利用的材料，各生产系统之间也需有效利用产生的副产品和废弃物，使产品具有循环再生性。

除上述原则外，安全性、因地制宜和公众参与也是生态设计需要兼顾的一些原则。安全性原则是从预防角度减少产品或服务在全生命周期过程中产生的有毒有害物质，降低其所带来的生态环境影响。因地制宜原则体现在顺应场所的自然特性，因时而异、因地而异，要依据场所光照、地形、水文、风力、土壤、植被等状况，做出合适的生态设计，保障场所生态环境的健康，以达到减少物耗能耗和污染排放的目的。如中国南方传统民居竹楼的材料易于获取，同时房屋结构防潮、通风散热，节省能源，非常适应当地生态环境。公众参与原则强调生态设计的产品和服务应被大众所接受，包括出行交通方式的选择，家具、装修材料的选择，食品的选购及垃圾处理方式等方面。

8.2.2 生态设计方法

(1) 生命周期设计

生命周期设计 (life-cycle design) 是生态设计最基础的方法，强调从产品概念设计阶段就应考虑产品或服务生命周期各个环节的环境影响，识别产品或服务环境性能改进的机会，实现资源能源的最优化利用。

(2) 模块化设计

模块化设计 (block-based design) 是工程领域的最优设计工具之一，可以较好地解决品种与成本、性能之间的矛盾，又可为产品快速更新提供便利。通过模块的选择和组合形成不同产品，将有限资源生产出尽可能多的产品品种，提高资源的利用效率。

(3) 拆卸设计

拆卸设计 (design for disassembly) 以模块化设计为前提，通过延长产品或服务的使用寿命，实现最大限度的物质循环利用。既能满足社会对各种消费产品的需求，又能节约资源和能源。

(4) 循环设计

循环设计又称回收设计 (design for recovering & recycling)，需充分考虑零部件及材料回收的可能性、回收价值的大小、回收处理难易等系列问题。主要有三种途径：一是合理采用易降解、可再生的制作原料；二是将产品可回收部分做易拆卸、易分离的设计；三是合理地利用其他系统的输出物质，变废为宝。

绿色卡片

循环设计

Aeron椅子设计追求环保理念，其产品回收比例达67%，由100%的回收铝制成，所有的塑料部分都有ISO标志。而且，最有价值的铝部分非常容易从椅子上拆卸下来。

Patagonia clothes软毛衣服中，90%使用了“消费后循环”的聚酯，它由收集来的塑料瓶子压成薄片、打成捆，然后纺成的纤维制成，具有和真正羊毛一样柔软的触感和光泽，同时对环境污染小。

(5) 并行工程设计

在考虑生命周期方面，并行工程设计（concurrent engineering design）与生命周期设计是一致的。不同的是生命周期设计强调的是生命周期各个环节对环境影响的减少，从而加强设计的合理性，而并行工程设计强调的是各环节之间、各决策部门间的信息交流与反馈，以减少设计过程的反复修改，最大限度地避免反复设计，缩短设计、生产准备和制造时间。

8.2.3 生态设计清单

生态设计清单围绕生命周期阶段展开，罗列出针对不同生命周期阶段需要关注的相关生态环境问题，包括提出的建议和改进方案。生态设计清单首先是需求分析，由一系列有关产品功能的问题组成，然后是5套针对每一生命周期阶段的问题，以及针对每一项提出的生态设计战略。需求分析围绕产品功能是什么、功能是否满足社会需求展开，其相应的生态设计战略是新概念开发和功能优化（图8-2）。

产品系统如何确切完成社会需要	生态设计战略
产品的主要功能和辅助功能是什么? 产品是否有效地实现了这些功能? 产品目前满足了使用者什么需求? 产品功能是否能扩展或改进以更好地满足使用者的需要? 这种需要随着时间的推移是否会改变? 我们能否实现产品革新	新概念开发 (非材料化、分享产品的使用、功能集成) 产品/零部件功能优化

图8-2 生态设计清单的需求分析

注：引自山本良一（2003），朱庆华和耿勇（2004）。

生态设计需要将环境考虑集成到产品或服务的生命周期过程，由此引申出新的内容：描述现有产品或服务的环境状况；按环境保护的指标选用合理的原材料、结构和工艺；在制造过程中降低能耗、不产生毒副作用；产品易于拆卸和回收，且回收的材料可用于再生产；建立短期和中期的生态设计战略以确保发现可行的改进方案；每个环节都需要充分考虑资源、能源的合理利用以及环境保护和劳动保护等问题。这些新内容会导致生态设计出现新的变化，如成本分配结构的重新调整，产品成本中环境成本的突显；物流结构的改变，产品用后回收的材料再次投入生产过程；与提供环境友好替代品供应商建立协作关系，从而提升整体产业生态水平。针对材料和零部件生产和供应、内部生产、分销、使用和处置 5 个生命周期阶段，筛选其对应的生态设计战略，支持产品或服务的生态设计方案制定（图 8-3）。

生命周期阶段 1（材料和零部件的生产与供应）关注原材料使用的种类与数量、运输原材料的能源消耗及产生的环境影响，对应生态设计战略 1 和战略 2，涉及选择环境影响低的材料和减少材料使用。生命周期阶段 2（内部生产）关注各生产过程中原材料和能源使用的种类和数量，污染物排放的种类和数量，以及是否满足环境标准等，对应生态设计战略 3（生产技术优化）。生命周期阶段 3（分销）关注运输方式、路程及其环境影响，对应生态设计战略 2 和 4，涉及减少材料使用和分销系统的最优化。生命周期阶段 4（使用、服务和修理）关注使用、服务和修理产品时产生的消耗，以及产品拆卸性能和使用周期等方面，对应生态设计战略 5 和 6，涉及减少使用阶段环境影响和初始生命周期优化的内容。生命周期阶段 5（更新与处置）关注产品处置、再利用、再循环及其相关问题，对应生态设计战略 7（生命周期末端系统优化）。

8.2.4 生态设计评估要素

成本、环境影响和性能是生态设计的三个关键要素，代表生态设计需考虑的经济价值、环境价值、产品或服务价值（山本良一，2003）。成本（cost，简写为 C）包括原材料成本、制造成本、运输成本、循环再生成本、处理成本等生命周期全程的费用；环境影响（impact，简写为 I）包括资源能源消耗或损耗、环境污染、人体损害等；性能（performance，简写为 P）包括安全健康性、实用性、寿命、是否符合审美、施工维修难易程度等产品性能（王峥等，2006），如图 8-4 所示。

在识别生态设计三要素的基础上如何评估生态设计的产品呢？相对传统设计只考虑 P/C（即追求产品或服务性能最好、成本最低），生态设计的综合表征指标用 P/IC 来表示，其准则是使 P 趋于最大、I 与 C 趋于最小。具体来说，生态设计产品的评估需要考虑技术要素、生命周期和革新阶段 3 个要素（图 8-5）（山本良一，2003；王峥等，2006）。

技术要素主要包括为了提高产品或服务的环境性能而采用并取得成果的技术，包括节约能源、节约资源、生态环境材料、循环再生、易拆卸性、生物降解性、清洁、长寿命和其他一些性能（图 8-6）。

生命周期主要考虑产品生命周期不同阶段环境负荷的大小，包括原材料获取、生产、流通、使用、再使用、循环再生和废弃阶段（图 8-7）。原材料获取是指开采地球资源为产品生产提供原材料的供应阶段；生产是指加工、制造过程；流通是商品的包装、运输等阶段；使用是产品和服务发挥实际使用功能的阶段；再使用是用过的产品再次被利用的阶段；循环再生是回收使用过的产品，将其作为新产品的原材料再利用的过程；废弃是产品废弃阶段。

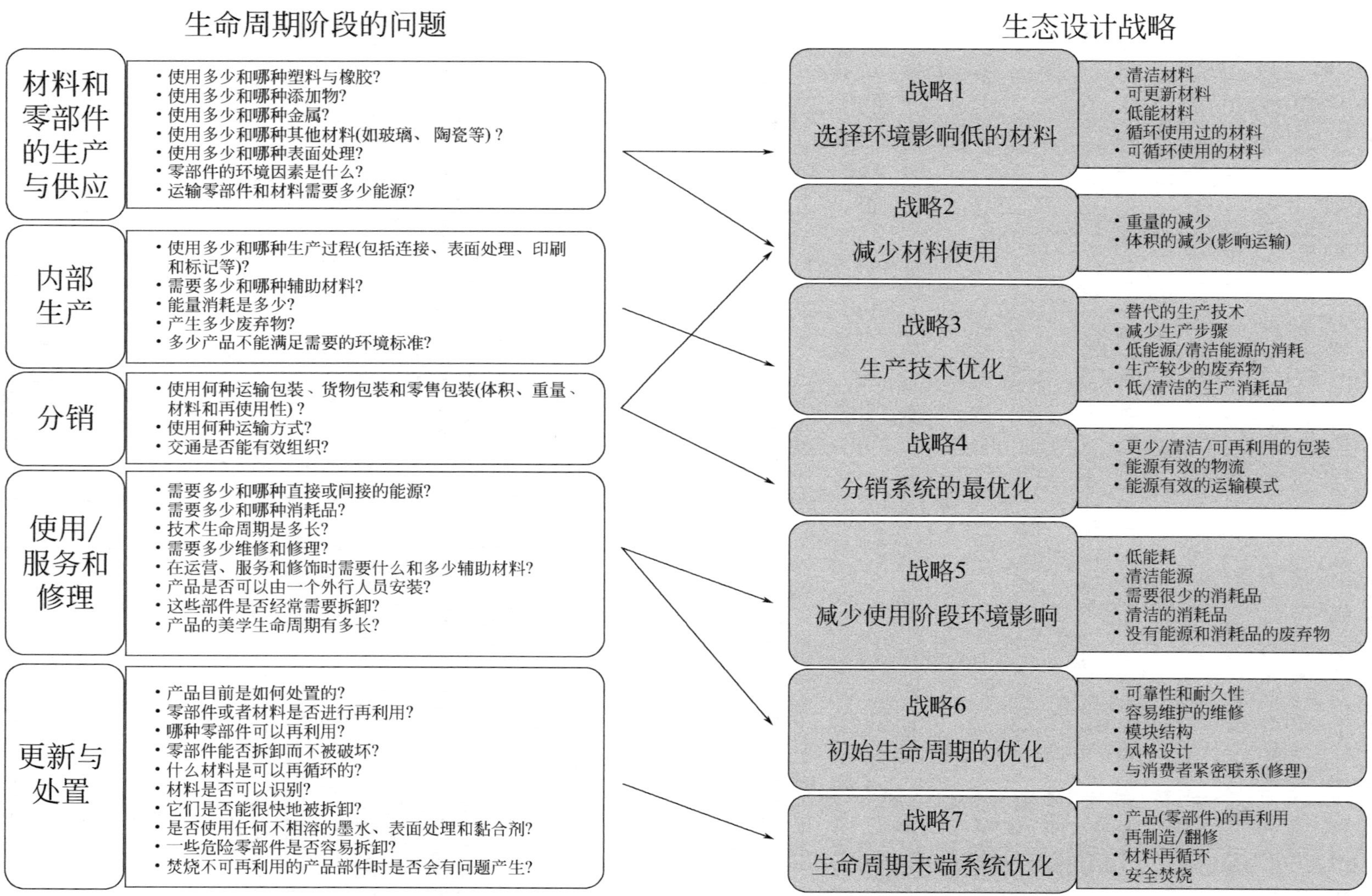

图 8-3 生态设计清单的战略选择

注：引自山本良一（2003），朱庆华和耿勇（2004）。

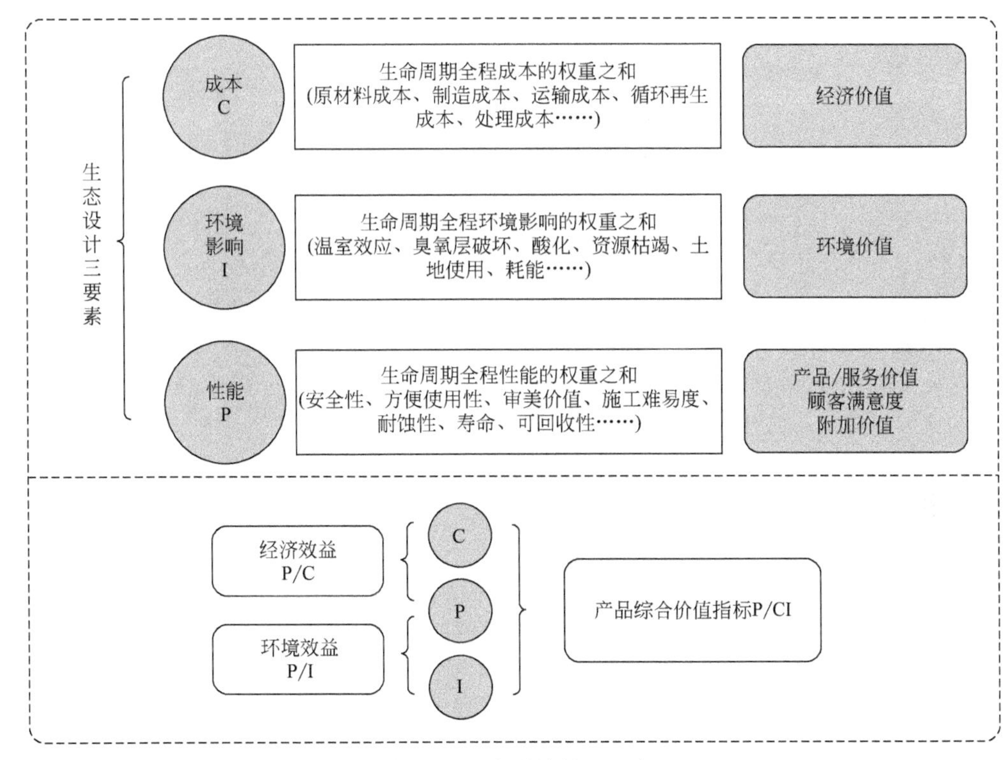

图 8-4　生态设计的三要素

注：引自山本良一（2003）。

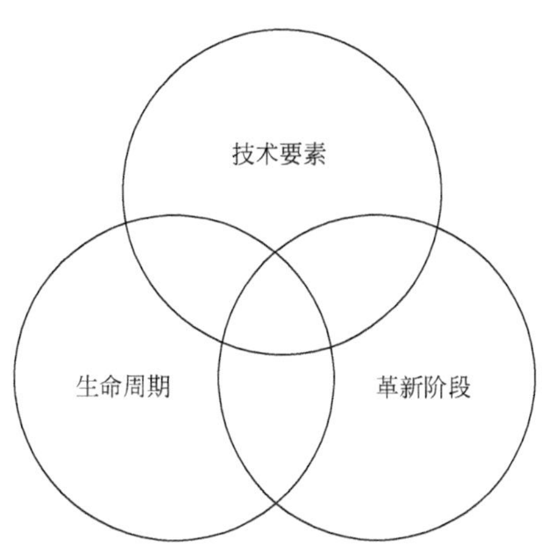

图 8-5　生态设计产品评估的三要素

注：引自山本良一（2003）。

革新阶段包括产品改进、产品再设计、功能革新和系统革新 4 个进程（图 8-8）。产品改进是改进已有产品环境性能的阶段，从预防污染和保护环境的角度出发，调整或改善现行产品或服务，如建立轮胎回收系统、改变原材料或增加防污染装置等技术。产品再设计是在保留产品概念的前提下，进一步开发或替代组成部分，如增加无毒材料、可循环和易于拆卸部件的使用，增加备件和原材料的重复利用。功能革新则是通过重新审视产品或服务所要求的功能，以全新的模式解决问题，此阶段以新产品和服务出现、有关基础设施和组织改变为特征。如从纸基信息变成电子信息，从拥有自行车变成共享单车，以工厂而非农田作为食品原料生产基地等（山本良一，2003）。革新阶段 4 个进程的环境改善潜力依次增大，这是荷兰代尔夫特工业大学的 Brezet 教授提出的。他指出，4 个进程模型可以将生态效率分别提高 2 倍、4 倍、10 倍和 20 倍（Brezet and Hemel，1997）。这里的生态效率可理解为 P/IC 所得的结果，如果 2 倍因子意味着产品生命周期的环境影响减少 50%，20 倍因子则意味着减少 95%。

 节约能源 提高能源效率，成功地减少了由于能源消耗造成的地球环境负荷	 节约资源 减少资源使用量，通过防止地球资源的浪费，减少环境负荷	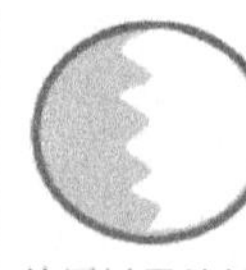 生态环境材料 使用以天然材料为主的环境协调性高的材料
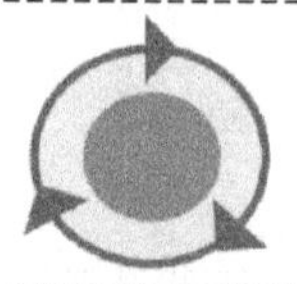 循环再生 通过再生和再利用有效地利用地球资源	 易拆卸性 以再生利用和再生产为前提，实现易拆卸的结构	 生物降解性 废弃时自然返回土壤，不残留对环境有害的成分
 清洁 在生产和使用阶段，不向环境释放有害物质而造成环境污染	 长寿命 可长期使用，以抑制用后废弃对环境造成的负荷	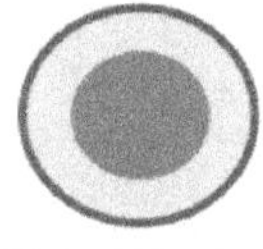 其他 除上面所列事项外，其他有益于保护地球环境的

图 8-6 生态设计评估的技术要素

注：引自山本良一（2003）。

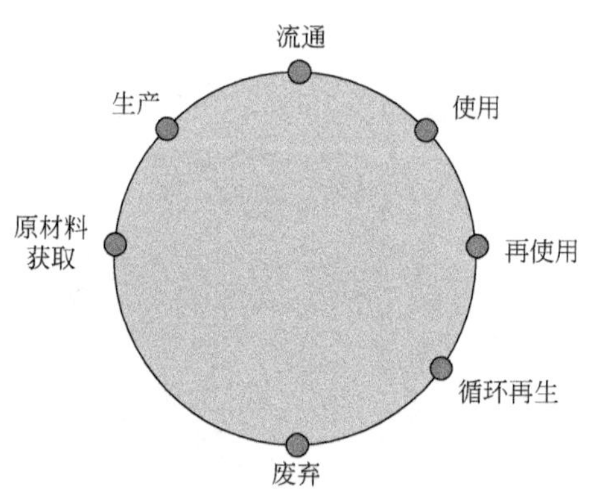

图 8-7 生态设计评估的生命周期阶段

注：引自山本良一（2003）。

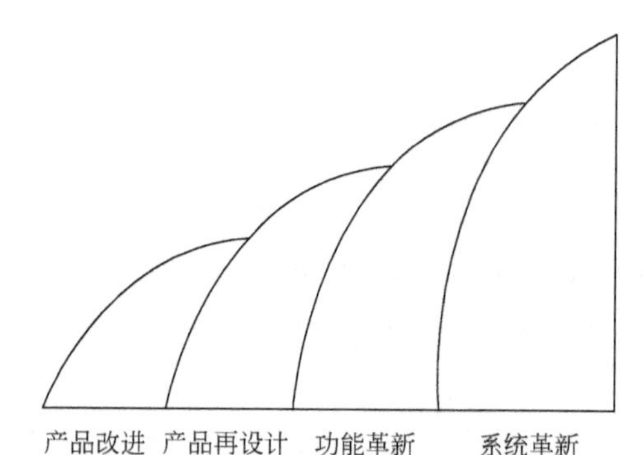

图 8-8 生态设计评估的革新阶段

注：引自山本良一（2003）。

8.3 生态设计案例

8.3.1 家电——吸尘器

日本清洁业知名企业 Duskin 创立于 1963 年，主营清洁用品的出租代售业务，2014 年 4 月 8 日在中国发售新产品“啦啦吸尘器”。与普通吸尘器不同，该产品为一款立式吸尘器，主打“免洗除尘”概念，配合该公司主打的产品——除尘拖把地板护理专家 LaLa 使用，能迅速吸走垃圾，通过控制打扫过程中的扬尘，减少室内空气不洁净对人体产生的危害（图 8-9）。

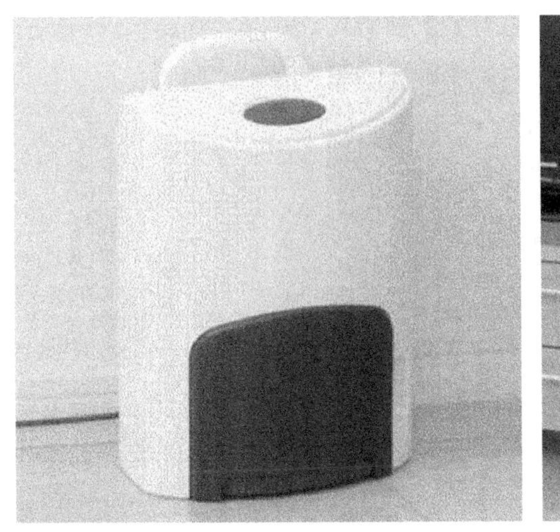

图 8-9　Duskin 啦啦吸尘器

消费者购买产品后，Duskin 会提供每 4 周一次的服务，使其产品资源消耗小的特征更为明显。除尘拖把头易于拆卸，工作人员会每 4 周上门送上干净的拖把，这样做可以免去洗拖把的麻烦，并减少水资源的消耗，也不用担心拖把头滋生的细菌霉菌对环境的危害。报废的原拖把头拆分为不织布、塑料和铝合金，分类回收再利用。啦啦吸尘器设计小巧简约，其质量仅 2.5kg 左右，轻便易搬运，生产制造的原材料消耗也较低。依据评估三要素，其生态设计评估结果如图 8-10 所示。

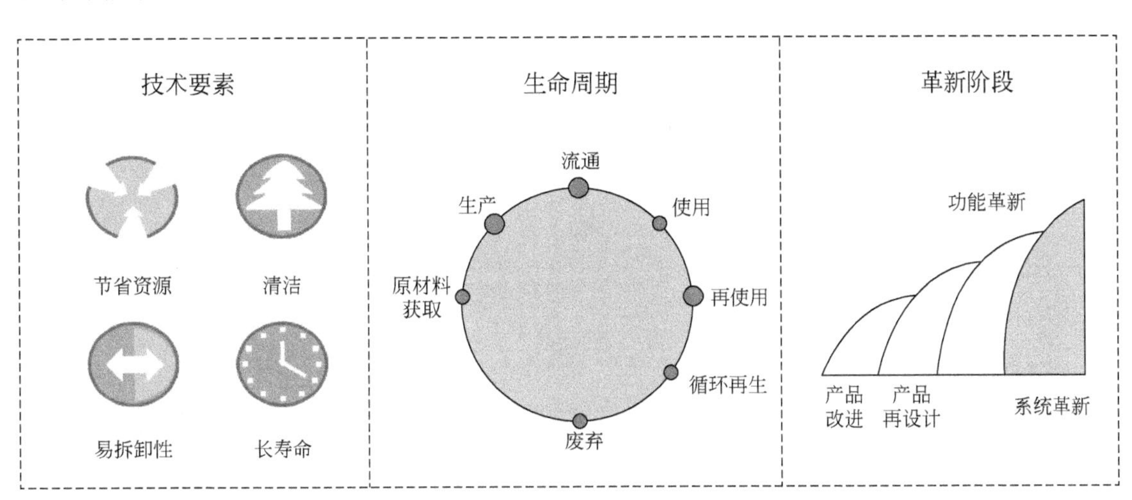

图 8-10　Duskin 出租服务型吸尘器的生态设计评估

注：生命周期中放大的点表示环境负荷改善的生命周期阶段；革新阶段中灰色标示产品处于的革新阶段。

8.3.2 建筑材料——地砖

2008 年，中国香港特别行政区政府提出五项玻璃樽（即玻璃瓶）回收计划，目的是将废玻璃樽变为有用的资源。此计划由环境及自然保育基金资助，环保署负责提供技术支持。香港环境局正全面推动饮品玻璃樽的回收，建议推行强制性生产者责任计划，预期可回收香港约七成的废饮品玻璃樽，有助减轻堆填区的负荷（图 8-11）。

图 8-11　中国香港特别行政区玻璃樽回收计划启动与实施

回收的玻璃樽被送到玻璃砖厂，用大型机器磨成玻璃沙代替河沙，混合水泥和建筑废料等物料制成环保地砖。每生产 $1m^2$ 的环保地砖，便可循环再用 20kg 废玻璃樽和 50kg 建筑废料。循环废玻璃樽再造环保地砖不仅可减轻堆填区的负荷，也可减少对河沙等建筑材料的需求，从而改善因采挖河沙而造成的水土流失和生态环境破坏等问题。此外，生产过程中的环保地砖在砖模内自然风干，不用高温烧制，也可减少污染和碳排放。研究显示，环保地砖比传统地砖轻，吸水力较低，外形更美观，若在表层加上二氧化钛，还可去除氮氧化物，有助于改善空气质量。废玻璃樽除了生产地砖，也可用于隔墙砖和斜坡砖生产。依据评估三要素，其生态设计评估结果如图 8-12 所示。

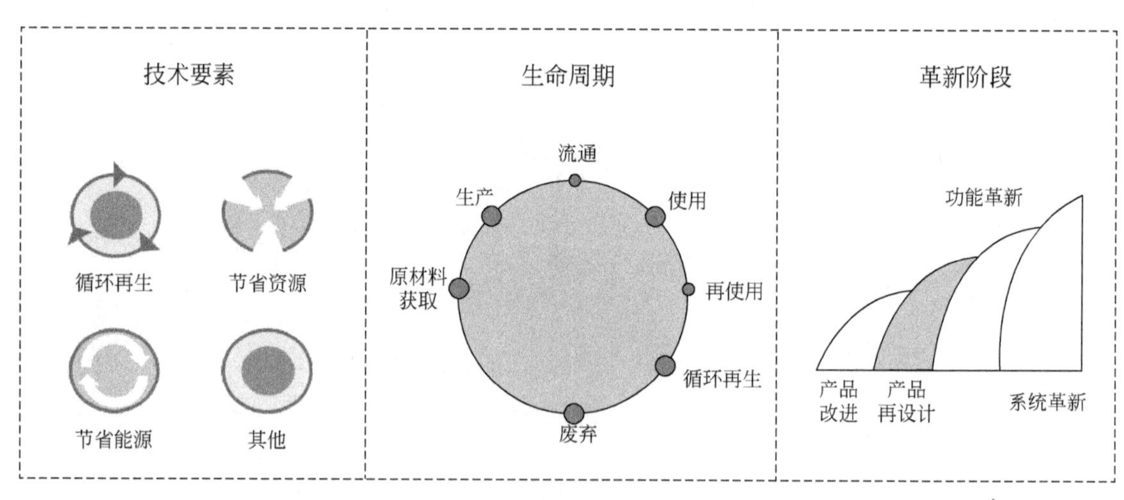

图 8-12　由废玻璃樽制成地砖的生态设计评估

8.3.3 建筑物——昆明长水机场

昆明长水机场由于物耗能耗较低、污染排放较少，被誉为中国第一座绿色机场（图 8-13）。机场设计依山就势，节约了土石方工程量 300 万立方米以上。通过充分利用自然采光通风、绿色屋顶与立体绿化，采用节能低辐射玻璃幕墙、智能建筑技术、节能光源和节能设备、变风量空调系统等措施，可再生能源使用量占建筑总能耗的比例大于 2%，总体节能达到 20%

以上，实现了建筑节能、照明节能和空调节能。

图 8-13 昆明长水机场外景

机场优化结构设计，减少非标构件数量，实现建筑材料规格的标准化，使得建筑材料消耗量降低10%以上，建筑废弃物利用率达20%～30%，建筑废弃物填埋减量达30%～50%、无害化处理率达到100%。节水设备使用率100%，污水处理率达到100%，再生水利用率大于15%。依据评估三要素，其生态设计评估结果如图8-14所示。

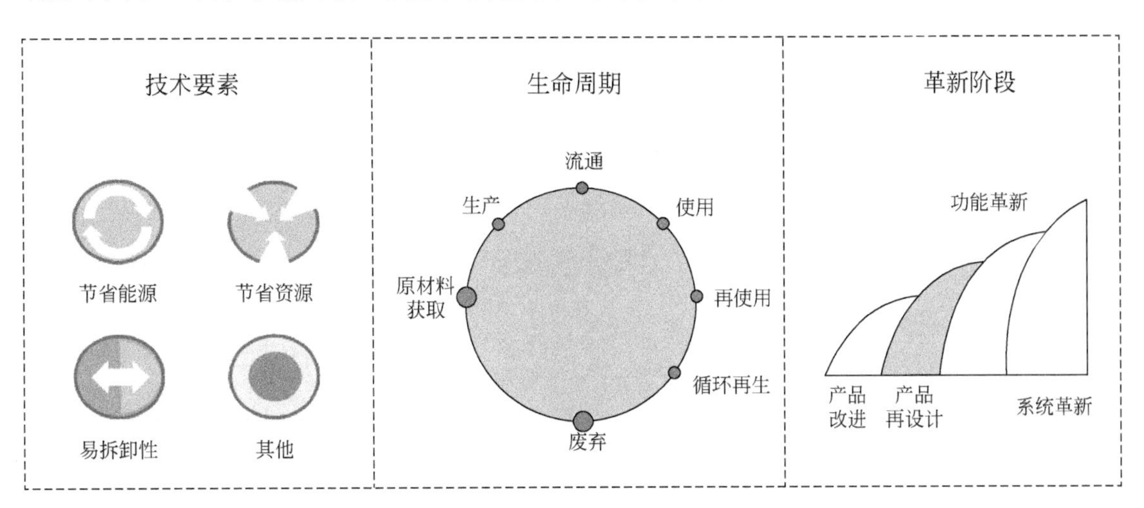

图 8-14 昆明长水机场的生态设计评估

8.3.4 材料——再生纤维面料

吴江市汇艺纺织有限公司利用回收的可乐瓶生产再生环保纤维原料（循环的PET面料）。将回收的可乐瓶碾成碎片，再抽丝加工为再生短纤，加捻纺成纱，然后织成面料，制成童装、男女休闲装等各类产品（图8-15）。

RPET面料（可乐瓶环保布）是一种新型的绿色环保再生面料，具有低碳性，而其回收料100%可以再生成PET纤维，循环使用能有效减少CO_2排放量，比常规制程生产聚酯纤维节省近80%的能源。依据评估三要素，其生态设计评估结果如图8-16所示。

8.3.5 生活用品——绿色信封

索尼公司与造纸厂合作，利用旧杂志的纸张生产不用脱墨、漂白、着色的一般再生纸，

图 8-15　可乐瓶生产的再生纤维原料

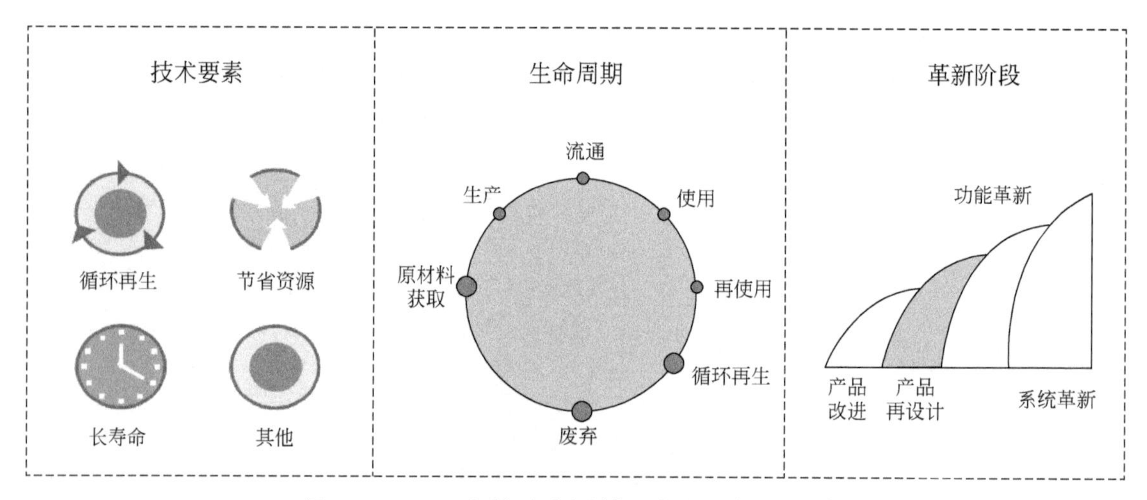

图 8-16　RPET 瓶循环再生制作面料的生态设计评估

之后制作“绿色信封”(图 8-17)。索尼公司的绿色信封生产工艺通过重复利用资源，减轻了因原材料消耗产生的环境压力，最大限度地实现了生态化（图 8-17)。

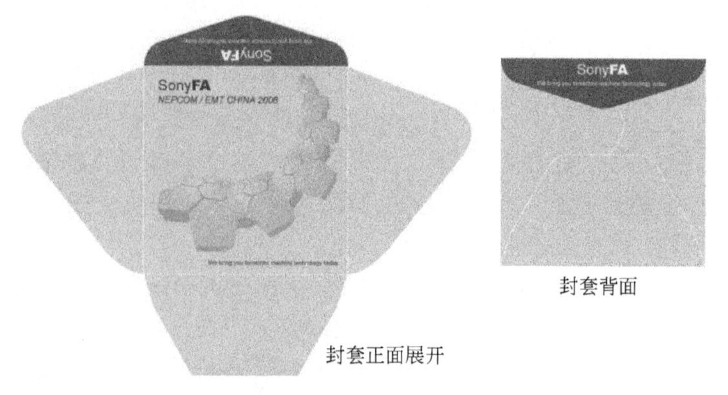

图 8-17　旧杂志纸张生产制作的“绿色信封”

这种再生纸制造过程的环境负荷可减轻 40%，产生的水污染物减少为木浆纸的 1/10。依据评估三要素，其生态设计评估结果如图 8-18 所示。

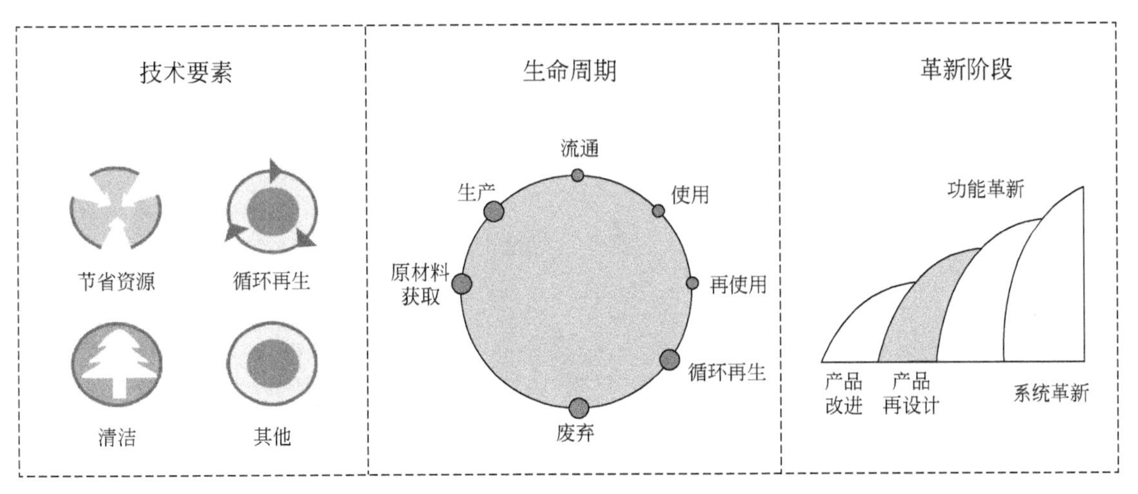

图 8-18　绿色信封的生态评估

思考题

1. 试想一下，在自己使用过的产品中有没有符合生态设计理念的产品？该产品有没有进一步改善的余地？

2. 2007 年 8 月，欧盟实施“用能产品生态设计指令”。作为贸易环境壁垒，它的实施给我国中小电机、蓄电池、电线电缆、工业锅炉、电动工具等产品的出口带来了较大的压力。针对欧盟的“用能产品生态设计指令”，你有什么好的应对策略？

参考文献

但卫华，曾睿，但年华，等，2005. 皮革产品的生态设计．皮革科学与工程，15（4）：20-25.

贾玉玉，2011. 生态设计制度的发展及实践．环境保护与循环经济，8：20-22.

山本良一，2003. 战略环境经营——生态设计．王天民，等译．北京：化学工业出版社．

王峥，郝维昌，王天民，2006. 生态设计：为社会的可持续发展而设计．北京航空航天大学学报（社会科学版），19（3）：28-36.

朱庆华，耿勇，2004. 工业生态设计．北京：化学工业出版社．

Brezet H，Van Hemel C，1997. Ecodesign：A Promising Approach to Sustainable Production and Consumption. UNEP：Paris，France.

Gersakis J，2001. Linking Innovation，Design and Sustainability：Learning from Real World Ecodesign Projects. Melbourne，Austrlia：National Centre for Design at RMIT.

Lewis H，Gertsakis J，2001. Design + Environment：A Global Guide to Designing Greener Goods. Sheffield，UK：Greenleaf Publishing.

Neutra R，1954. Survival through Design. New York：Oxford University Press.

Packard V，1956. The Hidden Persuaders. Harmondsworth，UK：Penguin Books.

Van der Ryn S，Stuart C，2007. Ecological Design，Tenth Anniversary Edition. Washington，DC：Island Press.

第9章 产业生态管理

产业活动所带来的生态环境问题，迫使人们反思现有的产业管理模式。如何管理产业活动才能有助于可持续发展的实现？答案就是产业生态管理。产业生态管理就是运用产业生态学的原理、手段和工具来管理生产和消费行为，以减轻产业活动对生态环境的影响，力图平衡经济发展和生态环境保护之间的冲突，最终实现经济、社会和生态环境的协调和可持续发展。

清洁生产制度、生产者责任延伸制度、产品导向的环境政策和循环经济战略，体现了从规划到目标，再到纲领的系统性产业管理思路，也体现了产业生态管理政策作用基点的变化。清洁生产制度追求产业生产过程中如何控制生态环境影响，而生产者责任延伸制度则追求产品生命周期过程的环境担当；产品导向的环境政策更多从设计源头关注产业发展的生态环境影响，而循环经济战略则从更高决策层面上来保障经济发展模式的转变。

通过本章的学习，基本掌握清洁生产制度、生产者责任延伸制度、产品导向的环境政策、循环经济战略的基本内涵，熟悉产业生态管理制度、政策与战略着力点的转变，了解产业生态管理模式的实践应用。

9.1 清洁生产制度

9.1.1 清洁生产发展及定义

1989 年 5 月，联合国环境规划署（UN Environment Programme，UNEP）首次提出清洁生产的概念，并于 1990 年 10 月正式提出清洁生产计划，希望突破传统的末端治理控制技术的局限，使整个产业界走向清洁生产。1992 年 6 月召开的“联合国环境与发展大会”提出，清洁生产是产业界改善和保持竞争力及可盈利性的核心手段之一，也是实现可持续发展的先决条件和关键要素，并将其纳入大会通过的重要文件《二十一世纪议程》中（托尔巴，1993）。1994 年《中国二十一世纪议程》将清洁生产列为“重点项目”之一（穆欣，2007），并于 2002 年出台了《中华人民共和国清洁生产促进法》（2012 年修订）。

《中华人民共和国清洁生产促进法》中指出，清洁生产是指不断采取改进设计、使用清洁的能源和原料、采用先进的工艺技术与设备、改善管理、综合利用等措施，从源头削减污染，提高资源利用效率，减少或者避免生产、服务和产品使用过程中污染物的产生和排放，以减轻或者消除对人类健康和环境的危害。清洁生产旨在节省能源、降低原材料消耗、减少污染物的产生量和排放量，基本手段是改进工艺技术、强化企业管理，最大限度地提高资源、能源利用效率（穆欣，2007）。清洁生产的终极目标是保护人类与环境，提高生产活动的经济效益。

清洁生产克服了传统末端治理措施存在的经济代价高、二次污染和污染转移、资源流失和浪费等弊端，清洁生产制度的提出表明了废物管理措施由“末端治理”向“预防与控制”的重大转变。保障清洁生产制度实施的方式是清洁生产审核，即通过产品生命周期分析，审核排污部位、排污原因，提出减少或消除污染物的措施。

9.1.2 清洁生产审核

（1）清洁生产审核概念

清洁生产审核是对企业现在的和计划进行的生产活动实行的预防污染分析和评估，是企业实行清洁生产的重要前提。清洁生产审核以问题为导向形成，其具体审核思路如图 9-1 所示。围绕废弃物在哪里产生、为什么会产生废弃物，以及如何消减这些废弃物等问题，通过现场调查和物料平衡找出废物的产生部位并确定产生量，分析产品生产过程的每一个环节，针对每一个废弃物产生原因，设计相应的清洁生产方案。方案涉及减少能源、水和原辅料的使用、消除或减少产品生产过程中有毒物质的使用、减少各种废弃物的排放及降低其毒性等方面，可以是一个或多个，包括无/低费方案和中/高费方案。通过实施这些方案以达到减少废弃物产生的目的（罗方，2007）。

企业清洁生产审核可达到如下目的：一是核对有关单元操作、原材料、产品、用水、能源和废弃物的资料；二是确定废弃物的来源、数量以及类型，确定废弃物削减目标，制定经济有效的削减废弃物产生的对策；三是判定企业效率提升的瓶颈部位和管理不善的地方；四是提高企业的经济效益、产品和服务质量；五是提高企业对削减废弃物获得效益的认知。

清洁生产审核适用于第一、第二、第三产业的企业，分为自愿性审核和强制性审核。有下列情形之一的企业，应当实施强制性清洁生产审核：污染物排放量超过国家或者地方规定的排放标准，或者虽未超过国家或者地方规定的排放标准，但超过重点污染物排放总量控制

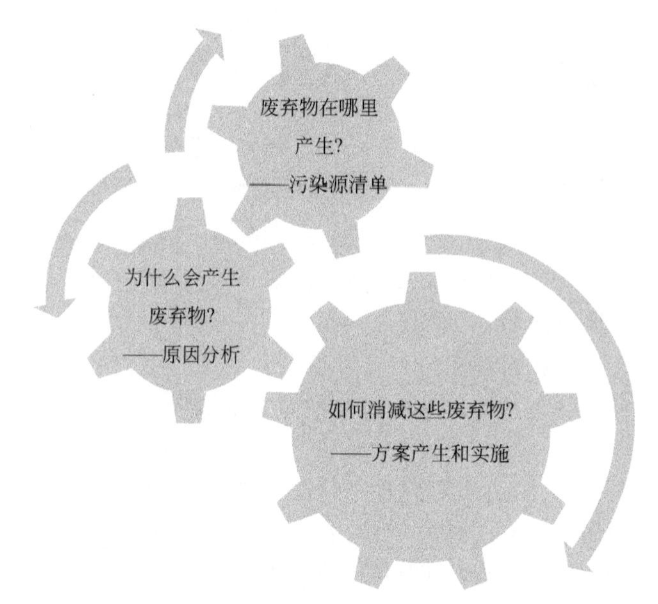

图 9-1　清洁生产审核的思路

注：引自罗方（2007）。

指标的；超过单位产品能源消耗限额标准构成高耗能的；使用有毒、有害原料进行生产或者在生产中排放有毒、有害物质的。除上述情形之外的企业可以根据自愿原则，按照国家有关环境管理体系等认证的规定，委托相关机构进行认证，提高清洁生产水平。

（2）清洁生产审核程序

为达到清洁生产审核的目的，需要关注原辅料、技术工艺、设备、过程控制、产品、管理、员工和废弃物等环节（图 9-2）。原辅料纯度、毒性、难降解性等特性在一定程度上决定了产品及其生产过程对环境的危害，因而需选择对环境无害的原辅料。生产技术工艺的连续性、稳定性等特性对原材料利用效率、废弃物产生数量和种类起决定作用，结合技术改造预防污染是实现清洁生产的一条重要途径。设备功能、维护保养和过程控制参数是否处于受控状态并达到优化水平（或工艺要求）、产品性能和种类的变化、废弃物特性和状态等方面均对产品得率和废弃物产生种类、数量产生直接影响。同时，任何管理上的松懈和遗漏（如岗位操作过程不够完善、缺乏有效的奖惩制度等）、专业技术和管理人员的缺乏都会影响到废弃物的产生。

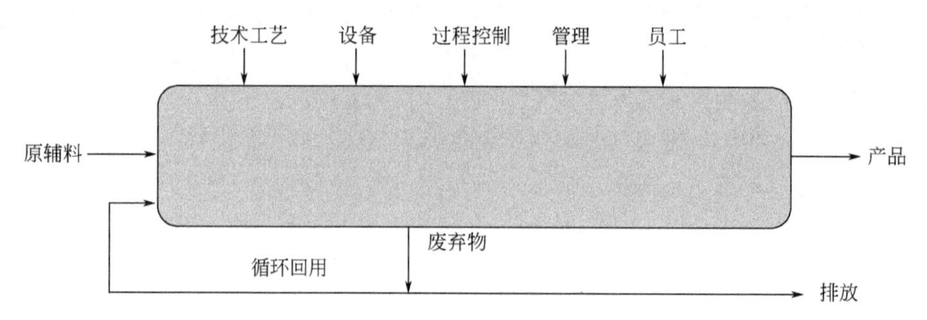

图 9-2　清洁生产审核的环节

注：引自罗方（2007）。

清洁生产审核分为两个时段：第一时段产出清洁生产审核中期报告，包括筹划和组织、预评估、评估、方案产生与筛选 4 个阶段的成果，为清洁生产审核的深入进行提供基础；第

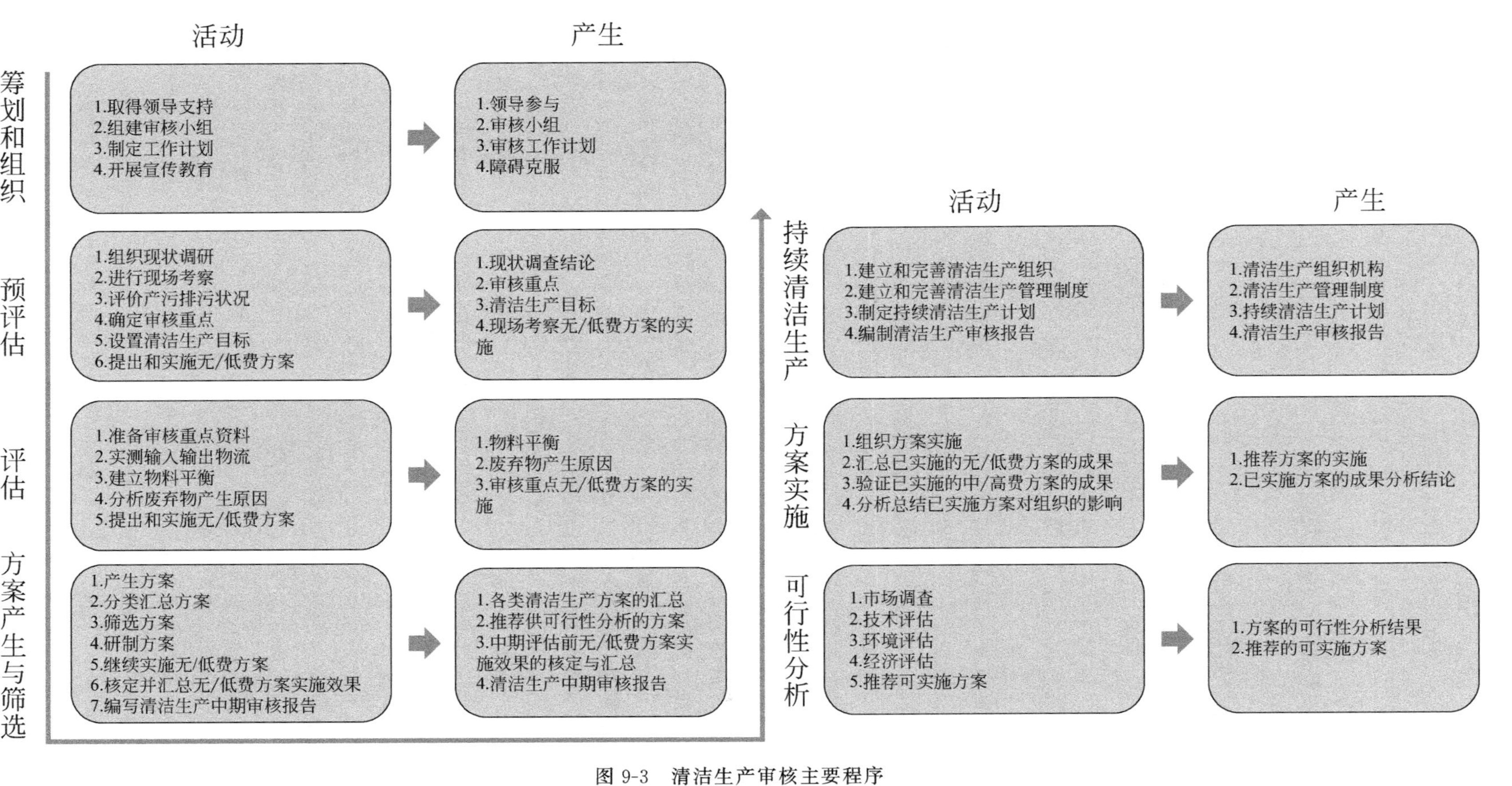

图 9-3 清洁生产审核主要程序

注：引自罗方（2007）。

二时段应对清洁生产全过程进行总结，提交清洁生产审核最终报告，并制定持续清洁生产计划，涉及可行性分析、方案实施和持续清洁生产 3 个阶段（图 9-3）。

9.2 生产者责任延伸制度

9.2.1 EPR 制度发展及定义

清洁生产制度主要关注生产过程，对产品使用和消费环节考虑较少，而生产者责任延伸制度则强调生产者责任的后延，要求对其废弃物处理承担责任。生产者责任延伸制度（extended producer responsibility，EPR）的概念源于产品的资源性和潜在污染性，该制度的提出为废弃产品问题的解决找到了合理的责任承担主体，减轻了政府的负担（李艳萍，2005；孙曙生等，2007）。

生产者责任延伸制度的思路最早可追溯到 1975 年瑞典政府出台的关于废弃物循环利用和管理的议案。该议案指出，生产者应在产品生产前就着手考虑产生的废弃物如何处理、丢弃后如何维护的问题，即生产者承担废弃物处理责任，从此开创了 EPR 制度的新纪元（Lindhqvist，2000；王汉玉等，2010）。1986 年德国在《废物避免和处置法》中指出，生产者对其产品废弃后的处理和处置将承担部分责任。并于 1991 年出台《包装物条例》，翻开了世界范围内生产者责任延伸制度立法的扉页（李艳萍等，2007）。荷兰 1998 年提高了对包装物的关注，出台了荷兰《包装物盟约》（Packaging Covenant），这是开展较早且制度较为完善的产品自愿协议。1994 年 12 月，《欧盟包装指令》发布，要求所属会员国对包装物品采取一致的政策，并成立 EPR 系统回收废包装材料，从 EPR 制度运行来看效果明显（廖富美和马晓明，2014）。从上述环保措施来看，欧洲 EPR 制度的目标是减少废弃物和回收利用废弃物（鞠美庭和盛连喜，2008）。

美国在使用 EPR 概念时，把 EPR 中的“P”从“producer”改为“product”，英文表述为 extended product responsibility，称为“产品责任延伸制度”，并制订一般性实施原则，建议实行自愿式 EPR 体系（马娜，2006）。1996 年，美国可持续发展总统委员会（President's Council on Sustainable Development，PCSD）指出，产品责任延伸制度是一项新兴的实践，它考虑了产品整个生命周期，从产品设计到废弃过程中寻求节约资源和预防污染的机会（PCSD，1996；李艳萍等，2007）。欧洲的目标是最大化回收废弃物，而美国认为目标应侧重于环境影响的最小化。日本在 1998 年 5 月通过律法，要求所有的电子电气产品（电冰箱、冷气机、电视和洗衣机等）在报废后必须交回给生产者处理，处理的费用由生产者和消费者共同负责。日本的方式和欧盟国家有所不同，欧洲生产者在回收产品时，消费者不必付费，日本业者则可向消费者征收费用，以平衡处理成本（马娜，2006）。我国 EPR 制度是将生产者对其产品所负的责任延伸到产品生命周期后的废弃物处置阶段，是生产者以回收、再生、处置产品使用后的废物为目标而承担的各种形式的法律义务或法律责任，可以理解为废弃物管理制度，也称为后产品责任（post-consume product responsibility，PPR）。1989 年 11 月，国家建筑材料工业局、物资部、财政部、建设部颁布的《旧水泥纸袋回收办法》中明确要求水泥厂（水泥厂也可委托其他纸袋收购单位）对废旧水泥袋进行回收，并规定了生产者的回收比例，构建了押金-退款制度。该办法被视为我国最早的体现生产者责任延伸理念的立法。2008 年 8 月出台的《循环经济促进法》确立了生产者责任延伸制度为中国基本管理制度之一，该制度规定了生产者回收和利用责任，销售者、其他组织或废物利用处置企业的回收利用责任，消费者责任和有关政府部门的责任，并指出国务院循环经济发展综合管理部门负责规定强制回收的产品和包装物的名录及管理办法（高晓露，2009）。

1988 年，瑞典 Lund University 环境经济学家 Thomas Lindhqvist 在提交给瑞典环境署的一份报告中首次提出生产者责任延伸制度的概念（Lindhqvist，1992；Rossem et al，2006），指出 EPR 是一项制度原则，主要通过将生产者责任延伸至产品的整个生命周期，特别是产品消费后的回收、处理处置以及再循环阶段，以促使产品整个生命周期过程的环境友好。Thomas Lindhqvist 关于 EPR 的相关论述中并未明确废弃产品的处置方法，只是指出生产者承担的责任，间接表明其为一种全过程控制方法（唐绍均，2008）。

EPR 思想理念的迅速传播，影响到绝大多数发达国家（欧盟国家、日本、加拿大、韩国等）和一些发展中国家（中国、巴西、秘鲁等）的相关政策与立法。对大多数国家而言，EPR 都是先适用于需要较大掩埋空间的包装废弃物，然后扩展到电子与电机设备废弃物、废旧汽车等领域（马娜，2006；任文举和李忠，2006）。EPR 最终目标是通过这些费用的转移，创造一种"追溯效应（upstream effect）"，使生产者在产品的设计阶段就将环保观念引入其中，从耐用性、可修复性、可回收性、材料可降解性等方面综合考虑，提倡生态设计（eco-design），从根本上实现废物减少、环境污染减轻的可能性（Calcott and Walls，2000）。生产者责任延伸制度将责任归属于生产者，可以有效降低产品对环境的影响，因为生产者可以重新定位思考产品的设计、原材料的选择等环节，尽量减少使用难以回收的材质或产品（普智晓和李霞，2004；李亮和李桂林，2008；马洪，2012）。

EPR 的发展过程和定义内涵，反映了对生产者责任延伸制度的两种解释，包括扩张性解释和限缩性解释（马洪，2009）。EPR 扩张性解释是指生产者对整个生命周期的环境影响负绝大部分的责任，Thomas Lindhqvist 的早期定义属于此类。美国将生产者责任延伸改为产品责任延伸，同样属于扩张性解释，因为其强调责任延伸领域为产品的整个生命周期，主张产品及其废弃物对环境的影响责任由生产者、消费者及政府分担。相对应的是限缩性解释，以欧盟定义最为典型，其 EPR 强调生产者责任仅延伸至产品废弃后阶段，即生产者必须承担产品使用完毕后的回收、再生和处理的责任，以降低产品对环境的影响程度（马洪，2012）。中国 EPR 倾向于限缩性解释，强调生产者需为解决产品消费后阶段所凸显的环境污染与资源浪费问题承担由此延伸的部分或全部责任（辜恩臻，2004；张晓华和刘滨，2005；李艳萍，2005）。

9.2.2 EPR 制度解释与本质

9.2.2.1 EPR 解释

EPR 本质是一种环境保护制度，其根本目的是将社会所负担的产品废弃物处理成本及其环境外部成本内部化，从而减少废弃物产生，改善产品生态设计，以达到资源高效利用和保护环境的目的。生产者责任延伸制度强调"责任"是一种法定义务，而非法学理论中"法律责任"。EPR 的"责任"是参与产品生命周期链条的利益相关者以回收、再生利用、处置废弃物为目标而承担的各种形式的法律义务（高晓露，2009）。

Thomas Lindhqvist 教授的生产者责任延伸制度指出，生产者需为废弃产品问题解决承担环境损害责任、经济责任、有形责任、物主责任及信息披露责任。环境损害责任是指生产者需对所有依法认定的环境损害（涵盖产品全生命周期，包括使用阶段及最终弃置阶段）负担法律责任。经济责任是指生产者需负担产品的收集、循环利用或最终处理全部或部分环境成本，也可以通过某种特定费用的方式承担经济责任（鞠美庭和盛连喜，2008）。有形责任是指生产者必须实际参与处理其产品或其产品引起的影响，包括设计、制造及应用回收技术，研发、组织与管理回收处理体系以及限期淘汰有毒有害危险材料等（刘丽敏和杨淑娥，2007）。物主责任（ownership）是指在通常情况下，生产者通过组织管理和支付费用的方式对其产品承担有形、经济的双重责任。信息披露责任（informative responsibility）是指生产者有责任提供有关产品以及产品在其生命周期不同阶段对环境影响的相关信息（辜恩臻，2004），包括产品环境性能的信息（如原料、制程、成分、性能、回收再利用等），及该产品如何以环境可接受方式再利用或再生等方面的信息。"信息责任"成本低，易推广，有利于社会各界了解产品的环境性能，提高环保意识，从而通过选择环境更友好的产品，激励和推进环境友好产品的开发和产业发展（温素彬和薛恒新，2005；马娜，2006；胡苑，2010）。

生产者责任延伸制度中的"生产者（producer）"与通常意义上的"生产者"不尽相同，其不仅包括"真正"意义上的产品生产者和制造者，还包括产品的销售者和进出口贸易商，甚至包括消费者和国家政府（高晓露，2009）。EPR强调生产者的主导作用和控制能力，由于生产者对产品设计、原材料选择拥有控制权，是挖掘废弃产品最大利用价值的利益相关主体。生产者责任延伸制度中的"延伸"是相对传统的生产者产品责任而言的，传统意义上的生产者产品责任被界定在产品的设计、制造、流通和使用阶段，产品废弃后，要么简单丢弃，要么由政府负责处置。而在EPR中，传统的生产者责任被"延伸"至产品的整个生命周期过程，废弃物的处置责任从地方政府全部或部分转移至生产者，生产者对其产品从"摇篮"到"坟墓"都将承担相应的责任。一般认为，对所有产品实施生产者责任延伸制度并不可行，实施对象应针对废物流中问题突出的产品，如考虑产生量大（如包装物）、环境风险大（如高汞电池）等特征（王兆华和尹建华，2006）。

9.2.2.2 EPR本质

（1）以废弃产品问题的解决为目标

解决废弃产品问题是生产者责任延伸制度提出的初衷和目标。为了更好地达到这一目标，生产者必须为其废弃产品问题的解决承担部分或全部责任，生产者必须参与解决废弃产品的问题（孙曙生等，2007）。

（2）以生态利益为中心

生产者责任延伸制度体现了法律价值追求由"人类利益为中心"向"生态利益为中心"的转变。EPR制度的实施是利用国家对企业的规范和限制，通过刺激和激励生产者开展环境友好设计和清洁生产手段，要求生产者承担责任，使其行为符合自然本性和生态规律，降低产品对环境的影响，兼顾社会、环境和经济等多方面利益（李艳萍等，2007）。

（3）以环境污染外部成本内在化为理论基石

实行生产者责任延伸制度就是要求生产者承担产品回收、处置的费用，将环境污染的外部成本部分内在化，将环境资源作为一种稀缺资源计入生产者的经营总成本（马娜，2006）。这样必然会激励生产者采用一切可能的措施减少污染的产生以降低其环境成本，达到环境保护成本与环境污染损失相平衡的最优环境治理水平（高晓露，2009）。

9.2.3 EPR特征和实现方式

9.2.3.1 EPR特征

（1）强制性

区别于清洁生产制度的鼓励性和废物管理政策的原则性，EPR具有强制执行性。生产者责任延伸制度以法律责任的形式强制生产者承担废弃物回收、处理处置以及再循环利用的责任（李艳萍等，2007）。

（2）综合性

生产者责任延伸涉及不同的责任，既包含了生产者对环境影响和损害的产品责任，产品消费后回收、处理处置以及再循环利用的行为责任和经济责任，同时还包括了生产者应提供产品可能产生环境影响信息的责任。与传统产品损害责任、产品污染环境责任相比，生产者责任延伸显然属于综合性责任（李艳萍等，2007）。

（3）特殊的公益性

以生态利益为中心的EPR通过降低产品整个生命周期的环境影响，实现维护人类利益以及整个生态系统利益的目标（李艳萍等，2007）。产品责任维护消费者私人利益，环境污染控制法维护社会公众利益，两者法律价值仍限定在“人类利益为中心”，而生产者责任延伸制度所维护的是生态利益，维护的是建立在生态利益、经济利益和社会利益基础上的复合型公共利益（李艳萍等，2007）。

9.2.3.2 EPR实现方式

根据实施强度和政府参与度，生产者责任延伸制度存在法规性工具、经济性工具和信息工具三种不同的实施方式，不同实施方式可以综合搭配使用。

（1）法规性工具

要求强制回收，规定了对再生原料使用的最低含量、二次物料利用率的要求；建立能源效率标准；限制及禁止弃置、使用特定物料和特定产品等。

（2）经济性工具

包括产品费、生态税、预付处置费、抵押金返还计划等，具体包括征收原生物料税；鼓励购买环境友好产品（绿色采购）；押金、退瓶费制度；取消对原生物料配给以免造成原生物料滥用等。

（3）信息工具

使用具有环保意义的标示或环保标章；使用环境信息标语；记录并建立整个物料生命周期的资料档案以供日后参考；产品标示使用期限；产品标示含有害（毒）物质的警语等。

9.3 产品导向的环境政策

9.3.1 PEP发展与定义

针对传统的“末端控制的环境政策”，1989年荷兰国家住房、空间规划及环境建设部基于产品生命周期思想首次提出制定产品导向的环境政策（product-oriented environmental policy，PEP）的观点（邓南圣和吴峰，2002；蔡秉坤和李娟，2010）。这种环境政策逐渐发展为“链式管理”，覆盖产品从生产、消费到最终废弃物处理的所有环节，即所谓的产品生命周期。产品导向的环境政策的原则与策略主要以充分发挥市场作用（市场导向）、利害相关者共同参与、产品生命周期的观点为核心（廖富美和马晓明，2014）。

20世纪90年代以后，欧洲国家已经把产品导向的环境政策真正应用于实践，如丹麦、挪威和荷兰已经制定了具体的产品导向的环境政策，并在全国范围实施（张亚平和邓南圣，2003）。产品导向的环境政策具有较强的可塑性与扩展性，其运行范围较广，从而形成整合环境、经济和社会等因素为一体的“可持续的产品政策”（薛言祯，2016）。不同的产品政策造成了国家间规范的冲突，为协调冲突迫切需要统一规范，1998年，欧盟委员会提出了“整合产品政策”（integrated product policy，IPP），并建议将其作为欧盟各国产品导向的环境政策的规范，从而为各国环境立法决策提供了一个崭新模式。IPP对产品的关注已经从使用阶段后的处置转向到最初的设计阶段，同时也开始将消费者的选择影响力与市场价格机制的刺激纳入考虑。在适用的覆盖面，从产品扩大到服务领域，出现了“产品服务化”的新型经营策略模式（廖富美和马晓明，2014）。1998年，Ernst等首次提出IPP定义，指出其是以修复和改善产品系统环境特性为目的的公共政策。1999年，德国环境、自然资源保护和原子核安全联邦部门对此定义做了补充，指出IPP是以持续提高产品和服务在整个生命周期的环境特性为目的的公共政策。新的定义拓展了IPP的范围，将服务也纳入IPP的控制范围，并强调了生命周期的概念（张亚平和邓南圣，2003）。

1995年，丹麦国家资源与环境产品政策中心发布了一份报告，指出当前采取的各种减少产品不利环境影响的措施（如废弃物处理、清洁生产工艺、环境审计）仅能减少某一阶段的环境负荷，缺乏对产品生产、使用和最终处理所造成环境影响的综合考虑。1998年2月，丹麦国家资源与环境产品政策委员会发布了关于产品导向的环境政策的行动计划，包括加强产品设计和清洁生产工艺的生命周期评价工具开发；推进产品信息系统开发，如生态标志、产品环境声明等；促进绿色公共采购的各种措施；促进产品环境责任人开展市场合作的措施等系列支持活动（Preben，2000）。1998年，瑞典政府向国会提交了一项促进可持续发展的建议，随后发起了一系列以实现可持续发展和减少产品在整个生命周期环境影响为目的的活动。2001年3月，瑞典政府正式宣布将产品导向的环境政策作为国家环境政策。1996年，北欧部长委员会成立了北欧产品导向的环境政策的合作组，并于1998年在瑞典召开了以发展北欧产品导向的环境政策的公共框架和内容要素为主题的论坛。1999年，北欧部长委员会成立了一个专家组，其目的是开发一个公共的产品导向的环境政策框架并促进其发展。

产品导向的环境政策是以改善产品的环境友好性质、保护环境为目的的公共政策（Martin and Ursula，2001），以产品的视角透析产品的生产、销售、使用及回收处理等整个生命周期中对环境的压力，并予以政策指导（薛言祯，2016）。其内涵突出了产品导向的环境政策的公益目的，强调所有产品环境负责人、利益相关者在产品生命周期内应有的行为规则，减轻产品生产各环节对环境造成的压力和不利影响，建立起全面、客观和科学的环境治理评价标准（蔡秉坤和李娟，2010）。

产品导向的环境政策的目标是持续降低产品整个生命周期的环境影响。目标可细化为降低产品产量、改变产品有害环境的性能、改变产品使用和处置三个方面。降低产品产量目标要求消费者改变消费方式和需求，放弃使用消耗特定物质和较高能源的产品，同时要求产业通过延长产品使用寿命等方式提高资源利用效率。改变产品有害环境性能则包括减少有害环境的物质使用、减少对原材料和能源的消费、改善生产工艺和产品设计以及替代有害的产品等方面。改变产品的使用和处置则包括提高产品使用效率、对特定物质进行再利用和再循环等方面。需要说明的是，三个产品政策的目标是相互联系、相互促进的，在具体实施中，三者之间可能会发生抵触，因此在政策的制定和评估中需要将这三个目标作为一个整体加以考虑。

9.3.2 PEP解读

欧盟委员会认为产品导向的环境政策框架的建立必须遵循产品生命周期思想、充分发挥市场机制、利益相关者积极参与、持续改进、政策工具组合5个基本原则（European Union，2001；张亚平和邓南圣，2003）。IPP需要贯彻产品生命周期思想，即从“摇篮”到“坟墓”全过程的环境保护思维，采用经济手段刺激绿色产品的生产和消费，并充分发挥市场机制，保证产品生命周期过程的所有参与者、利益相关者的介入和积极参与，综合运用、组合行政立法、市场措施等政策工具，不满足于单一具体的目标，做到持续改进（蔡秉坤和李娟，2010）。

整合产品政策（IPP）与生产者责任延伸制度（EPR）两项举措在原则上均以产品为中心，运用生命周期的思想，最终达到减物质化（dematerialization）的目标，符合低碳社会发展的趋势（廖富美和马晓明，2014）。IPP是通过提升资源效率和减少能源消耗的方式，持续改善产品生命周期环境绩效的公共政策，而EPR则是鼓励企业在产品使用完毕后不要将之废弃，应进行回收和再利用的制度。按照生产者责任延伸制度，产品使用后的处置是产品生命周期的重要阶段，生产者在产品设计时应该考虑到产品使用后处置阶段的环境影响，并对不能通过产品设计消除的环境影响承担相应责任，以此来鼓励和刺激生产者改进产品设计，促进对自然资源的合理利用，预防和减少废弃物的产生（申进忠，2006）。整合产品政策IPP在生产者责任延伸的基础上，明确把产品环境责任看作是一种分享的责任。从政策关注点来看，整合产品政策已从产品使用后的处置阶段转向产品的设计阶段，并增加了对消费者选择和适当市场价格机制等内容的关注，其适用范围也从产品延伸到服务领域。整合产品政策的提出，为产品导向的环境政策的建立提供了基本框架，有效支持了产品导向的环境政策体系的构建，成为产品导向的环境政策的现实体现（申进忠，2006）。

9.3.3 PEP特点

大多环境政策以减轻环境损害为出发点，由政府负责设定企业需要遵守的规则和达到的环境标准，属于一种简单的、机械的刺激反应型模式。而产品导向的环境政策则从引起环境风险的产品和服务出发，引入市场机制，建立一种更为积极主动的政策运行机制，充分体现了预防为主、生命周期过程持续改进、市场介入与干预的特点。

（1）产品导向的环境政策突出预防为主的方针

产品导向的环境政策将产品或服务作为各种环境问题产生的根源，强调在产品和服务的设计阶段就应做出有利于降低其整个生命周期环境影响的改变，从生命周期的前端锁定原材料和产品性能，在根源上预防和避免环境问题的产生。

（2）产品导向的环境政策致力于对整个生命周期环境影响的持续改进

产品导向的环境政策没有为生产者设定具体目标，而是提倡一种持续改进的理念，即每一代产品或服务应该比前代产品或服务更为环境友好。至于采取何种措施、如何改变，则由企业根据自身情况做出选择，从而在改善产品或服务环境表现方面赋予企业更大的灵活性。

（3）产品导向的环境政策需要市场介入和干预

产品导向的环境政策以市场干预为主导，将经济利益作为政策的主要驱动力，立足于市场，将传统的命令控制方法转变为以市场为基础的干预方式，通过政策推动和市场引导来实现降低产品环境影响的目标。

9.4 循环经济战略

9.4.1 循环经济发展与定义

美国经济学家波尔丁首次提出循环经济（circular economy，CE）一词。在20世纪60年代，受当时发射宇宙飞船的启发，波尔丁开始分析地球经济的发展，他认为飞船是一个孤立无援、与世隔绝的独立系统，其运行靠不断消耗自身资源，最终它将因资源耗尽而毁灭，延长寿命唯一的方法是实现飞船内的资源循环，尽可能少地消耗资源。同理，他认为地球经济系统如同一艘宇宙飞船，尽管地球资源多且寿命长，但只有实现循环经济（资源循环利用），地球才能得以长存（刘旌，2012）。无论是因社会经济发展而终将用完地球飞船有限资源的宇宙飞船经济，还是传统的对地球资源无所顾忌开发的牧童经济均为不可持续的发展模式。人口、经济与资源环境的不协调发展、压缩型工业化/城市化进程造成了全球性问题日益激化，人们过度追求经济增长量及增长率，忽视了增长的资源消耗和污染排放，没有认真反思增长的动力是否具有可持续性，增长的终极目的（社会总财富和总福利）是否增长等问题。为促进人与自然和谐共生，解决资源过度消耗和污染排放造成的生态环境问题，应在世界范围内提出转变经济增长方式，发展循环经济、建立循环型社会的战略。以物质循环和提高生态效率为特征的循环经济为人类社会的可持续发展提供了一条可行的实践途径。

中国在20世纪90年代引入循环经济思想，此后对循环经济的理论与实践研究不断深入，如1998年确立“3R”原则的中心地位，1999年从可持续生产角度整合循环经济发展模式，2002年从新型工业化角度阐述循环经济的重要意义，2003年将循环经济纳入科学发展观，确立物质减量化的发展战略，2004年提出在城市、区域、国家等层面大力发展循环经济，建立生态产业园区，2005年党的十六届五中全会将发展循环经济纳入“十一五”规划。

学者们从人与自然关系、技术范式、资源综合利用、环境保护、经济形态和增长方式、广义与狭义等方面解读了循环经济的内涵，但最具代表性的是2008年公布的《循环经济促进法》（2018年修订）中提出的定义：循环经济是指在生产、流通和消费等过程中进行的减量化、再利用、资源化活动的总称。循环经济是一种新的经济增长模式，是一种以资源的高效利用和循环利用为核心，以“减量化、再利用、资源化”（3R）为原则，以低消耗、低排放、高效率为基本特征，符合可持续发展理念的经济发展模式，是对“大量生产、大量消费、大量废弃”的传统经济增长模式的根本变革。

传统经济是一种“资源—生产—消费—废弃物排放”单向流动的线性经济，而循环经济是“资源—生产—消费—资源（再生）”反馈式或闭环流动的经济模式。传统经济增长靠高强度的开采和消耗资源来维持，必然造成严重的生态环境破坏，而循环经济体系中所有的物质和能源均能得到合理和持久的利用，产生的生态环境影响较小。因此，需要改变过去“增长型”经济而采取“储备型”经济，改变传统的“消耗型”经济取而代之以“休养生息”经济，改变过去注重“生产量”经济取而代之以注重“福利量”经济，最终转变传统经济“三高一低”（高开采、高消耗、高排放、低利用）的特征，形成“三低一高”（低开采、低消耗、低排放、高利用）的循环经济发展模式。因此，循环经济是对线性经济的变革和超越，它考虑的是如何在资源有限情况下提高经济发展的质量而不是经济增长的数量。

循环经济按照生态系统物质循环流动方式组织生产，物质和能源可以在不间断的经济活动中得到梯次利用和最合理使用，使整个经济活动中不产生或只产生很少的废弃物，生产、消费过程对环境的影响小，是一种低投入、高产出、低污染的经济。环境表现为废弃物梯次减少，污染低排放，甚至“零排放”的经济运行模式；管理表现为依靠科学技术手段和市场机制，实施“减量化、资源化和无害化”调控，提高经济活动的生态效率。循环经济已成为经济生态化或生态型经济发展的实践模式。

9.4.2 循环经济度量指标

9.4.2.1 生态效率定义

循环经济强调社会经济增长与生态环境负荷的关系，生态效率指标可以有效表征循环经济模式的运行状况。循环经济关注的目标不再是单纯的经济增长，而是生态效率（eco-efficiency）的提升。1990年，Schaltegger和Sturm首次提出了生态效率的概念，但直到1992年的联合国环境和发展大会上再次被可持续发展商业委员会（Business Council for Sustainable Development，BCSD，1995年后改称为World Business Council for Sustainable Development，WBCSD，即世界可持续发展商业委员会）提出才被人们广泛使用。20世纪90年代中后期，许多国际组织纷纷加入生态效率的研究和推广中，如美国可持续发展总统委员会指出生态效率是支持政府行动的一个有用方法；经济合作与发展组织（Organization for Economic Co-operation and Development，OECD）可持续发展委员会将生态效率作为实现可持续发展最有效的概念；欧洲委员会（European Commission，EC）在政策制定过程中也应用生态效率进行审查；欧洲环境署则用这个概念来定义和报告宏观经济指标（WBCSD，2000）。

1992年，世界可持续发展商业委员会指出生态效率是提供有价格竞争优势的、满足人类需求并保证生活质量的产品和服务，同时逐步降低对生态环境的影响和资源消耗强度，使之与地球承载能力相一致（Schmidheiny，1992；Helminen，1998；Schaltegger and Burrit，2000）。之后，该商业委员会（WBCSD）认为生态效率的内涵趋向于经济和生态维度的结合，不考虑社会方面（WBCSD，1998，2000）。除了WBCSD以外，OECD也是推动生态效率概念的先驱，该组织指出生态效率是生态资源用于满足人类需要的效率，是产出与输入的比率，产出是一个公司、部门或者经济体生产的产品和服务的价值（包括福利增加、生活质量提升和商业利润提高），而输入是此公司、部门或经济体产生的环境压力（包括自然资源使用、费用支出与导致的环境损害）的总和（OECD，1998）。在一定产出的条件下输入更低，或者在一定输入的条件下产出更高，一个公司、部门或经济体就更有效率。Hoffrén（2001）提出的生态效率定义中包含了可持续发展的三个维度（生态、经济和文化），他认为生态效率是生产经济效率、物质效率与可持续发展目标、社会公正概念的结合，意味着物质使用必须减少，以便减少负面环境影响，同时不断减少的物质量必须生产出相对增加的经济福利，而这些经济福利要以更加公平的方式分配。

在这些定义中，生态效率度量了一个过程中产出和投入的关系，其核心思想是“以少产多”，集中反映了资源、环境和经济（包括社会）三者之间的关系，即在资源投入量不增加甚至减少的条件下，实现产出的增加（“减物质化”生产扩张）；在经济产出不变甚至增加的情况下，实现资源消耗和污染排放的减少。

9.4.2.2 生态效率度量

生态效率度量有两种表达方式，其一为脱钩与复钩表征，其二为倍数因子表征。欧洲环境署主张生态效率的提升就是打开或“脱钩”经济活动与其相关负面生态环境影响的联系，而OECD提出基于物质流减量的倍数思想，通过倍数（factor）目标概念描述生态效率的目标设定。

（1）脱钩与复钩表征

欧洲环境署采用生态效率指标量化宏观层次的循环经济发展进程，把生态效率定义为从更少的自然资源中获得更多的福利，并且认为生态效率的提升来自资源使用和污染排放与经济发展的脱钩（decoupling），它表示经济增长与生态环境影响（生态负荷）的分离关系（decoupling indicators），是一国绿色竞争力的重要体现。

“脱钩（decoupling）”是对应于“复钩（coupling）”概念提出的，前者意为具有相关性的多种变量破除联系，后者是指这些变量的相互牵制、相互影响。脱钩意味着减少每单位经济产出的消耗和排放，可通过提高技术水平提高生态效率，也可以通过更新一种对环境损害更少的产品来实现。在某一时期，当生态负荷增长比其经济驱动因素（如GDP）增长慢时，生态负荷与经济增长实现脱钩。脱钩有相对脱钩、绝对脱钩两种情况：生态负荷继续增长，但增长速度比经济增长速度要慢，称为相对脱钩，即弱可持续；生态负荷稳定或下降，经济继续增长，称为绝对脱钩，即强可持续。

将脱钩状态重新按脱钩、复钩划分，可以形成6个类别的判断准则（图9-4）。在经济增长阶段，可以依据生态负荷的变化量将脱钩状态划分为复钩、相对脱钩、绝对脱钩三种类别；在经济衰退阶段，可以将脱钩状态划分为负脱钩、衰退复钩和衰退相对脱钩三种。中国目前属于经济增长阶段，绝对脱钩指社会经济持续增长，生态负荷却与经济增长反方向变动，即负增长，弹性值小于0；相对脱钩指社会经济稳定增长，生态负荷虽有所增长，但其增长幅度不及社会经济指标增长幅度，弹性值介于0～1之间；复钩指社会经济指标的增长幅度小于生态负荷的增幅，弹性值不小于1。社会经济处于负增长状态，生态负荷也负增长，ΔSP减小幅度比ΔSE小，弹性值处于0～1之间；ΔSP减少幅度比ΔSE大，弹性值不小于1。负脱钩则指社会经济负增长，生态负荷却仍趋于上升，弹性值小于0（图9-4）。

（2）倍数因子表征

倍数因子表征是指当生态效率提高时，物质使用量减少但不降低生活质量或福利，目的是确保后代拥有使用不可再生资源的权利。倍数因子将物质和能源使用量及相关排放量控制在自然系统承受和供应能力之内，最常使用的两个倍数目标是倍数4（factor 4）和倍数10（factor 10）。1995年德国Wuppertal Institute的前任主席Weizsacker教授应罗马俱乐部（Club of Rome）之邀，会同其他几位著名学者共同研究全球资源效率问题，提出了“4倍数”革命，即资源使用减半，人民福祉加倍（factor four-doubling wealth，halving resource use）。1997年，联合国在“可持续发展策略”纲要中接纳了4倍数概念，提出在未来的15～20年时间内，自然资源利用效率要提高到目前水平的4倍（即生产每1单位福利使用

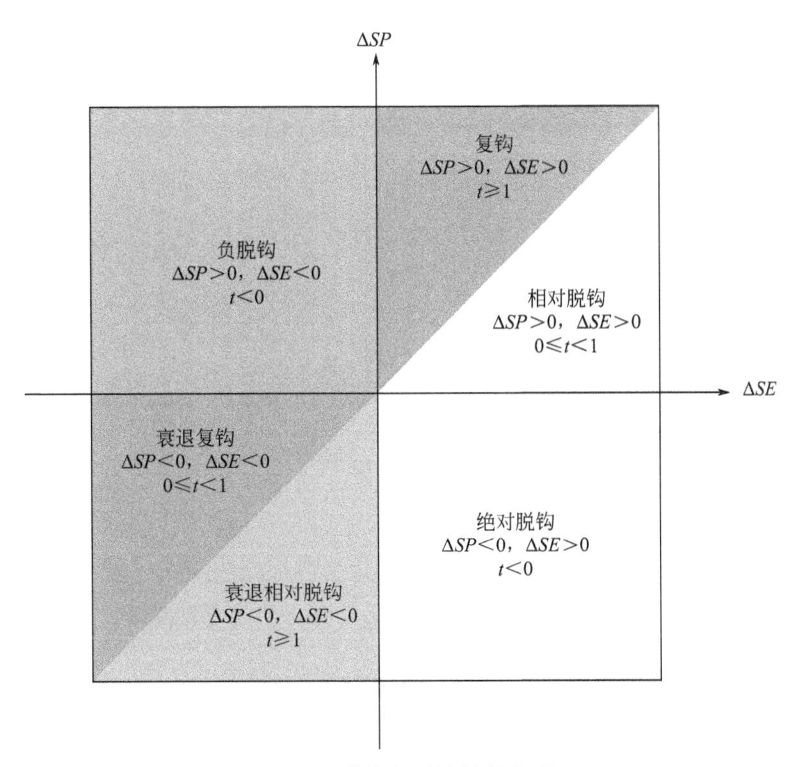

图 9-4　脱钩类别的判断准则

注：引自刘爱东等（2014）。ΔSP—生态负荷的变化量，ΔSE—社会经济指标的变化，t—弹性值。

1/4 目前水平的自然资源）。

1994 年 10 月，在德国 Wuppertal Institute 主席 F. Schmidt-Bleek 教授的倡导下，于法国卡诺勒斯（Carnoules）成立了“10 倍数国际俱乐部（The International Factor 10 Club）”，成员来自中国、印度、泰国、加拿大、日本、美国和西欧国家。该俱乐部在 1997 年提出了卡诺勒斯（Carnoules）宣言——10 倍数革命，指出在一代人的时间内，把资源、能源和其他物质的效率提高 10 倍，即若未来 50 年人口增加 1 倍，而人均 GDP 增加 5 倍，全球资源效率必须提高 10 倍。Schmidt-Bleek 认为“4 倍数”已不能适应生态负荷变化的要求，但他又把 10 倍数仅解释为发达工业国的目标。因为全世界 80％的消费集中在 20％的工业国家，因此为了使下一代人的生态负荷不至于比今天更坏，工业国家至少要带头做好资源效率的 10 倍数革命。10 倍数目标是到 2040 年全球资源使用量应该减半，这就要求富裕的工业化国家自然资源生产率与现有情形相比，增长到 10 倍（Weizsäcker et al，1997）。

倍数因子表征的思想是主方程 $I=PAT$（将环境影响、人口和经济产值以方程形式关联）的具体量化。Schmidt-Bleek 教授认为，到 2050 年地球人口将在 20 世纪 90 年代基数上增加 1 倍，即 $P=2$，同时世界经济产值（A 项）届时将增长 3～6 倍，取平均值 5，2 乘以 5 等于 10，如果把环境影响 I 项维持在当前水平，就必须把 T 项减少到原有的 1/10。T 项变量是循环经济模式转型的关键，也是产业生态学研究的中心任务。

9.4.3 循环经济 3R 原则

循环经济要求以“3R”原则为经济活动的行为准则，包括减量化（reduce）、再利用（reuse）、再循环（recycle）（图 9-5）。

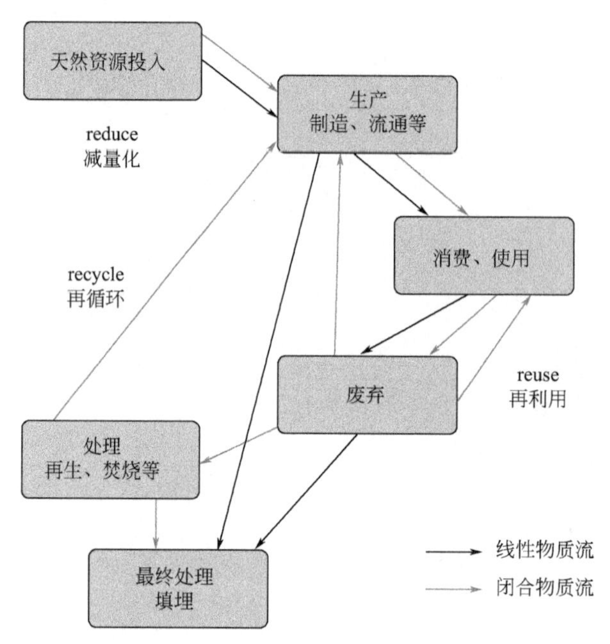

图 9-5　循环经济 3R 原则实施路径

注：引自韩庆利和王军（2003）。

减量化原则（reduce）要求用较少的原料和能源投入来达到既定的生产和消费目的，进而在经济活动源头就注重资源节约和污染减少。减量化原则在生产中表现为要求产品小型化和轻型化，在消费中表现为要求产品包装简单朴实。通过改变人们的生产和消费方式，尽可能从源头减少资源消耗和废弃物产生，提高资源利用效率。

再利用原则（reuse）要求产品多次使用，或者修复、翻新、再制造后可以继续使用，尽可能地延长产品的使用周期，防止产品过早地成为垃圾。制造的产品和包装的容器以日常生活器具的形式进行设计，以初始形式被多次重复利用。

再循环原则（recycle）要求生产出来的物品在完成其使用功能后能重新变成可以利用的资源，变废为宝、化害为利，既可减少自然资源的消耗又可减少污染物的排放。再循环包括原级再循环和次级再循环两种情况，原级再循环是指废弃物被循环生产为同类型的新产品，而次级再循环是将废物资源转化为其他产品的原料。

在社会经济体系的输入端实施减量化原则的目的是减少进入生产和消费过程的资源投入量，过程中实施再利用原则，可以通过多方式多次利用资源，实现废弃物利用最大化的目标；而输出端实施再循环原则可以将废弃物变为资源，实现污染排放量的最小化。“3R”原则实施的优先顺序是减量化优于再利用，再利用优于再循环（韩庆利和王军，2006）。

思考题

1. 清洁生产制度、生产者责任延伸制度、产品导向的环境政策、循环经济战略如何服务于生态产业发展与建设工作？

2. 清洁生产审核制度的具体内容和程序是什么？

3. 生产者责任延伸制度的意义与作用是什么？

4. 产品导向的环境政策的特点是什么？

5. 循环经济的“3R”原则是什么？

参考文献

蔡秉坤，李娟，2010. 产品导向环境政策的当代法治与实践价值．甘肃社会科学，1：188-191.

邓南圣，吴峰，2002. 工业生态学：理论与应用．北京：化学工业出版社．

高晓露，2009. 循环经济视野下的生产者责任延伸制度解读．经济经纬，4：145-148.

辜恩臻，2004. 延伸生产者责任制度法学分析．北京：法律出版社．

韩庆利，王军，2006. 关于循环经济 3R 原则优先顺序的理论探讨．环境保护，2：59-62.

胡苑，2010. 生产者延伸责任：范畴、制度路径与规范分析．上海财经大学学报，12（3）：42-49.

鞠美庭，盛连喜，2008. 产业生态学．北京：高等教育出版社．

李亮，李桂林，2008. 论我国生产者责任延伸制度的实施．华东经济管理，22（9）：66-69.

李艳萍，孙启宏，乔琦，等，2007. 延伸生产者责任制度的本质和特征．环境与可持续发展，4：21-23.

李艳萍，2005. 论延伸生产者责任制度．环境保护，7：13-15.

廖富美，马晓明，2014. 环境政策导向下绿色供应链管理有效运行路径探究．商业时代，30：16-18.

刘爱东，曾辉祥，刘文静，2014. 中国碳排放与出口贸易间脱钩关系实证．中国人口·资源与环境，24（7）：73-81.

刘旌，2012. 循环经济发展研究［D］．天津：天津大学．

刘丽敏，杨淑娥，2007. 生产者责任延伸制度下企业外部环境成本内部化的约束机制探讨．河北大学学报（哲学社会科学版），32（3）：79-82.

罗方，2007. 企业清洁生产审核与能源审计．科协论坛，5：115-116.

马洪，2009. 生产者延伸责任的扩张性解释．法学研究，1：46-59.

马洪，2012. 生产者延伸责任研究［D］．北京：对外经济贸易大学．

马娜，2006. 生产者责任延伸制度对环保和贸易的作用．上海标准化，6：18-23.

穆欣，2007. 企业实施清洁生产对保护环境的重要意义．绿色大世界，Z2：66-67.

普智晓，李霞，2004. 国外执行延长生产者责任制度现状．中山大学学报（自然科学版），43（S1）：247-250.

任文举，李忠，2006. 生产者责任延伸制度理论及其实践．经济师，4：29-30.

申进忠，2006. 产品导向环境政策：当代环境政策的新发展．武汉大学学报（哲学社会科学版），59（6）：842-846.

孙曙生，陈平，唐绍均，2007. 论废弃产品问题与生产者责任延伸制度的回应．生态经济，9：72-75.

唐绍均，2008. 论生产者的延伸责任．学术论坛，10：140-146.

托尔巴，2003. 联合国环境规划署执行主任托尔巴博士在巴黎清洁生产部长级会议上的讲话．世界环境，2：13.

王汉玉，王垚，邓大跃，2010. 发达国家企业环境责任制度的启示．吉首大学学报（社会科学版），31（2）：112-117.

王兆华，尹建华，2006. 基于生产者责任延伸制度的我国电子废弃物管理研究．北京理工大学学报（社会科学版），8：49-59.

温素彬，薛恒新，2005. 面向可持续发展的延伸生产者责任制度．经济问题，2：11-13.

薛言祯，2016. 我国引入产品导向环境政策的必要性和可行性分析．科技视界，(10)：33.

张晓华，刘滨，2005. “扩大生产者责任”原则及其在循环经济发展中的作用．中国人口资源与环境，2：19-22.

张亚平，邓南圣，2003. 产品导向的环境政策研究进展．环境科学与技术，26（4）：18-65.

Calcott P，Walls M，2000. Can downstream waste disposal policies encourage upstream “Design for Environment” . American Economic Review：Papers and Proceedings，90：233-237.

European Union，2001. Guideline principles for an integrated product policy（IPP）framework. Brussels：European Union.

Helminen R，1998. Developing tangible measures for eco-efficiency：The Case of the Finnish and Swedish pulp and paper industry. Business Strategy and Environment，9：196-210.

Hoffrén J，2001. Measuring the Eco-efficiency of Welfare Generation in a National Economy：The Case of Finland. Helsinki：Statistics Finland.

Lindhqvist T，1992. Extended Producer Responsibility as a Strategy to Promote Cleaner Products. Lund：LundUniversity.

Lindhqvist T，2000. Extended Producer Responsibility in Cleaner Production：Policy Principle to Promote Environmental Improvements of Product Systems. Lund：Lund University.

Martin C，Ursula T，2001. Sustainable Solutions：Developing Products and Services for the Future. UK：Greenlef Publishing Ltd.

OECD，1998. Extended and Shared Producer Responsibility：Phase 2. Framework Report. Paris：OECD.

Preben K，2000. The Danish Product Oriented Environmental Initiative-Scope and Challenges. Denmark：the Copenhagen Meeting.

PCSD，1996. Eco-efficiency Task Force Report. Washington，DC：The White House.

Rossem C，Tojo N，Lindhqvist T，2006. Extended Producer Responsibility：An Examinationof Its on Innovation and Greening Products. Amsterdam：Green Pease International.

Schaltegger S，Burrit R，2000. Contemporary Environmental Accounting：Issues，Concepts and Practice. Sheffield：Greenleaf.

Schmidheiny S，1992. Changing Course：A Global Perspective on Development and the Environment. Cambridge：The MIT Press.

WBCSD，2000. Eco-efficiency：Creating More Value With Less Impact. Geneva：World Business Council for Sustainable Development.

WBCSD，1998. Eco-efficient Leadership for Improved Economic and Environmental Performance. Geneva：World Business Council for Sustainable Development.

Weizsäcker E U，Lovins A B，Lovins L H，1997. Factor Four：Doubling Wealth，Halving Resource Use. London：Earthscan.

第10章 产业生态学教育

产业生态学是一门应用性很强的学科，其理论来源于早期的实践，产生后也广泛应用于各方面的实践。因此，产业生态学的教学也不能仅仅停留在书本教学的层面上，而应当尽量让学生获得将理论与实践相结合的机会，从而更好地掌握产业生态学的原理与方法，并从实际的应用中获得新的知识。

目前许多高校开设了产业生态学课程，受教育对象也从研究生拓展到本科生，从环境科学专业课发展成一门通识课程。但是，产业生态学的教学还是以课堂教学为主，实践教学特点并不突出。本章系统梳理了国内外产业生态学教育实践，明确了当前产业生态学教材的建设情况，构建了互动式的产业生态学教学模式，以期通过简单可行的实践形式，使学生更好地掌握产业生态学的理论知识，为之后产业生态学的教育与发展提供支持。

10.1 产业生态学教育实践

产业生态化转型迫切需要产业生态学等相关学科的支撑，当前产业生态学教育的主要基地在高校，国内外的一些著名高校已经相继开展了相关研究和实践教学，这在一定程度上促进了产业生态学思想的传播。产业生态学教育的目的是产业生态实践，这需要学校、政府和企业的共同参与和推进。国内外的许多大学已面向工程技术类、经济和管理类专业的本科生、研究生开设了产业生态学课程（曹炳伟，2006），这对产业生态学思想方法的普及和产业生态学实践具有非常重大的指导作用和实际意义（施晓文，2014）。

10.1.1 产业生态学学科背景

有数据表明，经济与管理科学在产业生态学教育的学科分布中近乎一枝独秀，占据69.0%份额，工程技术次之（占24.0%），其余学科仅占7.0%（石磊和陈伟强，2016）。细分领域中，宏观经济管理与可持续发展、环境科学与资源利用、工业经济位居前三，合计占59.0%，这一分布特征体现了产业生态学知识体系的延伸与拓展。

尽管产业生态学课程设置在不同学院，但课程的教学目标是一致的，即构建或塑造生态产业和促进产业生态化。工程技术类、经济和管理类专业开展产业生态学教育，源于对现有知识体系的延伸与拓展，体现了产业生态学的多学科交叉特点。工程技术类专业主要为环境科学与工程、生态学与生态工程的学科方向，此范畴形成的产业生态学知识体系源于对生态环境问题的解决，试图从生态学视角解释或修正产业运行行为以寻求生态环境问题的有效解决，如产品生命周期评价、生态产业园区等方向的发展，当生态环境问题无法得到有效缓解与根治时，则追根溯源到问题产生的主体——产业；经济和管理类专业形成的产业生态学知识体系源于成本与收益分析，侧重于经济学背景，在分析产业经济运行规律中发现资源环境等生态成本的重要性，当越来越多的公共资源、环境成为产业活动的成本要素时，需要重新考量产业活动与行为，进而研究产业生态发展模式，如管理学领域中绿色供应链管理、生态化管理等方向的发展，经济学领域环境投入产出分析、产业链生态分析等方向的发展。两类学科方向殊途同归，共同构成了产业生态学的知识体系与框架（袁增伟和毕军，2006）。

10.1.2 国外产业生态学教育

产业生态学作为一门新兴的学科，其宣传、推广和应用越来越受到社会各方面的高度关注。美国、挪威、丹麦、加拿大、荷兰、英国、瑞典等国家的高等教育机构相继开展了专门的产业生态学教育，并且各自具有不同的特点、内容和对象。除了专业的产业生态学课程外，许多国外大学都设有产业生态学方面的教育计划和项目。例如耶鲁大学（Yale University）的产业环境管理教育计划、挪威科技大学（Norwegian University of Science and Technology）的产业生态学教育计划、康奈尔大学（Cornell University）的生态工业发展计划、丹麦技术大学（Technical University of Denmark）的生命周期评价（LCA）培训计划、卡内基梅隆大学（Carnegie Mellon University）的绿色设计创新计划、加州大学伯克利分校（University of California，Berkeley）的绿色设计与制造计划、加拿大戴尔豪西大学（Dalhousie University）产业生态学研究小组计划、荷兰代尔夫特理工大学（Delft University of

Technology）的可持续性产品的开发教育等（曹炳伟，2006）。

（1）耶鲁大学

耶鲁大学是产业生态学教育的摇篮，产业生态学第一本教科书（1995 年）、第一本学术期刊（1997 年，与哈佛大学合办）以及美国第一位产业生态学方向的博士 B. R. Allenby 均诞生于此。此外，1998 年耶鲁大学成立了产业生态学研究中心，进一步扩大了该学科的影响，对推动产业生态学在世界范围内的发展做出了很大的贡献。同时，耶鲁大学还提供相关的咨询服务，为政府和企业做战略分析和产品分析。每年开设面向工商业高层人士的春季系列讲座，此外还举办面向企业管理者的高级培训班和研讨班，每年开展 2～3 次的经理与主管人员课程教育，多角度推广产业生态学的理念和理论。

耶鲁大学的产业生态学研究与教育历史悠久，且成效显著。林业与环境学院开设了面向全校各个院系学生的“产业环境管理教育计划”，产业生态学教育为该计划的重要组成部分。“产业环境管理教育计划”为两年硕士学位教育，对已有相关领域实际经验的人士提供 1 年硕士学位教育及博士培养计划，以及富有耶鲁特色的“外延式”教育等。产业生态学教育课程涉及的内容包括产业代谢分析、生命周期评价、生态设计、产业生态学与服务业、产业生态学与公司策略、产业生态学与公共政策、产业系统建模以及产业生态学未来等方面。

（2）挪威科技大学

挪威科技大学产业生态学教育计划开始于 1993 年，是产业生态学教育的先行者之一（王薇薇和李仕良，2006）。挪威科技大学认识到，工程师在产品设计过程中应承担更大的义务，应对产品生命周期的环境影响负责，因此尝试建立一种以工程师为核心的教育模式，揭开了工程教育的新篇章（苏伦·埃尔克曼，1999）。最初，挪威水电集团发起产业生态学教育计划，继而与挪威科技大学合作，在该校开设了产业生态学课程。随着产业生态学理论和方法的实践应用，该大学的研究者认为产业生态学教育对象应该从单纯的工程师群体扩展到政府人员和企业高层管理者（曹炳伟，2006）。

挪威科技大学于 1993 年首次开设产业生态学课程，1996 年针对产业生态学教育计划在挪威全国范围内招生，2003 年开始培养产业生态学方向的博士研究生。值得一提的是，1996～1999 年为产业生态学教育计划的三年教学试验阶段，为产业生态学教育积累了大量的经验和数据，近百名工程师、管理人员把产业生态学的思想和认识带入了之后的工作之中，并在具体的工程项目和商业活动中对理论进行了验证。1996～1997 年，有 18 名学生和来自企业的代表以及学院教职工参加了最初的课程教学试验；1997～1998 年约有 40 名学生加入该计划，其中 10 名学生是非本专业的本校学生，分别来自社会学、商业和贸易等学院，他们的参与是整个计划的一项有益尝试。1999 年，教学试验进入后期，学生们开始接触生态效率概念，教师通过多种方式介绍系统科学和系统工程的理论与工具，学生们则通过主题讨论和讲座相结合的方式，把所学的产业生态学知识与挪威工业企业的实际案例直接联系起来，学以致用。

产业生态学课程采用课堂教学（50%）和项目设计（50%）相结合的方式。课堂教学除了专业教师之外，还邀请了工业企业、环境保护部门（挪威、丹麦和美国）的人员给学生上课，为学生提供工业企业和环境管理的实际案例，帮助他们理解产业生态学的相关理论。受教育者将产业生态学的思想和方法带到以后的工作领域中，并在实践中加以验证，体现了产业生态学教育的重要意义（施晓文，2014）。挪威科技大学还开设了网上论坛，产业生态学教育的影响通过网络不断扩大，更多非专业人士的加盟也改变了挪威科技大学产业生态学教育单纯的工业背景（曹炳伟，2006）。

（3）丹麦技术大学

丹麦技术大学同样是产业生态学教育的先行者之一，其制造工程系从 1994 年就开始实施产品 LCA 培训计划。该计划目的是通过系统学习使学生初步理解产品与服务生命周期理论的基本概念，学习如何将外部的环境、资源消耗和社会影响等方面的因素引入产品生命周期之中，并用专门的参数来描述这些影响，进而将产品生命周期评价作为一项有效的环境评价手段，从政府、企业或公众获得相应的支持。丹麦技术大学除了对本校学生进行相关教育之外，也对外部人士开设培训课程，如面向政府机构、国家环保局、国家能源局或地方环境专家开设 2～5 天的产品生命周期评价培训，对工业企业开设 2～5 天的专题研讨会，为设计师们开设 1～2 天的生态设计强化培训等。

除了上述三所高校，哈佛大学、莱顿大学、克兰菲尔德大学、皇家山大学、查尔姆斯理工大学等高等学校也都纷纷开设了产业生态学的课程或学位班，通常包括产业生态学概述、生态设计导论、生态工业园实例、生命周期评价、产业代谢分析、生命周期管理等教学内容（鞠美庭等，2010；Cervantes，2007），具体见表 10-1。

表 10-1　国外大学产业生态学教育

大学	教育内容
哈佛大学	1995 年肯尼迪政府学院开设了“产业生态学和绿色设计”课程
荷兰莱顿大学、代尔夫特理工大学以及伊拉兹马斯大学	共同开展了一项跨学科、跨学校的产业生态学教学项目，2004 年 8 月正式启动了 2 年制产业生态学硕士班，主要目标是培养学生在产业生态学领域的研究技能
英国克兰菲尔德大学	国际生态研究中心和工业制造科学学院将可持续发展、生态设计、绿色化学等融入研究和课程讲授中
英国谢菲尔德大学	工程学院将 LCA 和生态设计作为一门必修课
英国伯明翰大学	开设了 LCA、生态设计和面向环境设计等课程
加拿大皇家山大学	在应用科学与环境科学系开设了产业生态学课程
加拿大戴尔豪西大学	成立了一个产业生态学的研究与开发组，该小组由化学废弃物管理和环境政策领域专家 Raymond Cote 教授倡导，结合加拿大生态产业园区设计规划和管理案例，面向环境管理方向研究生开设相关课程
瑞典查尔姆斯理工大学	在国际硕士课程中重点讲授能源和物质利用，包括生命周期评价、物质流分析管理和模拟、可持续产业代谢等内容
瑞典皇家工学院	化学工程系开设了产业生态学硕士课程，硕士生需完成 9 个月的课程学习和 5～6 个月的论文撰写
西班牙加泰罗尼亚理工大学	在产业生态学教学方面进行了 3 年的教学实践探索，摸索出一套有效的教学方法

10.1.3　国内产业生态学教育

自 1997 年开展产业生态学教育以来，国内许多高校都相继开展了面向本科生或研究生的“产业生态学”课程建设及教学工作（Shi et al，2003）。随着产业生态学思想的普及，课程通常包括产业生态学发展历程、产业生态学原理、生命周期评价、产业代谢分析、生态设计、生态效率、生态工业园区规划以及环境政策和环境管理等教学内容。在调研的112所大学中，有51所大学在不同学院开设了各有特色的相关课程，课程名称有“产业生态学”“工业生态学”“循环经济”“生态工业”“清洁生产”等，说明了“产业生态学”这门课程的重要性和实用性。

开设“产业生态学”相关课程的院系通常有环境学院、环境科学与工程学院、资源与环境科学学院和经济管理学院，另外还有化学工程系、材料与冶金学院等相关院系。这些院系在各自的产业生态学课程建设中，往往又融入了本学科的内容，使其更具针对性和实用性。例如，清华大学化学工程硕士培养中设置了“产业生态学”课程，主要包括化工过程优化综合、优化操作、优化控制和优化管理以及生态工业园区规划研究和设计等教学内容；东北大学材料与冶金学院热能与动力工程专业课程中也加入了产业生态学的教学内容，主要针对冶金过程中的物流与能流优化和冶金工艺的系统优化。

（1）清华大学

清华大学是国内较早建立起产业生态学教育体系的院校之一。1998年，清华大学化学工程系开设了产业生态学硕士生课程，之后给全校本科生开设了选修课，2002～2015年共有来自33个院系或专业的本科生选修了该课程。课程采用模块化的方式讲授，从基本概念和发展过程、研究方法和工具、研究议题和具体应用、相关政策和发展前景4个方面讲述产业发展模式、产业代谢研究、产业生态园区规划与管理等教学内容（施晓文，2014），并在“环境保护与可持续发展”“生态文明十五讲”和“工业系统概论”等课程中引入产业生态学教学模块。2001年，清华大学化学工程系在国内率先成立了生态工业研究中心（石磊和陈伟强，2016）。

（2）北京大学

相对清华大学的工科教育背景，北京大学的产业生态学教育立足于地理学科，强调人地关系视角下，地理、环境、生态多学科交叉的产业生态学教育。北京大学城市与环境学院从2005年（当时为环境学院）开始为研究生开设“产业生态学”课程，课程面向自然地理、人文地理、城市规划、生态学、环境科学与工程等多学科领域的学生授课，因此课程设计突出问题导向下的行动实践，让不同学科背景的学生建立研究小组，共同完成一项产业生态化改造的研究分析和设计改进。课程首先介绍产业生态学的生态设计思想，接着介绍相关的物质流分析和生命周期分析的方法与案例，然后针对学生学科背景在绿色社区（校园）、生态工业园区和废弃物管理等方面组织实习参观和课程项目。

（3）北京师范大学

北京师范大学构建的产业生态学教育体系立足于环境科学的背景，交叉融合生态学、工学、经济学等多学科相关知识，课程内容设置体现了环境→资源→生态→产业等关注点的转变过程。北京师范大学环境学院从2006年春季开始为三年级本科生开设“工业生态学”课程，2007年开设相应的研究生课程。2012年，本科生课程更名为“产业生态学”。以产业生态学概念、理论、方法与应用为主线设置教学内容，让学生掌握分析问题、解决问题的有效方法与手段。同时，在课程的不同阶段融入实习考察和主题研讨，相关主题涵盖产业与生态关系思辨、圆珠笔生命周期评价、某生态产业园区生态链构建等方面。

（4）东北大学

东北大学是国内较早开展产业生态学教育和研究的院校之一，教育实践同样来自工科背景。1997 年，东北大学的陆钟武院士对博士研究生开设了冶金行业资源循环利用的课程。从 2000 年开始，该院的博士培养计划中设置了产业生态学内容。2002 年，东北大学、中国环境科学研究院和清华大学共同成立了国家环境保护生态工业重点实验室（石磊和陈伟强，2016）。2003 年，东北大学开始为热能工程专业本科生讲授“工业生态学”课程，成为国内最早开设该课程的高校之一；2008 年，授课群体扩大到冶金工程专业本科生，同年开始为材料与冶金学院各个专业的研究生授课；2012 年，依托“动力工程及工程热物理”“冶金工程”“管理科学与工程”三个一级学科自主设置了“工业生态学”交叉学科博士点和硕士点并开始招生，这是国内最早独立设置的工业生态学博士点和硕士点，同时设有博士后流动站，主要研究方向为经济增长与环境负荷，循环经济共性理论与技术，脱钩分析方法与实践，总物流分析、生态足迹分析，工业系统节能减排理论与技术，企业物质流、能量流和信息流协同优化，二氧化碳捕集与利用，资源综合利用等方面。2013 年，“工业生态学——穿越‘环境高山’”课程成功获批为国家级精品视频公开课，依托网络传播，受众面不断扩大，扩展了产业生态学的教育范围（施晓文，2014）。同时，东北大学产业生态学教育团队分别于 2008 年、2009 年和 2015 年编著出版了《穿越“环境高山”——工业生态学研究》《工业生态学基础》和 *The Studies of Industrial Ecology* 等教材。

（5）南京大学

南京大学环境学院自 2007 年春季开始给本科四年级学生开设“产业生态学”课程，最初两年课程名称为“产业生态学与循环经济”，2008 年下半年将其拆分为本科生“产业生态学”和硕士研究生“循环经济”两门课。2012 年之后由于本科教学改革需要，将产业生态学相关内容纳入本科生“环境系统分析”课程。2013 年该课程被列入南京大学“翻转课堂”教学改革项目，多尺度物质循环过程及其资源环境效应研究是其重要内容。同时，在环境科学、环境规划与管理方向的硕士培养方案中也设置了“产业生态学”课程，整合了环境管理、供给链管理、环境政策分析等相关内容。除了为本校学生开设“产业生态学”课程外，南京大学还积极开展校外人员“产业生态学”课程培训，先后为江苏省环保厅军转干部培训班、江苏省环保局长培训班、无锡企业研究生班等开设“产业生态学”相关课程。南京大学产业生态学教育注重将“课堂理论方法”讲授、“课外调查观测”实践、“领域学术前沿”介绍相结合的教学方法，并于 2010 年编著出版《产业生态学》教材（袁增伟和毕军，2006）。

（6）大连理工大学

大连理工大学管理学院自 2002 年开始为 MBA 和研究生开设“产业生态学”课程，该课程着重强调提高经济和社会系统的整体生态效率，关注产业生态学历史与发展、清洁生产、生命周期管理、面向环境的设计、集成废物管理、产业共生与生态产业园、循环经济以及可持续消费等教学内容。通过授课与讨论、书面作业及口头汇报等教学环节，强调主动学习与批判性思考，要求学生大量研究国内和国际的相关案例，完成最终课业论文，最后依据学生的书面作业、口头报告、参与积极性与研究论文质量进行课程评分。该校环境科学与工程系也依托于成立的“工业污染防治与生态工程重点实验室”及“985 工程”科技创新平台——“产业生态与环境工程”，开设了“产业生态学”课程，主要介绍生态工业设计原理、清洁生产技术评价方法和原理、产品生命周期分析、企业内或工业园区能流和物流的优化和仿真等教学内容。与国内其他大学相比，大连理工大学“产业生态学”课程的特色在于对产业共生模块的实地考察。在大连经济开发区的支持下，通过安排学生参观清道夫公司（投入是基于园区其他公司废弃物资源的公司）和分解公司（将生产者和消费者的废弃物资源转化或回收到系统中的公司），以及参与产业共生方面的客座讲座，提高学生对产业生态学理念的理解与实际应用水平。

（7）北京工业大学

北京工业大学 2010 年依托材料学院的“环境材料科学”、循环经济研究院“资源、环境及循环经济”和环境与能源工程学院的“环境科学”学科，申请获批了“资源循环科学与工程专业”，成立了资源循环科学与工程系，整合材料、环境、循环经济等方向形成了独特的产业生态学教育体系。2012 年又由循环经济研究院牵头获批教育部首个“资源环境与循环经济”交叉学科专业，2013 年开始博硕士招生。该课程经过多年建设，形成了材料与资源循环工业系统新技术与集成、材料与产品生态设计及评价和流程工业过程模拟及优化两个实践教学平台，开设了不同类型材料的生态设计实验、开发了制备流程可视化模拟软件，支撑产品系统优化设计研究。

（8）中国环境科学研究院

中国环境科学研究院 2003 年建设了环境保护部（现生态环境部）重点实验室——国家环境保护生态工业重点实验室，下属的清洁生产与循环经济研究中心是产业生态学教育、实践、研究的主要部门，为产业生态学教学工作提供了很好的实践平台。与高校的教育模式不同，该研究院产业生态学教育注重在实践中提升，密切结合国家环境管理需求，以培养和鼓励学生积极参与实证研究为主，在入学伊始侧重系统学习产业生态学及相关科目课程，通过“传帮带”，逐步深入开展产业生态学相关项目研究，形成“在研究中学习，在实践中提升”的教育模式，从而不断提升研究成果的可实践性和转化效率。其产业生态学教育实践多依托于科研项目，主要开展生态工业园区建设与管理、工业污染防治等方面的研究工作。中国环境科学研究院产业生态学方向自 2003 年开始招收硕士研究生，陆续培养了一大批硕士、博士研究生及博士后。

除上述介绍的院校和研究所外，南开大学、复旦大学和武汉大学也较早开设了“产业生态学”课程。南开大学环境科学与工程学院 2003 年为博士生、硕士生开设了“产业生态学进展”专业选修课程，该课程为南开大学十门研究生精品课程之一，并在 2008 年将产业生态学研究方向列入环境规划与管理专业博士招生目录中，同年出版的《产业生态学》教材被评为“十一五”国家级规划教材。复旦大学环境科学与工程系也在 2003 年为本科生开设了“产业生态学”专业选修课，涉及产业生态学原理、生命周期评价、生态设计等教学内容，并在 2004 年将“产业生态学”列入该系硕士研究生专业选修课中（王薇薇和李仕良，2006）。武汉大学在 1999 年面向环境科学和工程专业的研究生开设了“环境科学前沿”课程，系统介绍了生命周期评价和生命周期设计、产业生态学概念和原理，并给全校博士生开设了 4 小时的讲座课程，讲授了产业生态学的发展、基本原理和研究领域等教学内容。之后，武汉大学为全校本科生开设了“产业生态学”通识选修课，不同背景的学生通过“产业生态学”课程的学习接触到产业生态学的基本概念和方法，这门课主要介绍了产业生态学基本原理和框架、生命周期评价、面向环境的设计和生产者责任延伸等教学内容（Ning et al，2007；施晓文，2014）。

10.2 产业生态学教材建设

随着产业生态学教育实践的深入，与之相应的产业生态学教材也陆续出版。1995 年，美国工程院院士、耶鲁大学 Thomas Graedel 教授和 B. R. Allenby 博士撰写了《产业生态学》第 1 版，这是该领域的第一部著作，奠定了产业生态学的学科基础。2002 年《产业生态学》第 2 版出版，成为产业生态学教育的一本经典教材，被很多国内外高校采用，该版本除保留了第 1 版的精华外，还突出了近十年来该学科发展的新领域，逐步将产业生态学从一个集中讨论产品设计的专门学科，扩展成一门定义、评价和实施可持续发展方法的学科。2002 年，武汉大学出版了国内第一本关于产业生态学方面的教材《工业生态学——理论与应用》，随后陆钟武、王寿兵、鞠美庭等学者陆续出版了产业生态学方面的专著和教材，极大地推动了我国产业生态学教育的发展（鞠美庭等，2010）。至此，国内外研究机构及学者出版了众多的产业生态学相关书籍（表 10-2），对促进产业生态学的发展发挥了重要的推动作用（鞠美庭等，2010）。

表 10-2 产业生态学教材

教材或专著名称	出版时间	作者	出版社
Industrial Ecology	1995	Graedel T. E., Allenby B. R.	Prentice Hall
Industrial Ecology: Towards Closing the Materials Cycle	1996	Ayres R. U., Ayres L. W.	Edward Elgar Pub
Industrial Ecology: A Collection of Articles from Science and Technology Review	1996	Lokke B.	Diane Pub Co
Industrial Ecology and Global Change	1997	Socolow R., Andrews C.	Cambridge University Press
Industrial Ecology and the Automobile	1997	Graedel T. E., Allenby B. R.	Prentice Hall
Discovering Industrial Ecology: An Executive Briefing and Sourcebook	1997	Lowe E. A., Warren J. L.	Battelle Press
Industrial Ecology of the Automobile: A Life Cycle Perspective	1997	Keoleian G. A.	Society of Automotive Engineers
Industrial Ecology: Policy Framework and Implementation	1998	Allenby B. R.	Prentice Hall
Profit Centers in Industrial Ecology: The Business Executive's Approach to the Environment	1998	Smith R. S.	Praeger
Industrial Ecology Environmental Chemistry and Hazardous Waste	1999	Manahan S. E.	CRC Press
Industrial Ecology(2 Edition)	2002	Graedel T. E., Allenby B. R.	Prentice Hall

续表

教材或专著名称	出版时间	作者	出版社
A Handbook of Industrial Ecology	2002	Ayres R. U.,Ayres L.	Edward Elgar Pub
工业生态学——理论与应用	2002	邓南圣,吴峰	化学工业出版社
Perspectives on Industrial Ecology	2003	Bourg D.,Erkman S.	Routledge
工业生态学与生态工业园区	2003	劳爱乐,耿勇	化学工业出版社
产业生态学	2004	Graedel T. E.,Allenby B. R.	清华大学出版社
Economics of Industrial Ecology: Materials, Structural Change, and Spatial Scales	2004	Van Den Bergh C. J. M., Janssen M. A.	The MIT Press
工业生态学——政策框架与实施	2005	Allenby B. R.	清华大学出版社
生态产业与产业生态学	2005	周文宗,刘金娥	化学工业出版社
产业生态学导论	2006	邓伟根,王贵明	中国社会科学出版社
产业生态学	2006	王寿兵,吴峰,刘晶茹	化学工业出版社
Industrial Ecology and Spaces of Innovation	2006	Ken Green K.,Randles S.	Edward Elgar Pub
产业生态学基础	2006	王如松	新华出版社
工业生态学	2007	李素芹,苍大强,李宏	冶金工业出版社
产业生态学	2008	鞠美庭,盛连喜	高等教育出版社
穿越"环境高山"——工业生态学研究	2008	陆钟武	科学出版社
资源型工业区域的企业网络与产业生态学实践——以白银市为例	2008	李勇进	中国社会科学出版社
Industrial Ecology and Sustainable Engineering	2009	Graedel T. E.,Allenby B. R.	Pearson
The Social Embeddedness of Industrial Ecology	2009	Boons F.,Howard-Grenville J. A.	Edward Elgar Pub
Handbook of Input-Output Economics in Industrial Ecology	2010	Suh S.	Springer (Eco-Efficiency in Industry and Science)
产业生态学与创新研究	2010	Ken Green K.,Randles S.	化学工业出版社
Implementing Industrial Ecology: Methodological Tools and Reflections for Constructing a Sustainable Development	2010	Adoue C.	CRC Press
工业生态学基础	2010	陆钟武	科学出版社
产业生态学	2010	袁增伟,毕军	科学出版社
产业生态学	2012	曲向荣	清华大学出版社

续表

教材或专著名称	出版时间	作者	出版社
Ecological Economics and Industrial Ecology: A Case Study of the Integrated Product Policy of the European Union	2012	Kronenberg J.	Routledge（Routledge Explorations in Environmental Economics）
产业生态学与生态工业园的政府规制研究	2014	陈林，张云霞	广东经济出版社
工业生态学	2014	弗拉季米罗维奇	中国环境出版社
The Studies of Industrial Ecology	2015	陆钟武，岳强	科学出版社
Industrial Ecology and Sustainable Engineering	2015	Graedel T. E., Allenby B. R.	Prentice-Hall of India Pvt. Ltd
Taking Stock of Industrial Ecology	2015	Clift R., Druckman A.	Springer
Industrial Ecology	2015	Perehirriak A.	Delve Publishing LLC
International Perspectives on Industrial Ecology	2015	Deutz P., Lyons D., Bi J.	Edward Elgar Pub（Studies on the Social Dimensions of Industrial Ecology series）
再生资源产业研究：产业生态学的视角	2016	杨中艺，肖迪，袁剑刚	科学出版社
Transport and Industrial Ecology: Problems and Prospects	2016	Andersen O.	LAP LAMBERT Academic-Publishing
Circular Economy, Industrial Ecology and Short Supply Chain	2016	Gallaud D., Laperche B.	Wiley-ISTE（Innovation, Entrepreneurship, Management: Smart Innovation Set）
Pollution Prevention: Sustainability, Industrial Ecology, and Green Engineering	2016	Dupont R., Ganesan K.	RC Press
Environmental Engineering: Industrial Ecology	2016	Christou B.	Create Space Independent Publishing Platform
Industrial Ecology and Industry Symbiosis for Environmental Sustainability: Definitions, Frameworks and Applications	2017	Li X. H.	Palgrave Pivot
Industrial Ecology	2017	Smith N. O.	Delve Pub
Industrial Ecology	2018	Spencer L.	Larsen and Keller Education
Industrial Ecology: A Clear and Concise Reference	2018	Blokdyk G.	5STARCooks
Industrial Ecology(Third Edition)	2018	Blokdyk G.	Create Space Independent Publishing Platform

表 10-2 共收集了 53 部产业生态学的相关书籍，体现了不同学者从自身学科背景出发对

产业生态学理论框架、相关技术方法与实践应用案例的理解与认识。其中，国外书籍占比约为65%，集中于产业生态学理论与技术框架的搭建，并注重与经济学的融合，如循环经济、投入产出经济学、生态经济学等，同时充分考虑社会维度，关注社会变革。19部中文书籍中有5部是国外书籍的中译本，其余14部中文书籍中经济与管理、社会科学领域的相关成果较少，仅有3部，而且主要集中于产业政策与循环经济、资源型工业实践以及园区政府规制研究等方面，其余均为环境科学与工程、生态学与生态工程学科背景的成果，主要由化学工业出版社和科学出版社发行，出版年份集中在2002～2008年。2006年王如松出版的《产业生态学基础》和2010年陆钟武出版的《工业生态学基础》系统介绍了产业生态学的理论基础，而2002年出版的《工业生态学——理论与应用》，2006年、2008年、2010年和2012年出版的《产业生态学》则系统介绍了产业生态学的理论基础、技术方法和应用实践的成果。2005年出版的《生态产业与产业生态学》和2007年出版的《工业生态学》侧重于生态工程技术，而2008年出版的《穿越“环境高山”——工业生态学研究》和2016年《再生资源产业研究：产业生态学的视角》则强调产业生态学在钢铁产业和再生资源产业的应用。

10.3 产业生态学教学模式

10.3.1 教学特点

产业生态学教育仍然处于探索阶段，完善、系统的教学计划还未形成，无法有效地将产业生态学的理念灌输到管理者、工程师和公众的头脑中。目前许多高校开设了产业生态学课程，但是，产业生态学教学还是以课堂教学为主，学生学习积极性不高，主动参与的热情也不强烈。如何在课程设计中体现产业生态学实践性强的特点，提高学生的学习兴趣，需要教师调整理论环节和实践内容之间的关系。因此，产业生态学教育应该是全方位的教育，其教学不能仅停留在理论层面，还要反映实际应用的新成果（施晓文和吴峰，2014）。如果仅依靠课堂讲授难以取得较好的效果，应着重突出国内外成熟案例的实践意义，通过网络媒体给学生提供相关资源链接，发挥学生主观能动性，通过小组完成项目的方式，提高学生的学习兴趣和效果。同时，学校与政府和企业进行合作，为产业生态学实践提供真实案例和实践平台（施晓文，2014）。

产业生态学教育需要依托本校的学科优势，制定有针对性的教学计划，形成成熟的教学案例，融合多样的教学模式，将理论、方法和实践结合起来进行讲授（鞠美庭等，2010）。基于此，采用整合课堂授课、课外实践、课堂研讨的教学模式，结合参与式教学、互动式教学、翻转课堂等主要手段，可以收到良好的教学效果。课堂教学中既应注重基础理论与方法的讲授，同时也应注重将科研成果、案例与教学相结合；课外实践应注重结合课堂讲授内容，开展企业、园区等不同尺度的实习考察，通过撰写实习与调研报告加强学生对现实问题的理解；课堂研讨应基于问题导向，设置相关研究内容，学生选取与产业生态学相关的主题开展研究（包括数据收集与调研、模型方法应用、问题解决途径等），以研究小组为基本单元共同完成产业生态学专业知识的学习，并通过PPT汇报、辩论、参与式研讨等方式，加深学生对课程知识点的掌握。此外，也可以收集国内外大学采用且教学效果好的视频资源，作为补充内容给学生观看并研讨，加深学生对知识点的理解。利用网络信息的手段，建立网上教育平台，设立答疑讨论群和公共信箱，教师随时和学生交流，解答学生的疑问。在考核方式上，加大平时成绩的比重，在课程进行中，通过小组共同完成项目并汇报的方式对学生的学习情况进行考察；在期末考核中，加大实践设计题和论述题的比重，使学生能充分表达自己的观点和看法。

10.3.2 课堂互动教学

10.3.2.1 辩论赛模式实践

产业生态学的理论基石是产业与生态的关系，那么产业和生态关系的思考是产业生态学领域的永恒主题和最基本的问题。但当前对产业与生态关系的认识还存在着一定的分歧，并没有一致的结论。在课堂教学中可以先给出当前大多数的观点，如图 10-1 所示的三种关系模式，接着让学生讨论哪种观点更确切，也可以鼓励学生思考是否有其他关系模式。如果学生所持观点存在明显不同，则可以尝试组织一场小型的辩论。

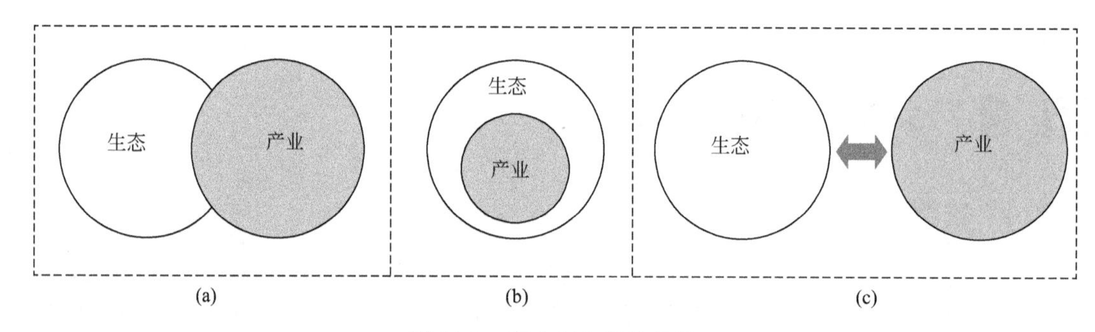

图 10-1 产业与生态的关系

在某次教学活动中发现，同学们可以结合课堂所学和自身认识对产业和生态关系展开讨论，学生所持观点明显存在三级分化，因此设计了别开生面又异常激烈的三方论战。A 组同学论点为产业和生态存在交集，他们认为两个系统是对立统一的，主要论据为二者皆为开放系统，系统之间及其内部均存在着规模大、范围广的物质流、能量流和信息流交换，任何一个系统的发展均会影响到另一系统，但并不受限于它，两者之间关联并不紧密。B 组同学论点为产业和生态为包含关系，产业被看作生态系统的一份子，需要依存于自然基础来发展，主要论据为产业发展需要生态系统提供物质和能源，在能源加工转化过程中谋求产业良性增长，由此彰显了生态系统的基质地位。C 组同学论点为两者为平行关系，分属于不同的系统，主要论据为二者产生途径、服务对象及发展历程皆存在较大差异。通过辩论赛的形式，学生对于产业生态学的理解更加深入透彻，把书面理论融于自身知识。最后，在指导教师的引导下，各小组重新界定了生态系统的范围，认为 B 组所持观点更加符合产业生态学理念。

10.3.2.2 圆桌会议模式实践

产业生态学教学强调学生的主体作用和能动性。采用启发式和讨论式的教学方法，让学生组成研究小组，参与到课堂教学活动中。下面以产品生命周期评价、园区生态产业链设计两讲内容设计了圆桌会议模式的教学实践。

（1）产品生命周期评价

选择日常生活中随处可见、生命周期过程清晰的产品，收集相关数据及资料，利用简化矩阵方法，定性分析其生命周期过程中可能消耗的资源和排放的废弃物（表 10-3～表 10-5），讨论这些影响得到改善的可能性，最后以小组为单位提交生命周期评价报告，并评出优秀实践作品。

表 10-3　生命周期矩阵 1

项目	材料影响	能源使用	废物排放
材料生产			
制造			
分销			
使用			
处置			

注：参考自 Lewis 和 Gertsakis（2001）。

表 10-4　生命周期矩阵 2

项目	资源损失	全球变暖	烟雾	酸雨	富营养化	有毒废物	生物多样性损失
材料生产							
制造							
分销							
使用							
处置							

注：参考自 Lewis 和 Gertsakis（2001）。

表 10-5　生命周期矩阵 3

项目	材料	能源	化学物	其他
原材料开采				
生产				
使用				
处置				

注：参考自 Weidema（1998）。

学生在教师引导下，以中性笔这一常见用品为例，采用圆桌会议的形式分组对产品生产过程中可能消耗的资源、能源和排放的固态、液态及气态废弃物进行定性的分析。不同于其他的定性评价，生命周期评价矩阵包含多个要素，每个成员均需评估打分，综合小组所有成员意见后形成最终的评估结果，以消除一家之言对结果的影响（以 3 人小组为例，表 10-6）。圆桌会议模式的优越之处在于可以让每个小组成员都参与到这一过程中，给出自己的生命周期评价矩阵。学生在圆桌会议中会发现，每个人对于各个要素的认识是不同的，因此各要素的环境影响可以区分出最大值、最小值和平均值，通过会议发言，大家不但表达了自身观点，还对其他人的观点有了认知，可以比较想法的异同，在参考各要素分值的分布差异后，学生们以往的困惑得到了解决，思维的误区得到了纠正，获得了更为合理、系统的答案。

表 10-6　中性笔生产的生命周期矩阵

项目	资源消耗			能源消耗			固体残留物			液体残留物			气体残留物			合计			平均
材料提炼	2	4	2	1	2	1	2	4	2	3	2	2	1	1	2	9	13	19	10.33
产品加工制造	2	4	3	3	2	2	2	4	3	3	4	3	3	1	3	13	15	14	14
产品包装运输	2	4	3	3	1	2	3	4	2	4	4	4	4	2	4	16	15	15	15.33
产品使用	2	4	2	2	4	4	3	3	3	4	4	4	3	3	4	14	18	17	16.33
回收处理	2	4	4	2	2	4	3	3	3	3	3	4	3	2	4	13	14	19	15.33
合计	10	20	14	11	11	13	13	18	13	17	17	17	14	9	17	65	75	74	71.33
平均	14.67			11.67			14.67			17.00			13.33			71.33			

（2）园区生态产业链设计

以一个关键种产业为例，由学生分组采用圆桌会议的形式设计相关产业链；或以一个不完整的产业链或生态化不足的产业园区为例，讨论如何改变产业构成，以弥补生态产业链的缺失（图 10-2）。指导教师在介绍生态系统、产业系统、产业生态系统相关知识及案例（如丹麦卡伦堡产业共生体）的基础上，将学生分成若干小组围绕如何设计生态产业园区展开讨论。要求学生根据课堂所学和网络搜索信息，结合自身认识，讨论对生态产业园区的理解，设计一个可能的生态产业园，分析园区物质、能量和信息流动过程，以及不同行业或实体之间的副产品和废弃物交换，绘制生态产业园区废物流和材料流的示意图（施晓文，2014）。

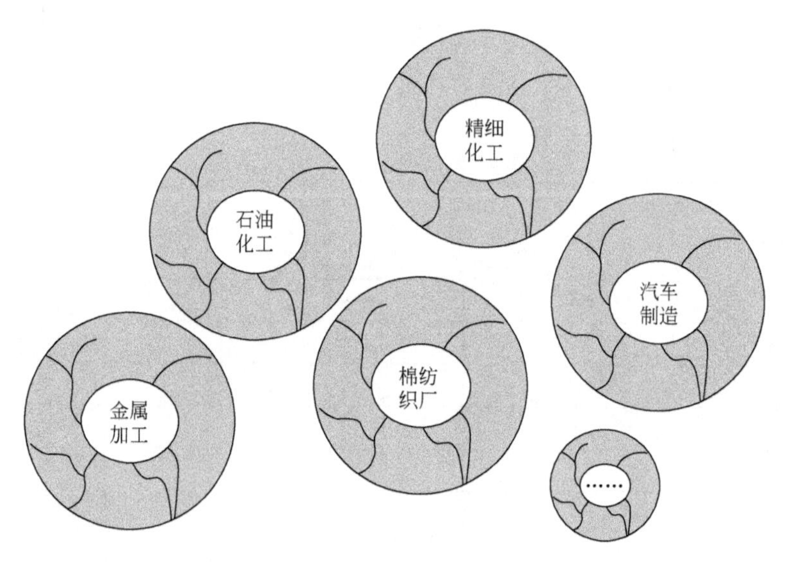

图 10-2　产业类型

学生通过资料收集和讨论后，完成园区产业链设计方案（图 10-3）。首先，学生在评定产业园区主要功能的基础上，确定了该园区产业生态系统的关键种，为了弥补系统生态化不足、环境效率低的缺陷，学生在系统中增加了生态环境基础设施（分解者），例如，污水处理厂、废物回收厂等，这些产业链节点是产业生态系统共生保障的必要条件。同时，为了实现系统的动态监测和管理，学生还在系统中添加了信息平台，并设置了园区委员会，集合各层次管理人员对园区进行综合管理。通过这次设计任务，学生视野更加开阔，不但认识到生态产业园区创建和顺利运行的机制，还认识到实体与虚拟结合才能更好地发挥生态产业园区的优势，最大限度降低经济增长的环境代价。由于产业生态学具有多学科交叉的特点，参与圆桌会议的不同背景学生可以提供有效的解决方案。在展示环节，可以允许小组成员和其他小组人员对方案进行补充和改进。

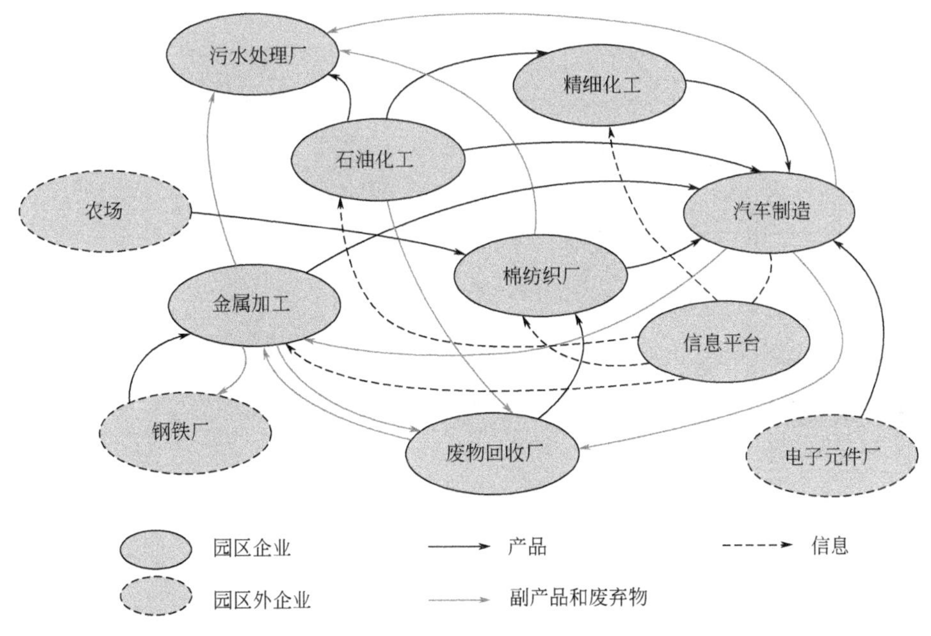

图 10-3　园区生态产业链设计方案

10.3.2.3　三方会谈模拟实践

三方会谈模式通过设置不同的讨论议题开展场景模拟，由学生扮演利益相关者，以政府、企业和消费者的形象进行会谈，帮助学生了解政府、企业和消费者在面对同一个问题时不同的行为模式、思维方式和利害权衡结果。该教学模式的重点在于需要小组所有成员全过程的参与，在场景模拟时选择不同的角色和立场，并在课下做好充足的准备工作，包括所选择立场的相关资料收集，以及相反立场的资料收集，以便在圆桌会议中使自己的发言更具有影响力。讨论的议题包括环保产品推广、企业信息公开、政府产业政策调整、绿色消费理念培育、进出口贸易协议等与三方立场均产生关系的问题。学生在准备过程中可以咨询指导教师，教师需要从不同的角度启发与引导学生开展调研及准备发言。模拟会谈的讨论结果可以整理成简单的报告。

指导教师也可以选择优秀的多媒体视频（如《东西的故事》）（图 10-4），开展三方会谈实践。观影后，让学生自由选择角色和身份，从不同的立场出发，提出各自的观点。实践后效果良好，同学们在这次三方会谈中扮演了不同的社会分工，并在产业生态学理论指导下，以生命周期思想对产品代谢过程进行了分析评价。扮演企业管理者的学生认识到目前大多数产业系统的线性特征，从开采、生产、分配、消费直到弃置的整个过程存在着较大弊端，资源消耗、环境污染和生态破坏均相对较大，急需转变经济发展模式，促进系统的生态循环；扮演环保公益者的学生认识到企业对污染排放的不作为是目前循环经济施行中的主要障碍，同时认识到跨境污染转移是发展中国家污染严重的主要原因之一；扮演政府管理者的学生认为政府参与、公众意识提高是建立循环经济发展模式、减缓生态环境问题的关键；扮演消费者的学生则结合日常生活提出在产品生命周期消费环节提高生态效率的行为，包括光盘行动、垃圾分类回收等。

图 10-4　多媒体《东西的故事》教学实践

10.3.3　课外实地教学

10.3.3.1　资料收集和交流

（1）同主题的资料收集

以一个产业生态学的主题为例，要求学生各自收集相关资料、信息，然后在课堂上交流、汇总，以便让学生在共同讨论中加深对该问题的理解与认识。例如，可以选择生态效率作为议题。生态效率作为环境管理最主要的目标之一，与国家、区域、企业各个层面的生态实践息息相关。收集的信息包括不同国家、地区、行业等尺度生态效率提升目标和指标及其执行情况，提高生态效率的不同实践形式和采取的措施等方面的内容。

（2）不同主题的资料收集

在课程授课之初预先设置若干个主题，学生自由选择感兴趣的主题，并收集相关资料。在课堂上，以轮流或自愿的方式展示相关成果，引发课堂的深度讨论。此形式也可以与学期中或学期末的小论文汇报和交流相结合。设置的主题涉及不同的生活用品、企业和社区或园区，研究内容包括生态位解析、LCA、产业链网设计、网络模型构建等（图 10-5）。

10.3.3.2　实习基地教学

指导教师选取国内产业生态学应用的成功案例建立教学实习基地，组织学生实地调研与考察，使学生切身感受产业生态学的实践应用。实地基地教学主要采取参观的方式，参观的对象可以是企业、园区，也可以是相关的展览活动，参观的企业主要为污染型企业（如化工厂、冶金厂等）或环保企业（如污水处理厂、垃圾填埋场等）。建议尽可能选择规模较大的企业，便于直观了解先进的设备和工艺以及更完整的产业链条。尤其是规模较大的污染型企业，其企业文化中的生态内涵一般较为成熟和丰富，也有足够的精力、实力对企业的工艺和设备进行生态化改造。因而，产业生态学思想在这类企业中应当能得到更为鲜明的体现。

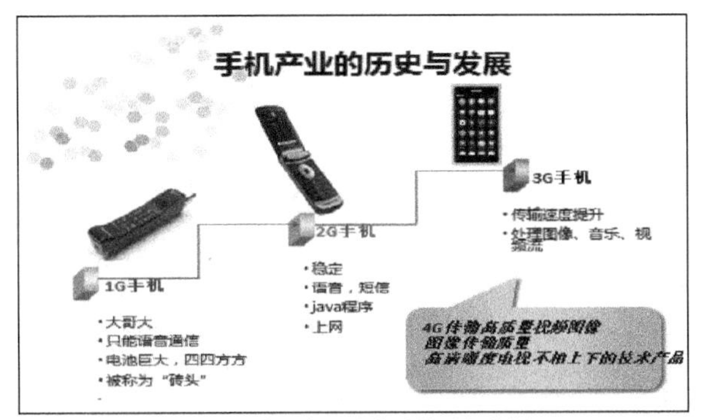

(a) 基于产业生态学的手机市场

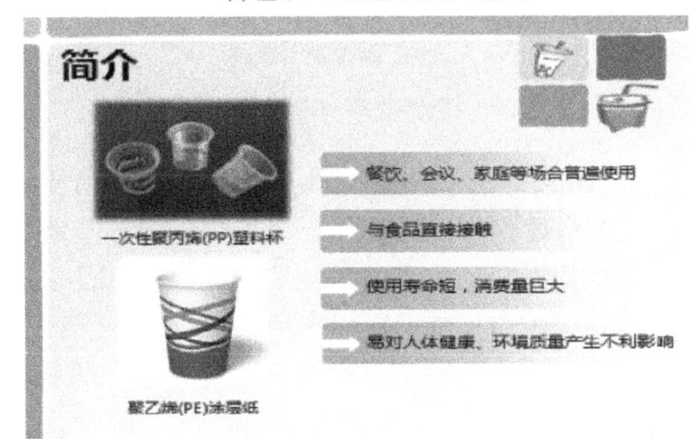

(b) 一次性塑料水杯与涂层纸杯的LCA

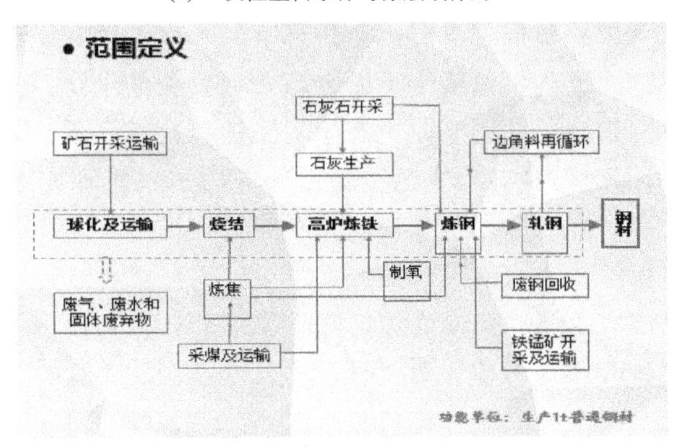

(c) 中国钢铁生产的LCA

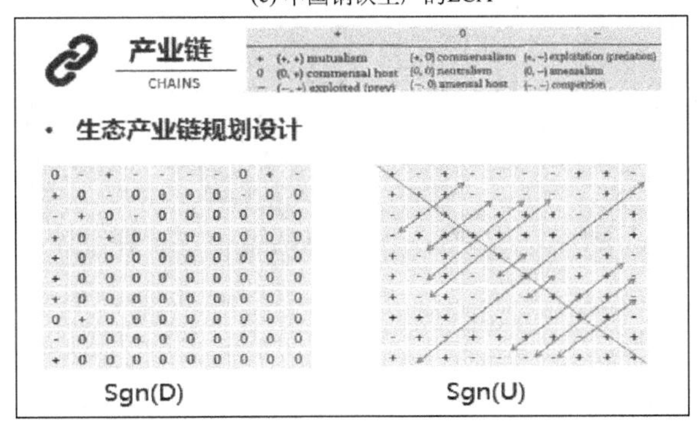

(d) 生态产业园区的链网分析

图 10-5

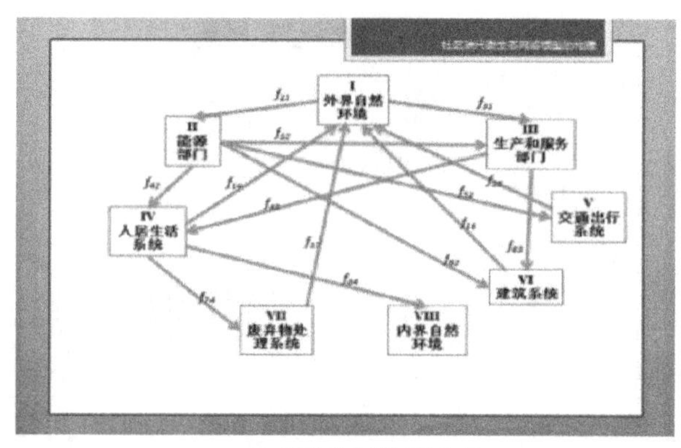

(e) 社区碳代谢网络分析

图 10-5　资料收集与整理汇报展示

实习基地教学要求学生重点了解产品的各个生命周期阶段，物质和能量在生产工艺中的代谢过程，企业的某项工艺如何改变生产过程的环境影响，实习基地应与哪些企业合作拓展生态产业链等问题。目前，有些大型企业已经开发了企业旅游项目，这无疑为学生更好了解企业运行、实践应用产业生态学知识提供了良好条件。

（1）北京首钢股份有限公司

首钢股份有限公司是国内历史悠久的大型炼铁企业之一。近年来，首钢结合传统产业升级进行技术改造，加快了治理污染的步伐，积极探索符合产业生态学理论、循环经济理念的发展模式。在首钢工作人员的积极配合和细心讲解下，学生对第三炼钢厂、中厚板厂和三号高炉进行了实地考察，加深了学生对这个不断创新发展企业的了解。

学生实习报告中特别指出了首钢产业生态学实践的收获和启示。如第三炼钢厂实施生产过程的全程实时监控（计算机控制），完全闭路循环的用水系统和先进的除尘系统让学生对产业生态学的实践应用有了深入的理解和认识；中厚板厂通过不断淘汰落后设施，积极引进国内外先进技术，既实现了企业清洁生产，又获得了较大的经济效益，这使得学生意识到环境保护和经济发展可以达成双赢；三号高炉的除尘改造和一系列环保设施的建设引发了学生对于环境友好型工业园区的深入思考（图 10-6）。

图 10-6　首钢实习考察

（2）燕京啤酒集团

燕京啤酒集团是中国最大的啤酒企业集团之一。通过燕京啤酒集团的企业调研实践，学生可以了解到当前中国先进饮料行业的生产技术状况以及企业清洁生产的推行情况，使学生能够将所学内容和实际很好地结合，达到实践教学的目的。

燕京啤酒集团采取清洁生产举措对内部资源利用进行精细化管理，包括 CO_2 系统改造、废酵母制核苷酸、干饲料改造、锅炉烟尘改造、四次循环用水、污水改扩建及沼气回收利用六大工程改造项目，实现了企业的生态转型，同时也获得了经济效益（图 10-7）。通过这次考察，学生对现代企业有了全新的认识——工业不一定会造成严重的污染，也不一定浪费很多资源，如燕京啤酒集团探索从废料中提取产品原料，再通过加工变成附加值高的产品，成为公司利润的重要来源。学生发现产业生态学知识在实践中已有推广应用，绿色工厂在现实中是有可能实现的，只要在实践中贯彻产业生态学思想，就可以实现环境效益和经济效益的统一。

图 10-7　燕京啤酒实习考察

（3）汇源果汁集团

汇源果汁集团是中国最大的果蔬汁饮料公司。汇源集团拥有世界先进的设备和技术，拥有 70 多条 PET 瓶、康美包、利乐包无菌冷灌装生产线。其中，PET 无菌冷灌装生产线可以在常温下将无菌的产品在无菌的罐装环境中包装到无菌的容器中。相对于高温长时间灭菌和热灌装生产工艺，无菌冷灌装能最大限度地保留水果、蔬菜的营养成分和风味。

汇源果汁顺义工厂参观考察包括观看企业宣传片、参观厂区和生产车间等环节。汇源果汁的生态化发展不仅体现在对先进技术的应用，而且体现在厂区的环境细节。例如，利用废旧原料箱做垃圾桶和雨水收集装置；水果清洗用水可储备在人工河中用于喷泉、清洗用水（冲刷厂区）。学生实习报告中针对汇源果汁产品开展了 LCA，结果发现水果由当地果农供给，既节省了运费、减少尾气排放，又带动当地果农致富；汇源果汁设备先进，有利于加强资源和能源的循环再利用，废水和部分固体废弃物在得到了有效处理后应用于厂区生活，节约了资源和能源，有效践行了产业生态学的基本理念（图 10-8）。

图 10-8　汇源果汁实习考察

参考文献

曹炳伟，2006. 国外产业生态学教育的启示．江西能源，4：56-57.

鞠美庭，刘伟，于敬磊，2010. 国内外产业生态学研究与教育的比较分析．教育文化论坛，5：13-20.

施晓文，2014. 大学生的产业生态学教育．课程教育研究，7：32-33.

施晓文，吴峰，2014. 对《产业生态学》课程教学改革的若干思考．教育教学论坛，43：99-101.

石磊，陈伟强，2016. 中国产业生态学发展的回顾与展望．生态学报，36（22）：7158-7167.

苏伦·埃尔克曼，1999. 工业生态学．徐兴元，译．北京：经济日报出版社．

王薇薇，李仕良，2006. 产业生态学文献综述．引进与咨询，4：5-6.

袁增伟，毕军，2006. 产业生态学最新研究进展及趋势展望．生态学报，26（8）：2709-2715.

Cervantes G，2007. A methodology for teaching industrial ecology. International Journal of Sustainability in Higher Education，8：131-141.

Lewis H，Gertsakis J，2001. Design and Environment：A Global Guide to Designing Greener Goods. Sheffield：Greenleaf.

Ning W，Chen P，Wu F，et al，2007. Industrial ecology education at Wuhan University. Journal of Industrial Ecology，11：147-153.

Shi H，Moriguichi Y C，Yang J X，2003. Industrial ecology in china：Part II education. Journal of Industrial Ecology，7（1）：5-8.

Weidema B P，1998. Environmental Assessment of Products：A Textbook on Life-Cycle Assessment. Helsinki：Finnish Association of Graduate Engineers.